中国石油和化学工业行业规划教材

"十二五"职业教育国家规划教材
经全国职业教育教材审定委员会审定

化工设备操作与维护

第三版

马金才　葛　亮　主编

杨清香　主审

U0367163

化学工业出版社

·北　京·

内容简介

《化工设备操作与维护》第三版是为了适应高职高专化工类专业的教学需要编写的，重点讲述了各类化工设备的操作与维护，涉及范围广，面宽，具有较强的系统性和实用性。主要包括化工设备基础，化工设备力学基础，压力容器，物料分离设备，换热器，反应器，塔设备，蒸发设备，干燥设备，化工机泵，机械传动与连接，化工管路等内容。本版教材通过二维码引入80个动画资源，帮助学生理解重难点内容。

本书可作为高职高专化工类专业教材，也可作为相近专业教材以及化工企业工程技术人员的阅读参考书。

图书在版编目（CIP）数据

化工设备操作与维护/马金才，葛亮主编. —3 版. —北京：化学工业出版社，2021.8（2025.1重印）
"十二五"职业教育国家规划教材　中国石油和化学工业行业规划教材
ISBN 978-7-122-39274-9

Ⅰ.①化…　Ⅱ.①马…②葛…　Ⅲ.①化工设备-操作-高等职业教育-教材②化工设备-维修-高等职业教育-教材　Ⅳ.①TQ05

中国版本图书馆 CIP 数据核字（2021）第 104157 号

责任编辑：王海燕　于　卉　　　　　　　　装帧设计：张　辉
责任校对：杜杏然

出版发行：化学工业出版社（北京市东城区青年湖南街 13 号　邮政编码 100011）
印　　装：高教社（天津）印务有限公司
787mm×1092mm　1/16　印张 22½　字数 558 千字　2025 年 1 月北京第 3 版第 6 次印刷

购书咨询：010-64518888　　　　　　　售后服务：010-64518899
网　　址：http://www.cip.com.cn
凡购买本书，如有缺损质量问题，本社销售中心负责调换。

定　　价：49.00 元

化工生产作为国民经济的支柱产业之一，其设备的安全、高效运行直接关系到企业生产效益、环境保护及人员生命安全。随着现代工业技术的快速发展，化工设备的智能化、绿色化与标准化水平不断提升，对从业人员的专业素养和实践能力提出了更高要求。《化工设备操作与维护》自出版以来，始终立足职业教育需求，注重理论与实践融合，曾被评为"十二五职业教育国家规划教材"，在化工类专业人才培养中发挥了重要作用。本次修订紧扣产业升级与职教改革要求，致力于为读者提供更具时代性、科学性与实用性的学习资源。

本次修订工作紧密围绕《国家职业教育改革实施方案》《职业教育提质培优行动计划（2020—2023 年）》等文件精神，以深化产教融合、推进课程思政建设、强化数字化资源应用为导向，在继承前版教材系统性、逻辑性与实用性优势的基础上，全面优化内容体系。第三版重点融入了行业最新技术动态及国家标准规范，更新了配套的二维码数字资源，并将"思政元素"有机融入各章节，通过工程伦理、工匠精神、安全生产等主题，引导学生树立正确的职业价值观。第三版教材的修订特色如下：

1. 内容与时俱进：深度融合智能制造、绿色化工等前沿技术成果，同步行业最新设计规范与安全管理标准，强化教材与产业发展的契合度。

2. 资源立体融合：依托二维码技术链接云端资源库，集成设备虚拟拆装、动态演示等交互式学习资源，强化"理实一体"教学效果。

3. 思政润物无声：以行业典型案例与模范事迹为载体，贯穿安全生产意识、绿色化工理念与工匠精神，实现专业技能与职业素养的协同提升。

4. 图文直观解析：采用高精度三维模型图、设备分解图及原理示意图，结合流程标注与图表解析，直观呈现设备结构与运行逻辑，降低知识理解难度。

本书由新疆轻工职业技术学院马金才、新疆农业职业技术大学葛亮担任主编，新疆轻工职业技术学院杨清香教授主审，新疆轻工职业技术学院刘玉星、谢俊彪、田新等教师参与编写。具体分工如下：马金才编写第一章、第二章和第三章并负责统稿；葛亮编写第四章；刘玉星编写第五章、第六章和第七章；谢俊彪编写第八章、第九章和第十章；田新编写第十一章和第十二章。全书配套的课件、微课及动画资源由马金才、刘玉星、谢俊彪、田新协作整理，其中大部分动画资源由东方仿真软件技术有限公司提供，在此一并感谢。

教材编写团队深耕职业教育领域多年，力求将产业需求与教学实践深度融合。限于编者水平，书中不足之处恳请各界读者指正，以期共同推动化工职业教育的高质量发展。

编　者

目录

第十章 化工机泵 ·········· 259

第十一章 机械传动与连接 ·········· 296

第一章
化工设备基础

化工生产过程和化工设备紧密相关。化工设备是化工生产过程的具体实现者，设备运行是否正常直接关系到生产的安全和稳定。要保证生产安全、稳定运行，必须了解化工生产的特点、化工生产环境对设备的各种影响因素，掌握化工生产过程对设备、材料的具体要求；在保证生产安全、卫生和环保的前提下，完成设备的正常操作、维护、故障处理，保证化工生产过程的正常进行。

第一节　化工生产及其对化工设备的基本要求

化工生产是以流程性物料（气体、液体、粉体）为原料，以化学处理和物理处理为手段，以获得设计规定的产品为目的的工业生产。化工生产过程不仅取决于化学工艺过程，而且与化工机械装备的结构、性能密切相关。不同的物料、工艺过程需要用相应的设备来完成；同一种产品、同一种工艺方法也可能由于采用不同的化工设备而取得不同的生产效果。因此，在了解物料、工艺过程的基础上，熟悉各种不同化工机械的性能、特点是化工生产取得最佳效果的有效途径之一。化工机械技术的发展和进步，也同时促进了新工艺的诞生和生产效率的提高。如大型压缩机和超高压容器的研制成功，使人造金刚石的构想变为现实，使高压聚合反应得以实现。

化工机械通常分为化工设备和化工机器两大类：化工设备指静止设备，如各种塔器、换热器等；化工机器指动设备，如各种压缩机、泵等。

一、化工生产的特点

随着计算机控制技术、机电一体化技术在化工生产中的广泛应用，化工生产设备正在不断向大型化、连续化、自动化方向发展。

与其他工业生产相比，化工生产具有其自身的特点。

1. 生产的连续性强

化工生产所处理的大多是气体、液体和粉体等流体，生产过程大都在管道和容器中连续进行，以提高生产效率，节约成本。在连续性的工艺流程中，每一生产环节都非常重要，若出现事故，将破坏生产的连续性。因此，各工序之间的相互衔接、生产过程的调度尤为重要。

2. 生产的条件苛刻

（1）介质腐蚀性强　化工生产过程中，有很多介质具有腐蚀性。例如，酸、碱、盐一类的介质，对金属或非金属物件的腐蚀，使机器与设备的使用寿命大为降低。腐蚀生成物的沉积，可能堵塞机器与设备的通道，破坏正常的工艺条件，影响生产的正常进行。

（2）温度和压力变化大　根据不同的工艺条件要求，介质的温度和压力各不相同。介质温度从深冷到高温，压力从真空到数百兆帕，使得有的设备要承受高温或高压，有的设备要承受低温或低压。温度和压力的不同，影响到设备的工作条件和材料选择。

（3）介质大多易燃易爆或有毒　化工生产过程中，有不少介质是容易燃烧和爆炸的，例如氨气、氢气、苯蒸气等均属此类。还有不少介质有较强的毒副作用，如二氧化硫、二氧化氮、硫化氢、一氧化碳等。这些易燃、易爆、有毒性的介质一旦泄漏，不仅会造成环境的污染，而且还可能造成人员伤亡和重大事故的发生。

3. 生产原理的多样性

化工生产过程按作用原理可分为质量传递、热量传递、能量传递和化学反应等若干类型。

同一类型中功能原理也多种多样，如传热设备的传热过程，按传热机理可分为热传导、热对流和热辐射。故化工设备的用途、操作条件、结构形式也千差万别。

4. 生产的技术含量高

现代化工生产既包含了先进的生产工艺，又需要先进的生产设备，还离不开先进的控制与检测手段。因此，生产技术含量要求高，并呈现出学科综合，专业复合，化、机、电一体化的发展势态。

二、化工生产对化工设备的基本要求

1. 安全性能要求

（1）足够的强度　材料强度是指在载荷作用下材料抵抗永久变形和断裂的能力。屈服点和抗拉强度是钢材常用的强度判据。化工设备是由一定的材料制造而成的，其安全性与材料强度紧密相关。在相同设计条件下，提高材料强度，可以增大许用应力，减薄化工设备的壁厚，减轻重量，便于制造、运输和安装，从而降低成本，提高综合经济性。对于大型化工设备，采用高强度材料的效果尤为显著。

（2）良好的韧性　韧性是指材料断裂前吸收变形能量的能力。由于原材料制造（特别是焊接）和使用（如疲劳、应力腐蚀）等方面的原因，化工设备的构件常带有各种各样的缺陷，如裂纹、气孔、夹渣等。如果材料韧性差，可能因其本身的缺陷或在波动载荷作用下而发生脆性断裂。

（3）足够的刚度和抗失稳能力　刚度是设备在载荷作用下保持原有形状的能力。刚度不足是设备过度变形的主要原因之一。例如，螺栓、法兰和垫片组成的连接结构，若法兰因刚度不足而发生过度变形，将导致密封失效而泄漏。

（4）良好的耐腐蚀性　设备处理的介质往往是腐蚀性强的酸、碱、盐。材料被腐蚀后，不仅会导致壁厚减薄，而且有可能改变设备材料的组织和性能。因此，材料必须具有较强的耐腐蚀性能。

（5）可靠的密封性　密封性是指化工设备防止介质泄漏的能力。由于化工生产中的介质往往具有危害性，若发生泄漏不仅有可能造成环境污染，还可能引起中毒、燃烧和爆炸。因此密封的可靠性是化工设备安全运行的必要条件。

2. 工艺性能要求

（1）达到工艺指标　化工生产过程的工艺指标是由设备来完成的。化工设备需具备一定的工艺指标要求，以满足生产的需要。如储罐的储存量、换热器的传热量、反应器的反应速率、塔设备的传质效率等。工艺指标达不到要求，将影响整个过程的生产效率，造成经济损失。

（2）生产效率高、消耗低 化工设备的生产效率用单位时间内单位体积（或面积）所完成的生产任务来衡量。如换热器在单位时间单位传热面积的传热量、反应器在单位时间单位容积内的产品数量等。消耗是指生产单位质量或体积产品所需要的资源（如原料、燃料、电能等）。设备选用时应从工艺、结构等方面来考虑提高化工设备的生产效率和降低消耗。

3. 使用性能要求

（1）结构合理、制造简单 化工设备的结构要紧凑、设计要合理、材料利用率要高。制造方法要有利于实现机械化、自动化，有利于成批生产，以降低生产成本。

（2）运输与安装方便 化工设备一般由机械制造厂生产，再运至使用单位安装。对于中小型设备运输安装一般比较方便，但对于大型设备，应考虑运输的可行性，如运载工具的能力、空间大小、码头深度、桥梁与路面的承载能力、吊装设备的吨位等。对于特大型设备或有特殊要求的设备，则应考虑采用现场组装的条件和方法。

（3）操作、控制、维护简便 化工设备的操作程序和方法要简单，维护方便。设备最好能设有防止错误操作的报警装置。当操作过程中出现超温、超压、泄漏和其他异常情况时，能发出警报信号，并可对操作状态进行调节。

4. 经济性能要求

在满足安全性、工艺性、使用性的前提下，应尽量减少化工设备的基建投资和日常维护、操作费用，并使设备在使用期内安全运行，以获得较好的经济效益。

第二节 化工容器结构与分类

一、化工容器的基本结构

在化工类工厂使用的设备中，有的用来储存物料，如各种储罐、计量罐、高位槽；有的用来对物料进行物理处理，如换热器、精馏塔等；有的用于进行化学反应，如聚合釜、反应器、合成塔等。尽管这些设备作用各不相同，形状结构差异很大，尺寸大小千差万别，内部构件更是多种多样，但它们都有一个外壳，这个外壳就叫化工容器。所以化工容器是化工生产中所用设备外部壳体的总称。

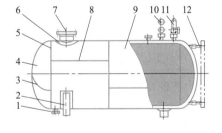

图 1-1 化工容器的基本结构

1—法兰；2—支座；3—封头拼接焊缝；
4—封头；5—环焊缝；6—补强圈；
7—人孔；8—纵焊缝；9—筒体；
10—压力表；11—安全阀；12—液面计

由于化工生产中，介质通常具有较高的压力，化工容器一般由筒体、封头、支座、法兰及各种容器开孔接管所组成，通常为压力容器，见图 1-1。

1. 筒体

筒体是化工设备用以储存物料或完成传质、传热或化学反应所需要的工作空间，是化工容器最主要的受压元件之一，其内径和容积往往需由工艺计算确定。圆柱形筒体（即圆筒）和球形筒体是工程中最常用的筒体结构。

2. 封头

根据几何形状的不同，封头可以分为球形、椭圆形、碟形、球冠形、锥壳和平盖等几种，其中以椭圆形封头应用最多。封头与筒体的连接方式有可拆连接与不可拆连接（焊接）两种，可拆连接一般采用法兰连接方式。

3. 密封装置

化工容器上需要有许多密封装置，如封头和筒体间的可拆式连接，容器接管与外管道间的可拆连接以及人孔、手孔盖的连接等，可以说化工容器能否正常安全地运行在很大程度上取决于密封装置的可靠性。

4. 开孔与接管

化工容器中，由于工艺要求和检修及监测的需要，常在筒体或封头上开设各种大小的孔或安装接管，如人孔、手孔、视镜孔、物料进出口接管，以及安装压力表、液面计、安全阀、测温仪表等接管开孔。

5. 支座

化工容器靠支座支承并固定在基础上。随安装位置不同，化工容器支座分立式支座和卧式支座两类；其中立式支座又有腿式支座、支承式支座、耳式支座和裙式支座四种。大型容器一般采用裙式支座。卧式容器支座有支承式、鞍式和圈式支座三种；以鞍式支座应用最多。而球形容器多采用柱式或裙式支座。

6. 安全附件

由于化工容器的使用特点及其内部介质的化学工艺特性，往往需要在容器上设置一些安全装置和测量、控制仪表来监控工作介质的参数，以保证压力容器的使用安全和工艺过程的正常进行。

化工容器的安全装置主要有安全阀、爆破片、紧急切断阀、安全联锁装置、压力表、液面计、测温仪表等。

上述筒体、封头、密封装置、开孔接管、支座及安全附件等即构成了一台化工设备的外壳。对于储存用的容器，这一外壳即为容器本身。对用于化学反应、传热、分离等工艺过程的容器而言，则须在外壳内装入工艺所要求的内部构件，才能构成一个完整的设备。

二、化工容器与设备的分类

从不同的角度对化工容器及设备有各种不同的分类方法，常用的分类方法有以下几种。

1. 按压力等级分类

按承压方式分类，化工容器可分为内压容器与外压容器。内压容器又可按设计压力大小分为四个压力等级，具体划分如下：

低压（代号 L）容器　$0.1MPa < p < 1.6MPa$；

中压（代号 M）容器　$1.6MPa \leqslant p < 10.0MPa$；

高压（代号 H）容器　$10.0MPa \leqslant p < 100MPa$；

超高压（代号 U）容器　$p \geqslant 100MPa$。

外压容器中，当容器的内压小于一个绝对大气压（约 0.1MPa）时又称为真空容器。

2. 按原理与作用分类

根据化工容器在生产工艺过程中的作用，可分为反应容器、换热容器、分离容器、储存容器。

（1）反应容器（代号 R）主要是用于完成介质的物理、化学反应的容器，如反应器、反应釜、聚合釜、合成塔、蒸压釜、煤气发生炉等。

（2）换热容器（代号 E）主要是用于完成介质热量交换的容器。如管壳式余热锅炉、热交换器、冷却器、冷凝器、蒸发器、加热器等。

（3）分离容器（代号 S）主要是用于完成介质流体中不同组分分离的容器。如分离器、过滤器、蒸发器、集油器、缓冲器、干燥塔等。

（4）储存容器（代号 C，其中球罐代号 B）主要是用于储存、盛装气体、液体、液化气体等介质的容器。如液氨储罐、液化石油气储罐等。

在一台化工容器中，如同时具备两个以上的工艺作用原理时，应按工艺过程的主要作用来划分品种。

3. 按相对壁厚分类

按容器的壁厚可分为薄壁容器和厚壁容器：当筒体外径与内径之比 $D/d \leqslant 1.2$ 时，称为薄壁容器；$D/d > 1.2$ 时，称厚壁容器。

4. 按支承形式分类

当容器采用立式支座支承时叫立式容器，用卧式支座支承时叫卧式容器。

5. 按材料分类

当容器由金属材料制成时叫金属容器；用非金属材料制成时，叫非金属容器。

6. 按几何形状分类

按容器几何形状，可分为圆柱形、球形、椭圆形、锥形、矩形等容器。

7. 按安全技术管理分类

上面所述的几种分类方法仅仅考虑了压力容器的某个设计参数或使用状况，还不能综合反映压力容器面临的整体危害水平。例如储存易燃或毒性程度中度及以上危害介质的压力容器，其危害性要比相同几何尺寸、储存毒性程度轻度或非易燃介质的压力容器大得多。压力容器的危害性还与其设计压力 p 和全容积 V 的乘积有关，pV 值愈大，则容器破裂时爆炸能量愈大，危害性也愈大，对容器的设计、制造、检验、使用和管理的要求愈高。为此，《压力容器安全技术监察规程》采用既考虑容器压力与容积乘积大小，又考虑介质危害程度以及容器品种的综合分类方法，有利于安全技术监督和管理。该方法将压力容器分为三类，级别最高的是第三类压力容器，具体情况参见《压力容器安全技术监察规程》。

该分类方法综合考虑了设计压力、几何容积、材料强度、应用场合和介质危害程度等影响因素，分类方法比较科学合理。

第三节　化工设备常用材料

一、材料常用性能

化工设备中广泛使用着各种材料，这些材料各有其性能特点。材料的性能可分为两类：工艺性能和使用性能。

工艺性能也称制造性能，反映材料在加工制造过程中所表现出来的特性。对应不同的制造方法，工艺性能分为铸造性能、锻造性能、焊接性能和切削加工性能等。材料工艺性能的好坏直接影响制造成本。

使用性能反映材料在使用过程中所表现出来的特性，包括物理性能、化学性能和力学性能。物理性能是材料所固有的属性，包括密度、熔点、导电性、导热性、热膨胀性和磁性等。化学性能是指材料抵抗各种化学介质作用的能力，包括高温抗氧化性、耐腐蚀性等。

化工设备由零部件所组成，而零部件在使用时都承受外力的作用，因此，材料在外力作用下所表现出来的性能就显得格外重要，这种性能称为力学性能。力学性能包括强度、塑性、硬度、冲击韧性、疲劳等。

1. 强度

强度反映材料在外力作用下抵抗破坏的能力。这里的破坏对应两种情况：一种是发生较大的塑性变形，在外力去除后不能恢复到原来的形状和尺寸；另一种情况是发生断裂。不论哪一种情况发生，都将导致零部件不能正常工作。反映材料强度高低的数量指标有屈服点 σ_s 和抗拉强度 σ_b。屈服点 σ_s 反映材料在外力作用下抵抗发生塑性变形的能力，越高则越不易发生塑性变形；抗拉强度 σ_b 反映材料在外力作用下抵抗发生断裂的能力，σ_b 越高则越不易发生断裂。

2. 塑性

塑性反映材料在外力作用下发生塑性变形而不被破坏的能力。如果材料能发生较大的变形而不破坏，则称材料的塑性好。常用的塑性指标有伸长率 δ 和断面收缩率 ψ，δ 和 ψ 的值越大，则材料的塑性越好。

材料塑性的好坏，对零件的加工和使用都具有十分重要的意义。例如，低碳钢的塑性较好，可进行压力加工；普通铸铁的塑性很差，不能进行压力加工，但能进行铸造。同时，由于材料具有一定的塑性，不致因稍有超载而突然破断，这就增加了材料使用的安全可靠性。因此，对于材料的塑性指标是有一定要求的。

3. 硬度

硬度反映金属抵抗比它更硬物体压入其表面的能力。常用的硬度试验指标有布氏硬度和洛氏硬度两种。布氏硬度用 HB 表示，当压头为钢球时表示为 HBS，当压头为硬质合金时表示为 HBW；洛氏硬度用 HRA、HRB 或 HRC 表示，常用 HRC。

4. 冲击韧性

以很快的速度作用于工件上的载荷称为冲击载荷。材料抵抗冲击载荷作用而不破坏的能力称为冲击韧性。反映冲击韧性高低的指标为冲击韧性 a_K。a_K 越大，则材料的冲击韧性越好，材料抗冲击能力越强。

材料的冲击韧性随温度的降低而减小，当低于某一温度时冲击韧性会发生剧降，材料呈现脆性，该温度称为脆性转变温度。对于低温工作的设备来说，其选材应注意韧性是否足够。

5. 疲劳

许多机械零件，如各种轴、齿轮、弹簧等，经常受到大小不同和方向变化的交变载荷作用。这种交变载荷常常会使材料在应力小于其强度极限，甚至小于其弹性极限（弹性极限用 σ_e 表示，和 σ_s、σ_b 一样通过拉伸试验获得，其值小于 σ_s 和 σ_b，当应力 σ 小于 σ_e 时材料只发生弹性变形）的情况下，经一定循环次数后，并无显著的外观变形却发生断裂。这种现象叫作材料的疲劳。疲劳断裂与静载荷下断裂不同，无论在静载荷下显示脆性或塑性的材料，在疲劳断裂时，事先都不产生明显的塑性变形，断裂往往是突然发生的，因此具有很大的危险性，常常造成严重事故。

反映材料抵抗疲劳能力的指标主要是疲劳极限 σ_D。当金属材料承受的交变应力 σ 小于 σ_D 时，应力循环到无数次也不会发生疲劳断裂；当 σ 大于 σ_D 时，材料在经过一定循环次数后，将发生疲劳断裂。

二、钢的热处理

热处理就是将钢在固态范围内加热到给定的温度，经过保温，然后按选定的冷却速度冷却，以改变其内部组织结构，从而获得所需要的性能的一种工艺。

通过热处理可以充分发挥金属材料的潜力，改善金属材料的性能，延长使用寿命和节省金属材料。绝大部分重要的机械零件，在制造过程中都必须进行热处理。

热处理的工艺过程是由加热、保温和冷却三个阶段组成的。随着热处理三个阶段进行的具体情况不同，则材料内部组织和性能的变化也就不同，这样形成了各种热处理方法，以满足各种要求。

热处理分为普通热处理和表面热处理两大类（图 1-2）。普通热处理包括退火、正火、淬火、回火等；表面热处理包括表面淬火、化学热处理等，这种热处理只改变工件表面层的成分、组织和性能。

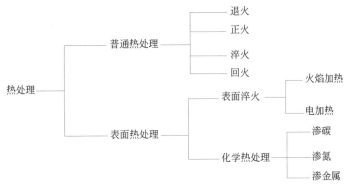

图 1-2　钢的热处理

热处理又分为预先热处理和最终热处理，它们在零件生产工艺过程中的使用顺序及目的不同。一般零件的生产工艺过程为：锻造—预先热处理—机械加工（粗加工）—最终热处理—机械加工（精加工）。预先热处理通常为退火和正火，目的是消除上道工序产生的缺陷（如硬度过高而无法切削），为后面的工序做准备；最终热处理有淬火加回火、表面淬火等，目的是获得零件使用时所要求的性能。

1. 退火和正火

退火是将钢加热到适当温度，保温一定时间，然后缓慢冷却（炉冷、坑冷）的热处理工艺。正火是将钢加热到适当温度，保温一定时间，然后出炉空冷的热处理工艺。

退火和正火主要用作预先热处理，目的是：软化钢材以利于切削加工；消除内应力以防止工件变形；细化晶粒，改善组织，为零件的最终热处理做好准备。

与退火相比，正火冷却速度较快，得到的组织比较细小，强度和硬度也稍高一些。正火的生产周期短，节约能量，而且操作简便。生产中常优先采用正火工艺，对力学性能要求不高的零件，可用正火作为最终热处理。

2. 淬火和回火

淬火是将钢加热到适当温度，保温一定时间后，快速冷却（水冷或油冷）的热处理工艺。淬火后的钢硬而脆，组织不稳定，而且有内应力，不能满足使用要求。因此，淬火后必须回火。按照温度范围不同，回火分为三类：低温回火、中温回火和高温回火。低温回火的回火温度范围为 $150 \sim 250\,℃$，回火后的钢具有高硬度和高耐磨性，主要用于各种工具、滚动轴承、渗碳件和表面淬火件；中温回火的回火温度范围为 $350 \sim 500\,℃$，回火后的钢具有较高的弹性极限和屈服强度，一定的韧性和硬度，主要用于各种弹簧和模具等；高温回火的回火温度范围为 $500 \sim 650\,℃$，回火后的钢具有强度、硬度、塑性和韧性都较好的综合力学性能，广泛用于汽车、拖拉机、机床等机械中的重要结构零件，如各种轴、齿轮、连杆、高强度螺栓等。通常将淬火和高温回火相结合的热处理工艺称为调质处理。

3. 表面热处理

某些机械零件如齿轮、曲轴、活塞杆、凸轮轴等，工作时承受较大的冲击和摩擦，因此要求工件表层具有高的硬度、耐磨性以抵抗摩擦磨损，心部具有足够的塑性和韧性以抵抗冲击，即具有"外硬内韧"的性能。为满足这一要求，生产中广泛采用表面热处理。表面热处理方法有表面淬火和化学热处理。

（1）表面淬火　表面淬火是将钢的表面快速加热至淬火温度，并立即快速冷却的淬火工艺。表面淬火后一般进行低温回火，以满足工件表层的高硬度、高耐磨性要求。表面淬火不改变钢表层的成分，仅改变表层的组织，且中心部组织及性能不发生变化。为满足对中心部的塑性和韧性要求，表面淬火前一般进行调质处理。表面淬火用于中碳钢和中低碳合金结构钢。

（2）化学热处理　化学热处理是向工件表层渗入某种元素的热处理工艺。按照渗入元素的不同，化学热处理分为渗碳、渗氮（氮化）、碳氮共渗（氰化）、渗金属等。

渗碳是向工件表层渗入碳原子的热处理工艺，适用于低碳钢和低碳合金钢。渗碳后由于工件表层和中心部的含碳量不同，再经过淬火和低温回火热处理，便获得了外硬内韧的性能。

渗氮是向工件表层渗入氮原子的热处理工艺。渗氮用钢大都含有 Cr、Mo、Al、V 等元素（如 38CrMoAlA 钢），经渗氮后工件表层形成各种高硬度的、致密而稳定的氮化物如 AlN、CrN、MoN 等，从而使钢具有高的表面硬度、耐磨性和耐蚀性。中心部的塑性和韧性要求通过渗氮前的调质处理获得。

三、金属材料

在所有应用材料中，凡是由金属元素或以金属元素为主形成的、具有金属特性的物质称为金属材料；由两种或两种以上不同性质或不同组织的材料组合而成的材料称为复合材料；除金属材料和复合材料外的所有材料称为非金属材料。

金属材料是最重要的机械工程材料，它包括：铁和以铁为基础的合金（俗称黑色金属），如钢、铸铁和铁合金等；非铁合金（旧称有色金属），如铜及其合金、铝及其合金、铅及其合金等。钢铁材料应用最广，占全部结构材料、零件材料和工具材料的 90% 左右。钢的分类见图 1-3。

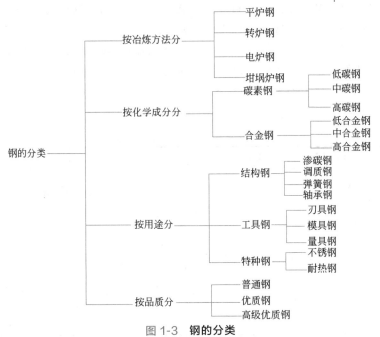

图 1-3　**钢的分类**

1. 碳钢

碳钢是含碳量小于 2.11% 的铁碳合金。按钢的用途、质量等级等，将碳钢分为碳素结构钢、优质碳素结构钢和碳素工具钢等。

（1）碳素结构钢　碳素结构钢的牌号由代表屈服极限的字母"Q"（"屈"的汉语拼音字首）、屈服极限的数值（单位 MPa）、质量等级符号、脱氧方法符号四个部分顺序组成。质量等级按由低到高分为 A、B、C、D 四级；脱氧方法符号 F、b、Z、TZ 分别表示沸腾钢、半镇静钢、镇静钢、特殊镇静钢，表示镇静钢的 Z 一般省略不标。

例如，Q235A 表示碳素结构钢，屈服极限为 235MPa，A 级质量，镇静钢。

碳素结构钢有 Q195、Q215、Q235、Q255、Q275 五个钢种，其中 Q235A 钢由于价格低廉，又具有良好的强度、塑性、焊接性、切削加工性等，在化工设备制造中应用广泛。

（2）优质碳素结构钢　优质碳素结构钢的牌号以钢中平均含碳量的万分数（两位数字）表示。如 45 表示优质碳素结构钢，平均含碳量为万分之四十五，即平均 $w_C = 0.45\%$。

优质碳素结构钢有 10、15、20、25、30、35、40、45、55、65、70 等，常按含碳量不同分为三类。

① 低碳钢　含碳量 $w_C \leqslant 0.25\%$，常用钢号有 10、15、20、25 等。这类钢强度较低但塑性较好，冷冲压及焊接性能良好，在化工设备中广泛应用。

② 中碳钢　含碳量 $w_C > 0.25\% \sim 0.60\%$，钢的强度与塑性适中，焊接性能较差，不适于制造设备壳体，多用于制造各种机械零件如轴、齿轮、连杆等。常用牌号有 30、35、40、45、50、55、60 等，其中以 45 钢应用最广。

③ 高碳钢　含碳量 $w_C > 0.60\%$，钢的强度和硬度均较高，塑性差，常用的牌号有 65、70 钢，常用来制造弹簧。

2. 低合金钢

低合金钢与合金钢是指在碳钢基础上有目的地加入某些元素所形成的钢种。常加入的元素有 Si、Mn、Cr、B、W、V、Ni、Ti、Nb、Al 等。钢中加入这些元素的目的是为了改善钢的性能，满足使用要求，这些元素称为合金元素。

低合金钢中含有合金元素总量≤5%。低合金钢的品种较多，其中低合金高强度结构钢广泛用于桥梁、船舶、车辆、锅炉、化工容器和输油管等。低合金高强度结构钢牌号表示方法与碳素结构钢相同，有 Q295、Q345、Q390、Q420、Q460 等，其用途举例见表 1-1，最常用的是 Q345 钢。

表 1-1　低合金高强度结构钢用途举例

牌号	原牌号	用途举例
Q295	09MnV，09MnNb，09Mn2，12Mn	车辆的冲压件、冷弯型钢、螺旋焊管、拖拉机轮圈、低压锅炉汽包、中低压化工容器、输油管道、储油罐、油船等
Q345	12MnV，14MnNb，16Mn，18Nb，16MnRE	船舶、铁路车辆、桥梁、管道、锅炉、压力容器、石油储罐、起重及矿山机械、电站设备、厂房钢架等
Q390	15MnTi，16MnNb，10MnPNbRE，15MnV	中高压锅炉汽包、中高压石油化工容器、大型船舶、桥梁、车辆、起重机及其他较高载荷的焊接结构件等
Q420	15MnVN，14MnVTiRE	大型船舶、桥梁、电站设备、起重机械、机车车辆、中压或高压锅炉和容器及其大型焊接结构件等
Q460		可淬火加回火后用于大型挖掘机、起重运输机械、钻井平台等

3. 合金钢

合金钢的牌号通常是由含碳量数字、合金元素符号、合金元素含量数字顺序组成。含碳量数字为两位数时表示平均含碳量的万分数，为一位数时表示平均含碳量的千分数；合金元素含量数字位于合金元素符号之后，通常表示合金元素平均含量的百分数，当合金元素平均含量<1.5%时不标数字。例如，40Cr 钢平均含碳量为万分之四十，即 $w_C = 0.4\%$、平均 $w_{Cr} < 1.5\%$；1Cr18Ni9Ti 钢平均 $w_C = 0.1\%$、$w_{Cr} = 18\%$、$w_{Ni} = 9\%$、$w_{Ti} < 1.5\%$。

合金钢的品种较多，有合金渗碳钢、合金调质钢、滚动轴承钢、不锈钢、耐热钢等。

（1）合金渗碳钢　合金渗碳钢通常经渗碳并淬火、低温回火后使用，具有外硬内韧的性能，主要用于制造承受强烈冲击载荷和摩擦磨损的机械零件，如汽车、拖拉机中的变速齿轮，内燃机上的凸轮轴、活塞销等。

合金渗碳钢的含碳量为低碳。渗碳钢分为碳素渗碳钢和合金渗碳钢两类。碳素渗碳钢为低碳钢，常用牌号有 15、20 等；合金渗碳钢的常用牌号有 20Cr、20CrMnTi、20MnVB 等，其中 20CrMnTi 应用最为广泛。

（2）合金调质钢　合金调质钢通常经调质后使用，具有优良的综合力学性能，广泛用于制造汽车、拖拉机、车床上的轴、齿轮、连杆、螺栓、螺母等。它是机械零件用钢的主体。

合金调质钢的含碳量为中碳，分为碳素调质钢和合金调质钢两大类。40、45、50 是常用而廉价的碳素调质钢。合金调质钢的常用牌号有 40Cr、35SiMn、35CrMo、40MnB 等，最典型的钢种是 40Cr，用于制造一般尺寸的重要零件。

（3）滚动轴承钢　滚动轴承钢主要用于制造滚动轴承的内、外圈以及滚动体，此外还可用于制造某些工具，例如模具、量具等。

滚动轴承钢的牌号以字母"G"（"滚"字的汉语拼音字首）后附铬元素符号 Cr 及其含量的千分数及其他合金元素符号表示，碳的含量不标出。例如 GCr15 表示含 Cr 千分之十五即 1.5%的滚动轴承钢。滚动轴承钢的常用牌号有 GCr9、GCr15、GCr15SiMn 等，最有代表性的是 GCr15。

（4）不锈钢　一般把能够抵抗空气、蒸汽和水等弱腐蚀性介质腐蚀的钢称为不锈钢，把能够抵抗酸、碱、盐等强腐蚀性介质腐蚀的钢称为耐酸钢。在日常习惯中把不锈钢和耐酸钢统称为不锈钢。不锈钢主要用来制造在各种腐蚀性介质中工作的零件或构件，例如化工装置中的各种管道、阀门和泵，医疗手术器械，防锈刃具和量具等。

Cr 是不锈钢获得耐蚀性的基本合金元素，一般不锈钢 $w_{Cr}=11.7\%$ 以上。不锈钢含 C 量越低，则耐蚀性越高，但强度、硬度越低。大多数不锈钢的含 C 量为 $0.1\%\sim0.2\%$，但用于制造刃具等的不锈钢含 C 量则较高，可达 $0.85\%\sim0.95\%$，以保证具有足够的强度、硬度。

不锈钢按化学成分可分为铬不锈钢和铬镍不锈钢两大类。铬不锈钢的耐蚀性稍差，主要用于在弱腐蚀性条件下工作的各种机械零件、工具，如汽轮机叶片、阀门零件、量具、轴承、医疗器械等；铬镍不锈钢的耐蚀性较高，主要用于在强腐蚀性条件下工作的设备。

（5）耐热钢　耐热钢主要用于热工动力机械（汽轮机、燃气轮机、锅炉和内燃机）、化工机械、石油装置和加热炉等高温条件工作的构件。

耐热钢分为抗氧化钢和热强钢两类。在高温下有较好的抗氧化性又有一定强度的钢称为抗氧化钢，常用牌号有 0Cr19Ni9、3Cr18Mn12Si2N 等，这类钢主要用于长期在燃烧环境中工作、有一定强度的零件，如各种加热炉底板、渗碳箱等；高温下有一定抗氧化能力和较高强度以及良好组织稳定性的钢称为热强钢，常用牌号有 1Cr13、1Cr18Ni9Ti、1Cr5Mo、1Cr11Mo 等，用于汽轮机、燃气轮机的转子和叶片、锅炉过热器、内燃机的排气阀、石油裂解管等零件。

4. 有色金属

在化学工业中经常遇到强腐蚀、低温等特殊生产条件，有色金属具有耐蚀性好、低温时塑性好和韧性高等特殊性能，因而在化工设备中经常采用有色金属及其合金，主要是铝、铜、铅及其合金。

（1）铝及其合金　工业纯铝的牌号有 1070、1060、1050 等（对应的原牌号为 L1、L2、L3），纯度依次降低。铝合金分为形变铝合金和铸造铝合金两类。形变铝合金塑性优良，适于压力加工。其牌号由四位数字组成，如 5A02、3A21 等；铸造铝合金用于铸造，其牌号由字母"Z"（"铸"的汉语拼音字首）、铝的元素符号 Al、其他元素的符号及含量百分数等顺序组成，如 ZAlSi2 表示 $w_{Si}=2\%$、其余为 Al 的铸造铝合金。

铝及其合金具有许多优良的性能，因而获得了广泛的应用。如铝的耐蚀性好，纯铝的纯度越高则耐蚀性越好，可用来做耐蚀设备；铝的导热性能好，适于做换热设备；铝不产生火花，可做储存易挥发性介质的容器；铝不污染物品和不改变物品颜色，在食品工业中广泛应用，并可代替不锈钢做有关设备；熔焊的铝材在 $-196\sim0℃$ 之间韧性不下降，适于做低温设备。典型牌号铝及其合金的用途举例如下。

工业纯铝常用来做热交换器、塔、储罐、深冷设备和防止污染产品的设备。在石油化工行业中用得较多的铝合金是铸造铝合金和形变铝合金。铸造铝合金可以做泵、阀、离心机等。其耐蚀性能好，有足够的塑性、强度比纯铝高得多，常用来做与液体介质相接触的零件和深冷设备中的液空吸附过滤器、分馏塔等。

（2）铜及其合金　工业纯铜按杂质含量可分为 T1、T2、T3、T4 四个牌号，纯度依次降低。

铜合金按主要合金元素的种类分为黄铜、青铜等，黄铜是以锌为主要合金元素的铜合金；青铜是以锌以外的其他元素为主要合金元素的铜合金。以锡为主要合金元素的青铜称为锡青铜，以锡以外的其他元素为主要合金元素的青铜称为无锡青铜。

工业纯铜和黄铜具有极好的导热性，优越的低温力学性能和耐蚀性能（但铜在氨或铵盐溶液及各种浓度的硝酸中不耐蚀），因而在化工行业中获得了广泛的应用。如 T2、T3、T4 可用来做深度冷冻设备和换热器。压力加工黄铜可作深度冷冻设备的筒体、管板、法兰及螺母等。

青铜具有良好的耐蚀性和耐磨性，主要用来制造轴瓦、蜗轮等机械零件和泵壳、阀门等化工设备。

（3）铅及其合金　铅在许多介质中，如亚硫酸、磷酸（＜85%）、铬酸、氢氟酸（＜60%）等，特别是在硫酸中，具有很高的耐蚀性。但铅在蚁酸、醋酸、硝酸和碱溶液中不耐蚀。由于铅强度和硬度都低、不耐磨、非常软、密度大等，不适宜单独做化工设备，只能做设备衬里。

铅与锑的合金称为硬铅，强度和硬度都比纯铅高，可用来做加料管、耐酸泵和阀门等零件。

（4）滑动轴承合金　滑动轴承合金用来制造滑动轴承的轴瓦及其内衬（称为轴承衬）。常用的滑动轴承合金有锡基轴承合金（又称锡基巴氏合金）、铅基轴承合金（又称铅基巴氏合金）、铜基轴承合金和铝基轴承合金。

四、非金属材料

大多数非金属材料具有优良的耐腐蚀性能，资源丰富，成型工艺简单，是有着广阔发展前途的化工材料。非金属材料既可单独用做结构材料，又能用做金属设备的保护衬里、涂层，还可做设备的密封材料和保温材料。

非金属材料分无机材料（如陶瓷、搪瓷、玻璃等）和有机材料（如塑料、橡胶、涂料等）两大类。

1. 陶瓷

陶瓷是用黏土、长石和石英等天然原料（普通陶瓷）或人工化合物如氧化物、碳化物等（特种陶瓷）经成型、干燥和烧结等工序制成的。

在化工生产中用得较多的是耐酸陶瓷。耐酸陶瓷的种类较多，如用高硅酸性黏土、长石和石英等天然原料可制成耐酸陶、耐酸耐温陶和硬质瓷，用人工化合物为原料可制成莫来石瓷、氧化铝瓷、氟化钙瓷。

耐酸陶瓷具有良好的耐腐蚀性能（耐酸、耐碱），足够的不透性、耐热性和一定的机械强度，主要用做化工设备，如容器、反应器、塔附件、热交换器、泵、管道、管件等。

以人工化合物为原料制成的陶瓷品种，其力学性能和耐酸碱性能更为优越。如要求耐氢氟酸，可选用氟化钙瓷；要求耐酸碱，最高使用温度超过 150～300℃，耐受温度剧变和受力较大时，可用莫来石瓷、氧化铝瓷。

2. 化工搪瓷

化工搪瓷是由含硅量高的瓷釉经过 900℃ 左右的高温烧成，瓷釉紧贴在金属胎表面。化工搪瓷具有优良的耐腐蚀性能，除氢氟酸、热磷酸和强碱外，能耐大多数无机酸、有机酸和有机溶剂的腐蚀。

搪瓷的热导率不到钢的 1/40，热胀系数较大，故搪瓷设备不能直接用火焰加热以免损坏搪瓷面。可以用蒸汽或油浴缓慢加热。使用温度为 $-30\sim270℃$。化工搪瓷已用于反应罐、储罐、换热器、蒸发器、塔和阀门等。

3. 玻璃

化工上用的玻璃不是一般的钠钙玻璃，而是硼玻璃（耐热玻璃）或高铝玻璃。它们有良好的热稳定性和耐腐蚀性，在化工生产上用来做管道或管件，也可做容器、反应器、泵、热交换器、隔膜阀等。

玻璃虽然有耐腐蚀、清洁、透明、阻力小、价格低等特点，但质脆，耐温度急变性差，不耐冲击和振动。目前已成功采用在金属管内衬玻璃或用玻璃钢加强玻璃管道，来弥补其不足之处。

4. 塑料

以高分子合成树脂为主要原料，在一定条件下塑制而成的型材或产品总称为塑料。塑料的特点是密度小、电绝缘性好、耐腐蚀、具有优良的耐磨、减摩性能，吸振性和消声性也很好。塑料的品种繁多，应用广泛。在化工行业中常用的塑料有耐酸酚醛塑料、硬质聚氯乙烯、聚四氟乙烯等。

以酚醛树脂作黏结剂，以耐酸材料（如石棉、石墨、玻璃纤维等）作填料制成耐酸酚醛塑料，用于制作各种化工设备及零部件，如容器、储槽、管道、泵等，塑料、农药、冶金等工业中应用较多。

聚氯乙烯（PVC）是我国发展最早、产量最大的塑料品种之一。它由聚氯乙烯树脂加入稳定剂、填料、增塑剂等压制而成。在聚氯乙烯树脂中加入不同的增塑剂和稳定剂，就可制成各种形式的硬质及软质制品。硬质聚氯乙烯机械强度高，电性能优良，耐酸碱的能力强，使用温度为 $-15\sim55℃$，主要用做化工设备衬里及制作贮槽、离心泵、阀门管件等。

聚四氟乙烯（简称 F-4）具有优异的绝缘性能，可以在任何频率下工作，耐蚀性极好，能耐绝大多数的强酸、强碱、强氧化剂及溶剂等，故有"塑料王"之称，使用温度为 $-180\sim250℃$。它主要用做减摩耐磨件、密封件和耐蚀件，如填料、垫片和泵、阀的零件。

5. 橡胶

橡胶具有高的弹性、一定的耐蚀性（有的品种耐油，有的品种能耐酸碱）、良好的耐磨性、吸振性、绝缘性以及足够的强度和积储能量的能力，在各行各业中均获得了广泛的应用，如胶鞋、胶管、运输带、各种轮胎、密封材料，减震零件等。橡胶的种类较多，在化工行业中主要用于衬里、密封件等。如丁基橡胶用于化工衬里，氯丁橡胶用于油罐衬、管道，氟橡胶用于化工衬里、高级密封件等。

橡胶的主要缺点是老化，即橡胶制品长期存放或使用时，逐渐被氧化而产生硬化和脆性，甚至龟裂的现象。紫外线照射、重复的屈挠、温度升高等都会导致和促使橡胶老化而丧失弹性。

6. 涂料

涂料用来涂在物体表面，然后固化形成薄涂层，起到保护和装饰等作用。传统的涂料称为油漆，但目前已出现少用或完全不用油漆，而改用各种树脂的涂料。

在化工行业中涂料用来保护设备免遭大气及酸、碱等介质的腐蚀。多数情况下用于涂刷设备管道的外表面，也常用做设备内壁的防腐蚀涂层。但由于涂层较薄，在有冲击、磨蚀作用以及强腐蚀介质的情况下，涂层容易脱落，这限制了涂料在设备内壁防腐蚀上的应用。

防腐蚀上常用的涂料有防锈漆、底漆、大漆、酚醛树脂漆、环氧树脂漆等以及某些塑料涂料如聚乙烯涂料、聚氯乙烯涂料等。

五、选材的基本原则

选择化工设备用的钢材时，除应考虑容器的工作压力、温度和介质的腐蚀性外，还要考虑钢材的加工工艺性和价格等。参考下列原则进行选择。

① 化工容器用钢一般使用由平炉、电炉或氧气顶吹转炉冶炼的镇静钢，若是受压元件用钢应符合国家标准 GB 150—2011 规定。

② 化工容器应优先选用低合金钢。低合金钢的价格比碳钢提高不多，其强度却比碳钢提高 30%～60%。按强度设计时，若使用低合金钢的壁厚可比使用碳钢减薄 15% 以上，则可采用低合金钢；否则采用碳钢。中低压容器一般可选用屈服强度 $\sigma_s = 250MPa$、300MPa、350MPa 级别的普通低合金钢。直径较大、压力较高的中压容器可选用 $\sigma_s = 400MPa$ 的普通低合金钢；高压容器则宜选用 $\sigma_s = 400～500MPa$ 的普通低合金钢。

③ 化工容器用钢应有足够的塑性和适当的强度，材料强度越高，出现焊接裂纹的可能性越大。为使钢板在加工（锤击、剪切、冷卷等）与焊接时不致产生裂纹，也要求材料具有良好的塑性和冲击韧性。故压力容器用钢板的伸长率 δ 必须大于 14%。当 $\delta < 18\%$ 时，加工时要特别注意。一般钢材冲击韧性 $a_K \geqslant 50～60J/cm^2$ 为宜。

④ 不同的钢材其弹性模量 E 的大小相差不多，因此，按刚度设计的容器（如外压容器）不宜采用强度过高的材料，选 Q235 为宜。

⑤ 对于使用场合为强腐蚀性介质的，应选用耐介质腐蚀的不锈钢，且尽量使用铬镍不锈钢钢种。

⑥ 高温容器用钢应选用耐热钢，以保证抗高温氧化和高温蠕变。因为长期在高温下工作的容器，材料内部的应力在远低于屈服点时，容器也会发生缓慢的、连续不断的塑性变形，即所谓蠕变。长期的蠕变将使设备产生过大的塑性变形，最终导致破坏。不同材料产生蠕变的温度是不一样的，碳钢大于 350℃，合金钢大于 400℃ 以上就应考虑蠕变问题。

⑦ 低温容器（工作温度低于 -20℃ 的设备统称为低温设备）用钢应考虑钢材的低温脆性问题。选用钢材时首先考虑钢种在低温时的冲击韧性。

六、化工容器与设备常用材料规范

为了确保压力容器和化工设备的安全运行，世界各国都对化工容器及设备的材料、设计、制造、使用、检验等方面提出了明确的基本要求，制订了一系列有关的规范和标准。由于化工生产工艺条件的多样性，化工容器及设备所用材料范围广、品种多，既有金属材料，又有非金属材料。其中金属材料使用较多，尤以钢材为甚。

1. 钢板

化工容器多采用钢板卷焊而成。常用的钢板及标准有以下几种。

（1）碳素结构钢和低合金结构钢热轧钢板和钢带（GB/T 3274—2017） 该标准规定了碳素结构钢和低合金结构钢热轧厚钢板和钢带的技术条件。适用于厚度为 3～400mm 的普通碳素结构钢热轧厚钢板和厚度为 3～25mm 的热轧钢带。

（2）不锈钢热轧钢板（GB/T 4237—2015）　该标准适用于一般用途的耐腐蚀的热轧钢板。规定了五个类别 95 个牌号的不锈钢热轧钢板的尺寸、外形、技术要求、试验方法、检验规则、包装标法及质量证明书等内容。在各类不锈钢中，含铬量 18％、含镍量 8％～9％ 的 18-8 型奥氏体不锈钢，因其具有优良的耐蚀性能和良好的塑性、冷变形能力及可焊性，得到广泛的应用。

（3）压力容器用钢板（GB 713—2014）　该标准适用于锅炉和中、常温压力容器受压元件用厚度为 3～250mm 的钢板。它规定了 11 种牌号压力容器钢板的尺寸、外形、技术要求（包括化学成分、冶炼方法、交货状态、力学和工艺性能、超声波探伤检查、表面质量等）、试验方法、检验规则、包装标法和质量证明书等内容。

2. 钢管

钢管在化工机械装备中应用较多。如各种接管和流体输送管道，换热器的换热管、小型设备的筒体等。应用较多的钢管品种如下。

（1）输送流体用无缝钢管（GB/T 8163—2018）　该标准适用于输送普通流体用一般无缝钢管。它规定了不同材质制造的钢管尺寸、外形及重量、技术要求、试验方法、检验规则、包装标志、质量证明书等内容。需方还可就重量允许偏差、扩口试验、冷弯试验、表面涂层、取样数量和试验方法提出附加要求。

（2）石油裂化用无缝钢管（GB 9948—2013）　该标准适用于石油化工炉管、热交换器管和压力管道用无缝钢管。规定了 15 种牌号材料制造的钢管尺寸、外形及重量、技术要求、试验方法、检验规则、包装标志、质量证明书等内容。

（3）化肥设备用高压无缝钢管（GB 6479—2013）　该标准适用于工作温度为 −40～400℃、工作压力为 10～32MPa 的化工设备和管道用优质碳素钢和合金钢的无缝钢管。

（4）高压锅炉用无缝钢管（GB/T 5310—2017）　该标准适用于制造高压及其以上压力的蒸汽锅炉、管道等用的优质碳素结构钢、合金钢和不锈耐热钢无缝钢管。高压锅炉用无缝钢管，有 24 种材料品牌。其中某些品牌可用于化肥设备。

第四节　金属材料的腐蚀与防护

一、腐蚀基本概念

金属材料在周围介质的作用下发生破坏称为腐蚀。铁生锈、铜发绿锈、铝生白斑等是常见的腐蚀现象。

在化工生产中，由于物料（如酸、碱、盐和腐蚀性气体等）往往具有强烈的腐蚀性，而化工设备被腐蚀将造成严重的后果：引起设备事故影响生产的连续性；造成跑冒滴漏，损失物料，增加原材料消耗；恶化劳动条件，提高产品成本，影响产品质量等。因此，化工设备的腐蚀与防腐问题必须认真对待。

二、腐蚀类型及机理

腐蚀的分类方法很多，其中按破坏特征分为均匀腐蚀和局部腐蚀；按腐蚀机理分为化学腐蚀和电化学腐蚀。

1. 均匀腐蚀

均匀腐蚀是材料表面均匀地遭受腐蚀，腐蚀的结果是设备壁厚的减薄［见图1-4(a)］。这种腐蚀的危险性较小。碳钢在强酸、强碱中的腐蚀属于此类。

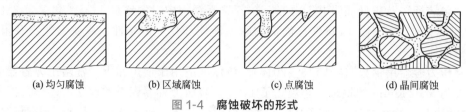

| (a) 均匀腐蚀 | (b) 区域腐蚀 | (c) 点腐蚀 | (d) 晶间腐蚀 |

图1-4　腐蚀破坏的形式

2. 局部腐蚀

局部腐蚀是指金属的局部区域产生腐蚀，包括区域腐蚀、点腐蚀、晶间腐蚀等，如图1-4(b)、(c)、(d) 所示。局部腐蚀使零件有效承载面积减小，且不易被发现，常发生突然断裂，危害性较大。

3. 化学腐蚀

化学腐蚀是指金属与干燥的气体或非电解质溶液产生化学作用引起的腐蚀。各种管式炉的炉管受高温氧化，金属在铸造、锻造、热处理过程中发生的高温氧化以及金属在苯、含硫石油、乙醇等非电解质溶液中的腐蚀均属化学腐蚀。

化学腐蚀的特点是腐蚀过程中无电流产生，且温度越高，腐蚀介质浓度越大，腐蚀速度越快。化学腐蚀后若形成致密、牢固的表面膜，则可阻止外部介质继续渗入，起到保护金属的作用。例如，铬与氧形成 Cr_2O_3，铝与氧形成 Al_2O_3 等都属于这种表面膜。

4. 电化学腐蚀

电化学腐蚀是指金属与电解质溶液产生电化学作用引起的腐蚀。金属在酸、碱、盐溶液、土壤、海水中的腐蚀属于电化学腐蚀。电化学腐蚀的特点是腐蚀过程中有电流产生。通常电化学腐蚀比化学腐蚀强烈得多，金属的破坏大多是由电化学腐蚀引起的。

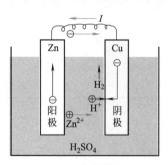

图1-5　原电池作用示意

电化学腐蚀是由于金属发生原电池作用而引起的。如图1-5所示，把两种金属（如锌和铜）用导线连接起来，放在电解质溶液（如 H_2SO_4 溶液）内，这样就构成了导电回路。回路电子将从低电位锌流向高电位铜，形成原电池。锌（阳极）不断失去原子，变为锌离子进入溶液，出现腐蚀；铜（阴极）受到保护。

电化学腐蚀过程中，其中的一极不断失去电子而被腐蚀，而另一极被保护。电化学腐蚀不仅发生在异种金属之间，同一金属的不同区域之间存在着电位差，也可形成原电池，产生电化学腐蚀。例如，各种局部腐蚀就是电化学腐蚀。

金属材料在某些腐蚀性介质，特别是在强氧化剂如硝酸、氯酸、重铬酸钾、高锰酸钾等中，随着电化学腐蚀过程的进行，在阳极金属表面逐渐形成一层保护膜（也称钝化膜），从而将阳极的溶解介质隔开，以达到控制腐蚀的目的。如 Al 表面形成 Al_2O_3。

三、材料防腐方法

1. 隔离腐蚀介质

金属防腐隔离材料有金属材料和非金属材料两大类。

非金属隔离材料主要有涂料（如涂刷酚醛树脂）、块状材料衬里（如衬耐酸砖）、塑料或橡胶衬里（如碳钢内衬氟橡胶）等。

金属隔离材料有铜（如镀铜）、镍（如化学镀镍）、铝（如喷铝）、双金属（如碳钢上压上不锈钢板）、金属衬里（碳钢上衬铅）等。

2. 电化学保护

用于腐蚀介质为电解质溶液、发生电化学腐蚀的场合，通过改变金属在电解质溶液中的电极电位，以实现防腐。有阳极保护和阴极保护两种方法。

阴极保护是将被保护的金属作为原电池的阴极，从而使其不遭受腐蚀。一种方法是：牺牲阳极保护法，它是将被保护的金属与另一电极电位较低的金属连接起来，形成一个原电池，使被保护金属作为原电池的阴极而免遭腐蚀，电极电位较低的金属作为原电池的阳极而被腐蚀［图 1-6(a)］。另一种方法是外加电流保护法，它是将被保护的金属与直流电源的阴极相连，而将另一金属片与被保护的金属隔绝，并与直流电源的阳极相连，从而达到防腐的目的［图 1-6(b)］。

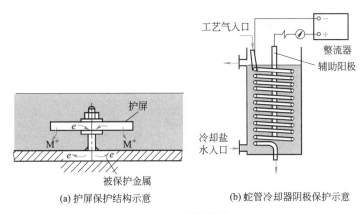

(a) 护屏保护结构示意　　　　(b) 蛇管冷却器阴极保护示意

图 1-6　**阴极保护**

阴极保护的使用已有很长的历史，在技术上较为成熟。这种保护方法广泛用于船舶、地下管道、海水冷却设备、油库以及盐类生产设备的保护；在化工生产中的应用也逐年增多，实例见表 1-2。

表 1-2　**阴极保护实例**

被保护设备	介质条件	保护措施	保护效果
不锈钢冷却蛇管	11％Na_2SO_3 水溶液	石墨作辅助阳极保护电流密度 80mA/m^2	无保护时,使用 2～3 月腐蚀穿孔。有保护时,使用 5 年以上
不锈钢制化工设备	100℃稀 H_2SO_4 和有机酸的混合液	阳极:高硅铸铁,保护电流密度:0.12～0.15A/m^2	原来一年内焊缝处出现晶间腐蚀,阴极保护后获得防止
碳钢制碱液蒸发锅	110～115℃,23％～40％ NaOH 溶液	阳极:无缝钢管,下端装有 ϕ1200mm 的环形圈。集中保护下部焊缝,保护电流密度 3A/m^2,保护电位－5V	保护前 40～50 天后焊缝处产生应力腐蚀破裂,保护后 2 年多未发现破裂

续表

被保护设备	介质条件	保护措施	保护效果
浓缩槽的加热锅蛇管	$ZnCl_2$、NH_4Cl 溶液	阳极：铅	保护前铜的腐蚀引起产品污染变色。保护后防止了钢的腐蚀，提高了产品质量
铜制蛇管	$110℃$，$54\% \sim 70\%$ $ZnCl_2$ 溶液	牺牲阳极保护，阳极：锌	使用寿命由原来的 6 个月延长至 1 年
铅管	$BaCl_2$ 和 $ZnCl_2$ 溶液	牺牲阳极保护，阳极：锌	延长设备寿命 2 年
衬镍的结晶器	$100℃$的卤化物	牺牲阳极保护，阳极：镁	解决了镍腐蚀影响产品质量的问题

阳极保护是把被保护设备接直流电源的阳极，让金属表面生成钝化膜起保护作用。阳极保护只有当金属在介质中能钝化时才能应用，且技术复杂，使用不多。但从有限的几个应用实例（表 1-3）看，这是一种保护效果好的防腐方法。

表 1-3　阳极保护实例

被保护设备	设备材料	介质条件	保护措施	保护效果
有机酸中和罐	不锈钢	在 20% NaOH 中加入 RSO_3H 进行中和	铂阴极，钝化区电位范围 $250mV$	保护前有孔蚀。保护后孔蚀大大减小。产品含铁由 $250 \times 10^{-6} \sim 300 \times 10^{-6}$ 减至 $16 \times 10^{-6} \sim 20 \times 10^{-6}$
纸浆蒸煮锅	碳钢，高 12m 直径 2.5m	NaOH $100g/L$，Na_2S $35g/L$，$180℃$	建立纯态 $4000A$，维持钝态 $600A$	腐蚀速度由 $1.9mm/a$，降至 $0.26mm/a$
废硫酸储槽	碳钢	$<85\%$ H_2SO_4，含有机物，$27 \sim 65℃$		保护度 84% 以上
H_2SO_4 储槽	碳钢	89% H_2SO_4		铁离子含量从 140×10^{-6} 降至 $2 \times 10^{-6} \sim 4 \times 10^{-6}$
H_2SO_4 槽加热盘管	不锈钢面积仅 $0.36m^2$	$100 \sim 120℃$，$70\% \sim 90\%$ H_2SO_4	钼阴极	保护前腐蚀严重，经 140h 保护后，表面和焊缝均很好

3. 缓蚀剂保护

向腐蚀介质中添加少量的物质，这种物质能够阻滞电化学腐蚀过程，从而减缓金属的腐蚀，该物质称为缓蚀剂。通过使用缓蚀剂而使金属得到保护的方法，称为缓蚀剂保护。

按照对电化学腐蚀过程阻滞作用的不同，缓蚀剂分为三种。

（1）阳极型缓蚀剂　这类缓蚀剂主要阻滞阳极过程，促使阳极金属钝化而提高耐腐蚀性，故多为氧化性钝化剂，如铬酸盐、硝酸盐等。值得注意的是，使用阳极型缓蚀剂时必须够量，否则不仅起不了保护作用，反而会加速腐蚀。

（2）阴极型缓蚀剂　这类缓蚀剂主要阻滞阴极过程。例如，锌、锰和钙的盐类如 $ZnSO_4$、$MnSO_4$、$Ca(HCO_3)_2$ 等，能与阴极反应产物 OH^- 作用生成难溶性的化合物，它们沉积在阴极表面上，使阴极面积减小而降低腐蚀速度。

（3）混合型缓蚀剂　这类缓蚀剂既能阻滞阴极过程，又能阻滞阳极过程，从而使腐蚀得到缓解。常用的有铵盐类、醛（酮）类、杂环化合物、有机硫化物等。

目前在酸洗操作和循环冷却水的水质处理中，缓蚀剂用得最普遍。而在化学工业中缓蚀剂的应用还不多。

 拓展阅读

师昌绪——"中国高温合金之父"和"材料腐蚀领域的开拓者"

师昌绪是中国著名的金属学及材料科学专家,被誉为"中国高温合金之父"和"材料腐蚀领域的开拓者"。师昌绪长期致力于材料科学研究,尤其在高温合金、合金钢、金属腐蚀与防护等领域取得了丰硕成果。1957年起,他负责合金钢和高温合金的研究与开发,成功领导开发了中国第一代空心气冷铸造镍基高温合金涡轮叶片,使中国成为继美国之后第二个自主开发这一关键材料技术的国家。

20世纪60年代初,师昌绪承担了空心涡轮叶片的研制任务。在缺乏资料和设备简陋的条件下,他带领团队成功研制出中国第一代铸造空心叶片,使中国航空发动机性能大幅提升。这一成就被形容为"用百米冲刺的速度完成了一次马拉松长跑",极大地推动了中国航空工业的发展。

师昌绪不仅在科研领域成就卓越,还积极参与国家科技战略的制定。1982年,他与多位科学家联名发表文章,呼吁发展工程科学技术,为成立中国工程院奠定了基础。1994年,中国工程院正式成立,师昌绪成为首批院士并担任副院长。

师昌绪在材料腐蚀与防护领域也有重要贡献。1982年,他主持组建了中国第一个腐蚀专业研究所——中科院金属腐蚀与防护研究所,成为我国金属材料腐蚀与防护领域的开拓者。此外,他还推动了国家重点实验室的建设与发展,提出引入外国专家参与评审的创新举措,推动中国材料科学的国际化发展。他多次组织国际学术交流活动,提升中国在国际材料科学领域的影响力。他还倡导借鉴国际先进经验,推动国家自然科学基金委员会的国际化进程。

师昌绪一生坚持科研服务国家,即使在晚年依然每天坚持上班。他强调"做人要海纳百川,诚信为本;做事要认真负责,持之以恒;做学问要实事求是,勇于探索"。他的科研工作始终围绕国家需求,为国防和经济建设做出了重要贡献。

师昌绪的一生是对国家、对科学事业无私奉献的真实写照。他用实际行动践行了"强国之志",成为中国材料科学领域的杰出代表。

思考题

1-1 化工生产有哪些特点?

1-2 化工生产对化工设备的安全性能提出了哪些要求?化工生产对化工设备的工艺性能提出了哪些要求?

1-3 化工容器由哪些主要部件组成?各部件的作用是什么?

1-4 三类压力容器划分方法的依据是什么?

1-5 GB 150采用了什么设计准则?其适应范围是什么?

1-6 材料的性能如何分类?

1-7 什么是力学性能?力学性能包括哪些?

1-8 什么是材料的强度?反映材料强度的指标有哪些?

1-9 什么是材料的疲劳?材料的疲劳对化工安全生产有哪些影响?

1-10 低温时钢材有什么特殊问题?低温用钢有什么特殊要求?

1-11　什么是热处理？热处理分为哪些种类？钢材进行热处理的目的是什么？

1-12　什么是退火？什么是正火？说明退火和正火的目的与区别。

1-13　为什么工件淬火后应及时回火？说明各种回火方法的加热温度、回火后的性能。

1-14　表面热处理的目的是什么？表面淬火与化学热处理有何区别？

1-15　化工设备中常用的金属材料有哪些？各有何用途？

1-16　化工设备中常用的非金属材料有哪些？各有何用途？

1-17　化工设备的选材原则是什么？

1-18　化工生产中常见的腐蚀类型有哪些？

1-19　化学腐蚀和电化学腐蚀有何区别？

1-20　化工设备的防腐措施有哪些？

1-21　什么是电化学保护？有哪些方法？

1-22　化工防腐中缓蚀剂保护有哪些类型？作用机理是什么？

第二章
化工设备力学基础

化工设备及其零部件在工作时都要受到各种外力作用。例如安装在室外的塔设备，要承受风力的作用；压力容器法兰连接的螺栓要承受拉力作用；搅拌轴工作时要承受物料阻力的作用等。为了使构件在外力作用下，既能安全可靠地工作，又能满足经济要求，除了需要选择适当的材料外，还要确定构件合理的截面形状和尺寸。要解决这些问题，就必须对构件进行受力分析和承载能力计算。

本章的任务就是介绍化工设备设计计算所必须掌握的力学基础知识。其主要内容可以概括为两部分。

1. 构件的受力分析

构件的受力分析主要研究构件的受力情况及平衡条件，进行受力大小的计算。其研究的构件是处于平衡状态下的构件。所谓平衡是指构件在外力作用下相对于地面处于静止或匀速直线运动状态。构件的受力分析是对构件进行承载能力分析的前提。

2. 构件的承载能力分析

构件的承载能力是指构件在外力作用下的强度、刚度和稳定性。强度是指构件抵抗外力破坏的能力。刚度是指构件抵抗变形的能力。稳定性是指构件在外力作用下保持其原有平衡状态的能力。为了确保设备在载荷作用下安全可靠地工作，构件必须具有足够的强度、刚度和稳定性。

在构件的承载能力分析中，主要研究静载荷作用下的等截面直杆的几种基本变形，即轴向拉伸和压缩变形、剪切和挤压变形、扭转变形、弯曲变形。

第一节　物体的受力分析

一、力的概念与基本性质

1. 力的概念

力的概念是人们在长期的生产实践中建立起来的。力是物体间相互的机械作用，这种作用使物体的运动状态发生改变或使物体产生变形。

使物体运动状态发生改变的效应称为力的外效应。如人推小车，小车由静止变为运动，运动的速度由慢变快，或者使运动方向有了改变。

使物体产生变形的效应称为力的内效应。如弹簧受拉力作用会伸长；桥式起重机的横梁在起吊重物时要弯曲；锻压加工时工件会变形等。

力的外效应和力的内效应总是同时产生的，在一般情况下，工程上用的构件大多是用金属材料制成的，它们都具有足够的抗变形的能力，即在外力的作用下，它们产生的变形是微小的，对研究力的外效应影响不大，在静力分析中，可以将其变形忽略不计。在外力作用下永不发生变形的物体称为刚体。本节以刚体为研究对象，只讨论力的外效应。

实践证明，力对物体的作用效应，由力的大小、方向和作用点的位置所决定，这三个因素称为力的三要素。当这三个要素中任何一个改变时，力的作用效果就会改变。如用扳手拧螺母时，作用在扳手上的力，其大小、方向或作用点位置不同，产生的效果都不一样。

力是一个具有大小和方向的矢量，图示时，常用一个带箭头的线段表示，线段长度 AB 按一定比例代表力的大小，线段的方位和箭头表示力的方向，其起点或终点表示力的作用点，如图 2-1 所示。书面表达时，用黑体字如 F 代表力矢量，并以同一字母非黑体字 F 代表力的大小（本节为了使读者掌握力矢量的概念及性质，按此规则表示力矢量，其他章节统一用白体代表力矢量）。

工程上作用在构件上的力，常以下面两种形式出现。

（1）集中力　集中作用在很小面积上的力，一般可以把它近似地看成作用在某一点上，称其为集中力。如图 2-1 所示的力 F，其单位为"牛顿"（N）或"千牛顿"（kN）。

（2）分布载荷　连续分布在一定面积或体积上的力称为分布载荷。如果分布载荷的大小是均匀的就称为均布载荷。均布载荷中，单位长度上所受的力称为载荷集度，用 q 表示，其单位为"牛顿/米"（N/m）或"千牛顿/米"（kN/m）。如卧式容器的自重、塔设备所受的风载荷都可简化为均布载荷。

2. 力的基本性质

力的性质反映了力所遵循的客观规律，它们是进行构件受力分析、研究力系简化和力系平衡的理论依据。

力的基本性质由静力学公理来说明。

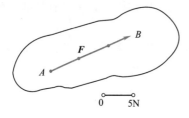

图 2-1　**力的图示**

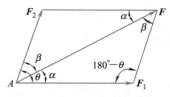

图 2-2　**力的合成**

公理一　二力平衡公理

作用在刚体上的两个力，使刚体保持平衡的必要和充分条件是：这两个力大小相等、方向相反，且作用在同一直线上。

该公理指出了刚体平衡时最简单的性质，是推证各种力系平衡条件的依据。

根据平衡公理，力的方向必在两受力点连线上。

公理二　力的平行四边形公理

作用于物体上同一点的两个力，其合力也作用在该点上，合力的大小和方向由以这两个力为邻边所作的平行四边形的对角线确定。由矢量合成法则：

$$F = F_1 + F_2$$

该公理说明了力的可加性，它是力系简化的依据。

如图 2-2 所示，F 即为 F_1 和 F_2 的合力。F 的大小可以由余弦定理计算，F 的方向可以用它与 F_1（或 F_2）之间的夹角 α（或 β）来表示

$$\left.\begin{aligned} F &= \sqrt{F_1^2 + F_2^2 - 2F_1F_2\cos\theta} \\ \tan\alpha &= \frac{F_2\sin\theta}{F_1 + F_2\cos\theta} \end{aligned}\right\} \tag{2-1}$$

力的平行四边形公理是力系合成的依据，也是力分解的法则，在实际问题中，常将合力沿两个互相正交的方向分解为两个分力，称为合力的正交分解。

公理三　加减平衡力系公理

在已知力系上加上或减去任意的平衡力系，不会改变原力系对刚体的作用效应。

现有一刚体受 F 作用 [图 2-3(a)]，作用点为 A，沿力的作用线上另一点 B 处加上等值、反向的两个力 F_1 和 F_2 [图 2-3(b)]，且 $F_1 = F_2 = F$。由于 F_1 与 F 构成平衡力系，可除去。此时原刚体就受力 F_2 的作用 [图 2-3(c)]，而与原来 F 在 A 点时的作用等效。因此，有下面的推论：

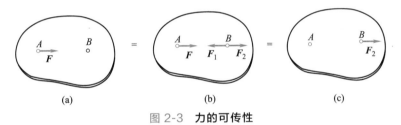

图 2-3　力的可传性

作用在刚体上某点的力，沿其作用线移到刚体内任一点，不改变它对刚体的作用。这就是力的可传性原理。例如，实践中用力拉车和用等量同方向的力去推车，效果是一样的。

由力的可传性原理可以看出，作用于刚体上的力的三要素为：力的大小、方向和力的作用线位置，不再强调力的作用点。

需要说明的是，公理一、公理三及其推论只对刚体适用，而不适用于变形体。

公理四　作用力与反作用力公理

当甲物体给乙物体一作用力时，甲物体也同时受到乙物体的反作用力，且两个力大小相等、方向相反、作用在同一直线上。

如图 2-4 所示，重物给绳一个向下的拉力 T_A，同时绳作用在重物上一个向上的拉力 T'_A，T_A 与 T'_A 互为作用力与反作用力。由此可见，力总是成对出现的。由于作用力与反作用力分别作用在两个不同物体上，因而它们不是平衡力。

二、受力图

1. 约束及约束反力

凡是对一个物体的运动（或运动趋势）起限制作用的其他物体，都称为这个物体的约束。

能使物体运动或有运动趋势的力称为主动力，主动力往往是给定的或已知的。如图 2-4 物体所受重力 G 即为主动力。

约束既然限制物体的运动，也就给予该物体以作用力，约束对被约束物体的作用力称为约束反力，简称反力。如图 2-4 所示绳给重物

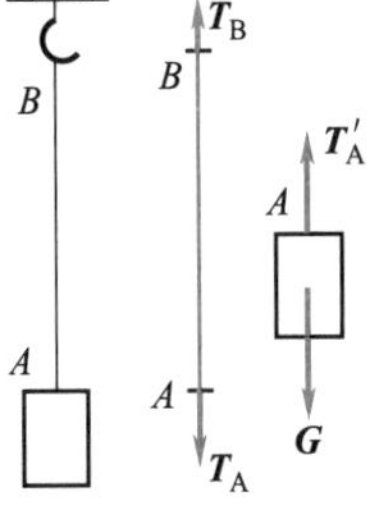

图 2-4　作用力与
约束反力

的作用力 T'_A 就是约束反力。约束反力的方向总是与约束所阻止的物体运动趋势方向相反。

约束反力的方向与约束本身的性质有关。下面介绍几种工程中常见的约束类型及其相应的约束反力。

(1) 柔性约束　绳索、链条、胶带等柔性物体形成的约束即为柔性约束。柔性物体只能承受拉力，而不能受压。作为约束，它只能限制被约束物体沿其中心线伸长方向的运动，而无法阻止物体沿其他方向的运动。因此，柔性约束产生的约束反力，通过接触点沿着柔体的中心线背离被约束物体（使被约束物体受拉）。如图 2-4 所示，重物受柔体约束反力 T'_A 的作用。

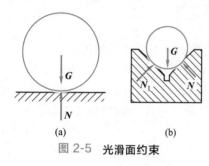

图 2-5　光滑面约束

(2) 光滑面约束　一些不计摩擦的支承表面，如导轨、汽缸壁等产生的约束称为光滑面约束。这种约束只能阻止物体沿着接触点公法线方向的运动，而不限制离开支承面和沿其切线方向的运动。因此，光滑面约束反力的方向是通过接触点并沿着公法线指向被约束的物体。如图 2-5(a) 所示，在主动力 G 的作用下，物体有向下运动的趋势，而约束反力 N 则沿着公法线垂直向上，指向圆心。图 2-5(b) 所示为轴架在 V 形铁上，V 形铁对轴的约束反力 N_1、N_2 沿接触斜面的法线方向，指向轴的圆心。

(3) 固定铰链约束　如图 2-6(a) 所示，被连接件 A 只能绕销轴 O 转动，而不能沿销轴半径方向移动。这种结构对构件 A 的约束就称为固定铰链约束。固定铰链约束通常简化为图 2-6(b) 或 (c) 所示的力学模型，其约束反力的作用线通过铰链中心，但其方向待定，可先任意假设。常用水平和铅垂两个方向的分力来表示，如图 2-6(b)、(c) 中的 N_x、N_y 所示

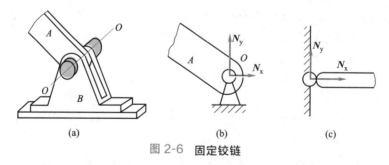

图 2-6　固定铰链

(4) 活动铰链约束　如图 2-7(a) 所示，在铰链支座下面装几个辊轴，就成为活动铰链支座。化工和石油装置中的一些管道、卧式容器及桥梁等，为了适应较大的温度变化而产生的伸长或收缩，应允许支座间有稍许的位移，这些支座可简化为活动铰链约束，其力学模型如图 2-7 所示。

活动铰链约束不限制物体沿支承面切线方向的运动，只能限制物体沿支撑面的法线方向压入支撑面的运动，其约束反力与光滑面约束相似，方向是沿着支承面法线通过铰链中心指向物体，如图 2-7(b) 所示。

工程实际中的轴承约束常可简化为固定铰链或活动铰链。

(5) 固定端约束　物体的一部分固嵌于另一物体所构成的约束，称为固定端约束，如图 2-8(a) 所示。例如，建筑物中的阳台、插入地面的电线杆、塔设备底部的约束和插入建筑结构内部的悬臂式管架等，这些工程实例都可抽象为固定端约束。固定端约束既不允许构件

作纵向或横向移动，也不允许构件转动。其力学模型如图 2-8(b) 所示。

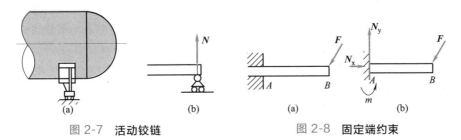

图 2-7　活动铰链　　　　图 2-8　固定端约束

固定端约束所产生的约束反力比较复杂，一般在平面力系中常简化为三个约束反力 N_x、N_y，m，如图 2-8(b) 所示。

2. 受力图画法

静力分析主要解决力系的简化与平衡问题。为了便于分析计算，应将所研究物体的受力情况用图形全部表示出来。为此，需将所研究物体假想地从相互联系的结构中"分离"出来，单独画出。这种从周围物体中单独隔离出来的研究对象，称为分离体。将研究对象所受到的所有主动力和约束反力，无一遗漏地画在分离体上，这样的图形称为受力图。

下面通过实例来说明受力图的画法。

例 2-1　重量为 G 的小球放置在光滑的斜面上，并用绳拉住，如图 2-9(a) 所示。试画小球的受力图。

解：① 以小球为研究对象，解除斜面和绳的约束，画出分离体。

② 画主动力。小球受重力 G，方向铅垂向下，作用于球心 O。

③ 画出全部约束反力。小球受到的约束有绳和斜面。绳为柔性约束，其约束反力作用在 C 点，沿绳索背离小球；小球与斜面为光滑接触，斜面对小球的约束反力 N_B 作用在 B 点，垂直于斜面（沿公法线方向），并指向球心 O 点。小球受力图见图 2-9(b)。

例 2-2　如图 2-10(a) 所示，水平梁 AB 用斜杆 CD 支撑，A、B、C 三处均为圆柱铰链连接。水平梁的重量为 G，其上放置一个重为 Q 的电动机。如斜杆 CD 所受的重力不计，试画出斜杆 CD 和水平梁 AB 的受力图。

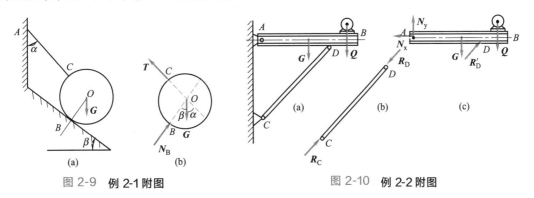

图 2-9　例 2-1 附图　　　　图 2-10　例 2-2 附图

解：① 斜杆 CD 的受力图。如图 2-10(b) 所示，将斜杆解除约束作为分离体。该杆的两端均为圆柱铰链约束，在不计斜杆自身重力的情况下，它只受到杆端两个约束反力 R_C 和 R_D 作用而处于平衡状态，故 CD 杆为二力杆。根据二力杆的特点，斜杆两端的约束反力 R_C

和 $\boldsymbol{R}_D$ 的方位必沿两端点 C、D 的连线且等值、反向。又由图可断定斜杆是处在受压状态，所以约束反力 $\boldsymbol{R}_C$ 和 $\boldsymbol{R}_D$ 的方向均指向斜杆。

② 水平梁 AB 的受力图。如图 2-10(c) 所示，将水平梁 AB 解除约束作为分离体（包括电动机）。作用在该梁上的主动力有梁和电动机自身的重力 $\boldsymbol{G}$ 和 $\boldsymbol{Q}$。梁在 D、A 两处受到约束，D 处有约束反力 $\boldsymbol{R}'_D$ 与二力杆上的力 $\boldsymbol{R}_D$ 互为作用力与反作用力，所以 $\boldsymbol{R}'_D$ 的方向必沿 CD 杆的轴线并指向水平梁。A 处为固定铰链，其约束反力一定通过铰链中心 A，但方向不能预先确定，一般可用相互垂直的两个分力 $\boldsymbol{N}_x$ 和 $\boldsymbol{N}_y$ 表示。

通过以上各例，可以把受力图的画法归纳如下：

① 明确研究对象，解除约束，画出分离体简图；

② 在分离体上画出全部的主动力；

③ 在分离体解除约束处，画出相应的约束反力。

三、平面汇交力系

1. 平面汇交力系的简化

凡各力的作用线均在同一平面内的力系，称为平面力系。各力的作用线全部汇交于一点的平面力系，称为平面汇交力系。如图 2-11 所示，滚筒、起重吊钩受力都是平面汇交力系，它是最基本的力系。

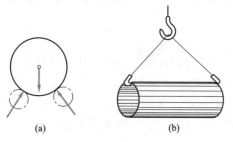

图 2-11　平面汇交力系

（1）力在坐标轴上的投影　力在坐标轴上的投影定义为：从力 $\boldsymbol{F}$ 的两端分别向选定的坐标轴 x、y 作垂线，其垂足间的距离就是力 $\boldsymbol{F}$ 在该轴上的投影。如图 2-12 所示。图中 ab 和 $a'b'$ 即为力 $\boldsymbol{F}$ 在 x 和 y 轴上的投影。

$$
\left.
\begin{array}{l}
\text{力 } \boldsymbol{F} \text{ 向 } x \text{ 轴投影用} F_x \text{ 表示：} F_x = F\cos\alpha = ab \\
\text{力 } \boldsymbol{F} \text{ 向 } y \text{ 轴投影用} F_y \text{ 表示：} F_y = F\sin\alpha = a'b'
\end{array}
\right\}
\tag{2-2}
$$

式中，α 是力 F 与 x 轴正向间的夹角。

如图 2-12 所示，若将力 $\boldsymbol{F}$ 沿 x、y 轴方向分解，则得两分力 $\boldsymbol{F}_x$、$\boldsymbol{F}_y$。

力 $\boldsymbol{F}$ 在 x 轴上的分力大小：$F_x = F\cos\alpha$

力 $\boldsymbol{F}$ 在 y 轴上的分力大小：$F_y = F\sin\alpha$

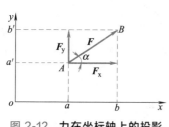

图 2-12　力在坐标轴上的投影

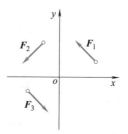

图 2-13　投影的正负

由此可知，力在坐标轴上的投影，其大小就等于此力沿该轴方向分力的大小。力的分力是矢量，而力在坐标轴上的投影是代数量，它的正负规定如下：若此力沿坐标轴的分力的指向与坐标轴一致，则力在该坐标轴上的投影为正值；反之，则投影为负值。在图 2-12 中，

力 F 在 x、y 轴的投影都为正值。图 2-13 中各力投影的正负，读者可自行判断。

若已知力在坐标轴上的投影 F_x、F_y，则力 F 的大小和方向可按下式求出：

$$\left.\begin{array}{l} F=\sqrt{F_x^2+F_y^2} \\ \tan\alpha=\dfrac{F_y}{F_x} \end{array}\right\} \tag{2-3}$$

式中，α 为力 F 与 x 轴正向间的夹角。力 F 的指向由 F_x、F_y 的正负号判定。

（2）平面汇交力系的简化　两个力合成时的投影关系，可以推广到任意多个汇交力的情况。如图 2-14 所示，设有 n 个力汇交于一点，它们的合力为 F。可以证明，合力 F 在坐标轴上的投影，等于各分力在该轴上投影的代数和，这个关系称合力投影定理。用数学式表达为：

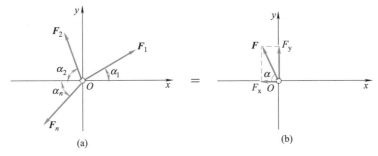

图 2-14　**平面汇交力系的合成**

$$\left.\begin{array}{l} F_x=F_{1x}+F_{2x}+\cdots+F_{nx}=\sum F_x \\ F_y=F_{1y}+F_{2y}+\cdots+F_{ny}=\sum F_y \end{array}\right\} \tag{2-4}$$

由投影 F_x、F_y 就可以求合力 F 的数值［图 2-14（b）］

$$\left.\begin{array}{l} F=\sqrt{F_x^2+F_y^2}=\sqrt{\left(\sum F_x\right)^2+\left(\sum F_y\right)^2} \\ \tan\alpha=\dfrac{F_y}{F_x}=\dfrac{\sum F_y}{\sum F_x} \end{array}\right\} \tag{2-5}$$

合力 F 的方向由 F_x、F_y 的正负决定。

2. 平面汇交力系的平衡

若平面汇交力系的合力为零，则该力系将不引起物体运动状态的改变，即该力系是平衡力系。从式（2-5）可知，平面汇交力系保持平衡的必要条件是：

$$F=\sqrt{\left(\sum F_x\right)^2+\left(\sum F_y\right)^2}=0$$

要使上式成立，必须同时满足以下两个条件：

$$\left.\begin{array}{l} \sum F_x=0 \\ \sum F_y=0 \end{array}\right\} \tag{2-6}$$

上式称为平面汇交力系的平衡方程，它的意义是：平面汇交力系平衡时，力系中所有力在 x、y 两坐标轴上投影的代数和分别等于零。

例 2-3　如图 2-15（a）所示，储罐架在砖座上，罐的半径 $r=0.5\mathrm{m}$，重 $G=12\mathrm{kN}$，两砖座间距离 $L=0.8\mathrm{m}$。不计摩擦，试求砖座对储罐的约束反力。

解：① 取储罐为研究对象，画受力图。砖座对储罐的约束是光滑面约束，故约束反力 N_A 和 N_B 的方向应沿接触点的公法线指向储罐的几何中心 O 点，它们与 y 轴夹角设为 θ。

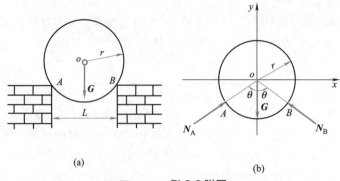

(a)　　　　　　(b)

图 2-15　例 2-3 附图

G、N_A、N_B 三个力组成平面汇交力系。如图 2-15(b) 所示。

② 选取坐标 xoy 如图示，列平衡方程求解：

$$\sum F_x = 0 \quad N_A \sin\theta - N_B \sin\theta = 0 \tag{a}$$

$$\sum F_y = 0 \quad N_A \cos\theta + N_B \cos\theta - G = 0 \tag{b}$$

解式 (a) 得

$$N_A = N_B$$

由图中几何关系可知

$$\sin\theta = \frac{L/2}{r} = \frac{0.8/2}{0.5} = 0.8$$

所以

$$\theta = 53.13°$$

代入式 (b) 得

$$N_A = N_B = \frac{G}{2\cos\theta} = \frac{12}{2\cos 53.13°} = 10 (\text{kN})$$

四、力矩和力偶

1. 力矩

如图 2-16 所示，当人们用扳手拧紧螺母时，力 F 对螺母拧紧的转动效应不仅取决于力

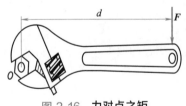

图 2-16　力对点之矩

F 的大小和方向，而且还与该力作用线到 O 点的垂直距离 d 有关。F 与 d 的乘积越大，转动效应越强，螺母就越容易拧紧。因此，在力学上用物理量 Fd 及其转向来度量力 F 使物体绕 O 点转动的效应，称为力对 O 点之矩，简称力矩，以符号 $M_O(F)$ 表示。即

$$M_O(F) = \pm Fd \tag{2-7}$$

式 (2-7) 中，O 点称为力矩的中心，简称矩心；O 点到力 F 作用线的垂直距离 d 称为力臂。式中正负号表示两种不同的转向。通常规定：使物体产生逆时针旋转的力矩为正值；反之为负值。力矩的单位是牛顿·米（N·m）或千牛顿·米（kN·m）。

在平面问题中，由分力 F_1、F_2、$\cdots$、F_n 组成的合力 F 对某点 O 的力矩等于各分力对同一点力矩的代数和。这就是合力矩定理（证明从略）。

即：　　　　$M_O(F) = M_O(F_1) + M_O(F_2) + \cdots + M_O(F_n) = \sum M_O(F)$

合力矩定理不仅适用于平面汇交力系，而且也同样适用于平面一般力系。

由力矩定义可知：

① 如果力的作用线通过矩心，则该力对矩心的力矩等于零，即该力不能使物体绕矩心转动；

② 当力沿其作用线移动时，不改变该力对任一点之矩；

③ 等值、反向、共线的两个力对任一点之矩总是大小相等、方向相反，因此两者的代数和恒等于零；

④ 矩心的位置可以任意选定，即力可以对其作用平面内的任意点取矩，矩心不同，所求的力矩的大小和转向就可能不同。

2. 力偶

（1）力偶的概念　力学上把一对大小相等、方向相反，作用线平行且不重合的力组成的力系称为力偶，通常用（F，F'）表示。力偶中两个力所在的平面称为力偶的作用面，两力作用线之间的垂直距离 d 称为力偶臂，如图 2-17 所示。实践证明，力偶对物体的转动效应，不仅与力偶中力 F 的大小成正比，而且与力偶臂 d 的大小成正比。F 与 d 越大，转动效应越显著。因此，力学上用两者的乘积 Fd 来度量力偶对物体的转动效应，这个物理量称为力偶矩，记作 M（F，F'）或简单地以 M 表示

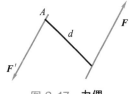

图 2-17　力偶

$$M=M(F,F')=\pm Fd \tag{2-8}$$

力偶矩与力矩一样，也是代数量，正负号表示力偶的转向，其规定与力矩相同，即逆正顺负。单位也和力矩相同，常用 N·m 和 kN·m。

力偶对物体的转动效应取决于力偶矩的大小、转向和力偶的作用面，称这三个因素为力偶的三要素，常用图 2-18(a)、(b) 所示的方法表示力偶矩的大小、转向、作用面。

（2）力偶的性质　根据力偶的概念，可以证明力偶具有以下性质。

① 力偶无合力。如图 2-19 所示，在力偶作用平面内取坐标轴 x、y。由于构成力偶的两平行力是等值、反向（但不共线），故在 x、y 轴上投影的代数和为零。这一性质说明力偶无合力，所以它不能用一个力来代替，也不能用一个力来平衡，力偶只能用力偶来平衡，由此可见，力偶是一个不平衡的、无法再简化的特殊力系。

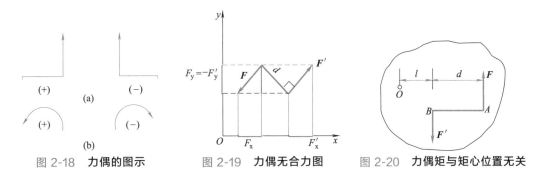

图 2-18　力偶的图示　　　　图 2-19　力偶无合力图　　　图 2-20　力偶矩与矩心位置无关

② 力偶的转动效应与矩心的位置无关。如图 2-20 所示，设物体上作用一力偶（F，F'），其力偶矩 $M=Fd$。在力偶作用平面内任取一点 O 为矩心，将力偶中的两个力 F、F' 分别对 O 点取矩，其代数和为：

$$M=M_O(\boldsymbol{F})+M_O(\boldsymbol{F}')=F(d+l)-Fl=Fd$$

这表明，力偶中两个力对其作用面内任一点之矩的代数和为一常数，恒等于其力偶矩。而力对某点之矩，矩心的位置不同，力矩就不同，这是力偶与力矩的本质区别之一。

③ 力偶的等效性。大量实践证明，凡是三要素相同的力偶，彼此等效。如图 2-21(a)、(b)、(c) 所示，作用在同一平面内的三个力偶，它们的力偶矩都等于 240N·cm，转向也相同，因此，它们互为等效力偶，可以相互代替。有时就用一个带箭头的弧线来表示一个力偶，如图 2-21(d) 所示。

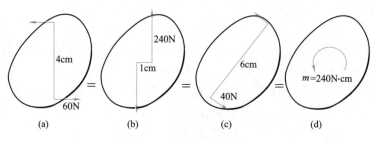

图 2-21 **力偶的等效性**

（3）平面力偶系的合成与平衡　作用于同一物体上的若干个力偶组成一个力偶系，若力偶系中各力偶均作用在同一平面，则称为平面力偶系。

既然力偶对物体只有转动效应，而且，转动效应由力偶矩来度量，那么，平面内有若干个力偶同时作用时（平面力偶系），也只能产生转动效应，且其转动效应的大小等于各力偶转动效应的总和。可以证明，平面力偶系合成的结果为一合力偶，其合力偶矩等于各分力偶矩的代数和。即

$$M=m_1+m_2+\cdots+m_n=\sum m \tag{2-9}$$

若物体在平面力偶系作用下处于平衡状态，则合力偶矩必定等于零，即

$$M=\sum m=0 \tag{2-10}$$

上式称为平面力偶系的平衡方程。利用这个平衡方程，可以求出一个未知量。

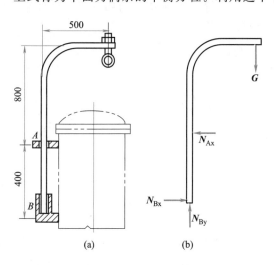

图 2-22 **例 2-4 附图**

例 2-4　图 2-22(a) 为塔设备上使用的吊柱，供起吊顶盖之用。吊柱由支承板 A 和支承托架 B 支承，吊柱可在其中转动。图中尺寸单位为 mm。已知起吊顶盖重量为 1000N，试求起吊顶盖时，吊柱 A、B 两支承处受到的约束反力。

解：① 以吊柱为研究对象，支承板 A 对吊柱的作用可简化为向心轴承，它只能阻止吊柱沿水平方向的移动，故该处只有一个水平方向的反力 $\boldsymbol{N}_{Ax}$。支承托架 B 可简化为一个固定铰链约束，它能阻止吊柱铅垂向下、水平两个方向的移动，故该处有一个铅垂向上的反力 $\boldsymbol{N}_{By}$，一个水平反力 $\boldsymbol{N}_{Bx}$。画出吊柱的

受力图如图 2-22(b) 所示。

② 吊柱上共有四个力作用，其中 G 和 N_{By} 是两个铅垂的平行力，N_{Ax}、N_{Bx} 是两个水平的平行力，由于吊柱处于平衡状态，它们必互成平衡力偶。

由力偶（G，N_{By}）可知 N_{By} 的大小为

$$N_{By} = G = 1000 \text{（N）}$$

由 $\sum m = 0$ 得

$$-G \times 500 + N_{Ax} \times 400 = 0$$

$$N_{Ax} = \frac{1000 \times 500}{400} = 1250 \text{（N）}$$

$$N_{Bx} = N_{Ax} = 1250 \text{（N）}$$

五、平面一般力系

1. 力的平移

有了力偶的概念以后，可进一步讨论力的平移问题。

如图 2-23(a) 所示，设有一力 F 作用在物体上的 A 点，今欲将其平行移动（平移）到 O 点。如图 2-23(b) 所示，在 O 点加一对平衡力 F' 和 F''，其大小和力 F 相等，且平行于 F。根据加减平衡力系公理，这时，三个力 F、F'、F'' 对物体的作用效果与原来的一个力 F 对物体的作用效果是相同的。F、F'、F'' 三力中，F'' 和 F 两力是等值、反向，但不共线的平行力，因而它们构成一个力偶，通常称为附加力偶，其臂长为 d，其力偶矩 m 恰好等于原力 F 对 O 点之矩。即

$$m = M_O(F) = Fd$$

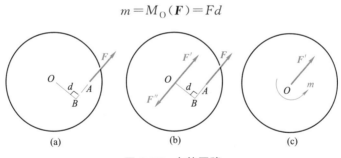

图 2-23　力的平移

而剩下的力 F'，即为由 A 点平移到 O 点的力。于是，原来作用在 A 点的力 F，现在被一个作用在 O 点的力 F' 和一个附加力偶（F，F''）所代替 ［图 2-23(c)］，显然它们是等效的。

由上可知：作用在物体上某点的力，可平行移动到该物体上的任意一点，但平移后必须附加一个力偶，其力偶矩等于原力对新作用点之矩，这就是力的平移定理。力的平移定理只适用于刚体，它是平面一般力系简化的理论依据。

2. 平面一般力系的简化

各力作用线任意分布的平面力系，称为平面一般力系。

如图 2-24(a) 所示，设物体上作用着一个平面一般力系：F_1、F_2、F_3、F_4。在物体上任意选取 O 点作为简化中心。根据力的平移定理将此四个力平移到 O 点，最后得到一个汇交于 O 点的平面汇交力系和一个平面力偶系，如图 2-24 (b)所示。换言之，原来的平面一

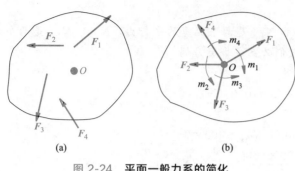

图 2-24　平面一般力系的简化

般力系与一个平面汇交力系和一个平面附加力偶系等效。

3. 平面一般力系的平衡

根据上述平面一般力系的简化结果，若简化后的平面汇交力系和平面附加力偶系平衡，则原来的平面一般力系也一定平衡。因此，只要综合上述两个特殊力系的平衡条件，就能得出平面一般力系的平衡条件。具体地说：

① 平面汇交力系合成的合力为零，$F=0$；

② 平面力偶系合成的合力偶矩为零，$\sum M_O=0$。

当同时满足这两个要求时，平面一般力系作用的物体既不能移动，也不能转动，即物体处于平衡状态。

由平面汇交力系的平衡条件可知，欲使合力 $F=0$，则必须使 $\sum F_x=0$ 及 $\sum F_y=0$，因此得到平面一般力系的平衡方程为

$$\left.\begin{array}{l}\sum F_x=0\\\sum F_y=0\\\sum M_O=0\end{array}\right\}\qquad(2\text{-}11)$$

由这组平面一般力系的平衡方程，可以解出平衡的平面一般力系中的三个未知量。

例 2-5　悬臂吊车如图 2-25(a) 所示。横梁 AB 长 $L=2.5\text{m}$，自重 $G_1=1.2\text{kN}$。拉杆 BC 倾斜角 $\alpha=30°$，自重不计。电葫芦连同重物共重 $G_2=7.5\text{kN}$。当电葫芦在图示位置 $a=2\text{m}$ 匀速吊起重物时，求拉杆 BC 的拉力和支座 A 的约束反力。

解：① 取横梁 AB 为研究对象，画其受力图，如图 2-25(b) 所示。

② 建立直角坐标系 x-y，如图 2-25(b) 所示，列平衡方程求解。

由　　　　　　　　　　$\sum M_A=0$　　$TL\sin\alpha-G_1\dfrac{L}{2}-G_2a=0$

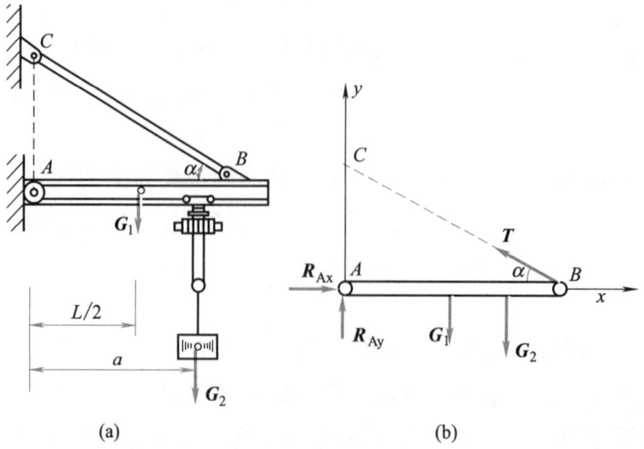

图 2-25　例 2-5 附图

得
$$T=\frac{G_1 L+2G_2 a}{2L\sin\alpha}=\frac{1.2\times2.5+2\times7.5\times2}{2\times2.5\times\sin30°}=13.2 \ (kN)$$

由
$$\sum F_x=0 \quad R_{Ax}-T\cos\alpha=0$$

得
$$R_{Ax}=T\cos\alpha=13.2\times\cos30°=11.4 \ (kN)$$

由
$$\sum F_y=0 \quad R_{Ay}-G_1-G_2+T\sin\alpha=0$$

得
$$R_{Ay}=G_1+G_2-T\sin\alpha=1.2+7.5-13.2\times\sin30°=2.1 \ (kN)$$

例 2-6 如图 2-26(a) 所示的塔设备，塔重 $G=450kN$，塔高 $h=30m$，塔底用螺栓与基础紧固连接。塔体的风力可简化为两段均布载荷，$h_1=h_2=15m$，h_1 段均布载荷的载荷集度为 $q_1=380N/m$；h_2 段载荷集度为 $q_2=700N/m$。试求塔设备在支座处所受的约束反力。

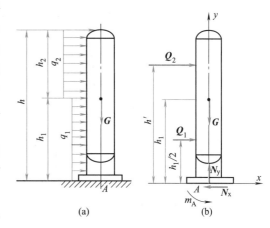

解：由于塔设备与基础用地脚螺栓牢固连接，塔既不能移动，也不能转动，所以可将基础对塔设备的约束视为固定端约束。

① 选塔体为研究对象，分析其受力情况。作用在塔体上的主动力有塔身的重力 G 和风力 q_1、q_2，塔底处为固定端约束，故有约束反力

图 2-26 **例 2-6 附图**

N_x、N_y 和 m_A，其中 N_x 防止塔体在风力作用下向右移动，N_y 防止塔体因自重而下沉，而 m_A 则限制塔体在风力作用下绕 A 点转动。在计算支座反力时，均布载荷 q_1 和 q_2 可用其合力 Q_1 和 Q_2 表示，它们分别作用在塔体两段受载部分的中点即 $h_1/2$ 和 $h'=h_1+h_2/2$ 处，合力的大小分别为 $Q_1=q_1 h_1$，$Q_2=q_2 h_2$，方向与风力方向一致。约束反力 N_x、N_y 和 m_A 的大小未知，但它们的指向和转向可预先假定。其受力图如图 2-26(b) 所示。

② 在塔体受力图上建立直角坐标系 yAx，选取 A 点为矩心。

③ 列平衡方程，求解未知力。

由
$$\sum F_x=0 \quad Q_1+Q_2-N_x=0$$

得
$$N_x=Q_1+Q_2=q_1 h_1+q_2 h_2=380\times15+700\times15=16200N=16.2 \ (kN)$$

由
$$\sum F_y=0 \quad N_y-G=0$$

得
$$N_y=G=450 \ (kN)$$

由
$$\sum M_A=0$$

$$m_A-Q_1\frac{h_1}{2}-Q_2\left(h_1+\frac{h_2}{2}\right)=0$$

$$m_A=Q_1\frac{h_1}{2}+Q_2\left(h_1+\frac{h_2}{2}\right)=q_1 h_1\frac{h_1}{2}+q_2 h_2\left(h_1+\frac{h_2}{2}\right)$$

$$=380\times15\times\frac{15}{2}+700\times15\left(15+\frac{15}{2}\right)=279000 \ (N\cdot m)=279 \ (kN\cdot m)$$

计算求得的 N_x、N_y 和 m_A 均为正值，说明受力图上假定的指向和转向与实际指向和转向相同。

第二节　轴向拉伸与压缩

一、轴向拉伸与压缩的概念

承受拉伸或压缩的杆件，工程实际中是很常见的。例如压力容器法兰的连接螺栓[图 2-27(a)]，就是受拉伸的杆件，而容器的支脚［图 2-27(b)、图 2-27(c)］和千斤顶的螺杆（图 2-28），则是受压缩的杆件。这类杆件的受力特点是：作用在直杆两端的外力大小相等、方向相反，且外力的作用线与杆的轴线重合。其变形特点是：沿着杆的轴线方向伸长或缩短。这种变形称为轴向拉伸或轴向压缩。

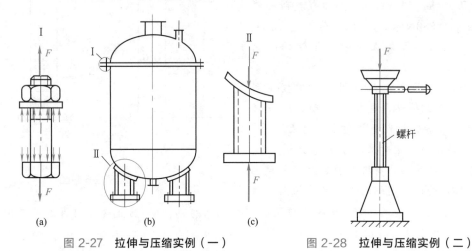

图 2-27　拉伸与压缩实例（一）　　　　图 2-28　拉伸与压缩实例（二）

二、轴向拉伸与压缩时横截面上的内力

1. 内力的概念

研究构件的强度时，把构件所受作用力分为外力与内力。外力是指其他构件对所研究构件的作用力，它包括载荷（主动力）和约束反力。内力是指构件为抵抗外力作用，在其内部产生的各部分之间的相互作用力。内力随外力的增大而增大，但内力的增大是有限度的，当达到一定限度时，构件就要破坏。这说明构件的破坏与内力密切相关。因此，计算构件的强度时，首先应求出在外力作用下构件内部所产生的内力。

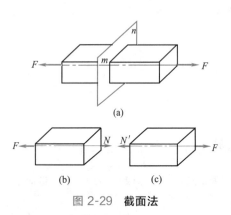

图 2-29　截面法

2. 截面法

内力普遍采用的方法是截面法。即欲求某截面上的内力时，就假想沿该截面将构件用图 2-29 所示截面法截开，然后在截面标示出内力，再应用静力平衡方程求出内力。如图 2-29(a) 所示，杆件受拉力 F 作用，假想沿 m-n 截面将杆件截为两段，任取其中一段（此处取左段）作为研究对象［图 2-29(b)］，由于各段仍保持平衡状态，所以在横截面上有力 N 作用，它代表着杆右段对左段的作用，这个力就是截面 m-n 上的内力。由于内力是

分布在整个截面上的力，所以，应把集中力 N 理解为这些分布力的合力。它的大小可由静力平衡方程求得

$$\sum F_x = 0 \quad N - F = 0$$
$$N = F$$

如取右段为研究对象，则可求出右段上的内力 $N' = F$ [图 2-29(c)]。力 N 与 N' 是左右两段的相互作用力，它们必然大小相等、方向相反。

轴向拉压时，横截面上的内力与杆件的轴线相重合，这种内力称为轴力，常用符号 N 表示。通常规定，拉伸时的轴力为正；压缩时的轴力为负。

当杆件受到两个以上的轴向外力作用时，则在杆的不同段内将有不同的轴力。为了清晰地表示杆件各横截面上的轴力，常把轴力随横截面位置的改变而变化的情况用图线表示出来。一般是以直杆的轴线为横坐标，表示横截面的位置，而以垂直于杆轴线的坐标为纵坐标，表示横截面上的轴力，按一定的比例，正的轴力画在横坐标上方，负的画在下方，这样绘制出来的图形，称为轴力图。轴力图可反映轴力沿杆轴线的变化情况。

例 2-7　如图 2-30(a) 所示，构件受力 F_1、F_2、F_3 作用，求截面 1-1、2-2 上的内力，并画出构件的轴力图。

解：(1) 求截面 1-1 上的内力

假想在 1-1 处将杆件截为两段，取左段为研究对象，画出受力图 [图 2-30(b)]。由静力平衡方程

$$\sum F_x = 0 \quad\quad 得$$
$$N_1 - F_1 = 0$$
$$N_1 = F_1$$

AC 段各横截面的内力均为 $N_1 = 1\text{kN}$。

(2) 求截面 2-2 上的内力

从 2-2 处"截开"杆件后，其左段的受力图如 2-30(c) 所示。由静力平衡方程得

$$N_2 - F_1 + F_3 = 0$$
$$N_2 = F_1 - F_3 = 1 - 3 = -2 \text{ (kN)}$$

截面 2-2 上的内力 N_2 为负值，说明实

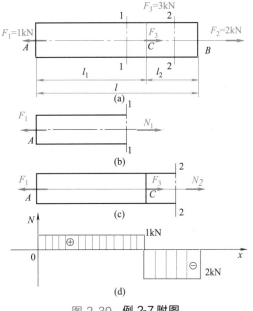

图 2-30　例 2-7 附图

际方向与假定方向（受拉）相反，为压力 2kN。CB 段各横截面的内力均为 $N_2 = -2\text{kN}$。

(3) 画轴力图

取 N-x 坐标系，由于每段内各横截面上的轴力不变，根据 N_1、N_2 的大小，按适当的比例，并注意 N_1、N_2 的正负号，在各段杆长范围内画出两条水平线，即可得到该构件的轴力图，如图 2-30(d) 所示。

从轴力图上便可确定最大轴力的数值及其所在的横截面位置。在此例中，CB 段的轴力最大，即 $|N_{max}| = |N_2| = 2\text{kN}$ 且为压力。

三、轴向拉伸与压缩时的强度计算

1. 轴向拉压时的应力

求出拉压杆件的轴力之后，还不能判断杆件的强度是否足够。例如两根材料相同，粗细

不等的杆件，在相同拉力作用下，它们的内力是相等的。当拉力逐渐增大时，细杆必然先被拉断。这说明杆件的强度不仅与内力有关，还与横截面面积有关。实验证明，杆件的强度须用单位面积上的内力来衡量。单位面积上的内力称为应力。应力达到一定程度时，杆件就发生破坏。

杆件受拉伸或压缩时，其横截面上的内力是均匀分布的。因而，横截面上的应力也是均匀分布的，它的方向与横截面垂直，称为正应力，其计算公式为

$$\sigma = \frac{N}{A} \tag{2-12}$$

式中　N——横截面上的轴力，N；

　　　A——横截面面积，mm^2。

当正应力 σ 的作用使构件拉伸时为正，压缩时 σ 为负。

应力的单位是 N/m^2，称为帕（Pa）。因这个单位太小，常用兆帕（MPa）表示。

$$1MPa = 10^6 Pa = 10^6 N/m^2 = 1N/mm^2$$

2. 许用应力与强度条件

杆件是由各种材料制成的。材料所能承受的应力是有限度的，只有当杆件中的最大应力 σ_{max}（称为工作应力）小于或等于其材料的许用应力时，杆件才具有足够的强度。许用应力常用符号 $[\sigma]$ 表示。即

$$\sigma_{max} = \frac{N}{A} \leqslant [\sigma] \tag{2-13}$$

式（2-13）称为拉（压）杆的强度条件，是拉（压）杆强度计算的依据。产生 σ_{max} 的截面，称为危险截面。等截面直杆的危险截面位于轴力最大处。

根据强度条件，可解决以下三方面的问题。

① 强度校核。已知构件所受载荷、截面尺寸和材料的情况下，强度是否满足要求，可由式（2-13）决定。符合 $\sigma_{max} \leqslant [\sigma]$ 为强度足够，安全可靠；不符合，则强度不够，表明构件工作不安全。

② 设计截面。已知构件所受的载荷和所用材料，则构件的横截面面积可由下式决定

$$A \geqslant \frac{N_{max}}{[\sigma]} \tag{2-14}$$

③ 计算许可载荷。已知构件横截面面积及所用材料就可以按式（2-15）计算构件所能承受的最大轴力，即

$$N_{max} \leqslant [\sigma] A \tag{2-15}$$

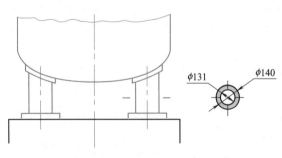

图 2-31　例 2-8 附图

根据构件的受力情况，确定构件的许用载荷。

对上述三类问题的计算，根据有关设计规范，最大应力不允许超过许用应力的 5%。

例 2-8　如图 2-31 所示，储罐每个支脚承受的压力 $F = 90kN$，它是用外径为 140mm、内径为 131mm 的钢管制成的。已知钢管许用应力 $[\sigma] = 120MPa$，试校

核支脚的强度。

解：支脚的轴力为压力

$$N = F = 90 \ (kN)$$

支脚的横截面面积

$$A = \frac{\pi}{4} \ (140^2 - 131^2) = 1916 \ (mm^2)$$

压应力

$$\sigma = \frac{N}{A} = \frac{90 \times 10^3}{1916} = 46.9 \ (MPa) < [\sigma] = 120 \ (MPa)$$

所以支脚的强度足够。

四、轴向拉压时的变形

1. 轴向变形与横向变形

杆件受拉压作用时，它的长度将发生变化，拉伸时伸长，压缩时缩短。设杆件原长为 l，拉伸或压缩后长度为 l_1，则杆件的伸长量 Δl 为

$$\Delta l = l_1 - l$$

原长不等的杆件，其变形 Δl 相等时，它们变形的程度并不相同。因此，用 Δl 与原长 l 的比值表示杆件的变形程度，即

$$\varepsilon = \frac{\Delta l}{l} \tag{2-16}$$

式中，ε 称为相对变形，也称为应变。它是一个无因次量，工程中也用百分数表示。

杆件轴向伸长（或缩短）时，它的横向尺寸将缩短（或伸长），若杆件的横向尺寸原为 d，受拉时变为 d_1，则杆件横向缩短为

$$\Delta d = d_1 - d$$

横向的相对变形，即横向应变 ε' 为

$$\varepsilon' = \frac{\Delta d}{d}$$

横向应变 ε' 与轴向应变 ε 之比的绝对值称为横向变形系数或泊松比 μ，即

$$\mu = \left| \frac{\varepsilon'}{\varepsilon} \right|$$

μ 也是一个无因次量，对于一定的材料，μ 为定值。如钢材的 μ 值一般为 0.3 左右。

2. 虎克定律

实验证明，杆件受拉伸或压缩作用时，变形与轴力之间存在一定的关系。当应力未超过某一限度（称为材料的比例极限）时，杆件的绝对变形 Δl 与轴力 N、原长 l 成正比，而与杆件的横截面面积成反比，即

$$\Delta l \propto \frac{Nl}{A}$$

引进比例系数 E，可将上式写成等式

$$\Delta l = \frac{Nl}{EA} \tag{2-17}$$

式中，E 仅与材料的性能有关，称为材料的拉压弹性模量。这个关系称为拉压虎克定律。

将式（2-17）等式两边各除以原长 l，则得

$$\varepsilon = \frac{\sigma}{E} \quad 或 \quad \sigma = E\varepsilon \tag{2-18}$$

这是虎克定律的另一种表达形式：当应力未超过材料的比例极限时，杆件的应力与应变成正比。

对于某种材料，在一定温度下，E 有一确定的数值。常用材料在常温下的 E 值列于表 2-1 中。须注意 ε 无单位，E 的单位与应力的单位相同，即常采用 Pa 或 MPa。

表 2-1　常用材料在常温下的 E、μ 值

材料	$E \times 10^5$/MPa	μ	材料	$E \times 10^5$/MPa	μ
碳钢	1.96～2.16	0.24～0.28	铝及其合金	0.71	0.33
合金钢	1.86～2.16	0.24～0.3	混凝土	0.14～0.35	0.16～0.18
铸铁	1.13～1.57	0.23～0.27	橡胶	0.00078	0.47
铜及其合金	0.73～1.28	0.31～0.42			

五、材料拉伸与压缩时的力学性能

所谓材料的力学性能（机械性能），是指材料从开始受力到破坏为止的整个过程中所表现出来的各种性能，如弹性、塑性、强度、韧性、硬度等。这些性能指标是进行强度、刚度设计和选择材料的重要依据。

低碳钢和铸铁是工程上常用的两类典型材料，它们在拉伸和压缩时所表现出来的力学性能具有广泛的代表性。这里主要介绍这两种材料在常温静载下受拉伸和压缩时所表现出来的力学性能。

1. 低碳钢拉伸时的力学性能

试验前，把要进行试验的材料做成如图 2-32 所示的标准试件，其标距 l 有 $l = 5d$ 和 $l = 10d$ 两种规格。试验时，将试件的两端装夹在试验机上，然后在其上施加缓慢增加的拉力，直到把试件拉断为止。在不断缓慢增加拉力的过程中，试件的伸长量 Δl 也逐渐增大。在试验机的测力表盘上可以读出一系列的拉力 F 值，同时可以测出与每一个 F 值所对应的 Δl 值。若以伸长量 Δl 为横坐标，以拉力 F 为纵坐标，可

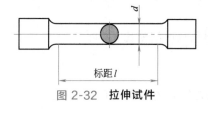

图 2-32　拉伸试件

以做出拉力 F 与绝对变形 Δl 关系的曲线——拉伸图。一般的试验机上有自动绘图装置，可以自动绘出拉伸图。

为了消除试件尺寸的影响，将拉力 F 除以试件横截面面积 A 得 σ，又将 Δl 除以试件原标距 l 得 ε。以应力 σ 为纵坐标、应变 ε 为横坐标，可以得到应力应变关系曲线——应力应变图（或称 σ-ε 曲线），如图 2-33 所示。以 Q235 钢的 σ-ε 曲线为例，讨论低碳钢在拉伸时的力学性能。

（1）比例极限 σ_p　σ-ε 曲线的 oa 段是斜

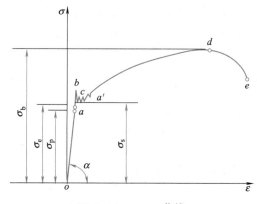

图 2-33　σ-ε 曲线

直线，这说明试件的应变与应力成正比，材料符合虎克定律 $\sigma = E\varepsilon$。oa 段的斜率 $\tan\alpha = E$，直线部分最高点 a 点所对应的应力值 σ_p，是材料符合虎克定律的最大应力值，称为材料的比例极限。Q235 钢的比例极限 $\sigma_p \approx 200\mathrm{MPa}$。

（2）弹性极限 σ_e 当应力超过材料比例极限 σ_p 后，图上 aa' 已不是直线，这说明应力与应变不再成正比，材料不符合虎克定律。但是，当应力值不超过 a' 点对应的应力值 σ_e 时，拉力 F 解除后，变形也完全随之消失，试件恢复原长，材料只出现弹性变形。应力值若超过 σ_e，即使把拉力 F 全部解除，试件也不能恢复原长，会保留有残余变形，这部分不可恢复的残余变形称为塑性变形。a' 点对应的应力值 σ_e 是材料只出现弹性变形的极限应力值，称为弹性极限。实际上 a' 与 a 两点非常接近，在应用时通常对比例极限和弹性极限不作严格区分。Q235 钢的弹性极限 σ_e 近似等于 200MPa。

试件的应力在从零缓慢增加到弹性极限 σ_e 的过程中，只产生弹性变形，不产生塑性变形，故 σ-ε 曲线上从 o 至 a' 这一阶段叫弹性阶段。

（3）屈服点 σ_s 当应力超过弹性极限 σ_e 后，σ-ε 图上出现一段近似与横坐标轴平行的小锯齿形曲线 bc。说明这一阶段应力虽有波动，但几乎没有增加，而变形却在明显增加，材料好像失去了抵抗变形的能力。这种应力大小基本不变而应变显著增加的现象称为屈服或流动。图上从 b 至 c 所对应的过程叫屈服阶段。这一阶段应力波动的最低值 σ_s 称为材料的屈服点。如果试件表面光滑，可在试件表面上看到与轴线成 45°角的条纹（图 2-34）。一般认为，这是材料内部的晶粒沿最大剪应力方向相对滑移的结果，这种滑移是造成塑性变形的根本原因。因此，屈服阶段的变形主要是塑性变形。塑性变形在工程上一般是不允许的，所以屈服点 σ_s 是材料的重要强度指标。Q235 钢的 $\sigma_s = 235\mathrm{MPa}$。

（4）强度极限 σ_b 经过屈服阶段以后，曲线从 c 点开始逐渐向上凸起，这意味着要继续增加应变，必须增加应力，材料恢复了抵抗变形的能力，这种现象称为材料的强化。从 c 点到 d 点所对应的过程叫强化阶段，曲线最高点 d 对应的应力 σ_b 是试件断裂前所承受的最大应力值，称为强度极限。强度极限 σ_b 是表示材料强度的另一个重要指标。Q235 钢的强度极限 $\sigma_b = 400\mathrm{MPa}$。

在应力值小于强度极限 σ_b 时，试件的变形是均匀的。当应力达到 σ_b 后，在试件的某一局部，纵向变形显著增加，横截面积急剧减小，出现颈缩现象，如图 2-35 所示，试件被迅速拉断。颈缩现象出现后，试件继续变形所需的拉力 F 也相应减小，用原始面积算出的应力值 F/A 也随之下降，所以 σ-ε 曲线出现了 de 部分。在 e 点试件断裂。曲线上从 d 点至 e 点所对应的过程叫颈缩阶段。

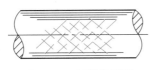

图 2-34　材料的屈服

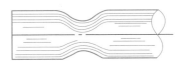

图 2-35　颈缩现象

（5）伸长率 δ 和断面收缩率 ψ

伸长率为

$$\delta = \frac{l_1 - l_0}{l_0} \times 100\%$$

式中　l_0——试件标距；

　　　l_1——试件拉断后的长度；

　　　l_1-l_0——塑性变形。

　　δ 值的大小反映材料塑性的好坏。工程上一般把 $\delta>5\%$ 的材料称为塑性材料，如低碳钢、铜、铝等；将 $\delta<5\%$ 的材料称为脆性材料，如铸铁等。Q235 钢的 $\delta=25\%\sim27\%$。断面收缩率为

$$\psi=\frac{A_0-A_1}{A_0}\times100\%$$

式中　A_0——试件横截面原始面积；

　　　A_1——试件断口处的横截面面积。

　　ψ 值的大小也反映材料的塑性好坏。Q235 钢的 $\psi=60\%$，它是典型的塑性材料。

2. 其他材料拉伸时的力学性能

　　图 2-36(a) 为伸长率 $\delta>10\%$ 的几种没有明显屈服阶段的塑性材料拉伸时的力学性能。由它们的应力-应变曲线图可以看出，在拉伸的开始阶段，σ-ε 也成直线关系（青铜除外），符合虎克定律。与 Q235 钢相比，这些塑性材料并没有明显的屈服阶段。对于没有明显屈服阶段的塑性材料，工程上常采用名义屈服极限 $\sigma_{0.2}$ 作为其强度指标。$\sigma_{0.2}$ 是产生 0.2% 塑性应变时的应力值，如图 2-36(b) 所示。

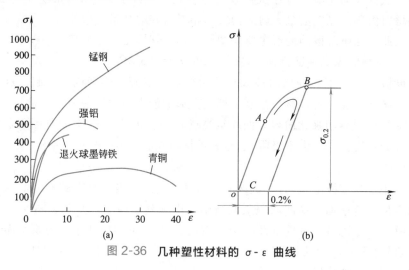

图 2-36　几种塑性材料的 σ-ε 曲线

　　灰铸铁压缩试验时曲线上也没有真正的直线部分，材料只是近似地符合虎克定律，压缩过程中没有屈服现象。灰铸铁压缩破坏时，变形很小，而且是沿着与轴线大致成 45° 的斜截面断裂。值得注意的是，灰铸铁的抗压强度极限比抗拉强度极限大约高 4 倍，故常用灰铸铁等脆性材料作承受压缩的构件。

3. 许用应力

　　材料丧失正常工作能力时的应力，称为极限应力。通过对材料力学性能的研究，知道塑性材料和脆性材料的极限应力分别为屈服点和强度极限。为了确保构件在外力作用下安全可靠地工作，考虑到由于理论计算的近似性和实际材料的不均匀性，当构件中的应力接近极限应力时，构件就处于危险状态。为此，必须给构件工作时留有足够的强度储备。即将极限应

力除以一个大于 1 的系数 n 作为构件工作时允许产生的最大应力，这个应力称为许用应力，常以 $[\sigma]$ 表示。

对于塑性材料 $$[\sigma] = \frac{\sigma_s}{n_s}$$

对于脆性材料 $$[\sigma] = \frac{\sigma_b}{n_b}$$

式中，n_s、n_b 分别为屈服安全系数和断裂安全系数，它的选取涉及安全与经济的问题。根据有关设计规范，对一般构件常取 $n_s = 1.5 \sim 2$、$n_b = 2 \sim 5$。

4. 应力集中

受轴向拉伸或压缩的等截面直杆，其横截面上的应力是均匀分布的。但实际工程中，这样外形均匀的等截面直杆是不多见的。由于结构和工艺等方面的要求，杆件上常常带有孔、槽等结构。在这些地方，杆件的截面形状和尺寸有突然的改变。实验证明，在杆件截面发生突变的地方，即使是在最简单的轴向拉伸或压缩的情况下，截面上的应力也不再是均匀分布的。而在开槽、开孔、切口等截面发生骤变的区域，应力在局部激增（图 2-37），它是平均应力的数倍，并且经常出现杆件在截面突然改变处断裂，离开这个区域，应力就趋于平均。这种由于截面突然改变而引起的应力局部增高的现象，称为应力集中。

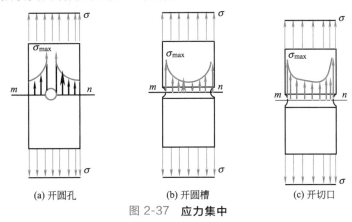

(a) 开圆孔　　　　　　(b) 开圆槽　　　　　　(c) 开切口

图 2-37 **应力集中**

实验证明，截面尺寸改变得越急剧，应力集中程度就越严重，局部区域出现的最大应力 σ_{max} 就越大。由于应力集中对杆件的工作是不利的，因此，在设计时应尽可能设法降低应力集中的影响。为此，杆件上应尽可能避免用带尖角的孔和槽，在阶梯轴的轴肩处要用圆弧过渡。

化工容器在开孔接管处也存在应力集中，在这些区域附近常需采用补强结构，以减缓应力集中的影响。

第三节　剪切与圆轴扭转

一、剪切与挤压

1. 剪切概念

大小相等、方向相反、作用线相距很近的两力 F 作用于一个物体上（图 2-38），迫使材

料在两力间的截面 m-m 处发生相对错动，这种变形称为剪切变形。产生相对错动的截面 m-m 称为剪切面。剪切面总是平行于外力作用线。

机器中的连接件，如连接轴与齿轮的键等，都是承受剪切力的零件实例。

2. 剪应力与剪切强度条件

图 2-38(a) 是用螺栓连接的两块钢板，钢板受外力 F 作用，这时螺栓受到剪切 [图 2-38(b)]。

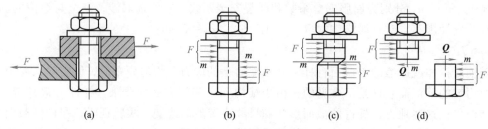

图 2-38　受剪切的螺钉

现分析螺栓杆部的内力和应力。仍用截面法，沿受剪面 m-m 将杆部切开 [图 2-38(c)]，并保留下段研究其平衡 [图 2-38(d)]。可以看出，由于外力 F 垂直于螺栓轴线，因此，在剪切面 m-m，必存在一个大小等于 F，而方向与其相反的内力 Q，这一内力称为剪力。

剪力 Q 在截面上的分布比较复杂，但在工程实际中，通常假定它在截面上是均匀分布的。

设 A 为剪切面的面积，则可得剪应力的计算公式为

$$\tau = \frac{Q}{A} \tag{2-19}$$

剪应力 τ 的单位与正应力 σ 的单位相同，常用 MPa（即 N/mm^2）。

为了保证受剪的连接件不被剪断，受剪面上的剪应力不得超过连接件材料的许用剪应力 $[\tau]$，由此得剪切强度条件为

$$\tau = \frac{Q}{A} \leqslant [\tau] \tag{2-20}$$

试验表明，钢质连接件的许用剪应力为 $[\tau] = (0.6 \sim 0.8)[\sigma]$，$[\sigma]$ 为钢材的许用拉应力。运用公式 (2-20) 也可解决工程上属于剪切的三类强度问题。

以上分析的受剪构件只有一个剪切面，这种情况称为单剪切。实际问题中有些零件往往有两个面承受剪切，称为双剪切。

3. 挤压应力及强度条件

一般情况下，构件在发生剪切变形的同时，往往还伴随着挤压变形。机械中受剪切作用的连接件，在受力的接触面上，由于局部承受较大的压力而出现塑性变形，这种现象称为挤压。构件上产生挤压变形的表面称为挤压面，挤压面就是两构件的接触面，一般垂直于外力作用线。

挤压作用引起的应力称为挤压应力，用符号 σ_{jy} 表示。挤压应力与压缩应力不同，挤压应力只分布于两构件相互接触的局部区域，而压缩应力则遍及整个构件的内部。挤压应力在挤压面上的分布也很复杂，与剪切相似，在工程中，近似认为挤压应力在挤压面上均匀分布。如 P_{jy} 为挤压向上的作用力，A_{jy} 为挤压面面积，则

$$\sigma_{jy} = \frac{P_{jy}}{A_{jy}} \tag{2-21}$$

关于挤压面面积 A_{jy} 的计算，要根据接触面的具体情况确定。挤压面为平面，挤压面积就是受力的接触面面积，即 $A_{jy} = l \times h/2$。螺栓、铆钉、销钉等一类圆柱形连接件 [图 2-39 (a)]，其杆部与板的接触面近似为半圆柱面，板上的铆钉孔被挤压成了圆形 [图 2-39(b)]，铆钉杆部半圆柱面上挤压应力分布大致如图 2-39(c) 所示，最大挤压应力发生于圆柱形接触面的中点。为了简化计算，一般取通过圆柱直径的平面面积（即圆柱的正投影面面积），作为挤压面的计算面积 [图 2-39(d)]。计算式为

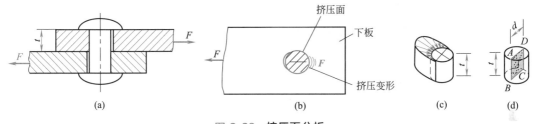

图 2-39　**挤压面分析**

$$A_{jy} = dt$$

由于剪切和挤压总是同时存在，为了保证连接件能安全正常工作，对受剪构件还必须进行挤压强度计算。挤压的强度条件为

$$\sigma_{jy} = \frac{P_{jy}}{A_{jy}} \leqslant [\sigma_{jy}] \tag{2-22}$$

式中，$[\sigma_{jy}]$ 为材料的许用挤压应力，其数值由试验确定，可从有关手册查得，对于钢材一般可取 $[\sigma_{jy}] = (1.7 \sim 2.0)[\sigma]$。

下面举例说明剪切和挤压的强度计算。

例 2-9　两块钢板用螺钉连接（图 2-38）。已知螺钉直径 $d = 16\text{mm}$，许用剪应力 $[\tau] = 60\text{MPa}$。求螺钉所能承受的许可载荷。

解： 根据公式（2-20），可得

$$Q \leqslant [\tau]A$$

$$A = \frac{\pi d^2}{4} = \frac{1}{4} \times 3.14 \times 16^2 = 200 \text{（mm}^2\text{）}$$

由图 2-38(d) 分析可知 $Q = F$，故螺钉所能承受的许可载荷为

$$F \leqslant [\tau]A = 60 \times 200 = 12 \times 10^3 \text{N} = 12 \text{（kN）}$$

例 2-10　图 2-40(a) 所示的起重机吊钩，上端用销钉连接。已知最大起重量 $F = 120\text{kN}$，连接处钢板厚度 $t = 15\text{mm}$，销钉的许用剪应力 $[\tau] = 60\text{MPa}$，许用挤压应力 $[\sigma_{jy}] = 180\text{MPa}$，试计算销钉的直径 d。

解： ① 取销钉为研究对象，画受力图

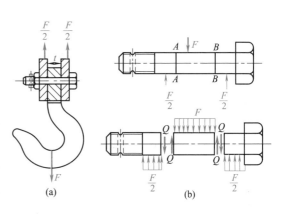

图 2-40　**例 2-10 附图**

如图 2-40(b) 所示。销钉受双剪切，有两个剪切面，用截面法可求出每个剪切面上的剪力为

$$Q = \frac{F}{2} = \frac{120}{2} = 60 \ (\text{kN})$$

② 按剪切强度条件计算销钉直径剪切面面积

$$A = \frac{\pi d^2}{4}$$

由剪切强度条件式(2-20) 可知

$$d \geqslant \sqrt{\frac{2F}{\pi \ [\tau]}} = \sqrt{\frac{2 \times 120 \times 10^3}{3.14 \times 60}} = 35.7 \ (\text{mm})$$

③ 按挤压强度条件计算销钉直径挤压面面积为 $A_{\text{jy}} = td$，挤压力 $P_{\text{jy}} = F$

由挤压强度条件公式可知

$$\sigma_{\text{jy}} = \frac{P_{\text{jy}}}{A_{\text{jy}}} = \frac{F}{td} \leqslant [\sigma_{\text{jy}}]$$

故

$$d \geqslant \frac{F}{t \ [\sigma_{\text{jy}}]} = \frac{120 \times 10^3}{15 \times 180} = 44.4 \ (\text{mm})$$

为了保证销钉安全工作，必须同时满足剪切和挤压强度条件，故销钉最小直径应取 45mm。

二、圆轴扭转

1. 扭转概念

在一对大小相等、转向相反、且作用平面垂直于杆件轴线的力偶作用下，杆件上的各个横截面发生相对转动，这种变形称为扭转变形。扭转变形也是杆件的一种基本变形，在工程实际中，受扭转变形的杆件是很多的。如汽车的传动轴，日常生活中常用的螺丝刀。又如图 2-41 反应釜中的搅拌轴，在轴的上端作用着由电动机所施加的主动力偶 m_{A}，它驱使轴转动，而安装在轴下端的板式桨叶则受到物料阻力形成的阻力偶 m_{B} 作用，当搅拌轴等速旋转时，这两个力偶大小相等、转向相反，且都作用在与轴线垂直的平面内，因而会使搅拌轴发生扭转变形。工程上发生扭转变形的构件大多数是具有圆形或圆环形截面的圆轴，故这里只研究等截面圆轴的扭转变形。

2. 外力偶矩的计算

若已知电动机传递的功率 P_{e} 和转速 n，则电动机给轴的外力偶矩为

$$M = 9.55 \times 10^3 P_{\text{e}}/n \tag{2-23}$$

式中　M——轴的外力偶矩，$N \cdot m$；

　　P_{e}——轴所传递的功率，kW；

　　n——轴的转速，r/min。

从式（2-23）可知，在转速一定时力偶矩与功率成正比。但在功率一定的情况下，力偶矩与转速成反比。因此在同一台机器中，高速轴上力矩小，轴可以细些，低速轴上力矩大，轴应该粗些。

3. 扭矩的计算

如前所述，搅拌轴（图 2-41）受力情况可以简化为图 2-42 所示的受力图，搅拌轴在其

两端受到一对大小相等、转向相反的外力偶矩（m_A，m_B）的作用，这段搅拌轴的横截面上必然产生内力，现用截面法求内力。

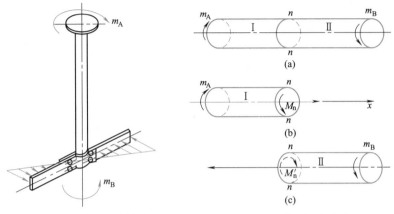

图 2-41　**受扭转的搅拌轴**　　　　图 2-42　**扭转时的内力**

假想用 n-n 截面将圆轴截成两段，以左段为研究对象，在左端作用有力偶矩 m_A，为保持左段的平衡，在左段 n-n 截面上必然有右段给左段作用的内力偶矩，这个内力偶矩称为扭矩，用符号 M_n 表示，它与外力偶矩 m_A 相平衡。根据平衡条件

$$\sum M = 0 \quad m_A - M_n = 0$$
$$M_n = m_A$$

当轴只受两个（大小相等，转向相反的）外力偶作用而平衡时，在这两个外力偶作用面之间的这段轴内，任意截面上的扭矩是相等的，它等于外力偶矩。

如果轴上受到两个以上的外力偶作用时，同样也可以用截面法求出轴上各截面上的扭矩。在这种情况下，轴上任一截面上的扭矩，在数值上等于截面一侧所有外力偶矩的代数和。即

$$M_n = \sum M$$

扭矩的正负按右手螺旋法则确定，即右手四指弯向表示扭矩的转向，当拇指指向截面外侧时，扭矩为正，反之为负。外力偶矩的正负号规定与扭矩相反。

为了形象地表示各截面扭矩的大小和正负，以便分析危险截面，可画出扭矩随截面位置变化的函数图形，这种图形称为扭矩图，其画法与轴力图类同。

例 **2-11**　如图 2-43（a）所示，传动轴的转速 $n = 500\text{r/min}$，轮 A 输入功率 $P_{eA} = 10\text{kW}$，轮 B 和轮 C 输出功率分别为 $P_{eB} = 7\text{kW}$ 和 $P_{eC} = 3\text{kW}$。轴承的摩擦忽略不计。画出此轴的扭矩图。

解：先求各轮的力偶矩

$$M_A = 9.55 \times 10^3 P_{eA}/n = 9.55 \times 10^3 \times 10/500 = 191 \ (\text{N} \cdot \text{m})$$
$$M_B = 9.55 \times 10^3 P_{eB}/n = 9.55 \times 10^3 \times 7/500 = 134 \ (\text{N} \cdot \text{m})$$
$$M_C = 9.55 \times 10^3 P_{eC}/n = 9.55 \times 10^3 \times 3/500 = 57 \ (\text{N} \cdot \text{m})$$

因不计轴承的摩擦，故轴只在 BA 段和 AC 段受扭，它们的扭矩分别为

$$M_{n1} = -M_B = -134 \ (\text{N} \cdot \text{m})$$
$$M_{n2} = -M_B + M_A = -134 + 191 = 57 \ (\text{N} \cdot \text{m})$$

画出此轴的扭矩图 ［图 2-43（b）］。此时轴的 BA 段内各横截面上扭矩的绝对值最大，

为危险截面，其最大扭矩值为

$$|M_{n\max}| = 134 \ (\text{N} \cdot \text{m})$$

4. 圆轴扭转时的应力

通过实验和理论推导得知：圆轴扭转时横截面上只产生剪应力，而横截面上各点剪应力的大小与该点到圆心的距离 ρ 成正比。在圆心处剪应力为零；在轴表面处剪应力最大，如图 2-44 所示。

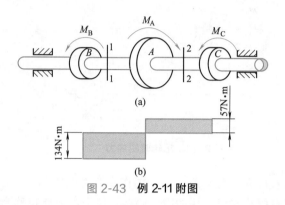

(a)

(b)

图 2-43　例 2-11 附图

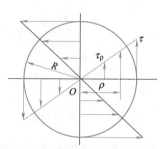

图 2-44　扭转剪应力分布规律

横截面上各点剪应力为
$$\tau_\rho = \frac{M_n \rho}{I_P} \tag{2-24}$$

最大剪应力为
$$\tau_{\max} = \frac{M_n R}{I_P}$$

式中，I_P 称为横截面对圆心的极惯性矩，对于一定的截面，极惯性矩是个常量，它说明截面的形状和尺寸对扭转刚度的影响。不同形状截面的极惯性矩 I_P 的计算公式见表 2-2。令 $W_n = I_P/R$，称 W_n 为抗扭截面模量，它说明截面的形状和尺寸对扭转强度的影响。不同形状截面的抗扭截面模量 W_n 的计算公式见表 2-2。所以

$$\tau_{\max} = \frac{M_n}{W_n} \tag{2-25}$$

表 2-2　截面的 I_P、W_n 计算公式

截面	极惯性矩 I_P	抗扭截面模量 W_n
圆截面	$\pi d^4/32$	$\pi d^3/16$
圆环截面	$\pi(D^4-d^4)/32$	$\pi D^3[1-(d/D)^4]/16$

圆轴扭转时，它的各个截面彼此相对转动。扭转变形常以轴的两端横截面之间相对转过的角度，即扭转角 φ 表示。工程上一般用单位长度的扭转角 θ 表示扭转变形的程度，即

$$\theta = \frac{\varphi}{L} = \frac{180°}{\pi} \times 10^3 \frac{M_n}{GI_P} \tag{2-26}$$

式中，G 为材料的剪切弹性模量，它是表示材料抵抗剪切变形能力的量。常用钢材的 G 为 $8 \times 10^4 \text{MPa}$。

GI_P 称为轴的抗扭刚度，决定于轴的材料与截面的形状与尺寸。轴的 GI_P 越大，扭转角 φ 就越小，表明抗扭转变形的能力越强。

5. 圆轴扭转时的强度和刚度条件

为了保证圆轴扭转时安全地工作，就应该限制轴内危险截面上的最大剪应力不超过材料的许用剪应力。因此圆轴扭转时的强度条件为

$$\tau_{\max}=\frac{M_{n\max}}{W_n}\leqslant[\tau] \tag{2-27}$$

式中，$M_{n\max}$ 为轴内危险截面上的最大扭矩；$[\tau]$ 为材料的许用剪应力。

圆轴受扭转时，除了考虑强度外，有时还应满足刚度要求。限制其扭转变形不得超过规定的数值。用许用单位长度上的扭转角 $[\theta]$ 加以限制，即

$$\theta_{\max}=\frac{\varphi}{L}=\frac{180°}{\pi}\times10^3\frac{M_n}{GI_P}\leqslant[\theta] \tag{2-28}$$

上式即为圆轴扭转时的刚度条件。

应用扭转的强度条件和刚度条件，可以解决校核强度和刚度、设计截面尺寸、确定许可载荷三类问题。

例 2-12 图 2-45(a) 为带有搅拌器的反应釜简图，搅拌轴上有两层桨叶，已知电动机功率 $P_e=22\text{kW}$，转速 $n=60\text{r/min}$，机械效率为 $\eta=90\%$，上下两层阻力不同，各消耗总功率的 40% 和 60%。此轴采用 $\phi114\text{mm}\times6\text{mm}$ 的不锈钢管制成，材料的扭转许用剪应力 $[\tau]=60\text{MPa}$，$G=8\times10^4\text{MPa}$，$[\theta]=0.5°/\text{m}$。试校核搅拌轴的强度和刚度。若将此轴改为材料相同的实心轴，试确定其直径，并比较两者用钢量。

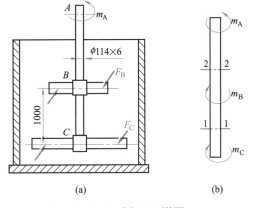

(a)　　　(b)

图 2-45 例 2-12 附图

解：搅拌轴可简化为图 2-45(b) 所示的计算简图。

（1）外力偶矩计算

因为机械效率 $\eta=90\%$，故传到搅拌轴上的实际功率为

$$P=P_e\eta=22\times0.9=19.8\ (\text{kW})$$

电动机给搅拌轴的主动力偶矩 m_A 为

$$m_A=-9.55\times10^3\times\frac{19.8}{60}=-3.15\ (\text{kN}\cdot\text{m})$$

上层阻力偶矩

$$m_B=9.55\times10^3\times\frac{0.4\times19.8}{60}=1.26\ (\text{kN}\cdot\text{m})$$

下层阻力偶矩

$$m_C=9.95\times10^3\times\frac{0.6\times19.8}{60}=1.89\ (\text{kN}\cdot\text{m})$$

用截面法求 1-1、2-2 截面上扭矩分别为：

$$M_{n1}=1.89\ (\text{kN}\cdot\text{m})$$
$$M_{n2}=m_C+m_B=1.89+1.26=3.15\ (\text{kN}\cdot\text{m})$$

最大扭矩在 AB 段上，其值为 $M_{nmax}=3.15$（kN·m）。

（2）强度校核

查表 2-2 得抗扭截面模量为

$$W_n=\pi D^3\left[1-(d/D)^4\right]/16$$
$$=\pi\times114^3\times\left[1-(102/114)^4\right]/16=104.46\times10^3\ (mm^3)$$

最大剪应力为

$$\tau_{max}=\frac{M_{nmax}}{W_n}=\frac{3150\times10^3}{104.46\times10^3}=30.16MPa<[\tau]=60\ (MPa)$$

所以搅拌轴的强度足够。

（3）刚度校核

查表 2-2，空心轴截面的极惯性矩为

$$I_P=\pi(D^4-d^4)/32=\pi(114^4-102^4)/32=5.95\times10^6\ (mm^4)$$

由式（2-28）得

$$\theta_{max}=\frac{\varphi}{L}=\frac{180°}{\pi}\times10^3\frac{M_n}{GI_P}=\frac{180°}{\pi}\times10^3\times\frac{3150\times10^3}{8\times10^4\times5.95\times10^6}$$
$$=0.38\ (°/m)<[\theta]=0.5\ (°/m)$$

所以搅拌轴的刚度也足够。

（4）求实心轴直径

如实心轴和空心轴的强度相等与所受的外力偶矩相同，则抗扭截面模量应相等，即

$$\frac{\pi}{16}D_i^3=\frac{\pi}{16}D^3\left[1-\left(\frac{d}{D}\right)^4\right]=W_n=104.46\times10^3\ (mm^3)$$

则

$$D_i=\sqrt[3]{\frac{16W_n}{\pi}}=\sqrt[3]{\frac{16\times104.46\times10^3}{3.14}}=81\ (mm)$$

（5）空心轴与实心轴用钢量比较

$$\frac{G}{G_i}=\frac{\pi(D^2-d^2)/4}{\pi D_i^2/4}=\frac{114^2-102^2}{81^2}=0.395$$

即在相同情况下空心轴用钢量为实心轴的 39.5%，由此可见空心轴省料。因为圆轴扭转时横截面上剪应力分布不均匀，实心轴靠近中心部分剪应力很小，材料的强度远没有被充分利用，如果把这部分材料移到离圆心较远的位置就可以提高材料强度的利用率。

第四节 直梁的弯曲与压杆的稳定

一、直梁的弯曲

1. 直梁弯曲变形的概念

当杆件受到垂直于杆轴线的力或力偶作用而变形时，杆的轴线将由直线变成曲线，这种变形称为弯曲。弯曲变形是工程实际中最常见的一种基本变形。如高大的塔设备受风载荷作用（图 2-46）；起重机的横梁受自重和起吊重物的作用（图 2-47）；卧式容器受到自重和内

部物料重量的作用（图 2-48）等都是产生弯曲变形的典型实例。工程上把以弯曲变形为主的杆件统称为梁。

如果梁的轴线是在纵向对称平面内产生弯曲变形，则称为平面弯曲（图 2-49）。平面弯曲是弯曲问题中最基本和最常见的情况，故本节只研究直梁的平面弯曲问题。

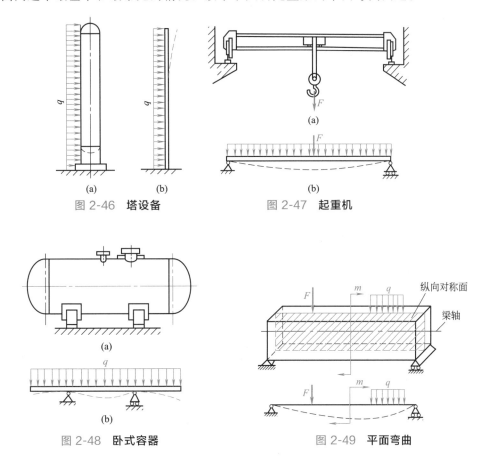

图 2-46　塔设备　　　　图 2-47　起重机

图 2-48　卧式容器　　　　图 2-49　平面弯曲

常见的梁有以下三种。

（1）悬臂梁　一端固定，另一端自由的梁称为悬臂梁。如图 2-46 所示，高塔设备就可简化为悬臂梁。

（2）简支梁　一端为固定铰链支座，而另一端为活动铰链支座的梁称为简支梁。如图 2-47 所示，起重机的横梁即可简化为一简支梁。

（3）外伸梁　简支梁的一端或两端伸出支座以外的梁称为外伸梁。如图 2-48 所示，放在两个鞍座的卧式容器可简化为一外伸梁。

简支梁或外伸梁两个支座间的距离称为梁的跨度。

2. 直梁弯曲时的正应力

（1）弯曲正应力的计算　梁在外力作用下，内部将产生内力。按截面法分析其受力状况。由静力学平衡方程判断在截面处作用有沿截面的剪力 Q 及一个力偶 M，内力偶又称为横截面上的弯矩。

直梁弯曲时的最大剪力发生在梁的两端，而最大弯矩发生在梁的中间截面，此即为危险截面。

为使问题简化，可考虑直梁纯弯曲的情况，即梁上只有弯矩而没有剪力。

在实验中可以观察到梁凸出一侧的纤维伸长，其应力为拉应力；凹侧纤维缩短，应为压应力，中间层长度不变。注意到梁变形时横截面仍保持平面的特点，可知应力大小与纤维表面到中间层的距离成正比。

根据变形现象及变形的几何关系、物理关系、静力平衡条件可以推导出直梁纯弯曲时横截面上任一点的正应力计算公式

$$\sigma = \frac{My}{I_z} \tag{2-29}$$

而横截面上离中性轴最远的点，其正应力值最大。

$$\sigma_{max} = \frac{M}{I_z} y_{max} = \frac{M}{I_z / y_{max}}$$

令

$$I_z / y_{max} = W_z$$

则

$$\sigma_{max} = \frac{M}{W_z} \tag{2-30}$$

式中　y——计算正应力时点到中性轴的距离，mm；

　　　σ——横截面上距中性轴为 y 的点的正应力，MPa；

　　　M——横截面上的弯矩，N·mm；

　　　W_z——横截面对中性轴 z 的抗弯截面模量，mm^3。

常见截面的轴惯性矩 I_z 和抗弯截面模量 W_z 如表 2-3 所示。

表 2-3　常见截面的轴惯性矩 I_z 和抗弯截面模量 W_z

截面	矩形截面	圆形截面	圆环截面	大口径的设备或管道
I_z	$\frac{b}{12}h^3$	$\frac{\pi d^4}{64} \approx 0.05d^4$	$\frac{\pi}{64}(D^4 - d^4)$	$\frac{\pi}{8}d^3\delta$
W_z	$\frac{b}{6}h^2$	$\frac{\pi d^3}{32} \approx 0.1d^3$	$\frac{\pi}{32D}(D^4 - d^4)$	$\frac{\pi}{4}d^2\delta$

式（2-30）是梁在纯弯曲的情况下建立起来的，对于横力弯曲的梁，若其跨度 l 与截面高度 h 之比 l/h 大于 5，仍可使用这些公式计算弯曲正应力。

（2）弯曲正应力强度条件　对于工程中常见的梁，理论分析表明，正应力是引起梁破坏的主要因素。对于等截面直梁，弯矩最大的截面就是危险截面。在危险截面上，离中性轴最远的上下边缘各点的应力最大，破坏往往就是从这些具有最大正应力的点开始。因此，为了保证梁能安全工作，最大工作应力 σ_{max} 应不得超出材料的许用弯曲应力 $[\sigma]$。许用弯曲应力 $[\sigma]$ 的值，通常等于或略高于同一材料的许用拉压应力。

弯曲正应力的强度条件为

$$\sigma_{max} = \frac{M_{max}}{W_z} \leqslant [\sigma] \tag{2-31}$$

利用梁的正应力强度条件，可以对梁进行强度校核；确定梁的截面形状和尺寸；计算梁的许可载荷。

例 2-13　如图 2-50(a) 所示，分馏塔高 $H = 20$m，作用于塔上的风载荷分两段计算：$q_1 =$ 420N/m，$q_2 = 600$N/m；塔内径为 1000mm，壁厚 6mm，塔与基础的连接方式可看成固定

端。塔体的许用弯曲应力 $[\sigma]=100\text{MPa}$。试校核塔体的弯曲强度。

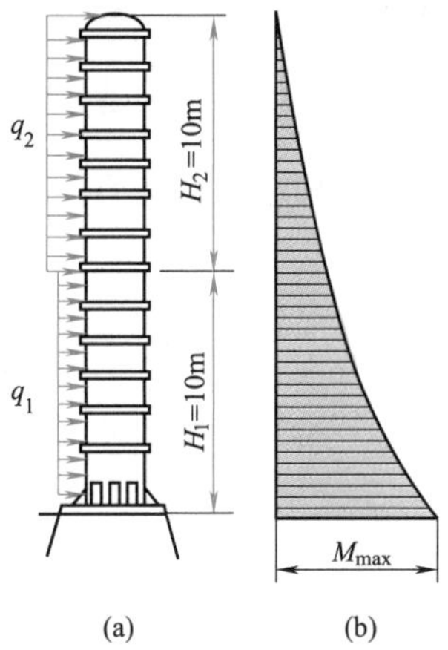

解：（1）求最大弯矩值

将塔简化为受均布载荷 q_1、q_2 作用的悬臂梁，画出其弯矩图 [图 2-50(b)]。由图可见，在塔底截面弯矩值最大，其值为

$$M_{max}=q_1 H_1 \frac{H_1}{2}+q_2 H_2\left(H_1+\frac{H_2}{2}\right)$$

$$=420\times10\times\frac{10}{2}+600\times10\times\left(10+\frac{10}{2}\right)$$

$$=111\times10^3\ (\text{N}\cdot\text{m})=111\times10^6\ (\text{N}\cdot\text{mm})$$

（2）校核塔的弯曲强度

由表 2-3 查得，塔体抗弯截面模量为

$$W_z=\pi d^2\delta/4=\pi\times1000^2\times6/4=4.7\times10^6\ (\text{mm}^3)$$

塔体因风载荷引起的最大弯曲应力为

$$\sigma_{max}=\frac{M_{max}}{W_z}=\frac{111\times10^6}{4.7\times10^6}=23.6\ (\text{MPa})<[\sigma]=100\text{MPa}$$

所以塔体在风载荷作用下强度足够。

3. 提高弯曲强度的主要措施

提高梁的强度，就是在材料消耗最低的前提下，提高梁的承载能力，从而满足既安全又经济的要求。

从弯曲强度条件

$$\sigma_{max}=\frac{M_{max}}{W_z}\leqslant[\sigma]$$

可以看出，要提高梁的承载能力，应从两方面考虑。一方面是合理安排梁的受力情况，以降低 M_{max} 的数值；另一方面则是采用合理截面，以提高抗弯截面模量 W_z 的数值，充分利用材料的性能。

（1）降低最大弯矩值 M_{max}　梁的最大弯矩值 M_{max} 不仅取决于外力的大小，而且还取决于外力在梁上的分布。力的大小由工作需要而定，而力在梁上分布的合理性，可通过支座与载荷的合理布置达到。如图 2-51(a) 所示，在均布载荷作用下的简支梁，经过分析，其最

图 2-50　例 2-13 附图

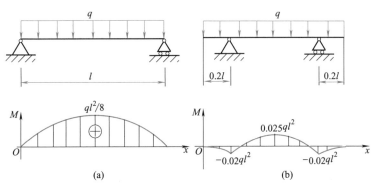

图 2-51　合理安排支座位置

大弯矩为

$$M_{max} = \frac{1}{8}ql^2$$

若将两端支承各自向里移动 $0.2l$，如图 2-51（b）所示，则最大弯矩减小为

$$M_{max} = \frac{1}{40}ql^2$$

工程上常使梁上的集中力靠近支座作用，可以大大减小梁的最大弯矩值。

（2）选择合适的截面形状　若把弯曲正应力强度条件改写成

$$M_{max} \leqslant [\sigma] W_z$$

可见，梁可能承受的 M_{max} 与抗弯截面模量 W_z 成正比，W_z 越大越有利。另一方面，使用材料的多少与自重的大小，则与截面面积 A 成反比，面积越小越经济，越轻巧。因而合理的截面形状应该是截面积 A 较小而抗弯截面模量 W_z 较大，可用比值 W_z/A 来衡量截面形状的合理性和经济性。现将几种常用截面的比值 W_z/A 列于表 2-4。

表 2-4　几种常用截面的 W_z/A 值

截面形状（$h=d=D$）	圆形	圆形环	矩形	工字形
W_z/A	$0.125d$	$0.205D(\alpha=0.8)$	$0.167h$	$(0.27\sim0.31)h$

从表中所列数值可看出，工字钢或槽钢优于环形，环形优于矩形，矩形优于圆形。其原因是中性轴附近的正应力很小，该处材料的作用未充分发挥，将它们移至到离中性轴较远处，可使材料得到充分利用。由此，选择合理截面的原则是使尽量多的材料分布到弯曲正应力较大的、远离中性层的边缘区域，在中性层附近区域留用少量材料，以使材料得到充分利用。所以桥式起重机的大梁以及其他钢结构中的抗弯杆件，经常采用工字形、槽形等截面。

二、压杆的稳定

1. 压杆稳定的概念

如图 2-52（a）所示，在一根细长直杆的两端逐渐施加轴向压力 F，当所加的轴向压力 F 小于某一极限值 F_{cr} 时，杆件能稳定地保持其原有的直线形状。这时，如果在压杆的中间部分作用一个微小的横向干扰力，压杆虽会发生微小弯曲，但一旦撤去横向力后，压杆能很快地恢复原有的直线形状，如图 2-52（b）所示。这表明，此时压杆具有保持原有直线形状的能力，是处在一种稳定的直线平衡状态。但当轴向压力 F 达到某一极限值 F_{cr} 时，若再加一个横向干扰力使杆发生微小弯曲，则在撤去横向力后，压杆就不能再恢复到原有的直线形状而处于弯曲状态，如图 2-52（c）所示。这种由于细长压杆所受压力达到某个限度而突然变弯丧失其工作能力的现象，称为丧失稳定性，简称失稳。

失稳现象是突然发生的，事前并无迹象，所以它会给工程造成严重的事故。在飞机和桥梁工程上都曾发生过这种事故。

除了细长杆受压外，工程实际中的外压薄壁容器也有稳定问题。如图 2-53 所示，当外压 q 增大到某一临界值 q_{cr} 时，筒体形状及筒壁间的应力状态发生了突变，原来的平衡遭到破坏，圆形的筒体被压成椭圆形或曲波形，这就是外压容器的失稳。

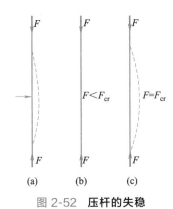

图 2-52　**压杆的失稳**

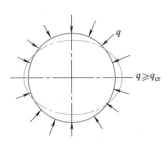

图 2-53　**外压容器的失稳**

压杆的临界压力大小可以由理论推导得出，此公式又称欧拉公式。

$$F_{cr} = \frac{\pi^2 EI}{(\mu L)^2} \tag{2-32}$$

式中　E——材料的弹性模量，MPa；

　　　I——压力横截面的轴惯性矩，mm^4；

　　　L——压杆长度，mm；

　　　μ——支座系数，决定于压杆两端的支座形式。

工程中常用的型钢，如工字钢、槽钢、角钢等，它们的形状和几何尺寸均已标准化，因此其轴惯性矩可以从型钢规格表中查取。

压杆的工作压力 F 应小于其极限值。为保证压杆具有足够的稳定性，还应考虑适当的安全储备。因此，压杆的稳定条件为

$$F \leqslant \frac{F_{cr}}{n_{cr}} \tag{2-33}$$

式中，n_{cr} 称为稳定安全系数，不同材料的 n_{cr} 值不同。

令　　　　　　　　　　　　　　　$[\sigma_{cr}] = \varphi [\sigma]$

由此可以推算出压杆的许用稳定工作应力 σ_{cr} 及其强度条件为

$$\sigma_{cr} = \frac{F}{A} \leqslant \varphi [\sigma] \tag{2-34}$$

式中，φ 称为折减系数，可从相关手册中查取。

2. 提高压杆稳定性的措施

根据欧拉公式，要提高细长杆的稳定性，可从下列几方面来考虑。

（1）合理选用材料　临界力与弹性模量 E 成正比。钢材的 E 值比铸铁、铜、铝的 E 值大，压杆选用钢材为宜。合金钢的 E 值与碳钢的 E 值相差无几，故细长杆选用合金钢并不能比碳钢提高稳定性。

（2）合理选择截面形状　临界力与截面的轴惯性矩 I 成正比。应选择 I 大的截面形状，如圆环形截面比圆形截面合理，型钢截面比矩形截面合理。并且尽量使压杆横截面对两个互相垂直的中性轴的 I 值相近，如图 2-54

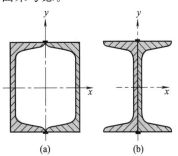

图 2-54　**合理的组合截面**

（a）的布置比图 2-54（b）好。

（3）减小压杆长度　临界力与杆长平方成反比。在可能情况下，减小杆的长度或在杆的中部设置支座，会大大提高其稳定性。

（4）改善支座形式　临界力与支座形式有关。固定端比铰链支座的稳定性好，自由端最差。加强杆端约束的刚性，就能使压杆的稳定性得到相应提高。

🌱 **拓展阅读**

钱令希——中国结构力学开拓者

钱令希，著名力学家、工程师、教育家。长期从事结构力学的教学和研究，是中国计算力学的工程结构优化设计的开拓者，也是使结构力学与现代科学技术密切结合的先行者与奠基人，在中国的桥梁工程、水利工程、舰船工程、港湾工程等领域都作出了重要贡献。

钱令希，1916 年 7 月 16 日出生于江苏省无锡县鸿声乡的一个书香门第。他 9 岁即离家到附近的梅村镇高小住读，11 岁考上了刚刚建校的江苏省立苏州中学，读初中一年级。从农村到大城市，钱令希什么都觉得新鲜，不禁贪玩起来。读了一学年，英文连 26 个字母都背不连贯，历史课还没考及格。他顿感问题严重，决心从头干起。1928 年 10 月，年仅 12 岁的钱令希经过一个暑假的发奋学习，跳过初中考入了上海中法国立工学院高中部，第四年，他又以优秀成绩直升大学部土木科。20 世纪 30 年代是中国现代史上内忧外患交困、革命斗争风起云涌的年代。大学时代的钱令希深感"国家兴亡，匹夫有责"，抱着"科学救国"的满腔热情刻苦学习，1936 年 9 月，以土木科第一名的成绩，从上海中法国立工学院毕业。同年 10 月，得中比庚款委员会的选拔，被保送到比利时的布鲁塞尔自由大学留学，2 年后毕业，获得了"最优等工程师"的学位。

1938 年，抗日战争已进入第二年。钱令希满怀抗日救国的赤诚，立即回国。在昆明，他被刚刚成立的叙昆铁路局录取为"试用"。这条铁路计划从四川的叙府南达云南的昆明，然后与滇缅铁路接通，以期为全民抗战打开一条国际通道。刚参加工作，钱令希便和一位老工程师一起在人烟稀少的西南边陲翻山越岭，风餐露宿，进行桥梁踏勘。经过麻风病流行地区，他们两人也毫不畏惧。那年冬天，他们硬是凭着两条腿，在 140 多公里的线路上，为上百个大小桥梁、涵洞定位定型。这段经历，为他今后使理论密切联系实际，以及为工程建设服务打下了一个良好的基础。

钱令希院士是著名力学家。1954 年，他担任武汉长江大桥工程顾问，并于 1958 年参加了南京长江大桥的规划工作。1959 年他还参加了长江三峡水利枢纽的规划会议。从中国实际出发，提出了新型支墩坝型——梯形高坝的建议，后为浙江湖南镇 128m 高坝及其他几个水电站工程所采用。

20 世纪 60 年代钱令希院士和助手一起在《力学学报》和《中国科学》上发表的关于壳体承载能力的论文，固体力学中极限分析的一般变分原理等，为塑性力学中变分原理的发展创出了一条新路，在力学界引起很大反响。60 年代初，在苏联撤离专家的艰难时期，钱令希院士毅然承担了潜艇结构锥、柱结合壳在静水压力下的稳定分析任务；并和助手们一起，在逆境之中、以赤子之心研究出复杂形状锥、柱结合壳体的有利和不利形式及理论分析方法，该方法成功应用于中国核潜艇的研制，并被纳入国家设计规范；后来获 1978 年全国科学大会奖和 1982 年国家自然科学三等奖。

70 年代钱令希院士致力于在中国创建"计算力学"学科；倡导研究最优化设计理论与方法；承担了中国第一个现代化油港——大连新港主体工程的设计任务，领导了海上栈桥的设计和建造，获全国科学大会奖和国家 70 年代优秀设计奖。80 年代初钱令希创办了《计算结构力学及其应用》杂志，并成为国际计算力学协会的发起人之一。他领导开发出结构优化设计程序系统 DDDU，该系统在许多工程领域中取得良好的效果，于 1985 年获国家科技进步奖；后经进一步发展 1990 年又获得原国家教委科技进步奖一等奖、1991 年获国家自然科学二等奖。1983 年钱令希院士的专著《工程结构优化设计》获得全国优秀科技著作一等奖。1987 年，比利时列日大学以比利时国王名义授予钱令希院士名誉博士学位。1994 年，香港理工大学授予他"杰出中国访问学人奖励计划"奖；1995 年钱令希院士获得何梁何利基金科学与技术进步奖；1997 年得获陈嘉庚技术科学奖。

钱令希对倡导和发展中国急需的计算力学起了很重要的作用。早在 60 年代初，钱令希就已敏锐地看到电子计算机的应用将会给科学技术带来一场深刻的革命，它会影响到各门学科的进程。他预感到计算机将给结构力学带来全新的面貌和前景，就带领自己的研究生，共同勤奋学习数学和电子计算机的有关知识，进行知识更新；同时，在力学界竭力倡导把古典的结构力学和现代化的电子计算机结合起来，努力在中国兴建计算力学这一新学科。在 1973 年中国科学院力学规划座谈会上，他作了题为《结构力学中最优化设计理论与方法的近代发展》的学术报告，引起了力学界和工程界的关注和响应。

1990 年 5 月，钱令希在《力学与实践》杂志上发表了题为"力学与工程"的论文，他以自己的认识和实践谈了力学的渊源和发展动力问题。他认为，力学一开始是物理学科的基础，从基础研究到实践应用，特别是与工程结合后，逐渐形成了应用力学这门独立的技术科学中的骨干学科。它服务于自然科学，但更重要的是为工程技术服务，并且服务对象极其广泛。它发展迅速，分支林立，很难说有人能通晓和掌握其全貌。钱令希深谙力学与工程的关系。工程需要力学，但自古没有力学家，工程也进行与完成了；有了力学的参与和服务，工程科学就更加灿烂多姿，力学服务要有创造性，更要具体，要以计算和实验定量地回答问题。他说："在学术上，我老是不安分的。"他从没有满意过自己的学识和工作。钱令希正是以这种面向工程的服务精神和锐意进取的努力，在学术上作出一系列成绩，同时培养出一批又一批优秀的力学工作者。

在钱令希所在的大连理工大学工程力学研究所里，已成长起一支研究力量，他们正在计算结构力学领域内努力工作。除进行一些理论性研究之外，结构优化设计方面正继续向计算机辅助设计方向发展。已开发的混凝土结构的 FCAD 系统以及用途更广泛、功能更全的 MCAD 系统，都坚持一条准则：面向工程，理论联系实际，切实为工程服务。他主持的工程结构优化设计研究工作，集体获 1990 年原国家教委科技进步奖一等奖和 1991 年国家自然科学二等奖。

1978年，在参加全国科学大会期间，年过六旬的钱令希感奋不已，他夜不成眠，亲手写下了如下的诗句：献身科教效春蚕，岂容华发待流年；翘首中华崛起日，更喜英才满人间。

钱令希院士的一生，是不懈追求、无私奉献的一生；是诲人不倦、教书育人的一生；是探索创新、硕果累累的一生。他是中国工程学术界的杰出代表，是中国知识分子的榜样，更是党和人民信赖的科学家、教育家，是学生心目中的好教师。

思考题

2-1 如何求思考题 2-1 图所示各构件的受力图。设各接触面均为光滑面，未标重力的构件质量不计。

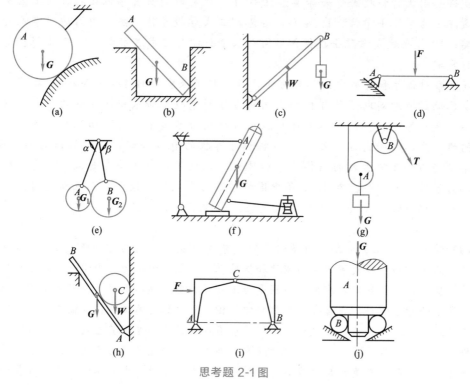

思考题 2-1 图

2-2 如何求思考题 2-2 图所示两分力的合力？

2-3 简述公理一与公理四的区别。

2-4 什么样的杆件称为二力杆？受力上有何特点？

2-5 工程上常见的约束有哪些类型？约束反力的方位如何确定？

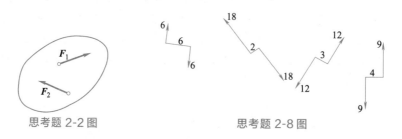

思考题 2-2 图　　　　　　思考题 2-8 图

2-6　什么是力在坐标轴上的投影？怎样计算？正负号如何确定？

2-7　力偶中的二力是等值反向的，作用力与反作用力也是等值反向的吗？

2-8　思考题2-8图中力的单位是N，长度的单位是cm，试分析四个力偶中，哪些是等效的？哪些不是等效的？

2-9　两根长度、横截面积相同，但材料不同的等截面直杆。当它们所受轴力相等时，试说明：

① 两杆横截面上的应力是否相等？

② 两杆的强度是否相同？

③ 两杆的总变形是否相等？

2-10　减速器中，高速轴直径较大还是低速轴直径较大？为什么？

2-11　梁的内力剪力和弯矩的正负是怎样规定的？怎样根据截面一侧的外力来计算截面上的剪力和弯矩？

2-12　挑东西的扁担常常是在中间折断，而游泳池的跳水板则容易在固定端处弯断，为什么？

2-13　如思考题2-13图所示两组截面，两截面面积相同，作为压杆时（两端为球铰），各组中哪一种截面形状合理？

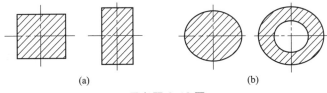

思考题 2-13 图

习题

2-1　习题2-1图所示圆筒形容器放置在两个托轮A、B上，A、B处于同一水平线上。已知容器重$G=30$kN，$R=500$mm，托轮半径$r=50$mm，两托轮中心距$l=750$mm，求托轮对容器的约束反力。

2-2　习题2-2图中化工厂起吊设备时为避免碰到栏杆，施加一水平力F，设备重$G=40$kN。试求水平力F及绳子的拉力T。

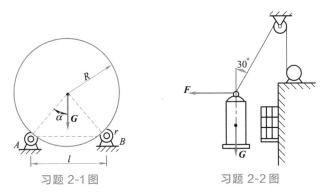

习题 2-1 图　　　　　习题 2-2 图

2-3　习题2-3图中实线所示为一人孔盖，它与接管法兰用铰链在A处连接。设人孔盖重为$G=600$N，作用在B点，当打开人孔盖时，F力与铅垂线成30°，并已知$a=250$mm，$b=420$mm，$h=70$mm。试求F力及铰链A处的约束反力。

2-4　某锅炉上的安全装置如习题2-4图所示，其中Ⅰ为杠杆，Ⅱ为锅炉。已知杠杆AD重为$G_1=80$N，$a=1$m，$b=0.45$m，$c=0.2$m，蒸汽出口处的直径$d=60$mm。安全阀在锅炉内的绝对气压达到$p=0.7$MPa时立即打开。求平衡锤的重力G_2和铰链A处的反力。

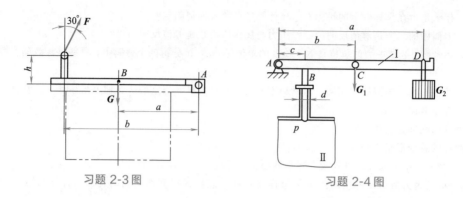

习题 2-3 图　　　　　　　　习题 2-4 图

2-5　习题 2-5 图示三角形支架由 AB 和 BC 两杆组成，在两杆的连接处 B 悬挂有重物 $G = 30\text{kN}$。已知两杆均为圆截面，其直径分别为 $d_{AB} = 25\text{mm}$，$d_{BC} = 30\text{mm}$，杆材的许用应力 $[\sigma] = 120\text{MPa}$。试问此支架是否安全？

2-6　在习题 2-6 图中两块厚度 $t = 8\text{mm}$ 的钢板，用四个铆钉连接在一起。已知钢板受拉力 $F = 80\text{kN}$，铆钉材料的许用应力分别为 $[\tau] = 80\text{MPa}$，$[\sigma_{jy}] = 200\text{MPa}$，试确定铆钉的直径。

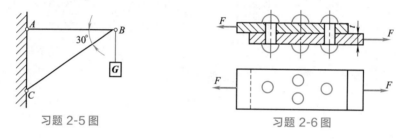

习题 2-5 图　　　　　　　　习题 2-6 图

2-7　有一带有框式桨叶的搅拌轴，其受力情况如习题 2-7 图所示。搅拌轴由电动机经过减速器及圆锥齿轮带动，已知电动机功率 $P_e = 2.8\text{kW}$，机械传动效率 $\eta = 85\%$，搅拌轴的转速 $n = 10\text{r/min}$，轴的直径 $d = 70\text{mm}$，轴的扭转许用剪应力为 $[\tau] = 60\text{MPa}$。试校核搅拌轴的强度。

2-8　在习题 2-8 图中某传动轴的转速为 $n = 300\text{r/min}$，主动轮 1 输入功率为 $P_1 = 20\text{kW}$，从动轮 2、3 输出功率分别为 $P_2 = 5\text{kW}$，$P_3 = 15\text{kW}$。已知材料的扭转许用剪应力 $[\tau] = 60\text{MPa}$，许用单位长度扭转角 $[\theta] = 1°/\text{m}$，剪切弹性模量为 $G = 8 \times 10^4 \text{MPa}$。试确定：（1）$AB$ 段的直径 d_1 和 BC 段的直径 d_2。（2）主动轮和从动轮如何安排才比较合理？

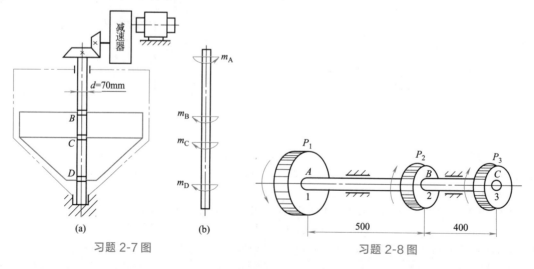

(a)　　　(b)

习题 2-7 图　　　　　　　　习题 2-8 图

2-9 习题 2-9 图为一卧式容器及其计算简图。已知其内径为 $d=1800mm$，壁厚为 $S=20mm$，封头高度为 $H=480mm$，支承容器的两鞍座之间的距离为 $l=8m$，鞍座至筒体两端的距离均为 $a=1.2m$，内储液体及容器的自重可简化为均布载荷，其集度为 $q=30kN/m$。试求容器上的最大弯矩和弯曲应力。

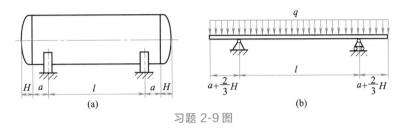

习题 2-9 图

2-10 习题 2-10 图中某塔设备外径为 $D=1m$，塔总高为 $l=15m$，受水平方向风载荷 $q=800N/m$ 作用。塔底部用裙式支座支承，裙式支座的外径与塔外径相同，其壁厚 $S=8mm$。裙式支座的 $[\sigma]=100MPa$。试校核支座的弯曲强度。

2-11 习题 2-11 图托架中的 AB 杆由钢管制成，其外径为 $D=50mm$，内径为 $d=40mm$，两端为铰支，钢管的弹性模量为 $E=2\times10^5MPa$。在托架 D 端的工作载荷为 $F=12kN$，规定的稳定安全系数为 $n_{cr}=3$。试问 AB 杆是否稳定（图中尺寸单位为 mm）。

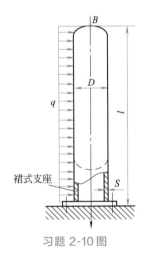

习题 2-10 图

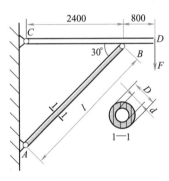

习题 2-11 图

第三章
压力容器

第一节　内压薄壁容器

一、内压薄壁圆筒与球壳的应力计算

1. 内压薄壁圆筒的应力计算

图 3-1 所示为一受内压的圆筒形薄壁容器，其中圆筒直径为 D，壁厚 δ，内部受到介质压力 p 的作用。

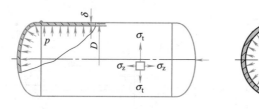

图 3-1　受内压的薄壁圆筒

筒体在内部压力作用下将发生变形。在纵的方向（沿筒体轴线方向）上，作用于两端封头的内压 p 产生的两个合力 P 使筒体发生拉伸变形，因而在垂直于筒体轴线的横截面内存在均匀分布的拉应力（图 3-2），称为轴向应力，用 σ_z 表示；在横的方向上（即筒体的径向）将发生直径增大的变形，经理论分析，在经过筒体轴线的纵截面内同时存在弯曲应力和拉应力，但弯曲应力与拉应力比起来要小得多。为使问题简化，可以认为，在筒体器壁的纵截面内只存在均匀分布的拉应力，并称为环向应力（图 3-3），用 σ_t 表示。

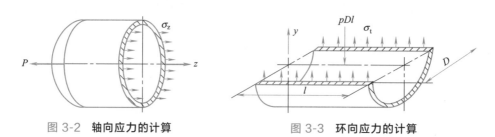

图 3-2　轴向应力的计算　　　　　图 3-3　环向应力的计算

下面采用截面法计算筒体内的应力。先计算轴向应力。

用一个垂直于筒体轴线的平面将筒体截成左右两部分，移去右面部分而研究左面部分的平衡（图 3-2）。首先计算作用于封头的内压 p 产生的合力 P。关于作用于曲面上的介质压力的合力计算有如下结论：作用在任一曲面上的介质压力，其合力 P 等于压力 p 与该曲面

沿合力方向所得投影面积 A 的乘积，而与曲面形状无关。在本例中，内压 p 作用于封头的合力 P 沿筒体轴线水平向左，左侧封头曲面的投影面积 A 为

$$A = \frac{\pi}{4} D^2$$

所以，作用于封头的内压 p 产生的合力 P 为

$$P = pA = p \frac{\pi}{4} D^2$$

P 使左面部分有向左移动的趋势，为了保持原来的平衡，被移去的右面部分必给左面部分以作用力（内力），即在筒体器壁的横截面内产生轴向应力。根据轴向平衡条件 $\sum P_z = 0$ 有

$$\sigma_z \pi D \delta - p \frac{\pi}{4} D^2 = 0$$

整理后得
$$\sigma_z = \frac{pD}{4\delta} \tag{3-1}$$

下面计算环向应力。为简便起见，由筒体中取出长为 l 的一段进行分析，用通过筒体轴线的平面（称为轴平面）将筒体截成上下两部分，移去上面部分而研究下面部分的平衡（图3-3）。与作用于封头的合力 P 的计算相似，作用在下面部分上的内压 p 的合力 $P = pA$。A 为下面部分在轴平面上的投影面积，$A = Dl$，所以有合力 $P = pDl$。P 使下面部分有向下移动的趋势，为了保持原来的平衡，被移去的上面部分必给下面部分以作用力（内力），即在筒体器壁的纵截面内产生环向应力。根据平衡条件 $\sum P_y = 0$ 有

$$\sigma_t = 2l\delta - pDl = 0$$

整理后得
$$\sigma_t = \frac{pD}{2\delta} \tag{3-2}$$

由上述分析可见，内压薄壁圆筒的器壁，在其轴向和环向都有拉应力存在，而且筒体的环向应力较大，是轴向应力的两倍，即 $\sigma_t = 2\sigma_z$。实践证明，圆筒形内压容器往往从强度薄弱的纵向破裂。根据这个特点，在焊接或检验容器时，纵向焊缝的质量必须重点保证。当在圆筒上开设椭圆形人孔时，应使其短轴与筒体的纵向一致，以减少筒体纵向截面的削弱。

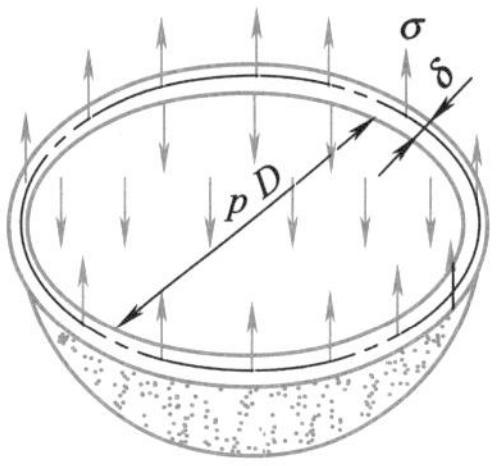

2. 内压薄壁球壳的应力计算

在内压 p 作用下，球壳将增大直径，其变形及应力与筒体的横向是相似的。即可认为在通过球心的截面内只存在均匀分布的拉应力。下面使用截面法计算球壳内的应力。

图 3-4　**球壳的应力计算**

用通过球心的截面将球壳截为上、下两部分，取下面部分为研究对象（图3-4）。内压 p 产生的向下的合力为 $P = p \frac{\pi}{4} D^2$。根据平衡条件 $\sum P_y = 0$ 有

$$\sigma \pi D \delta - p \frac{\pi}{4} D^2 = 0$$

整理后得

$$\sigma = \frac{pD}{4\delta} \tag{3-3}$$

二、强度条件与壁厚计算

1. 内压薄壁圆筒的强度条件与壁厚计算

对内压薄壁圆筒而言，其环向应力 σ_t 远大于轴向应力 σ_z，故应按环向应力 σ_t 建立强度条件，并以计算压力 p_c（p_c 的含义见本节"设计参数的确定"部分）取代式中的 p，设器壁材料的许用应力为 $[\sigma]^t$，则筒体的强度条件为

$$\sigma_t = \frac{p_c D}{2\delta} \leqslant [\sigma]^t$$

钢制化工容器大多用钢板卷焊而成，在焊缝及其附近，往往存在焊接缺陷（夹渣、气孔、未焊透等）以及加热冷却造成的内应力和晶粒粗大，使得焊缝及其附近材料的强度比钢板略低，所以要将钢板的许用应力适当降低，将许用应力乘以一个小于1的数值 ϕ，称为焊接接头系数，即将钢板材料的许用应力打一个折扣，来弥补在焊接时可能出现的强度削弱。引入焊接接头系数后的强度条件为

$$\sigma_t = \frac{p_c D}{2\delta} \leqslant [\sigma]^t \phi$$

此外，一般工艺条件确定的是圆筒内直径 D_i（符合公称直径的标准值），在计算公式中，用内直径比用中间面直径方便，为此，可将中间面直径 $D = D_i + \delta$ 代入上式得

$$\sigma_t = \frac{p_c (D_i + \delta)}{2\delta} \leqslant [\sigma]^t \phi$$

解出式中的 δ，于是可得内压圆筒的计算壁厚 δ

$$\delta = \frac{p_c D_i}{2[\sigma]^t \phi - p_c} \tag{3-4}$$

式中　δ——圆筒的计算厚度，mm；

　　　p_c——圆筒的计算压力，MPa；

　　　D_i——圆筒的内直径，mm；

　　$[\sigma]^t$——圆筒材料在设计温度下的许用应力，MPa；

　　　ϕ——圆筒的焊接接头系数。

2. 内压薄壁球壳的强度条件与壁厚计算

内压薄壁球壳的强度条件为

$$\sigma = \frac{p_c D}{4\delta} \leqslant [\sigma]^t$$

考虑焊缝的影响，并将中间面直径 $D = D_i + \delta$ 代入上式，则有

$$\delta = \frac{p_c (D_i + \delta)}{4\delta} \leqslant [\sigma]^t \phi$$

解出式中的 δ，于是可得承受内压的球壳的计算壁厚 δ

$$\delta = \frac{p_c D_i}{4[\sigma]^t \phi - p_c} \tag{3-5}$$

上式中各项参数的意义及单位与式（3-4）相同。

对比内压薄壁球壳与圆筒壁厚的计算公式（3-4）与式（3-5）可知，当条件相同时，球壳的壁厚约为圆筒壁厚的一半。例如内压为 0.5MPa，容积为 5000m³ 的容器，若为圆筒形

其用材量是球形的 1.8 倍；而且在相同容积下，球体的表面积比圆柱体的表面积小，因而防护剂和保温等费用也较少。所以，目前在化工、石油、冶金等工业中，许多大容量储罐都采用球形容器。但因球形容器制造比较复杂，所以，通常直径小于 3m 的容器仍为圆筒形。

3. 容器厚度的概念

（1）计算厚度 δ　指按各强度公式计算得到的厚度。

（2）设计厚度 δ_d　指计算厚度与腐蚀裕量 C_2 之和，即 $\delta_d = \delta + C_2$。

（3）名义厚度 δ_n　指设计厚度加上钢材厚度负偏差 C_1，即 $\delta + C_1 + C_2$ 后再向上圆整至钢材标准规格的厚度，应标注在设计图样上。

（4）有效厚度 δ_e　指名义厚度减去钢材厚度负偏差和腐蚀裕量，即 $\delta_e = \delta_n - (C_1 + C_2) = \delta_n C_0$，式中 $C = (C_1 + C_2)$ 称为厚度附加量。

（5）最小厚度 δ_{min}　工作压力很低的容器，按强度公式计算所得的厚度往往是很小的，在焊接时无法获得较高的焊接质量，在运输、吊装过程中也不易保持它原来的形状。所以对常压或低压容器应该首先考虑它的刚度是否足够，在 GB 150—2011 中对容器加工成形后满足刚度要求、不包括腐蚀裕量的最小厚度 δ_{min} 作了如下限制：

① 对碳素钢、低合金钢制容器，δ_{min} 不小于 3mm；

② 对高合金钢制容器，δ_{min} 不小于 2mm。

容器的名义厚度可按图 3-5 方法确定。

图 3-5　**容器的名义厚度**

4. 容器的校核计算

由设计条件求容器的厚度称为设计计算，但在工程实际中也有不少情况是属于校核性计算，如旧容器的重新启用，正在使用的容器改变操作条件等。这时容器的材料及厚度是已知的，对式（3-4）和式（3-5）稍加变形便可得相应的校核公式。

圆筒形容器

$$[p_w] = \frac{2[\sigma]^t \phi \delta_e}{D_i + \delta_e} \tag{3-6}$$

球形容器

$$[p_w] = \frac{4[\sigma]^t \phi \delta_e}{D_i + \delta_e} \tag{3-7}$$

式中　$[p_w]$——容器允许的最大工作压力，MPa。

其他符号含义同前。

三、设计参数的确定

在内压薄壁圆筒与球壳的壁厚设计与强度校核公式中，直接或间接涉及设计压力、设计温度、许用应力、焊接接头系数及厚度附加量等参数，这些参数的值应按有关规定确定。

1. 设计压力

（1）工作压力 p_w　工作压力 p_w 是指正常操作情况下容器顶部可能出现的最高压力。

（2）设计压力 p　设计压力 p 是指设定的容器顶部的最高工作压力，与相应的设计温度一起作为设计载荷条件，其值不低于工作压力。

当容器上装有超压泄放装置时，其设计压力应根据不同形式的超压泄放装置来确定。当容器上装有安全阀时，容器的设计压力应大于等于安全阀的开启压力，为了避免安全阀不必要的泄放，通常预定的安全阀开启压力应略高于化工容器的工作压力，取其小于等于 $(1.05\sim1.1)$ 倍的工作压力；当容器上装有爆破片装置时，容器的设计压力随爆破片形式、载荷性质及爆破片的制造范围不同而不同，约为 $(1.1\sim1.7)p_w$，具体数值可按 GB 150—2011 的有关规定进行详细计算。

盛装液化气体或混合液化石油气的容器的设计压力与介质的临界温度和工作温度密切相关，如果液化气的临界温度（指气体能在一定压力下被液化的最高温度）高于50℃，该液化气在50℃以下时可以被液化，当最高工作温度小于等于50℃时可取该液化气在50℃时的饱和蒸气压为容器的设计压力；如果液化气的临界温度低于50℃，说明该液化气在50℃时是气体，最高工作温度小于等于50℃时，取在最大充装量下50℃时气体的压力为设计压力。

（3）计算压力 p_c　计算压力 p_c 是指在相应设计温度下，用以确定元件厚度的压力，其中包括液柱静压力。即计算压力等于设计压力加上液柱静压力。当元件各部位所受的液柱静压力小于5%的设计压力时，可忽略不计，此时计算压力 p_c 等于设计压力 p。

2. 设计温度

设计温度 t 是指容器在正常工作情况下，设定的元件的金属温度。金属温度是指沿元件金属截面温度的平均值。设计温度不得低于元件金属在工作状态可能达到的最高温度；对于0℃以下的金属温度，设计温度不得高于元件金属可能达到的最低温度。设计温度虽不直接用于计算，但它对选择钢材和确定许用应力却有直接的影响。设计温度与设计压力一起作为设计载荷条件。当容器内介质被热载体或冷载体间接加热或冷却时，设计温度按表 3-1 确定；容器内壁与介质直接接触且有外保温时，设计温度按表 3-2 确定。

表 3-1　设计温度（一）　　　　　　　　　　　　　　　　　　　℃

传热方式	设计温度 t	传热方式	设计温度 t
外加热	热载体的最高工作温度	内加热	被加热介质的最高工作温度
外冷却	冷载体的最低工作温度	内冷却	被冷却介质的最低工作温度

表 3-2　设计温度（二）　　　　　　　　　　　　　　　　　　　℃

最高或最低工作温度 t_w	设计温度 t	最高或最低工作温度 t_w	设计温度 t
$t_w\leqslant-20$	t_w-10	$15<t_w\leqslant350$	t_w+20
$-20<t_w\leqslant15$	t_w-5（但最低仍为−20）	$t_w>350$	$t_w+(5\sim15)$

设计温度应按下列原则来确定。

① 当工作温度范围在0℃以下时，考虑最低工作温度；当工作温度范围在0℃以上时，考虑最高工作温度；当工作温度范围跨越0℃时，则按对容器不利的情况考虑。

② 当碳素钢容器的最高工作温度为420℃以上，铬钼钢容器的最高工作温度为450℃以上，不锈钢容器的最高工作温度为550℃以上时，其设计温度不再增加裕度。

③ 容器内介质用蒸气直接加热或被插入式电热元件间接加热时，其设计温度取被加热介质的最高工作温度。

④ 对有可靠内保温层的容器及容器壁同时与两种温度的介质接触的容器，应由传热计算求得容器壁温作为设计温度。

⑤ 对液化气用压力容器当设计压力确定后，其设计温度就是与其对应的饱和蒸气的温度。

⑥ 对储存用压力容器（包括液化气储罐）当壳体温度仅由大气环境条件确定时，其设计温度的最低值可取该地区历年来月平均最低气温的最低值，或据实计算。

3. 许用应力

GB 150—2011 规定，根据材料各项强度指标分别除以相应的安全系数，取其中最小值作为许用应力。为了设计方便，在 GB 150—2011 中，直接给出了常用钢板的许用应力，可直接查用。遇设计温度的中间值时，可用内插法确定。

4. 焊接接头系数

焊接接头系数 ϕ 是为了补偿焊接时可能出现的焊接缺陷对容器强度的影响而引入的，其值的大小由焊接接头的形式及无损检测的长度比例确定，可按表 3-3 选取。

表 3-3　焊接接头系数 ϕ

焊缝结构	焊接接头系数 ϕ	
	100% 无损检测	局部无损检测
双面焊对接接头，相当于双面焊的全焊透对接接头	1.0	0.85
单面焊对接接头（沿焊缝根部全长有紧贴基本金属的垫板）	0.9	0.8

双面焊的焊缝质量最好，因而焊接接头系数 ϕ 较高；单面焊不易焊透，ϕ 值稍低。压力容器的焊缝一般都要作无损探伤（X 射线透视或超声波探伤）以检查其质量。按检验标准做无损探伤的焊缝可以保证质量，因而 ϕ 值可以相应提高；无损探伤的区域越大，ϕ 值越高。

5. 厚度附加量

对于常压、低压和压力不很大的中压容器，其壁厚较薄，圆柱形筒体通常是由钢板冷卷后焊成，钢板或钢管在轧制过程中，其厚度可能出现正偏差，也允许出现一定大小的负偏差，出现负偏差使其实际厚度略小于名义厚度，这将影响其强度；化工容器在使用时会受到介质的腐蚀及机械磨损而使壁厚减薄。考虑这些情况，在设计容器时预先给壁厚一个增量，这就是厚度附加量。厚度附加量 C 包括钢板或钢管的厚度负偏差 C_1、腐蚀裕量 C_2，即

$$C = C_1 + C_2$$

钢板的厚度负偏差 C_1 按表 3-4 选取。

表 3-4　钢板的厚度负偏差 C_1　　　　　　mm

名义厚度 δ_n	2	2.2	2.5	2.8~3.0	3.2~3.5	3.8~4.0	4.5~5.5	6~7	8~25	26~30	32~34	36~40	42~50	52~60
厚度负偏差 C_1	0.18	0.19	0.20	0.22	0.25	0.30	0.5	0.6	0.8	0.9	1.0	1.1	1.2	1.3

腐蚀裕量 C_2 根据介质的腐蚀性及容器的设计寿命确定。对介质为压缩空气、水蒸气及水的碳素钢、低合金钢制容器，腐蚀裕量不小于 1mm；当资料不全难以具体确定时，可参

考表 3-5。

表 3-5　腐蚀裕量 C_2　　　　　　　　　　　　　　　　mm

容器类别	碳素钢	铬钼钢	不锈钢	备注	容器类别	碳素钢	铬钼钢	不锈钢	备注
塔器及反应器壳体	3	2	0		不可拆内件	3	1	0	包括双面
容器壳体	1.5	1	0		可拆内件	2	1	0	包括双面
换热器壳体	1.5	1	0		裙座	1	1	0	包括双面
热衬里容器壳体	1.5	1	0						

四、容器压力试验

　　容器制成或检修后,必须进行压力试验。压力试验的目的是验证容器在超工作压力的条件下器壁的宏观强度(主要指焊缝的强度)、焊缝的致密性和容器密封结构的可靠性,可以及时发现钢材、制造或检修过程中的缺陷,是对材料、设计、制造或检修的综合性检查,将压力容器的不安全因素在投产前充分暴露出来,防患于未然。因此,压力试验是保证设备安全运行的重要措施,应认真执行。容器经过压力试验合格以后才能投入生产运行。

　　压力试验包括液压试验和气压试验两种。

1. 液压试验

　　(1) 试验介质及要求　凡是在压力试验时不会导致发生危险的液体,在低于其沸点温度下都可作为液压试验的介质。供试验用的液体一般为洁净的水,故又称为水压试验。

　　为了避免液压试验时发生低温脆性破坏,必须控制液体温度不能过低。容器材料为碳素钢、16MnR 和正火 15MnVR 钢时,液体温度不得低于 5℃;容器材料为其他低合金钢时液体温度不得低于 15℃。如由于板厚等因素造成材料脆性转变温度升高时,还要相应提高试验液体的温度。其他钢种的容器液压试验温度按图样规定。

　　(2) 水压试验装置及过程　水压试验是将水注满容器后,再用泵逐步增压到试验压力,检验容器的强度和致密性。图 3-6 所示为水压试验示意。试验时将装设在容器最高处的排气阀打开,灌水将气排尽后关闭。开动试压泵使水压缓慢上升,达到规定的试验压力后,关闭直通阀保持压力 30min,在此期间容器上的压力表读数应该保持不变。然后降至工作压力并保持足够长的时间,对所有焊缝和连接部位进行检查。在试验过程中,应保持容器观察表面

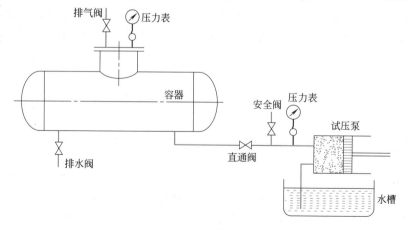

图 3-6　水压试验示意

的干燥，如发现焊缝有水滴出现，表明焊缝有泄漏（压力表读数下降），应作标记，卸压后修补，修好后重新试验，直至合格为止。

（3）试验压力的校核　由于液压试验的压力比设计压力高，所以在进行液压试验前应对容器在规定试验压力下的强度进行理论校核，满足要求时才能进行压力试验的实际操作。

试验压力是进行压力试验时规定容器应达到的压力，其值反映在容器顶部的压力表上。液压试验时试验压力为

$$p_T = 1.25p \frac{[\sigma]}{[\sigma]^t} \tag{3-8}$$

式中　p_T——容器的试验压力，MPa；

　　　p——容器的设计压力，MPa；

　　$[\sigma]$——容器元件材料在试验温度下的许用应力，MPa；

　　$[\sigma]^t$——容器元件材料在设计温度下的许用应力，MPa。

在确定试验压力时应注意以下几点。

① 容器铭牌上规定有最大允许工作压力时，公式中应以最大允许工作压力代替设计压力。

② 容器各元件（圆筒、封头、接管、法兰及紧固件等）所用材料不同时，应取各元件材料的 $[\sigma]/[\sigma]^t$ 比值中最小者。

③ 立式容器（正常工作时容器轴线垂直地面）卧置（容器轴线处于水平位置）进行液压试验时，其试验压力应为按式（3-1）确定的值再加上容器立置时圆筒所承受的最大液柱静压力。容器的试验压力（液压试验时为立置和卧置两个压力值）应标在设计图样上。

液压试验时，要求容器在试验压力下产生的最大应力，不超过圆筒材料在试验温度（常温）下屈服点的90%，即

$$\sigma_T = \frac{(p_T + p_L)(D_i + \delta_e)}{2\delta_e} \leqslant 0.9\phi\sigma_s(\sigma_{0.2}) \tag{3-9}$$

式中　σ_T——试验压力下圆筒的应力，MPa；

　　　p_L——压力试验时圆筒承受的最大液柱静压力，MPa；

$\sigma_s(\sigma_{0.2})$——圆筒材料在试验温度下的屈服点（或0.20%屈服强度），MPa。

其他符号含义同前。

2. 气压试验

一般容器的试压都应首先考虑液压试验，因为液体的可压缩性极小，液压试验是安全的，即使容器爆破，也没有巨大声响和碎片，不会伤人。而气体的可压缩性很大，因此气压试验比较危险，试验时必须有可靠的安全措施，该措施需经试验单位技术总负责人批准，并经本单位安全部门现场检查监督。试验时若发现有不正常情况，应立即停止试验，待查明原因采取相应措施后，方能继续进行试验。只有不宜液压试验的容器才进行气压试验，例如内衬耐火材料不易烘干的容器、生产时装有催化剂不允许有微量残液的反应器壳体等。

气压试验所用的气体应为干燥洁净的空气、氮气或其他惰性气体。对于碳素钢和低合金钢制容器，试验用气体温度不得低于15℃，其他钢种的容器按图样规定。

试验时压力应缓慢上升，当升压至规定试验压力的10%，且不超过0.05MPa时，保持压力5min，对容器的全部焊缝和连接部位进行初步检查，合格后再继续升压到试验压力的50%。其后按每级为试验压力10%的级差，逐级升到试验压力，保持压力10min。最后将压力降至设

计压力，至少保持 30min 进行全面检查，无渗漏为合格。若有渗漏，经返修后重新试验。

气压试验的试验压力规定得比液压试验稍低些，为

$$p_T = 1.15p \frac{[\sigma]}{[\sigma]^t} \tag{3-10}$$

使用上式确定试验压力时应注意如容器铭牌上规定有最大允许工作压力时，公式中应以最大允许工作压力代替设计压力；当容器各元件（圆筒、封头、接管、法兰及紧固件等）所用材料不同时，应取各元件材料的 $[\sigma]/[\sigma]^t$ 比值中最小者。对于在气压试验时产生的最大应力，也应进行校核。要求最大应力不超过圆筒材料在试验温度（常温）下屈服点的 80%，即

$$\sigma_T = \frac{p_T(D_i + \delta_e)}{2\delta_e} \leqslant 0.8\phi\sigma_s(\sigma_{0.2}) \tag{3-11}$$

式中各符号的含义与液压试验相同。

例 3-1 某化工厂反应釜，内径 $D_i = 1500$mm，工作温度 $t_w = 5 \sim 105$℃，工作压力 $p_w = 1.5$MPa，釜体上装有安全阀，其开启压力为 1.6MPa。接头采用双面对接焊、全部无损检测。介质对碳钢有腐蚀性，但对不锈钢腐蚀极微。试选材并确定该釜体的厚度。

解：

（1）选择钢材

根据题中条件，介质有一定的腐蚀性，故选定 0Cr18Ni10Ti 钢板作为釜体材料。

（2）确定各设计参数

因釜体上装有安全阀，所以取设计压力等于安全阀的开启压力，即 $p = 1.6$MPa；计算压力等于设计压力加上液柱静压力，但题中未给出计算反应釜工作时液柱静压力的条件，故可不考虑，即 $p_c = p = 1.6$MPa。

按表 3-2，设计温度 $t = 125$℃。

查手册，得 0Cr18Ni10Ti 在 125℃ 时的许用应力为 $[\sigma]^t = 137$MPa，20℃ 时的许用应力也为 $[\sigma]^t = 137$MPa。

按表 3-3，釜体双面对接焊，全部无损检测，焊接接头系数 $\phi = 1.0$。

按表 3-4，钢板厚度负偏差 $C_1 = 0.8$mm（假设其名义厚度为 8~25mm）。

按表 3-5，腐蚀裕量 $C_2 = 0$。

厚度附加量 $C = C_1 + C_2 = 0.8$mm。

（3）釜体厚度确定

① 计算厚度。按式（3-4）计算釜体厚度为

$$\delta = \frac{p_c D_i}{2[\sigma]^t \phi - p_c} = \frac{1.6 \times 1500}{2 \times 137 \times 1.0 - 1.6} = 8.8 \text{ (mm)}$$

② 最小厚度及设计厚度。对不锈钢容器，其最小厚度 $\delta_{min} = 2$mm，设计厚度 $\delta_d = \delta + C_2 = 8.8$ (mm)。

③ 名义厚度。$\delta_d + C_1 = 8.8 + 0.8 = 9.6$mm，$\delta_{min} + C_2 = 2$mm，取二者中的大值 9.6mm，按钢板厚度规格向上圆整后得釜体名义厚度 $\delta_n = 10$mm（在初始假设的 8~25mm 之间）。

（4）釜体水压试验时应力校核

按式（3-8），试验压力为

$$p_T = 1.25p \frac{[\sigma]}{[\sigma]^t} = 1.25 \times 1.6 \times \frac{137}{137} = 2 \text{ (MPa)}$$

按式（3-9），水压试验时应满足的条件为

$$\sigma_T = \frac{(p_T + p_L)(D_i + \delta_e)}{2\delta_e} \leqslant 0.9\phi\sigma_s(\sigma_{0.2})$$

查 GB 150—2011，0Cr18Ni10Ti 在试验温度（按 20℃考虑）时 $\sigma_{0.2}(\sigma_s) = 205\text{MPa}$，题中未给出反应釜的高度，故不考虑水压试验时液柱静压力，即 $p_L = 0$；$\delta_e = \delta_n - C = 10 - 0.8 = 9.2$ （mm），所以

$$\sigma_T = \frac{2 \times (1500 + 9.2)}{2 \times 9.2} = 164 \text{(MPa)}$$

$$0.9\phi\sigma_s = 0.9 \times 1.0 \times 205 = 184.5 \text{(MPa)}$$

$\sigma_T < 0.9\sigma\phi_s$，故水压试验时釜体强度满足要求。

第二节　内压容器封头

一、常用封头的形式

封头按其形状可分为三类:凸形封头、锥形封头和平板形封头,如图 3-7 所示。其中凸形封头包括半球形封头、球冠形封头、碟形封头和椭圆形封头四种。锥形封头分为无折边的与带折边的两种。平板形封头根据它与筒体连接方式的不同也有多种结构。

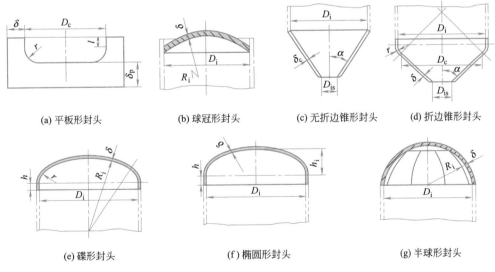

(a) 平板形封头　　(b) 球冠形封头　　(c) 无折边锥形封头　　(d) 折边锥形封头

(e) 碟形封头　　　(f) 椭圆形封头　　　(g) 半球形封头

图 3-7　常用封头的形式

在化工生产中最先采用的是平板形、球冠形及无折边锥形封头,这几种封头加工制造比较容易,但当压力较高时,不是在平板中央,就是在封头与筒体连接处产生变形甚至破裂,因此,这几种封头只能用于低压。

为了提高封头的承压能力,在球冠形封头或无折边锥形封头与筒体相连接的地方加一段小圆弧过渡,就形成了碟形封头与带折边的锥形封头。这两种封头所能承受的压力与不带过

渡圆弧相比,要大得多。

随着生产的进一步发展,要求化学反应在更高的压力下进行,这就出现了半球形与椭圆形的封头。

在封头形状发展的过程中,从承压能力的角度来看,半球形、椭圆形最好,碟形、带折边的锥形次之,而球冠形、不带折边的锥形和平板形较差。不同形状的封头之所以承压能力不同,主要是因为它们与筒体之间的连接不同,导致边缘应力大小不同所致。

在筒体与封头的连接处,筒体的变形和封头的变形不相协调,互相约束,自由变形受到限制,这样就会在连接处出现局部的附加应力,这种局部附加应力称为边缘应力。边缘应力大小随封头形状不同而异,但其影响范围都很小,只存在于连接边缘附近的局部区域,离开连接边缘稍远一些,边缘应力迅速衰减,并趋于零。正因为如此,在工程设计中,一般只在结构上做局部处理,如改善连接边缘的结构,对边缘局部区域进行加强,提高边缘区域焊接接头的质量及尽量避免在边缘区域开孔等。

二、标准椭圆形封头及选用

椭圆形封头因边缘应力小,承压能力强,获得了广泛的应用。椭圆形封头[图 3-7(f)]由两部分组成:半椭球和高度为 h 的直边。设置直边部分使椭球壳和圆筒的连接边缘与封头和圆筒焊接连接的接头错开,避免了边缘应力与热应力叠加的现象,改善了封头与圆筒连接处的受力状况。直边高度的大小按封头的直径和厚度不同,有 25mm、40mm、50mm 三种。

对椭圆形封头来说,随着 $D_i/2h_i$ 值的变化,封头的形状在改变。当 $D_i/2h_i=1$ 时,就是半球形封头;当 $D_i/2h_i=2$ 时,理论分析证明,此时椭圆形封头的应力分布较好,且封头的壁厚与相连接的筒体壁厚大致相等,便于焊接,经济合理,所以我国将此定为标准椭圆形封头,并已成批生产。

标准椭圆形封头的壁厚计算公式为

$$\delta = \frac{p_c D_i}{2[\sigma]^t \phi - 0.5 p_c} \tag{3-12}$$

标准椭圆形封头的校核计算公式为

$$[p_w] = \frac{2[\sigma]^t \phi \delta_e}{D_i + 0.5 \delta_e} \tag{3-13}$$

式中　δ——标准椭圆形封头的计算厚度,mm;

　　D_i——封头内直径,mm;

　　p_c——计算压力(表压),MPa;

　$[p_w]$——封头最大允许工作应力,MPa;

　$[\sigma]^t$——封头材料在设计温度下的许用应力,MPa;

　　ϕ——焊接接头系数,若为整块钢板制造,则 $\phi=1.0$;

　　δ_e——封头的有效厚度,mm。

三、半球形封头

半球形封头即为半个球壳[图 3-7(g)],它的受力情况要好于椭圆形封头,但因其深度大,当直径较小时采用整体冲压制造较困难,因此,中小直径的容器很少采用半球形封头。对于大直径($D_i > 2.5$m)的半球形封头,通常将数块钢板先在水压机上用模具压制成型后,再进行拼焊。

半球形封头的壁厚计算与球形容器相同,即

$$\delta = \frac{p_c D_i}{4[\sigma]^t \phi - p_c} \tag{3-14}$$

式中各参数的意义同前。

由式(3-14)计算所得的半球形封头的壁厚只有圆筒体壁厚的一半,但是在实际生产中,考虑封头上开孔对强度的削弱,封头与筒体对焊的方便,以及降低封头和筒体连接处的边缘应力,半球形封头的壁厚通常取与圆筒体的壁厚相同。

四、碟形封头

碟形封头由三部分组成:以 R_i 为半径的部分球面、以 r 为半径的过渡圆弧(即折边)和高度为 h 的直边[图 3-7(e)]。

碟形封头的球面区半径 R_i 越大,过渡圆弧的半径 r 越小,即 R_i/r 越大,则封头的深度将越浅,制造方便,但是边缘应力也越大。GB 150—2011 中推荐取 $R_i=0.9D_i$,$r=0.17D_i$(也可认为是标准碟形封头),这时球面部分的壁厚与圆筒相近,封头深度也不大,便于制造。在碟形封头中设置直边部分的作用与椭圆形封头相同。

碟形封头壁厚计算公式为

$$\delta = \frac{Mp_c R_i}{2[\sigma]^t \phi - 0.5p_c} \tag{3-15}$$

碟形封头校核计算公式为

$$[p_w] = \frac{2[\sigma]^t \phi \delta_e}{MR_i + 0.5\delta_e} \tag{3-16}$$

式中　R_i——碟形封头球面部分内半径,mm;

　　　M——碟形封头形状系数,可查表确定,对于 $R_i=0.9D_i$,$r=0.17D_i$ 的碟形封头,$M=1.33$。
其他符号含义与椭圆形封头相同。

例 3-2　按例 3-1 的条件分别确定半球形封头、椭圆形封头、碟形封头的厚度。

解:由例 3-1 知:$p_c=1.6\text{MPa}$,$t=125℃$,$[\sigma]^t=137\text{MPa}$,$\phi=1.0$,$C_2=0$,$D_i=1500\text{mm}$。

(1)半球形封头

按式(3-14)计算半球形封头的厚度为

$$\delta = \frac{p_c D_i}{4[\sigma]^t \phi - p_c} = \frac{1.6 \times 1500}{4 \times 137 \times 1.0 - 1.6} = 4.39(\text{mm})$$

$\delta_d = \delta + C_2 = 4.39(\text{mm})$,$\delta_d + C_1 = 4.39 + 0.5 = 4.89(\text{mm})$,按钢板厚度规格向上圆整后得名义厚度 $\delta_n = 5\text{mm}$(厚度 4.5~5.5mm 时,$C_1=0.5\text{mm}$)。

(2)椭圆形封头

采用标准椭圆形封头,按式(3-12)计算厚度为

$$\delta = \frac{p_c D_i}{2[\sigma]^t \phi - 0.5p_c} = \frac{1.6 \times 1500}{2 \times 137 \times 1.0 - 0.5 \times 1.6} = 8.78(\text{mm})$$

$\delta_d = \delta + C_2 = 8.78(\text{mm})$,$\delta_d + C_1 = 8.78 + 0.8 = 9.58(\text{mm})$,按钢板厚度规格向上圆整后得名义厚度 $\delta_n = 10\text{mm}$。

(3)碟形封头

采用 GB 150 中推荐的 $R_i=0.9D_i$、$r=0.17D_i$ 的碟形封头,其形状系数 $M=1.33$。按式

(3-15)计算厚度为

$$\delta = \frac{Mp_cR_i}{2[\sigma]^t\phi - 0.5p_c} = \frac{1.33 \times 1.6 \times 0.9 \times 1500}{2 \times 137 \times 1.0 - 0.5 \times 1.6} = 10.52 \text{ (mm)}$$

$\delta_d = \delta + C_2 = 10.52 \text{(mm)}$，$\delta_d + C_1 = 10.52 + 0.8 = 11.32 \text{(mm)}$，按钢板厚度规格向上圆整后得名义厚度 $\delta_n = 12\text{mm}$。

五、锥形封头

锥形封头广泛用作许多化工设备的底盖，它的优点是便于收集并卸除这些设备中的固体物料，避免凝聚物、沉淀等堆积和利于悬浮、黏稠液体排放。此外，有一些塔设备下部分的直径不等，也常用圆锥形壳体将直径不等的两段塔体连接起来，它使气流均匀。这时的圆锥形壳体叫作变径段。

锥形封头分为两端都无折边[图 3-7(c)]、大端有折边而小端无折边[图 3-7(d)]、两端都有折边三种形式。工程设计中根据封头半顶角 α 的不同采用不同的结构形式：当半顶角 $\alpha \leqslant 30°$ 时，大、小端均可无折边；当半顶角 $30° < \alpha \leqslant 45°$ 时，小端可无折边，大端须有折边；当 $45° < \alpha \leqslant 60°$ 时，大、小端均须有折边；当半顶角 $\alpha > 60°$ 时，按平板形封头考虑或用应力分析方法确定。折边锥形封头的受力状况优于无折边锥形封头，但制造困难。

无折边锥形封头锥体厚度设计公式为

$$\delta_c = \frac{p_cD_i}{2[\sigma]^t\phi - p_c} \times \frac{1}{\cos\alpha} \tag{3-17}$$

式中　δ_c——锥体部分计算厚度，mm；

p_c——计算压力，MPa；

D_i——封头大端内直径，mm；

$[\sigma]^t$——封头材料在设计温度下的许用应力，MPa；

ϕ——焊接接头系数，若为整块钢板制造，则 $\phi = 1.0$；

α——锥形封头半顶角，(°)。

对无折边锥形封头来说，锥体大、小端与筒体连接处存在着较大的边缘应力，由于边缘应力的影响，有时按式(3-17)计算的壁厚仍然强度不足，需要加强。关于无折边锥形封头大、小端的加强计算及折边锥形封头的设计计算可参见有关标准。

六、平板形封头

平板形封头也称为平盖，是各种封头中结构最简单、制造最容易的一种。与承受内压的圆筒体和其他形状的封头不同，平板形封头在内压作用下发生的是弯曲变形，平板形封头内存在数值比其他形状封头大得多且分布不均匀的弯曲应力。因此，在相同情况下，平板形封头比各种凸形封头和锥形封头的厚度要大得多。由于这个缺点，平板形封头的应用受到很大限制。

平板形封头的壁厚计算公式为

$$\delta_p = D_c\sqrt{\frac{Kp_c}{[\sigma]^t\phi}} \tag{3-18}$$

式中　δ_p——平板形封头的计算厚度，mm；

K——平盖系数,随平板形封头结构不同而不同,查有关标准确定;

D_c——平板形封头计算直径[见图 3-7(a)],mm。

其他符号同前。

例 3-3 某容器筒体内径 $D_i=1200$mm,上部为平板形封头,下边为半锥角 $\alpha=30°$ 的锥形封头,焊接接头系数 0.85,计算压力 $p_c=1$MPa,设计温度 $t=200℃$,腐蚀裕量 $C_2=1$mm,材料为 16MnR。试设计上、下封头壁厚。平板形封头采用图 3-7(a)所示的结构形式,平盖系数 $K=0.27$。

解:(1)平板形封头壁厚设计

$D_c=D_i=1200$mm;查手册,16MnR 在 200℃ 时的许用应力为 $[\sigma]^t=150$MPa(假设名义厚度在 36~60mm 之间);焊接接头系数 $\phi=1.0$。

按式(3-18),平板形封头的计算厚度为

$$\delta_p=D_c\sqrt{\frac{Kp_c}{[\sigma]^t\phi}}=1200\times\sqrt{\frac{0.27\times1}{150\times1.0}}=50.91\ (\text{mm})$$

设计厚度,$\delta_d=\delta_p+C_2=50.91+1=51.91(\text{mm})$,$\delta_d+C_1=51.91+1.3=53.21(\text{mm})$,按钢板厚度规格向上圆整后得平板形封头名义厚度 $\delta_n=54$mm。

(2)锥形封头壁厚设计

查手册,16MnR 在 200℃ 时的许用应力为 $[\sigma]^t=170$MPa(假设名义厚度在 6~16mm 之间);按表 3-4,$C_1=0.8$mm;由于半顶角为 30°,所以大、小端都可无折边。按式(3-17),锥体部分计算厚度为

$$\delta_c=\frac{p_c D_i}{2\times[\sigma]^t\phi-p_c}\times\frac{1}{\cos\alpha}=\frac{1.0\times1200}{2\times170\times0.85-1.0}\times\frac{1}{\cos30°}=4.81\ (\text{mm})$$

$\delta_d=\delta_c+C_2=4.81+1=5.81(\text{mm})$,$\delta_d+C_1=5.81+0.8=6.61(\text{mm})$,按钢板厚度规格向上圆整后得名义厚度 $\delta_n=8$mm。

第三节　容器附件

组成一台化工容器除了筒体和封头等基本零件外,还有法兰、支座、人孔（或手孔）、视镜、液面计、安全阀和各种用途的接管等,这些统称为容器附件。本节讨论化工容器附件的类型、结构、特点、标准及其选用,为正确选用这些附件提供理论依据。

一、容器设计的标准化

为了便于化工设备的设计、安装和维修,有利于专业生产,提高制造质量,便于零部件互换,降低成本,提高劳动生产率,我国有关部门对化工容器的零部件已制订了一系列标准,例如封头、法兰、支座、人孔、手孔、液面计等均已有各自的标准。对于某些化工设备如反应釜、换热器、储罐等也有标准系列。设计时应尽量采用标准件。

容器标准化的基本参数是公称直径和公称压力。设计时可根据公称直径和公称压力从有关标准中选用标准件。

1. 公称直径

规定公称直径的目的是使容器的直径成为一系列一定的数值,以便于部件的标准化。公

称直径以符号"DN"表示。

对筒体及封头来说，公称直径是指它们的内径，其值见表 3-6。设计容器时应使容器内径符合表 3-6 直径标准。例如工艺计算得到容器的内径为 970mm，则应调整为最接近的标准值 1000mm，这样可以选用 DN1000 的各种标准零部件。

表 3-6　压力容器的公称直径 DN　　　　　　　　　mm

300	350	400	450	500	550	600	650
700	800	900	1000	1100	1200	1300	1400
1500	1600	1700	1800	1900	2000	2100	2200
2300	2400	2600	2800	3000	3200	3400	3600
3800	4000	4200	4400	4500	4600	4800	5000

对于管子来说，公称直径也称为公称通径，它既不是指管子的外径，也不是指管子的内径，而是小于外径的一个数值。只要管子的公称直径一定，管子的外径也就确定了，管子的内径因壁厚不同而有不同的数值。如果采用无缝钢管做筒体时，筒体或封头的公称直径就不是管子原来的公称直径，而是指钢管的外径，见表 3-7。化工厂用来输送水、煤气以及用于取暖的管子往往采用有缝钢管，这种有缝钢管的公称直径既可用公制（mm）表示，也可用英制（in）表示。它们的尺寸系列见表 3-8。

表 3-7　无缝钢管的公称直径 DN、外径 D_o 与无缝钢管制作筒体时容器的公称直径 DN　mm

公称直径 DN	80	100	125	150	175	200	225	250	300	250	400	450	500
外径 D_o	89	108	133	159	194	219	245	273	325	377	426	480	530
无缝钢管制作筒体时的公称直径 DN				159		219		273	325	377	426		

表 3-8　水、煤气输送钢管的公称直径 DN 与外径 D_o

公称直径 DN	mm	6	8	10	15	20	25	32	40	50	70	80	100	125	150
	in	$\frac{1}{8}$	$\frac{1}{4}$	$\frac{3}{8}$	$\frac{1}{2}$	$\frac{3}{4}$	1	$1\frac{1}{4}$	$1\frac{1}{2}$	2	$2\frac{1}{2}$	3	4	5	6
外径 D_o	mm	10	13.5	17	21.25	26.75	33.5	42.5	48	60	75.5	88.5	114	140	165

2. 公称压力

公称压力是将化工容器零部件的承压能力规定为若干个标准的压力等级，便于选用。公称压力以符号"PN"表示。目前我国所规定的公称压力等级为：常压、0.25、0.6、1.0、1.6、2.5、4.0、6.4（MPa）。

化工容器的筒体和封头消耗钢材最多，但设计计算较为简单，为节省钢材，通常是按工作压力自行设计，确定材料、壁厚等。法兰、人孔等化工容器零部件已标准化，不必自行设计，可直接选用。选择时，必须将设计压力调整为所规定的某一公称压力等级，然后根据 DN 与 PN 选定该零部件的尺寸。

二、法兰连接

1. 法兰连接的结构和类型

法兰连接由一对法兰、一个垫片、数个螺栓和螺母所组成（图 3-8）。法兰连接是一种可拆连接，在化工厂中应用普遍，主要用于设备接管与管道或附件、管道与管道之间，某些设备的筒体与封头、筒体与筒体之间也采用法兰连接。

按照整体性程度，法兰分为整体法兰、松式法兰和任意式法兰。

（1）整体法兰　整体法兰的法兰盘、法兰颈部及容器或接管三者能有效地连接成一整体结构，如图 3-9（a）、（b）所示。整体法兰工作时，受到螺栓力和垫片反力的作用，会在设备或管道上产生附加弯曲应力。图 3-9（a）所示整体法兰用对接焊缝与壳体连接，故又称对焊法兰。铸钢或铸铁的管道，法兰与管道铸成一体，如图 3-9（b）所示。整体法兰的颈部为截面逐渐收缩的过渡段，称为长颈，长颈的存在提高了法兰的强度和刚度，因颈的根部较筒壁厚，也降低了此处的附加弯曲应力，可用于压力和温度较高及设备直径较大的场合。

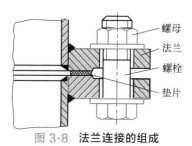

图 3-8　**法兰连接的组成**

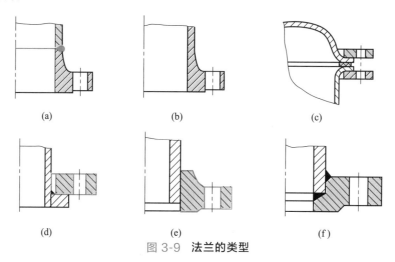

图 3-9　**法兰的类型**

（2）松式法兰　松式法兰的特点是法兰和容器或接管不直接连成一体，而是把法兰松套在壳体的外面，如图 3-9（c）、（d）所示。当法兰受力时，对壳体不产生附加应力。由于不需焊接，法兰可以采用与设备或管道不同的材料制造，如有色金属制造的设备，松式法兰则可用碳钢制造，以节约贵重材料。因此，松式法兰适用于由铜、铝、陶瓷、石墨及其他非金属材料制成的设备或管道上，一般在压力较低的情况下使用。

（3）任意式法兰　任意式法兰的整体性介于整体法兰和松式法兰之间。螺纹法兰、压力容器用乙型平焊法兰等均属任意式法兰。螺纹法兰与管壁通过螺纹进行连接［图 3-9（e）］，二者之间既有一定连接，又不完全形成一个整体，因此法兰对管壁产生的附加应力较小，整体性接近于松式法兰，多用于高压管道上。压力容器用乙型平焊法兰［图 3-9（f）］有一段较厚的短管，且与法兰盘全焊透连接，从而提高了法兰的刚度及壳体对法兰的支撑作用，其整体性更接近于整体法兰。

法兰的外轮廓形状一般为圆形，也有方形和椭圆形（图3-10）。方形法兰有利于把管子排列紧凑，椭圆形法兰通常用于阀门和小直径的高压管上。

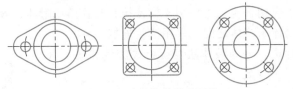

图3-10　法兰的外轮廓形状

2. 法兰的连接面和垫片

化工物料大多易燃易爆，有些是有毒的，一旦泄漏将造成重大事故。因此，法兰连接的密封性能是个重要问题。目前主要是通过设计合理的密封面结构和选用合适的垫片来实现密封。

（1）法兰的密封面结构　在中低压化工设备和管道中，常用的密封面结构有平面、凹凸面和榫槽面三种形式，如图3-11所示。

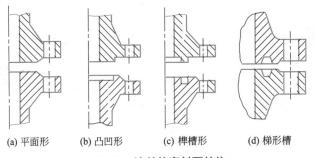

(a) 平面形　　(b) 凸凹形　　(c) 榫槽形　　(d) 梯形槽

图3-11　法兰的密封面结构

平面形密封面［图3-11(a)］是一个光滑的平面，有时在平面上车制2～3条沟槽以提高密封性能。这种密封面结构简单，车制方便。但螺栓拧紧后，垫片容易往两边挤，不易压紧，密封性能较差，只能用于压力不高、介质无毒的场合。

凹凸形密封面［图3-11(b)］由一个凸面和一个凹面所组成，在凹面上放置垫片。压紧时，由于凹面的外侧有挡台，垫片不会向外侧挤出来，同时也便于两个法兰对中。其密封性能比平面形密封面好，故可用于易燃、易爆、有毒介质及压力稍高的场合。

榫槽形密封面［图3-11(c)］由一个榫和一个槽所组成，垫片置于槽中。由于垫片受到槽两侧的阻碍，所以不会被挤出。垫片也可以较窄，因此压紧垫片所需的螺栓力也就相应较小。即使用于压力较高之处，螺栓尺寸也不致过大。这种密封面的缺点是制造比较复杂，更换挤紧在槽中的垫片也很费事，凸出的密封面容易碰坏，因此在装拆时要特别注意。这种密封面适用于剧毒的介质和压力较高的地方。

除上述密封面外，还有梯形槽［图3-11(d)］、锥面式密封面，配有椭圆形、八角形、透镜形截面的软金属环垫，密封面与垫片的接触宽度极小，不需要很大的螺栓拧紧力就能得到很好的密封，常用于温度、压力有波动的介质、渗透大的高压容器及管道上。

（2）垫片　垫片的作用是封住两法兰密封面之间的间隙，阻止流体泄漏。垫片的类型有非金属垫片、非金属与金属的组合垫片及金属垫片。

在中低压设备和管道法兰上常用橡胶、石棉橡胶、聚四氟乙烯等非金属垫片,它们的耐蚀性和柔软性较好,但强度和耐温性能较差。它们通常是从整张垫片板材上裁剪下来的,整个垫片的外形是个圆环,截面为矩形[图 3-12(a)]。为了提高垫片的强度和耐热性,在石棉或其他非金属材料外包以金属薄片制成金属包垫片[图 3-12(b)];或用薄钢带与石棉带(或聚四氟乙烯带或柔性石墨带)一起绕制成缠绕式垫片[图 3-12(c)],具有多道密封作用,且回弹性好,适用于较高的温度和压力范围,并能在压力、温度波动条件下保持良好的密封,因而被广泛采用;图 3-12(d)也是缠绕式垫片,但是垫片外有个定位圈,便于安放到法兰密封面上。

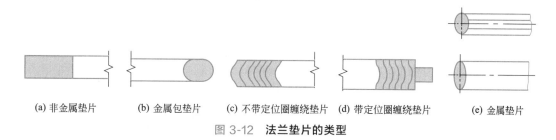

(a) 非金属垫片　　(b) 金属包垫片　　(c) 不带定位圈缠绕垫片　(d) 带定位圈缠绕垫片　　(e) 金属垫片

图 3-12　法兰垫片的类型

在高压设备和管道的法兰上,常用金属垫片,材料有软铝、铜、软钢和不锈钢等。除了矩形截面的金属垫片外,还有截面形状为椭圆形或八角形的[图 3-12(e)]以及其他特殊形状的金属环垫。

3. 法兰的标准及选用

我国现行法兰标准有两个:一个是压力容器法兰标准(NB/T 47020~47027—2012);另一个是管法兰标准(GB/T 9124.1~9124.2—2019)。在设计时,只需按所给的工艺条件就可以从标准中查到相应的标准法兰,直接加以引用。管法兰的类型和密封面形式见图 3-13和图 3-14。

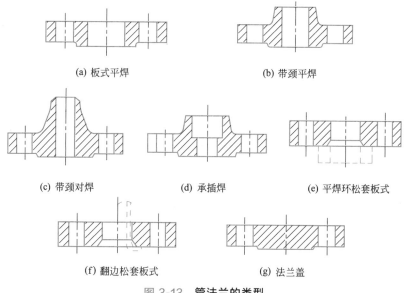

(a) 板式平焊　　　　　　　　　　　(b) 带颈平焊

(c) 带颈对焊　　　　(d) 承插焊　　　　(e) 平焊环松套板式

(f) 翻边松套板式　　　　　　(g) 法兰盖

图 3-13　管法兰的类型

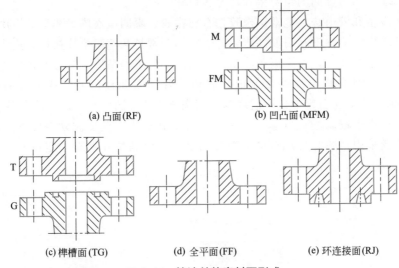

(a) 凸面(RF)　　　　(b) 凹凸面(MFM)

(c) 榫槽面(TG)　　　(d) 全平面(FF)　　　(e) 环连接面(RJ)

图 3-14　**管法兰的密封面形式**

法兰连接的基本参数是公称直径和公称压力。法兰的公称直径 DN 就是与其相配的筒体、封头或管道的公称直径。对于压力容器法兰，公称直径 DN 就是与其相配的筒体或封头的公称直径，也就是筒体或封头的内径。例如公称直径 $DN1000$ 的筒体，应当选配公称直径 $DN1000$ 的压力容器法兰，筒体或封头的内径为 1000mm。

对于管法兰，公称直径 DN（为了与各类管件的叫法相一致，也称为公称通径）指的是与其相连接的管子的名义直径，也就是管件的公称通径。

法兰的公称压力 PN 表示法兰连接的承载能力。我国在制订压力容器法兰标准时，将法兰材料 16MnR（即 Q345）在工作温度 200℃ 时的最大允许工作压力值规定为公称压力。如果法兰材料不是 16MnR，工作温度不是 200℃，由于材料许用应力值的不同，法兰的允许工作压力值也将不同，有时允许工作压力值可能高于公称压力。不同类型压力容器法兰在不同材料和不同温度时的允许工作压力可从相关手册中查取。

管法兰公称压力的规定与压力容器法兰不同。当公称压力 $PN \leqslant 4.0$MPa 时，公称压力是指 20 钢制造的法兰在 100℃ 时所允许的最高无冲击工作压力；当公称压力 $PN \geqslant 6.3$MPa 时，公称压力是指 16Mn 钢制造的法兰在 100℃ 时所允许的最高无冲击工作压力。无论选用何种材料的法兰，管法兰的最高无冲击工作压力在任何条件（工作温度、法兰材料）下，都不超过其公称压力，这一点与压力容器法兰不同。

选用标准法兰时应按设计压力选择法兰的公称压力，应使在工作温度下法兰材料的允许工作压力不小于设计压力，由此确定法兰的公称压力等级。

在工程应用中，除特殊工作参数和结构要求的法兰需要自行设计外，一般都选用标准法兰，这样可以减少压力容器设计计算量，增加法兰互换性，降低成本，提高制造质量。因此合理选用标准法兰非常重要。法兰的选用就是根据容器的设计压力、设计温度、介质特性等由法兰标准确定法兰的类型、材料、公称直径、公称压力、密封面的形式，垫片的类型、材料及螺栓、螺母的材料等。

压力容器法兰的选用步骤如下。

① 由法兰标准中的公称压力等级和容器设计压力，按设计压力小于等于公称压力的原

则就近选择公称压力，若设计压力非常接近这一公称压力且设计温度高于 200℃，则可就近提高一个公称压力等级，这样初步确定法兰的公称压力。

② 由法兰公称直径、容器设计温度和以上初定的公称压力查相关手册，并考虑不同类型法兰的适用温度，初步确定法兰的类型。

③ 由工作介质特性确定密封面形式。

④ 由介质特性、设计温度，结合容器材料对照标准中规定的法兰常用材料确定法兰的材料。

⑤ 由法兰类型、材料、工作温度和初定的公称压力查相关标准，确定其允许的最大工作压力。

⑥ 若所选法兰最大允许工作压力大于等于设计压力，则原初定的公称压力就是所选法兰的公称压力；若最大允许工作压力小于设计压力则调换优质材料或提高公称压力等级，使得最大允许工作压力大于等于设计压力，从而最后确定出法兰的公称压力和类型（有时公称压力提高会引起类型的改变）。

⑦ 由法兰类型及工作温度查相关标准，确定垫片、螺柱、螺母的材料。

⑧ 由法兰类型、公称直径、公称压力查阅 GB 150—2011，确定法兰的具体尺寸。

管法兰的选用步骤与压力容器法兰基本类同。

法兰选定后应予标记。

三、容器的支座

容器支座的作用是支承设备，固定其位置。圆筒形容器按其轴线位置分为两类：轴线平行于地面的卧式容器和轴线垂直于地面的立式容器。对应容器的支座有两类：卧式容器支座和立式容器支座。

1. 卧式容器支座

卧式容器的支座有三种：鞍座、圈座和支承式支座。应用最多的是鞍座，对于因容器自重而可能造成严重挠曲的大直径薄壁容器可采用圈座，而支承式支座只用于小型卧式容器。本节仅讨论鞍座的结构、标准及其选用。

（1）鞍座的类型与结构 如图 3-15 所示，鞍座有焊制和弯制两种。焊制鞍座［图 3-15(b)］由垫板、腹板、筋板和底板构成。弯制鞍座［图 3-15(c)］与焊制鞍座的区别是其腹板与底板是由同一块钢板弯制而成的。当容器公称直径 $DN<900mm$ 时可用弯制鞍座，也可用焊制鞍座；$DN>900mm$ 的则采用焊制鞍座。

鞍座一般都带垫板，$DN<900mm$ 的鞍座也可不带垫板，如图 3-15(d) 所示的鞍座，其主视图中心线两侧，分别画出了带垫板（左侧）和不带垫板（右侧）的两种结构。

为了使容器在壁温变化时能沿轴线自由伸缩，鞍座有固定式（代号为 F）和滑动式（代号为 S）两种。固定式鞍座底板上的螺栓孔是圆形的，滑动式鞍座底板上的螺栓孔是长圆形的，其长度方向与筒体轴线方向一致。双鞍座支承的卧式容器必须是固定式鞍座和滑动式鞍座搭配使用。

同一公称直径的容器由于长度和质量（包括介质、保温等质量）不同，所以同一公称直径的鞍座按其允许承受的最大载荷有轻型（代号为 A）和重型（代号为 B）之分，重型鞍座的垫板、筋板和底板的厚度都比轻型的稍厚，有时筋板的数目也较多，因而承重能力较大，适宜于换热器等较重的容器。对 $DN<900mm$ 的鞍座，由于直径较小，轻重型差别不大，

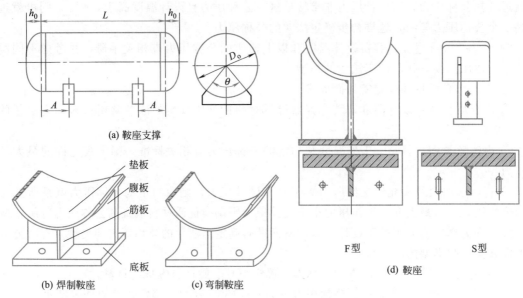

(a) 鞍座支撑

(b) 焊制鞍座　垫板　腹板　筋板　底板

(c) 弯制鞍座

(d) 鞍座　F 型　S 型

图 3-15　**鞍座的类型与结构**

故只有重型没有轻型。

（2）鞍座的数目及位置　每台设备一般均用两个鞍座支承，这时应采用固定式和滑动式鞍座各一个。一台卧式设备的支座多于两个是不合适的。因为容器制造、安装误差和地基沉降的不均匀，会使各鞍座的水平高度发生微小差异，造成各支座的受力不均，这时会引起筒壁内的附加应力。

为了减小筒体内因自重产生的弯曲应力，充分利用封头对筒体邻近部分的加强作用，图 3-15(a) 中支座位置 A 值与筒体长度 L 及筒体外直径 D_o 的关系应按下述原则确定。

① 当筒体的 L/D_o 较小，δ/D_o 较大，或在鞍座所在平面内有加强圈时，取 $A \leqslant 0.2L$。

② 当筒体的 L/D_o 较大，且在鞍座所在平面内又无加强圈时，取 $A \leqslant 0.25D_o$。

（3）鞍座的选用　选用标准鞍座的一般步骤为：首先根据容器的总质量算出每个鞍座的承载。容器的总质量包括：筒体和封头的质量，容器内物料的质量或水压试验时水的质量，人孔等附件的质量，容器外保温层的质量等。然后按照容器的公称直径 DN 与鞍座的承载，从标准中选出轻型（A 型）或重型（B 型）鞍座，使鞍座的承载能力不小于其实际承载。最后从标准中查取鞍座的各部分尺寸。需要时，应对鞍座的强度、筒体在支座处的局部应力、基础支承面的强度等进行验算。

2. 立式容器支座

立式容器的支座有腿式支座、支承式支座、耳式支座和裙式支座四种。小型直立设备采用前三种，高大的塔设备则广泛采用裙式支座。

（1）腿式支座　腿式支座（图 3-16）由盖板、垫板、支柱和底板四部分组成，有 A 型、AN 型、B 型、BN 型四种。A 型和 AN 型是角钢支柱，B 型和 BN 型是钢管支柱。A 型和 B 型带垫板；AN 型和 BN 型不带垫板。垫板厚度与筒体厚度相等，也可根据需要确定。

当容器直径较小时用三个支腿，容器直径较大时用四个支腿。

腿式支座适用于安装在刚性基础上，且符合下列条件的容器：公称直径 $DN400 \sim 600mm$；圆筒长度 L 与公称直径 DN 之比 $L/DN \leqslant 5$；容器总高 $H_0 \leqslant 5m$。不适合用于通过

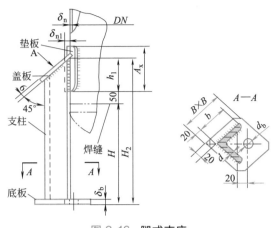

图 3-16　**腿式支座**

管线直接与产生脉动载荷的机器设备刚性连接的容器。

（2）支承式支座　支承式支座有 A、B 两种形式，A 型支座如图 3-17 所示，由底板、筋板和垫板组成，B 型支座用钢管取代了 A 型中的筋板。

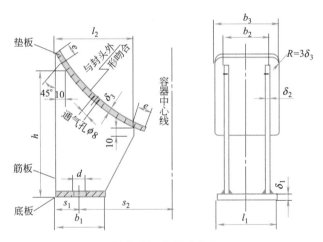

图 3-17　**支承式支座**

支承式支座直接焊在容器底部，与腿式支座相比其支承高度低，因而承载能力大，适用于符合下列条件的容器：公称直径 $DN800\sim4000mm$；圆筒长度 L 与公称直径 DN 之比 $L/DN\leqslant5$；容器总高 $H_0\leqslant10m$。

（3）耳式支座　耳式支座的结构与支承式支座相似，也由垫板、筋板和底板组焊而成，并直接焊在容器外壁上（图 3-18），是中小型立式设备（高径比小于 5 且总高度不超过 10m）应用最广的一种支座。耳式支座有长臂和短臂两种，长臂的尺寸 t_2 较大，用于带保温层的容器上。

当容器公称直径 $DN\leqslant900mm$ 时，耳式支座可以不设置垫板，但应使容器有效厚度大于 3mm，容器壳体材料与支座材料有相同或接近的化学成分和性能指标。

（4）裙式支座　裙式支座简称裙座，由裙座体、基础环、螺栓座等部分组成，是高大的塔设备广泛采用的一种支座。这种支座目前尚无标准。它的各部分尺寸，均需通过计算或按实践经验确定。

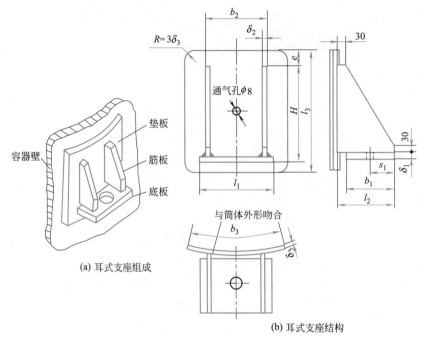

(a) 耳式支座组成

容器壁

垫板
筋板
底板

与筒体外形吻合

(b) 耳式支座结构

图 3-18 **耳式支座**

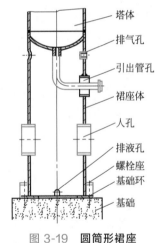

图 3-19 **圆筒形裙座**

塔体
排气孔
引出管孔
裙座体
人孔
排液孔
螺栓座
基础环
基础

裙座的形式，按照形状不同分为圆筒形和圆锥形两种。圆筒形裙座（图 3-19）制造方便，应用广泛。但对高而细的塔，为防止风载荷或地震载荷使设备倾覆，需配置数量较多的地脚螺栓，此时可采用圆锥形裙座。

① 裙座体　它的上端与塔体底封头焊接在一起，下端焊在基础环上。裙座体承受塔体的全部载荷，并把载荷传到基础环上。在裙座体上开有检修用的人孔、引出管孔、排气孔、排液孔等。

② 基础环　基础环是一块环形垫板，它把由座体传下来的载荷，再均匀地传到基础上去。为了安装方便，基础环上的螺栓孔开成长圆缺口。

③ 螺栓座　螺栓座由盖板、筋板组成，盖板上开有圆孔，地脚螺栓从基础环上的螺栓孔及盖板上的圆孔中穿出，拧紧螺母即可固定塔设备。

四、容器的开孔与补强结构

1. 开孔补强的原因

为了实现正常的操作和维修，需在化工设备的筒体和封头上开设各种孔，例如物料的进出口接管孔、检测仪表的接管孔及人孔、手孔或检查孔等。压力容器开孔后，不仅器壁材料被削弱，同时由于结构连续性被破坏，在孔口边缘应力值显著增加，其最大应力值往往高出正常器壁应力的数倍，这就是常称的开孔应力集中现象。除了应力集中现象外，压力容器开孔焊上接管后，有时还有接管上其他外载荷以及容器材质、制造缺陷等各种因素的综合作用，容器的破坏往往就是从开孔边缘开始的。因此，对于开孔边缘的应力集中必须给予足够的重视，采取适当的补强措施，改善开孔边缘的受力情况，减轻其应力集中的程度，以保证其具有足够的强度。

2. 补强方法和局部补强结构

补强方法有两种：增加容器厚度即整体加强，适于容器上开孔较多且分布比较集中的场合；考虑到应力集中离孔口不远处就衰减了，因此可在孔口边缘局部加强即局部补强。显然，局部补强的办法是合理的也是经济的，因此它广泛应用于容器开孔的补强上。

局部补强是在开孔处的一定范围内增加筒壁厚度，以使该处达到局部增强的目的。常用局部补强的结构形式有补强圈补强、加强管（厚壁接管）补强和整锻件补强。

（1）补强圈补强　补强圈补强是在壳体与接管连接处焊上一个或几个圆环形的补强圈，来增强开孔边缘处金属的强度（图 3-20）。考虑到焊接的方便，常用的是把补强圈放在壳体外边的单面补强（图 3-21）。补强圈的材料一般与器壁的材料相同，其厚度一般也与器壁厚度相等。补强圈与被补强的器壁之间要很好地焊接，使其与器壁能同时受力，否则起不了补强作用。

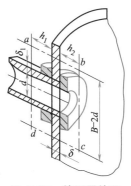

图 3-20　**补强圈补强**

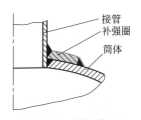

图 3-21　**单面补强**

为了检验焊缝的紧密性，补强圈上设有一个 M10 的小螺纹孔（图 3-22），从这里通入压缩空气并在补强圈与器壁的连接处涂抹肥皂水。如果焊缝有缺陷，就会在该处吹起肥皂泡，这时应铲除重焊，直到合格为止。

补强圈结构简单，制造方便，使用经验成熟。缺点是：补强区域分散；补强圈与壳体间常存有间隙，传热效果差，容易引起温差应力；对于高强度钢，补强圈与壳体间的焊缝容易开裂。因此，补强圈结构适用于静压、常温的中、低压容器，钢材的标准抗拉强度下限值不超过 540MPa，壳体名义厚度不

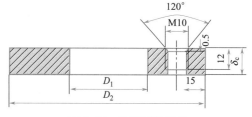

图 3-22　**补强圈的结构**

超过 38mm，补强圈厚度不超过壳体名义厚度的 1.5 倍。

（2）加强管补强　加强管补强是在开孔处焊上一个特意加厚的短管（图 3-23），用它多余的壁厚作为补强金属。在这种结构中，补强用的金属全部处于有效补强范围（图 3-20 和图 3-23 中的矩形 *abcd* 范围）内，因而能有效地降低开孔周围的应力集中，补强效果较好。对于现在广泛采用的低合金高强度结构钢，由于它对应力集中比低碳钢敏感，所以采用加强

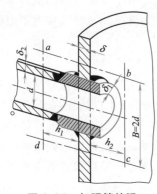

图 3-23　加强管补强

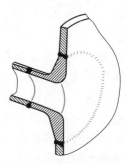

图 3-24　整锻件补强

管补强更好。

（3）整锻件补强　整锻件补强是在开孔处焊上一个特制的锻件（图 3-24）。锻件的壁厚变化缓和，且有圆角过渡；全部焊缝都是对接焊缝并远离最大应力作用处，因而补强效果最好。但锻件加工复杂，故只用在重要的设备上。

3. 对容器开孔的限制

① 当采用局部补强时，筒体和封头上开孔的最大直径不允许超过以下数值：对于圆筒，当其内径 $D_i \leqslant 1500 \text{mm}$ 时，开孔最大直径 $d \leqslant D_i/2$，且 $d \leqslant 520 \text{mm}$；当其内径 $D_i > 1500 \text{mm}$ 时，开孔最大直径 $d \leqslant D_i/3$，且 $d \leqslant 1000 \text{mm}$。

凸形封头或球壳的开孔最大直径 $d \leqslant D_i/2$，锥壳（或锥形封头）开孔最大直径 $d \leqslant D_i/3$，D_i 为开孔中心处锥壳内直径。

② 在椭圆形或碟形封头过渡部分开孔时，其开孔的孔边与封头边缘间的投影距离不小于 $0.1D_o$，其孔的中心线宜垂直于封头表面。

③ 焊缝是壳体上强度比较薄弱的部位，因此开孔应该尽量避开焊缝。开孔边缘与焊缝的距离，应大于壳体壁厚的 3 倍，且不小于 100mm。如果开孔必须通过焊缝时，则在开孔两侧各不少于 1.5 倍开孔直径范围内的焊缝，须经 100% 射线或超声波探伤，并在补强计算时考虑焊接接头系数。

4. 允许不另行补强的最大开孔直径

并不是容器上的所有开孔都需要补强。容器由于开孔而削弱强度，但容器在设计时还存在一定的加强因素，如由于考虑钢板规格使容器壁厚增加、考虑焊接接头系数而使容器壁厚增加，但开孔又并不在焊缝处，这些都使壁厚超过了实际所需厚度，等于使容器整体加强了，同时开孔处焊上的接管也起到了一定的加强作用。因此当开孔较小、削弱程度不大、孔边应力集中在允许数值范围内时，容器就可以不另行补强。

开孔满足下述全部要求时，可不另行补强：

① 设计压力小于或等于 2.5MPa；

② 两相邻开孔中心的间距（对曲面间距以弧长计算）不小于两孔直径之和的两倍；

③ 接管公称外径小于或等于 89mm；

④ 接管最小壁厚满足表 3-9 要求。

表 3-9 接管最小壁厚   mm

接管外径	25	32	38	45	48	57	65	76	89
最小壁厚		3.5		4.0		5.0		6.0	

注：1. 钢材的标准抗拉强度极限值 $\sigma_b > 540$MPa 时，接管与壳体的连接宜采用全焊透结构形式。

2. 接管的腐蚀裕量为 1mm。

五、容器安全装置

化工容器在一定的操作压力和操作温度下运行，化工容器的壳体及附件也是依据操作压力和操作温度进行设计和选择的。一旦出现操作压力和操作温度偏离正常值较大而又得不到合适的处理，将可能导致安全事故的发生。为了保证化工容器的安全运行，必须装设测量操作压力、操作温度的监测装置以及遇到异常工况时保证容器安全的装置。这些统称为化工容器安全装置。容器安全装置分为泄压装置和参数监测装置两类。泄压装置包括安全阀、爆破膜等，参数监测装置有压力表、测温仪表等。

1. 安全阀

为了确保操作安全，在重要的化工容器上装设安全阀。常用的弹簧式安全阀如图 3-25 所示，它由阀座、阀头、顶杆、弹簧、调节螺栓等零件组成，靠弹簧力将阀头与阀座紧闭，当容器内的压力升高，作用在阀头上的力超过弹簧力时，则阀头上移使安全阀自动开启，泄放超压气体使器内压力降低，从而保护了化工容器。当器内压力降低到安全值时，弹簧力又使安全阀自动关闭。拧动安全阀上的调节螺栓，可以改变弹簧力的大小，从而控制安全阀的开启压力。为了避免安全阀不必要的泄放，通常预定的安全阀开启压力应略高于化工容器的工作压力。

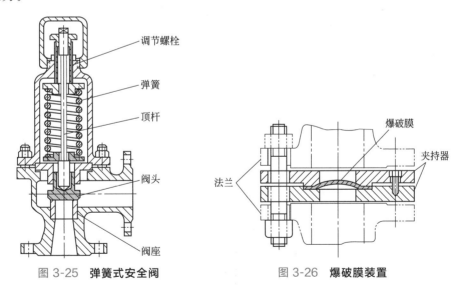

图 3-25 弹簧式安全阀   图 3-26 爆破膜装置

2. 爆破膜

当容器内盛装易燃易爆的物料，或者因物料的黏度高、腐蚀性强、容易聚合、结晶等，使安全阀不能可靠地工作时，应当装设爆破膜。爆破膜是一片金属或非金属的薄片，由夹持器夹紧在法兰中（图 3-26），当容器内的压力超过最大工作压力，达到爆破膜的爆破压力时，爆破膜破裂使容器内气体迅速泄放，从而保护了化工容器。爆破膜的爆破迅速，惰性小，结构简单，价格便宜，但爆破后必须停止生产，更换爆破膜后才能继续操作。因此，预定的爆破压力要比最大工作压力高一些。

3. 压力表

压力表用来测量介质的压力。压力表的种类较多，在化工生产中应用最广泛的是弹簧管式压力表。弹簧管式压力表的测压元件是弹簧管，如图 3-27 所示。利用弹簧管测压的原理是：弹簧管的一端封口，为自由端，一端固定并可通入气体或液体。当压力大于大气压的流体通入管内时，管子的曲率要变小，管端向外移动。管端移动量的大小与管内流体的压力大小成正比，即弹簧管可把压力转换成位移，弹簧管式压力表就是根据这一原理来测量压力的。

4. 测温仪表

常用的测温仪表有热电偶温度计和热电阻温度计。热电偶温度计（图 3-28）由热电偶、

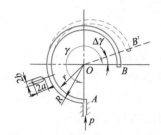

毫伏测量仪表（动圈仪表或电位差计等）以及连接热电偶和测量仪表的导线（铜线及补偿导线）所组成。热电偶由两根不同的导体或半导体材料焊接或铰接而成。焊接的一端称作热电偶的热端（或工作端）；与导线连接的一端称作冷端。把热电偶的热端插入需要测温的生产设备中，冷端置于生产设备的外面。如果两端所处的温度不同（譬如，热端温度为 T，冷端温度为 T_0），则在热电偶的回路中便会产生热电势 E。该热电势 E 与热电偶两端的温度 T 和 T_0 均有关。如果保持 T_0 不变，

图 3-27　弹簧管式压力表

则热电势 E 便只与 T 有关。换言之，在热电偶材料已定的情况下，它的热电势 E 只是被测温度 T 的函数，用动圈仪表或电位差计测得 E 的数值后，便可知道被测温度的大小。

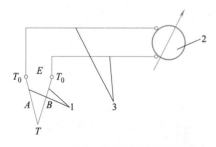

图 3-28　热电偶温度计的组成示意
1—热电偶 AB；2—测量仪表；3—导线

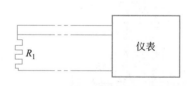

图 3-29　热电阻温度计的组成示意

热电阻温度计是根据导体或半导体的阻值随温度变化的性质，将电阻值的变化用显示仪表反映出来，以达到测温的目的。热电阻温度计（图 3-29）由热电阻、显示仪表（带不平衡电桥或平衡电桥）以及连接它们的导线所组成。

六、压力容器的其他附件

1. 视镜

在设备筒体和封头上装视镜，主要为观察设备内部情况，也可作为料面的指示镜。

视镜的结构类型很多，它已标准化，其尺寸有 $DN50 \sim 150\text{mm}$ 五种，常用的有两种基本结构形式：凸缘视镜和带颈视镜。

凸缘视镜［图 3-30（a）］由凸缘组成，结构简单，不易结料，视察范围大。带颈视镜［图 3-30（b）］适宜视镜需要斜装，或设备直径较小的场合。

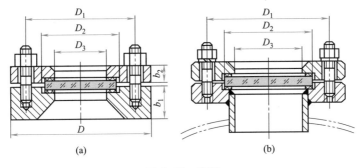

图 3-30　视镜

对安装在压力较高或有强腐蚀介质设备上的视镜，可选双层玻璃或带罩安全视镜，以免视镜玻璃在冲击振动或温度剧变时发生破裂伤人。

2. 液面计

液面计种类很多，常用的有玻璃板式和玻璃管式液面计。

对于公称压力超过 0.07MPa 的设备所用玻璃板式液面计，可以直接在设备上开长条孔，利用矩形凸缘或法兰把玻璃固定在设备上（图 3-31），它有带颈和不带颈的两种形式。

对于承压设备（$p<1.6$MPa），常用双层玻璃板式或玻璃管式液面计。液面计与设备的连接常用法兰、活接头或螺纹接头。

板式和玻璃管液面计都已标准化，设计时可直接选用。

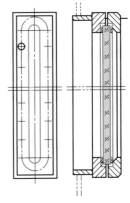

图 3-31　玻璃板式液面计

3. 接管与凸缘

设备上的接管与凸缘用来连接设备与介质的输送管道，安装测量、控制仪表。其中焊接接管长度应考虑安装螺栓的方便，可按有关标准选取；铸铁设备接管可与筒体一起铸出；螺纹接管主要用来安装温度计、压力表或液面计，根据需要可制成阴螺纹和阳螺纹。

当接管长度必须很短时，可用凸缘代替接管。凸缘本身具有开孔的补强作用，不需要另行补强。凸缘与管道法兰配用，因此它的尺寸应根据所选的管法兰确定。

4. 人孔、手孔

设备上开手孔和人孔，是为方便检查设备内部空间及装拆设备内部装置用的。

第四节　外压容器

影响外压容器临界压力的因素都影响稳定性。如前所述，增大 σ_c/D_o、设置加强圈、选用 E 值大的钢种、提高材料的组织均匀性及圆筒形状精度等均可提高临界压力，因而可提高稳定性。

生产实践中一般从改变某些尺寸角度考虑提高稳定性。外压圆筒在材料和直径已定的条件下，增加筒体壁厚或者缩短筒体的计算长度，都能提高筒体的临界压力，因而可提高稳定性。从减轻容器质量、节约贵重金属出发，减小计算长度更有利。在结构上就是在筒体上焊接加强圈。

加强圈应具有足够的刚性，常用工字钢、角钢、扁钢等，如图 3-32 所示。加强圈与筒体的连接，大多采用焊接，可以是连续焊缝，也可以是间断焊缝，但必须保证加强圈与筒体紧密贴合和焊牢，否则起不到加强作用。加强圈可以设置在筒体的外部或内部，如加强圈焊在容器外壁，焊缝总长度不应小于设备圆周长度的 1/2，间断焊缝的最大间距为筒体壁厚的 8 倍；如加强圈焊在内壁，则焊缝总长度不应小于内圆周长度的 1/3，间断焊缝的最大间距为壁厚的 12 倍。

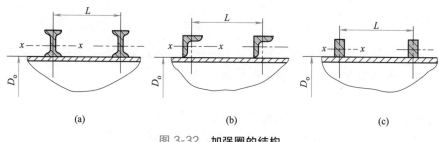

(a) (b) (c)

图 3-32　加强圈的结构

为了保证强度，加强圈不能任意削弱或割断。装在筒体外面的加强圈，这一点是比较容易做到的。但是装在内部的加强圈有时就不能满足这一要求，例如在水平容器中的加强圈，往往必须开一个排液用的小孔（图 3-33）。加强圈允许割开或削弱而不需补强的最大弧长间断值，可查有关标准。

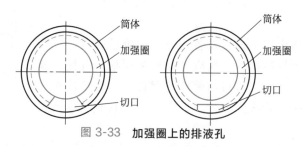

图 3-33　加强圈上的排液孔

 拓展阅读

陈学东——中国压力容器行业杰出人物

压力容器是具有一定压力边界，广泛用于石化、电力、冶金、燃气等过程工业以及国防军工等领域的承压类特种设备，一旦发生失效破坏，将会产生爆炸、火灾、环境污染等灾难性事故，保证它们长周期安全运行意义重大。

陈学东常说，国家和企业的需求，就是我们科研的动力和目标。合肥通用机械研究院针对保障极端条件下压力容器安全运行的科研攻关，从上世纪 90 年代中期就开始了，并先后 5 次获得国家科技进步奖二等奖。合肥通用机械研究院等单位研究解决了在用含缺陷压力容器在典型腐蚀介质环境下的应力腐蚀、腐蚀疲劳、氢损伤、失效预测和预防技术难题，对我国万台压力容器设备年事故率由上世纪 90 年代的 2.5 下降到 2005 年的 0.8 做出了重大贡献。

本世纪初以来，伴随能源工业装置大型化和工艺介质含硫含酸加剧，压力容器面临严峻的极端条件考验，即高温、高压、深冷、复杂腐蚀等极端服役环境和超大直径、超大壁厚、超大容积等极端尺度，传统的压力容器技术标准所确定的设计边界和设计准则已不能适应工程需求。我国一些重要压力容器要么国内不能生产，要么寿命与可靠性低，千万吨炼油、百万吨乙烯、大型煤化工、液化天然气集输等国家重大工程建设急需的大量关键设备不得不依赖进口。为此，合肥通用机械研究院自 2005 年以来，在国家"863"重点项目等课题的支持下，联合国内 20 多家单位、100 多人开展攻关；历时 9 年，通过系统的理论分析和试验研究，在极端服役环境和极端尺度压力容器的设计边界拓展、设计准则提出、全寿命服役风险的预测和控制、重大装备国产化等方面取得了突破，不仅满足了百万吨乙烯、千万吨炼油、大型煤化工等国家重大工程建设需求，而且在使我国万台事故率由 0.8 下降到 0.4 中，做出了一份贡献。

敢啃"硬骨头"——攻克高温、高压、深冷、腐蚀等极端条件下的研制难题，技术达到世界先进水平。

2008 年，天津石化、镇海炼化等百万吨大型乙烯工程在建设中遭遇了外国厂商技术上"卡脖子"，当时外商因种种原因拒绝向我国提供制造低温乙烯球罐用钢板，而国产钢板尚无成熟应用的业绩，这些工程面临着停工的窘境。合肥通用机械研究院主动接下这块难啃的"硬骨头"，陈学东科研团队夜以继日全力攻关，终于在较短时间完成了长寿命、高可靠性钢制 $2000m^3$ 低温乙烯球罐的研制，技术上达到国际先进水平，在极端条件下重要压力容器研发上迈出了关键的一步。

接下来，陈学东研究团队探明了极端条件压力容器设计制造与全寿命周期服役风险演化的内在联系，率先提出基于全寿命风险控制的极端条件压力容器设计制造工程技术方法，在设计制造早期采取材料控制、结构改进与制造工艺优化等措施降低压力容器的服役风险。

科研人员攻克了高韧性材料开发、焊接热处理工艺筛选等多项难题，完成了 6 类重要压力容器的首台套国产化研制，包括世界首台直径达 3.7m 的大型镍基合金 B3 容器，世界首台换热面积达 $7000m^2$ 的低温缠绕管式换热器，国产首台直径达 7m、锻件厚度 400mm 的环氧乙烷反应器，容积达 3 万立方米的深冷天然气单容罐，容积达 15 万立方米的超大型原油储罐，直径 630mm、压力达 2MPa 的钢丝增强复合管，为我国千万吨炼油、天然气集输、大型煤化工、战略石油储备等重大工程建设提供了长寿命、高可靠性的重大装备，打破了发达国家封锁，保障了装置长周期安全运行。

项目研制的极端条件下重要压力容器，部分产品质量甚至优于国际先进水平。大型环氧乙烷反应器是乙烯工业中至关重要的强化传热反应容器，尺寸大，管板厚，介质有应力腐蚀倾向。原先都是由美国科学设计公司设计、日本石川岛播磨公司制造，但他们为全世界制造的 16 台环氧乙烷反应器仅用不到两年就大多发生开裂，其中给我国上海石化制造的 2 台反应器使用不到一年也发生了开裂。而合肥通用机械研究院在全寿命风险识别与控制的基础上，解决了抗应力腐蚀设计与大尺寸管板焊接变形控制、焊接残余应力消减技术难题，研制的环氧乙烷反应器在扬子石化安全使用超 3 年，在十多家企业推广，创造产值 10 超亿元。

铸造"安全阀"——助力压力容器设备事故率大幅下降，产生直接、间接经济效益超百亿元

据统计，"极端条件下重要压力容器的设计、制造与维护"成果已在全国 30 多个省市自治区的 1000 多套装置、数十万台容器上得到应用，涵盖石油化工、煤化工、燃气、化肥、军工等领域，涉及 2000 多家压力容器设计制造企业，覆盖中石油、中石化所属全部炼化企业，以及数十家煤化工、燃气、化肥等用户企业。近 3 年取得直接经济效益 32.8 亿元，间接效益 150 余亿元。

石油化工、冶金电力等行业都是"极端条件下重要压力容器的设计、制造与维护"项目的受益者。上述行业都需要能承受极端高压的储运罐等容器，而为这些容器装上高性能、高稳定性的"安全阀"，一直是众多专家苦心研究的问题之一。陈学东研究团队在国内率先开展石化装置与城市燃气储配系统工程风险评价与控制技术研究与应用，为石化、燃气、冶金、电力等过程工业装置长周期安全运行提供关键技术保障。成果应用带来我国石化装置检维修理念和方式的一次变革，石化装置连续不停车周期从过去的 1～2 年延长到现在 3～6 年，使得我国石化装置在运行风险降低的条件下年检维修费用降低了 15%～35%，仅中国石油、中国石化两大石油化工集团每年节约检维修费用就超过 45 亿元。

创新永远在路上。谈到项目成果的应用前景，陈学东表示，未来在电力、冶金、高压储氢、深海探测、航空航天等领域的极端条件越来越苛刻，压力容器的制造难度也越来越大，他将和同事一起创新不停步，攻坚攀高峰，挑战每一个可能遇到的极端条件，为社会创造更大价值。

思考题

3-1 试比较内压薄壁圆筒和球壳的强度。

3-2 从强度分析来看，内压薄壁圆筒采用无缝钢管制造比较理想。但是无缝钢管的长度是有限的，对较长的管道常需要用焊接方法把管子接长。试问在这种情况下使用无缝钢管是否还有意义？

3-3 解释 σ、σ_d、σ_e、σ_n、p、p_w、p_c、p_T、t、C_1、C_2、φ 的含义。

3-4 为什么要对压力容器进行压力试验？为什么一般容器的压力试验都应首先考虑液压试验？在什么情况下才进行气压试验？

3-5 液压试验时为什么要控制液体温度不能过低？对各种钢液压试验时的液体温度是如何规定的？

3-6 说明水压试验的大致过程。

3-7 什么是边缘应力？边缘应力有何特点？工程设计中一般采用什么方法来减小边缘应力？

3-8 椭圆形封头、碟形封头和带折边锥形封头的直边有何功用？

3-9 容器标准化的基本参数有哪些？规定公称直径的目的是什么？筒体与封头、管子的公称直径指的是什么？

3-10 什么是公称压力？目前我国标准中公称压力分为哪些等级？

3-11 按照整体性程度，法兰分为哪几种？说明它们各自的特点及应用。

3-12 法兰连接的密封面有哪几种形式？说明它们各自的特点及应用。

3-13 法兰连接的密封垫片有哪些？说明它们各自的特点及应用。

3-14 压力容器法兰有哪几种？说明它们各自的特点及应用。

3-15 压力容器法兰的公称直径指的是什么？管法兰的公称直径指的是什么？

3-16 压力容器法兰的公称压力是如何规定的？压力容器法兰的公称压力与其最大允许工作压力有何关系？

3-17 管法兰的公称压力是如何规定的？管法兰的公称压力与其最大无冲击工作压力有何关系？

3-18 卧式容器的支座有哪几种？各用于何种设备？

3-19 鞍座由哪几部分组成？鞍座分为哪些类型？每台设备一般使用几个鞍座支承？各应为什么类型？如何选用标准鞍座？

3-20 立式容器的支座有哪几种？各用于何种设备？

3-21 不锈钢设备采用碳钢的法兰和耳式支座，应采取什么措施？

3-22 为什么容器上开孔后一般要进行补强？局部补强有哪些措施？各有何特点？

3-23 在国家标准中对容器上开孔的大小和位置有什么限制？

3-24 为什么开孔直径不大时可以不必另行补强？

3-25 化工容器的安全装置主要有哪些？它们是如何工作的？

3-26 视镜、液面计、接管与凸缘、人孔、手孔各有何用途？

3-27 什么是临界压力？影响临界压力的因素有哪些？

3-28 加强圈常用什么材料制造？加强圈与筒体如何连接？

习题

3-1 某化工厂的反应釜，内径为 1600mm，工作温度为 5～100℃，工作压力为 1.6MPa，有安全阀，如釜体材料选用 0Cr18Ni10Ti，采用双面对接焊，局部无损探伤，试计算釜体的壁厚。

3-2 某化工厂设计一台石油气分离中的乙烯精馏塔。工艺要求为：塔体内直径 $D_i = 600$mm，设计压力 2.2MPa，工作温度为 -20～-3℃。试选择塔体材料并确定壁厚。

3-3 有一长期不用的压力容器，实测壁厚为 10mm，内径为 1200mm，材料为 Q235A，纵向焊缝为双面对接焊，是否做过无损探伤不清楚，今要用该容器承受 1MPa 的内压，工作温度为 200℃，介质无腐蚀性，并装有安全阀，试判断一下该容器是否能用。

3-4 一装有液体罐形容器，罐体内径 2000mm，两端为标准椭圆封头，材料 Q235，考虑腐蚀裕量 2mm，焊接接头系数 0.85；罐底至罐顶高度 3200mm，罐底至液面 2500mm，液面上气体压力不超过 0.15MPa，罐内最高工作温度 50℃，液体密度 1160kg/m³，随温度变化很小。试确定该容器厚度并校核水压试验应力。

3-5 设计一台不锈钢制（0Cr18Ni10Ti）承压容器，工作压力为 1.6MPa，装防爆膜防爆，工作温度 150℃，容器内径 1200mm，纵向焊缝为双面对接焊，局部无损探伤。试确定筒体壁厚、确定合理的封头形式及其壁厚。

3-6 一内压圆筒，给定设计压力 0.8MPa，设计温度 100℃，圆筒内径 100mm，接头采用双面对接焊，局部无损检测；工作介质对碳钢、低合金钢有轻微腐蚀，腐蚀速率为每年 0.1mm，设计寿命 20 年。试在 Q235AF、Q235A、16MnR 三种材料中选两种作筒体材料，并分别确定两种材料下筒体壁厚各为多少？由计算结果讨论选哪种材料更经济。

3-7 某化工厂一反应釜，釜体为圆筒，内径 1400mm，工作温度 5～150℃，工作压力 1.5MPa；介质无毒且非易燃易爆；材料 0Cr18Ni10Ti，腐蚀裕量 $C_2 = 0$，接头采用双面对接焊，局部无损检测；其凸形封头上装有安全阀，开启压力为 1.6MPa。

① 试设计釜体厚度，并说明本题采用局部无损检测是否符合要求？为什么？

② 试确定分别采用半球形、椭圆形、碟形封头时封头的壁厚。

3-8　某容器的锥形过渡段，大端内径 1200mm，小端内径 400mm，半顶角为 30°，计算压力为 1.0MPa，设计温度 200℃，腐蚀裕量 3mm，焊接接头系数 0.85，材料 20R。试确定该锥壳的厚度。

3-9　某化工设备，内径 600mm，设计压力 3.4MPa，设计温度 300℃，介质有轻微腐蚀，但无毒不易燃，其筒体与封头用法兰连接。试为该设备选配标准法兰。设备壳体材料 16MnR。

3-10　乙二醇生产中有一台真空精馏塔，内直径 $D_i = 1000mm$，塔高 10m，两端椭圆形封头，操作温度≤200℃，材料为 16MnR，若塔体上装设两个加强圈，试求塔体和封头的壁厚。

3-11　有一减压分馏塔，筒体内径 3800mm，筒体长度 12800mm，筒体两端采用半球形封头，壁厚附加量为 4mm，操作温度为 425℃，真空操作。筒体和封头材料均为 16MnR，试计算：

① 筒体无加强圈时的厚度；

② 筒体上有五个均布加强圈时的厚度；

③ 封头厚度。

第四章
物料分离设备

物料分离是化工生产中最为典型的单元操作之一。在生产过程中得到的产品均需要有较高的纯度，为得到高质量的产品，需要将原料、中间制品、最终产品不断分离、提纯。工业上常采用的方法有过滤、沉降、重结晶、离心分离等。本章重点介绍几种典型的分离系统及其设备。

第一节　沉降器

沉降器是利用微粒重力的差别将液体中的固体微粒沉降从而使固液得到一定程度分离的设备。用沉降器处理悬浮液通常是为了分离出清液而取得含液体量近50％的稠厚沉渣，因此，沉降器常称为增稠器或增浓器。沉降器最大特点在于其操作的连续性，若想得到更高质量的沉降浓液或清液，还应与其他过滤设备，如板框、袋滤、离子交换树脂等配合使用，构成一个快速、高质量的过滤系统。

一、沉降的基本概念

1. 斯托克斯（Stokes）定律

混合液中固体颗粒直径约在 $5\sim100\mu m$，在静止的状态下，固体颗粒受重力的作用而自行沉降，并与清液分开。在悬浮固体颗粒沉降过程中，固体颗粒不但受到重力作用，同时还受到混合液浮力和阻力的作用。重力大于阻力和浮力之和时，固体颗粒呈加速沉降；当重力和阻力及浮力达到平衡时，固体颗粒作等速沉降，这种不变的沉降速度在理想条件下可用处于层流区沉降的斯托克斯（Stokes）定律表示

$$v_0 = \frac{d^2(\rho_1-\rho_2)g}{18\mu} \tag{4-1}$$

从式中可以看出固体颗粒的沉降速度与颗粒直径 d^2 和颗粒密度与悬浮液密度差 $(\rho_1-\rho_2)$ 成正比，而与混合液的黏度成反比。因此混合液中的沉淀颗粒大，质地坚硬密实，同时要求混合液黏度较小有利于沉降。

2. 沉降器应具备的条件

混合液沉降增稠过程需要达到下列要求：沉降器排出的清液清澈透明，不含有悬浮微粒；沉降速度快，稠浆浓度较大。为了达到混合液中固体颗粒沉淀的要求，除了严格控制工艺条件外，沉降器的结构，特别是连续沉降器的结构必须考虑下列各种条件。

（1）混合液在沉降器内的流动　混合液的密度越大，沉淀越快。在条件适当时，间歇式沉降器静止状态下的沉淀操作依密度差即可完成。但在连续式沉降器中，混合液是流动的。混合液分布入各层的进料方式，都会因截面积变更而改变其流速。在设计时必须注意最适宜

的流动条件,应能使最细小的悬浮颗粒也能沉淀。清液出口应尽可能远离悬浮液入口,以保证清液质量的稳定性。

(2) 稠浆的流动和浓缩　稠浆的流动方向应与清液流动方向相反。多层沉降器每层沉降下来的沉淀物逐渐集中,当移入下一层沉淀室时,应避免和进料重新混合。稠浆的最后浓缩必须有适当的装置,避免未被浓缩就排出,应有足够的浓缩停留时间,以便得到浓度最大的稠浆。

(3) 气体的排除　在沉降过程中混合液因环境的变化不断有气体产生。气体的排除应远离清液出口,气体的流动方向最好与清液流动方向相反。

(4) 沉淀物的团聚　在沉降过程中加入絮凝剂时,沉淀颗粒的团聚作用在沉降器内须有一定的区域和足够的时间,以便使混合液及沉淀颗粒聚集成较大的团聚体,有利于沉降和增稠。入液所产生的徐徐滚动作用有利于细小颗粒的彼此互相接触,有助于团聚作用。

(5) 浮泡的清除　由于气体上升或表面张力作用等会产生一定量的泡沫,并夹带着固体浮渣而浮于混合液表面。应有专门装置去除泡沫,否则将影响沉淀操作。

(6) 沉降器内悬浮物温度应保持稳定　沉降器是在大气压下工作的,所以沉降后的稠浆温度应低于悬浮物的温度,否则将产生强烈的对流,使固体颗粒不能沉降。同时入液温度要保持稳定,否则也会因温度差的存在而影响沉降效果。沉降器的保温也很重要,它不但能避免由于温度差的存在而产生对流,而且可减少热量的损失。

(7) 沉降器应有足够的沉降面积　沉降器的生产能力主要决定于沉降面积,而与沉降器的体积关系不大。因此适当提高沉降器单位容积的沉降面积,不仅可使设备紧凑,也可提高其生产能力。

二、沉降器的结构与分类

按沉降原理沉降器可分为重力沉降与离心沉降;按操作的连续性又可分为间歇式沉降器和连续式沉降;按结构可分为多层连续式沉降器和单层连续式沉降器。

1. 多尔沉降器

(1) 多尔沉降器的结构原理　多尔(Dorr)沉降器是多层连续式沉降器的一种形式,其构造如图 4-1 所示。多尔沉降器主要由预备室、沉降层、浓缩层、套管中心轴和刮泥装置等构成。沉降器的壳体为圆筒形,顶、底盖为圆锥形。壳体内被圆锥形隔板分为 5 层。预备室 A 作为散气及颗粒团聚空间;底层 C 为浓缩层,将各层导入的泥浆做最后的浓缩;中间三层 B 为沉降层,沉降清液主要从这三层排出。沉降器的中央装有一根可旋转的套管中心轴,在轴上固定着带有桨叶的刮泥装置,其转速约为 0.2r/min。圆锥形隔板上面的沉淀泥浆,被刮泥桨叶徐徐拨动而缓慢移向中央,各层的泥浆通过孔

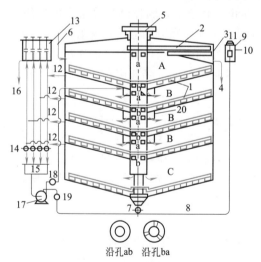

图 4-1　**多尔沉降器**

1—搅拌器;2—刮泡桨叶;3—斜槽;4—回流管;5—离合器;6—入液管;7,14,18,19—阀门;8—导管;9—泥浆箱;10—导管;11—隔膜泵;12—清液管;13—溢流箱;15—浊液箱;16—清液排出管;17—泵;20—缓冲圆筒

沿孔ab　沿孔ba

口 b 沿中心轴的外套管下降至浓缩层 C。中心轴旋转所需功率约为 0.74kW。混合液首先送入沉降器预备室，然后通过孔口 a 进入中心轴的内套筒，再穿过其他各层的孔口 a 而分配入中间的各沉淀层 B。在沉降层混合液分配孔口 a 的周围，安装一个起缓冲作用的短圆筒，以消除混合液从孔口 a 流出时产生局部扰动现象。最上端的刮泡桨叶将漂浮的泡沫拨入斜槽之中后排出。底层已浓缩的泥浆经过器底阀门由隔膜泵吸出，送往真空吸滤机进行过滤或板框过滤。除了预备室之外，各个沉降层的清液通过各层的环形多孔管引出送往溢流箱，然后送往下一工序处理。如果发现任何一层排出的清液浑浊时，应立即关闭溢流箱中相应的清液引出管端盖，并打开相应的导管阀门，使浑浊液放入浊液箱，然后用泵送回沉降器或送入泥浆箱。

（2）多尔沉降器的特点　优点如下。

① 各沉降层悬浮液入口的流速在不大于固体颗粒沉降的临界速度时，保证了颗粒沉降的基本条件。特别是当带有团块的混合液向沉降层的周边流动时，由于流道截面积大为增加，所以混合液流速愈向周边愈缓慢，愈有利于颗粒的沉降。因此沉降效果很好。

② 混合液能均匀地分配入各沉降层，并且各层混合液入口处装置缓冲圆筒，使沉降的混合液液面比较平静，更有利于颗粒的沉降作用。

③ 各沉降层的泥浆通道与入液通道用套管分开，不相混合。当某层引出的清液浑浊时，有送回沉降器的装置，保证了清液质量。

④ 空心轴有中心排气管，可消除排放清液时的喷射现象。

⑤ 各沉降层设有消耗功率很小的刮泥装置，即有刮泥和颗粒的团聚作用，同时也可使沉降层隔板倾斜度小而降低了沉降器的高度。

缺点如下。

① 混合液在沉降器内停留时间过长，延长了工艺时间。

② 设备庞大，占地面积也比较多。

2. 单层快速沉降器

絮凝剂的使用，为单层快速沉降器的问世提供了先决条件。因此国内外企业，已采用了这种沉降器，并且取得了较好的效果。

图 4-2 所示是单层快速沉降器的一种形式。混合液进入沉降器先加入絮凝剂，然后从沉降器的下部中间进入器内，在混合液出口的上部有伞形罩，使混合液径向地分散入泥浆层而上升。由于入液对泥浆层产生一种滚动作用，使混合液中的悬浮颗粒与泥浆层增加了接触，促进团聚作用，而聚集起来的粒子（团块）增大后，沉淀速度也就更快。下方传动的泥浆把将沉淀泥浆移向中央的筒状出口而排出。这种沉降器不存在自由沉降区，混合液是经过泥浆层"过滤"而得到清液。

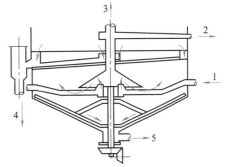

图 4-2　单层快速沉降器

1—混合液；2—排泡；3—排汽；
4—清液；5—泥浆

设置伞形罩的目的，一是径向地将混合液分散入泥浆层，二是它的上方接有排汽、排泡管，使其结构更为完善。

单层快速沉降器不但具有结构简单、节省钢材、流程较短等优点，从使用情况看其停留时间仅有多尔沉降器的 1/5，而单位沉降面积处理混合液量几乎比多尔沉降器高 1 倍。但是这种沉降器的混合液进入位置和分散问题至关重要。特别是如何使整个进液均匀地通过泥浆层而起到过滤的作用，不致发生短路和冲击是混合液能否快速沉降的首要问题。因此要求设计合理、操作稳定。

第二节　过滤机

过滤是混合液通过滤渣层和过滤介质层实现固-液相分离的操作过程。

混合液的过滤操作是利用一种具有很多毛细孔道的物质作为过滤介质，在过滤介质两侧压力差的推动下，使过滤的混合液由介质的毛细孔道中通过，而将悬浮在混合液中的固体颗粒截留，从而达到固液两相分离的目的。

在化工生产过程中，混合液要经过多次过滤以除去其中悬浮的固体物质。根据所选定的不同的过滤系统和工艺要求，可供采用的过滤机械很多，大致有板框式压滤机、自动或半自动压滤机、各类过滤增稠器、真空吸滤机、盘式过滤机、密压机和袋滤器等。本章仅介绍几种常用的过滤机械。

过滤机械都必须借助过滤介质才能达到过滤的目的。工厂过滤机使用的过滤介质种类很多，主要有以下三种：

① 织物状介质，如天然纤维和合成纤维织物、各种金属织物；

② 粒状介质，如骨碳、硅藻土、活性炭等；

③ 多孔性固体介质，如多孔性陶瓷板或管等。

无论哪种过滤介质都应具备下面的基本要求：

① 具有多孔性、阻力小、混合液容易通过，而孔道的大小应该能使悬浮颗粒被截留；

② 具有化学稳定性、耐腐蚀和耐热性等；

③ 在溶液中不收缩或膨胀；

④ 具有足够的机械强度。

一、过滤

1. 过滤的基本概念

混合液过滤操作是利用过滤介质将固体悬浮颗粒截留于过滤介质表面上，而使混合液通过过滤介质得到滤清液。

过滤介质的毛细孔不必一定要求比悬浮颗粒小，因为这样介质阻力必定很大。过滤时悬浮颗粒会迅速附着于纤维介质之上，并且彼此形成架桥现象。架桥现象一经形成滤渣本身就起着过滤介质的作用。通常在过滤时，最初滤液有点浑浊，但很快即转为清澈，就是这个道理。

过滤时，混合液必须克服滤布对于混合流体的阻力。滤布孔道直径的大小及其阻力，仅在过滤开始时有意义，随着过滤的进行，在滤布的表面逐渐有滤泥积聚。逐渐增厚的滤泥层和滤布一样也构造为过滤介质。滤泥层的增厚使混合液通过的阻力也逐渐增加，为了减小过滤阻力，当滤泥积聚到一定厚度时必须从滤布表面清除掉。

2. 过滤设备应具备的条件

根据选定的过滤系统和工艺要求,所采用的过滤机械一般应该具备下列条件。

① 过滤机械应该结构简单,操作、管理、维修方便。

② 滤清液要清澈透明,不含沉淀颗粒和悬浮物。

③ 过滤速度要快。

④ 节省滤布和动力消耗,减轻劳动强度、操作环境好。

⑤ 可采用机械化和自动化。

二、过滤机的结构与分类

过滤机的类型很多,很难做出比较恰当的分类。现仅以操作方式和过滤的推动力作如下的分类。

(1)根据操作方式的不同,过滤机可分为间歇式和连续式两大类。

(2)根据过滤的推动力可分为:

① 加压作用过滤机,利用离心泵产生的压力使混合液在大于 0.1MPa 下进行过滤,如板框式压滤机等;

② 重力作用下过滤机,一般利用混合液液柱的静压力来进行过滤,如袋滤器、过滤增稠器等;

③ 真空作用下过滤机,一般利用真空泵产生的真空度使混合液在负压情况下进行过滤,如真空吸滤机等;

④ 离心力作用下离心式过滤机,如过滤式离心机。

1. 板框式压滤机

(1) 板框式压滤机的构造　板框式压滤机是工厂普遍采用的一种间歇式过滤设备。由架座、固定支撑板、滤板、滤框、压紧板、横梁和压紧装置等组成。架座间装置了两根平行的横梁,滤板和滤框顺序地垂直悬挂在横梁上。图 4-3 所示为板框式压滤机的一种形式。

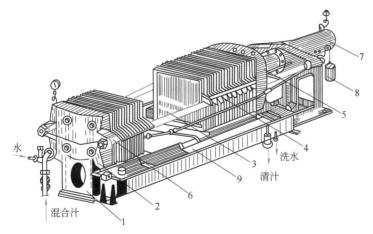

图 4-3　板框式压滤机

1—架座;2—固定支撑板;3—滤板;4—滤框;5—压紧板;
6—横梁;7—压紧装置;8—平衡锤;9—清液槽

M4-1　板框式压滤机

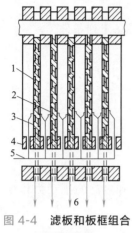

图 4-4　滤板和板框组合
及过滤示意

1—洗涤板；2—滤板；3—滤布；
4—滤框；5—滤液入口；
6—滤清液

板框式压滤机的主要过滤部件为滤板和滤框。滤板和滤框的组合及过滤状态如图 4-4 所示。

滤板和滤框均为正方形，如图 4-5 所示。滤框是中空的铸铁方框，其作用是支撑相邻的两块滤板构成阻留滤泥的扁平小室。框的两边有把手，框的底部有一带圆孔的方耳。圆孔中有一穿通的进料孔与框内相通。滤框的上部也可有一方耳，中间有一圆孔和框内不相通。滤板为带有槽形表面的铸铁板，其作用是支撑滤布和排出滤清液。为了达到这两个目的，滤板的表面上做出各凸凹纹路，凸出部分用以支撑滤布，凹下部分用作排出滤清液的流道。最常用的纹路有正方形角锥纹、直纹和辐射纹，如图 4-6 所示。滤板的底部有一方耳，中间有圆孔，不与板内相通；另一侧有滤清液排出孔口。板的上部也可有一方耳，中间有圆孔。有半数滤板（有孔滤板）的圆孔和板内相通，用以进入洗水，另一半滤板（无孔滤板）的圆孔和板内则不相通。为了避免滤板和滤框弄错，因此在设计制造时使滤板的把手向下弯曲，而滤框的把手则为直形。

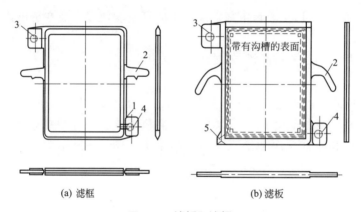

(a) 滤框　　　　　　　　　　　(b) 滤板

图 4-5　滤板和滤框

1—通滤框孔道；2—把手；3—洗水进口；4—滤液入口；5—滤液出口

板框式压滤机的板框规格和数目视生产能力而定。常用的压滤机一般由 47 块滤板和 48 块滤框间隔安装而成。在每块滤板上套置滤布，在两块滤板和一块滤框之间形成密闭的过滤室。依次将套置滤布的滤板和滤框移向固定支撑板，最后开动液压缸通过压紧板将滤框压紧，并用大螺母加以固定。在板框装配时，板框的方耳套上中间穿孔的滤布耳子。当压紧板框后，这些圆孔便构成了混合液进入或洗水进入的通道，经进料孔进入每块滤框内，如图 4-4 所示。混合液在压力作用下通过滤布，滤液即进入滤板纹路槽沟中，沿着槽沟流到滤板下部的滤液排出口，通过滤液旋塞流入滤液槽中，滤泥则存留于滤框内。当压滤机滤框空间充满约 90% 的滤泥时，应停止进入混合液，进行卸除滤泥。因滤泥内含有一定量的滤液，如需回收，可在卸除滤泥前用水洗涤滤泥。在洗涤前，先关闭混合液进入阀，开蒸汽或压缩空气阀，以顶出滤框内的混合液，然后关闭。同时关闭有孔滤板的混合液出口旋塞，然后打开洗水阀。洗水经过两层滤布和滤泥层以后，由洗水板（无孔滤板）旋塞流出。上述的洗涤

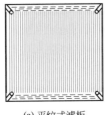
(a) 平纹式滤板

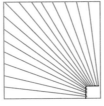
(b) 放射纹式滤板

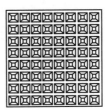
(c) 角锥纹式滤板

图 4-6　滤板表面形状

滤泥的过程称为反洗。采用反洗的滤板和滤框均有图 4-5 所示的洗水方耳。滤泥的洗涤也可采用顺洗，即滤板和滤框没有洗水方耳，洗水经混合液进口方耳而进入滤框，洗水由混合液出口流出。

M4-2　板框式压滤机的过滤与洗涤

　　板框式压滤机的压紧装置有人工式、电动式和液压式三种。人工手动压紧是用把手直接转动螺杆或经齿轮转动螺杆压紧，一般适用于较小的压滤机。电动式压紧装置，即由电动机带动压紧装置。压紧时当达到必要的压紧程度后电流增大，由继电器切断电源而使电动机停止转动。松开压紧板时电动机可以自动反转。液压式压紧装置有水力压紧装置和油压压紧装置。

　　（2）板框式压滤机的特点

　　板框式压滤机的主要优点如下。

　　① 过滤面积大、结构简单，制造、使用、维修费用较低。

　　② 过滤的压强差较大，过滤速度快，对混合液质量适应性好。

　　③ 可以获得清澈透明、质量好的混合液。

　　④ 滤泥洗涤较方便，洗水量不大，滤液损失较少。

　　板框式压滤机的主要缺点如下。

　　① 由于设计结构的特点，它的间歇操作给生产的连续性造成困难。

　　② 装拆卸泥的劳动强度比较大，环境卫生也比较差。

　　③ 结构笨重。

　　④ 滤布消耗量多。

　　（3）板框式压滤机的操作与管理

　　板框式压滤机的操作要点如下。

　　① 工厂无论采用哪种过滤系统，凡是采用板框式压滤机的，都是多台组合操作。为克服其间歇操作的弱点，因此应事先编排好操作调度表。根据过滤机的台数，调度表中规定其过滤、洗涤和卸泥组装的顺序。严格按调度表进行操作。

　　② 过滤正常操作时，经常检查进混合液压力和过滤情况。

　　③ 洗涤滤泥时要控制洗水量和洗水压力。

　　④ 根据调度表和实际情况即时进行卸泥或更换滤布。卸泥或更换滤布操作要 2 人协同进行。装、卸压滤机要迅速，尽量缩短辅助作业时间。

　　板框式压滤机的管理常识如下。

　　① 装机前要严格检查各处阀门是否严密灵活、各种仪表是否校准好用、各传动部件要注入规定型号的润滑油（脂）。

② 正常操作时要记录进液压力，观察压滤机工作情况，经常检查滤清液质量，如发现个别滤板出液旋塞滤液浑浊时要将其关闭，并要做记号以便拆机时查明原因。

③ 按规定的洗水量进行洗涤，洗涤水循环回混合液。严格控制洗水进入量，否则将因进入混合液洗水过多而稀释混合液。

④ 卸泥要将滤框内的滤泥铲除干净，并检查滤板、滤框有无损坏的地方；更换滤布要检查滤布的完好程度，切不可将坏滤布换上。

⑤ 维护过滤机正常运行，注意过滤机及过滤岗位的环境卫生。

⑥ 过滤工段要有一定数量的备品备件及各种专用工具。

（4）不正常现象及处理

① 滤清液浑浊　滤清液浑浊来自两方面原因：其一是滤布套装不正确，使混合液走捷径而流出；其二是滤布有破损之处，使混合液直接流出。应根据具体情况及事先做好的记号处理。

② 过滤机泄漏　过滤机泄漏原因来自多方面。有过滤机设计、制造及安装方面原因，也有操作管理方面原因。如发现泄漏，首先查找操作管理如滤布及滤布耳子套装是否正确、操作压力是否过高等，其次检查制造、安装是否符合标准。比如滤板和滤框的两个压紧平面是否平整，若不平需重新刨平；放置滤板和滤框的两根横梁轨道是否平直，若直而不平应重新调平，若横梁根本不直，势必造成泄漏，处理也比较困难。最好的办法是换两根直的，若将两根不直的横梁重新加工成直的，要注意其强度是否足够。

③ 过滤速度慢　一般情况下过滤速度慢的原因主要决定混合液质量，如工艺条件掌握地不好使过滤阻力系数超过规定值、沉淀不均匀等；其次检查泵压力是否足够；再次检查滤布洗涤情况或更换新滤布。

④ 其他机械事故　如遇临时性的其他机械事故，如压紧装置失灵等，视情况处理之。

2. 自动压滤机

板框式压滤机虽然几经改革完善，但始终未能摆脱拆装机的繁重体力劳动，也未能解决滤泥含水量高的缺点。现在工厂采用的 TN 和 XAZ 型压滤机是在板框式压滤机的基础上研制出来的一种自动压滤机。

自动压滤机可以通过逻辑电路或微机控制来实现压滤机的自动控制。也可以转为手动进行半自动操作，这样的压滤机称为半自动压滤机。

自动压滤机由机体部分、滤板、滤板移动装置、液压站及配套的自控电器设备等构成，如图 4-7 所示。

① 机体的基本结构　自动压滤机的机体基本结构类似板框式压滤机。它由固定支撑板（尾板）、压紧板、滤板和洗涤板、横梁等组成。所有的滤板由液压活塞推动的压紧板推动，一次压紧后，油缸内的压力由液压系统自动控制始终保持在给定的范围内。各滤板周边靠装在滤板上的滤布密封。

过滤的主要部件滤板如图 4-8 所示。滤板的边缘较厚，滤泥存留的空间是滤板与滤板组合后形成的滤室。而不像板框式压滤机那样在框内存留滤泥。

滤板中心设有圆孔，作为混合液的通路，它和滤板与滤板之间形成的各个滤室都相通。在滤板的对角上还有两个圆孔，偶数板和上角圆孔相通，奇数板和下角圆孔相通，装板时要注意到偶数板和奇数板的位置，切不可弄混。具有一定压力的混合液由固定支撑板中央进液孔进入压滤机，经滤布过滤后滤清液从偶数板的上角圆孔和奇数板的下角圆孔引出。当滤泥

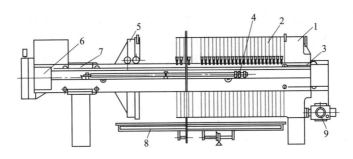

图 4-7 　自动压滤机基本构造

1—固定支撑板；2—滤板；3—传动链；4—拉开装置（机械手）；5—压紧板；

6—顶紧装置；7—托梁（横梁）；8—接漏槽；9—传动装置

达到一定厚度时，过滤压力升高，流速明显降低。此时关闭进口门，开启压缩空气门将残余混合液顶出，然后由上出液孔送入洗水进行洗涤，洗水由下出液孔送往专门的储箱或进入混合液。洗涤停止后再通入压缩空气将滤泥进一步压干，随即可推出接漏槽卸泥。卸泥时，油缸活塞后退自动拉开压紧板，然后液压马达启动，带动机械手将滤板逐片拉开，滤室中的滤泥靠自身重力自行脱落。卸泥结束后可再次压紧滤板，进入下一个过滤工作循环。自动压滤机的工作过程可程序控制，也可变程序控制为手动按钮的半自动控制。

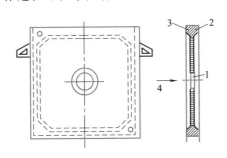

图 4-8 　自动压滤机的滤板

1—压盘；2—滤布；3—滤板；4—混合液通路

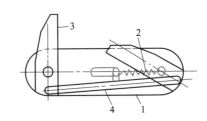

图 4-9 　机械手及其传动装置

1—链板；2—弹簧；3—卡锁；4—拉杆

② 滤板拉开装置　以机械手代替人工拉开滤板实现自动卸泥是自动压滤机的主要特点。机械手及其传动装置如图 4-9 所示。液压马达通过齿轮及链条传动，链条带动机械手移动。由于液压马达的旋转方向变化，实现机械手的往复直线运动，从而达到逐片拉开滤板的目的。

自动板框压滤机具有以下优点。

a. 自动压滤机由液压传动的机械手自动拉板卸泥，并由液压顶紧装置压紧滤板进行过滤，不但保持了板框式压滤机适应性强、工艺性能好、过滤速度快的优点，而且消除了板框式压滤机劳动强度大的缺点。并且操作环境大为改善。

b. 降低了滤泥含水量，滤泥可直接用车辆等运输堆放，避免因滤泥湿排而污染江河环境。

c. 采用了暗流结构，降低了操作环境的温度和热量损失。

d. 可实现自动控制和按人工指令的半自动控制。

3. 过滤增稠器

混合液增稠设备按其工作原理可分为三种形式，过滤增稠器是其中的一种形式。过滤增稠是采用过滤原理将混合液分成清液和泥浆而达到增稠的目的。过滤增稠器又可分为间歇过滤增稠和连续过滤增稠两种，但其共同的特点是：效率高、滤布消耗低、清液质量好、占地面积小、动力消耗少、可按程序控制、运行可靠等。本节以国内采用的 GP 增稠器为例，介绍连续增稠器。

Grand Pont 过滤增稠器（简称 GP 过滤增稠器）是比利时泰利蒙公司的专利。法国工厂普遍采用了这种过滤增稠设备。GP 过滤增稠工作流程见图 4-10。

GP 过滤增稠器主要由器体、封头和滤片三部分组成，如图 4-11 所示。

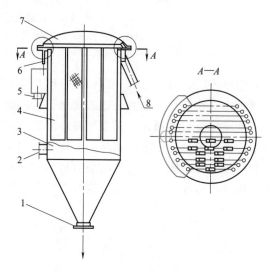

图 4-11　GP 过滤增稠器

1—底排管；2—侧排管；3—器体；4—滤片；5—排液管；

6—出液阀；7—封头；8—进液管

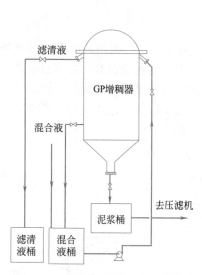

图 4-10　GP 过滤增稠工作流程示意

过滤增稠器的器体为直立的圆柱形筒体，下接锥角为 60° 的圆锥底。上盖为椭圆形封头，封头和器体用法兰连接。器体上部有进液管、排清液管，下部有侧排管和底排管。器体上部外侧有半圆形集液箱。滤片是用不锈钢丝网周围包薄钢板制成。滤片外面套以合成纤维滤布。滤片悬挂在器体内。进液管及出液管均在上部封头内。进液管口向上，出液管穿过器体伸到外部的半圆形集液箱中。

器体下部有侧排管，锥底有底排阀。器体上的三个阀门有气动阀也有气动隔膜阀，可按过滤程序要求由压缩空气控制开关。

GP 过滤增稠器属间歇操作的过滤增稠设备。它的操作程序大致如下：首先开启进液阀，可使器体内充满混合液，并在 0.03～0.1MPa 压强下进行过滤。过滤的推动力最好采用 10m 左右高混合液储箱实现重力过滤，避免离心泵高速旋转破坏沉淀颗粒结构。滤清液穿过滤布经滤片上部引液管进入集液箱排出。滤泥则阻留在滤布上形成滤泥层，经过预定的过滤时间后关闭进液阀停止过滤。迅速打开侧排阀，由于器内未过滤混合液的迅速排出，造成水力冲击，器内形成一定的负压，则空气沿清液引出管通过滤布袋被吸入器内，从而使滤布袋鼓起，促使滤泥脱落。滤泥落到下部锥体的混合液内，使其含泥量达到要求的指标，在关闭侧排阀的同时打开底排阀，排出泥浆送往真空吸滤机或压滤机进一步洗泥排泥。如此完成一个过滤周期。然后第二次进料，由进料管喷向椭圆形封头再往下淋，使过滤面被未过滤混合液淋洗，从而使滤布得到清洗和更新，进行下一周期过滤。侧排阀排出的未过滤混合液由一个专门容器接收再送到混合液位压储箱。当要求泥浆浓度高时，也可以过滤两次排一次泥汁（开两次侧排阀，开一次底排阀）。如上所述，过滤、排泥、进液的阀门开闭要及时、迅速、准确，因此应配备有程序控制。

过滤增稠器具有下列特点：过滤速度快；完全按程序自控操作；高度密闭，热量损失少；结构较简单，无转动部件；泥浆浓度较高；过滤前后混合液采用压缩空气输送，保护了沉淀粒子结构的完整，从而改善了混合汁的过滤性能。

4. 真空吸滤机

真空吸滤机是利用真空系统产生的负压使混合液在低于 0.1MPa 的真空度下进行过滤，因而它的工作压力差不是很大。真空吸滤机是一种比较完善的过滤设备，它的工作程序是连续进行的。由于它固有的特点，它不能作为工厂全液过滤设备。只有配备了混合液增稠设备以后，如配备沉淀器或过滤增稠器之后，才能作为增稠泥浆的过滤设备。

真空吸滤机可分为两大类：即有隔室式真空吸滤机和无隔室式真空吸滤机。这两种真空吸滤机在我国工厂都有应用。也有的工厂采用了一种环带式真空吸滤机，它是有隔室式或无隔室式真空吸滤机的改良型。

（1）真空吸滤机结构及工作原理　有隔室式真空吸滤机由转鼓、泥浆槽、滤泥洗涤装置、分配头及传动装置等组成，如图 4-12 所示。

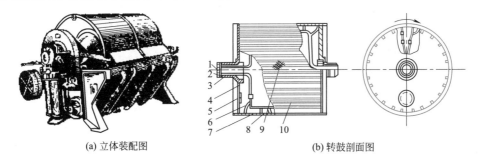

(a) 立体装配图　　　　　　　　　　(b) 转鼓剖面图

图 4-12　有隔室式真空吸滤机

1—摩擦孔片；2—孔板；3—中空轴颈；4—封头板；5—人孔；6—吸液分管；
7—吸液支管；8—鼓面板；9—网络板；10—格条

转鼓水平放置在泥浆槽中，鼓的下半部浸在泥浆里面，由调速电动机经减速装置传动，其转速约为 0.1～0.2r/min。转鼓的圆筒表面上覆盖着滤布。当转鼓旋转进入泥浆过滤区间，即泥浆液面下的过滤操作区间时，在大气压和吸滤机真空度的压差推动下，泥浆中清液透过滤布及鼓面网络板，由许多真空吸液管吸出，经过分配头而进入真空收集箱。而泥浆中的固体颗粒和团块被滤布截留在滤布上成为滤泥，其厚度取决于泥浆的浓度、真空度及转鼓的转速。当滤泥随着转鼓转离泥汁槽后，进入滤泥吸干区及洗涤区。滤液由真空管吸出进入真空清液收集箱。经过吸干洗涤的滤泥再旋转便被压缩空气吹开而进行卸泥，当转至卸泥区时，被压缩空气吹得疏松的滤泥靠刮刀的作用将滤泥卸下。卸落的滤泥经转鼓继续旋转而进入泥浆槽，开始新一轮的过滤、吸干、洗涤、吹松和卸泥过程，周而复始循环，如图 4-13 所示。

（2）真空吸滤机和板框式压滤机的优缺点　真空吸滤机和板框式压滤机比较具有下列优点。

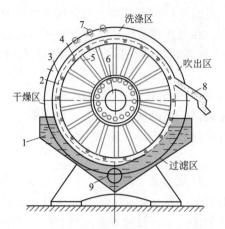

图 4-13　有隔室式真空吸滤机的过滤操作

1—过滤区；2—吸干区；3—洗涤区；4—洗水吸
干区；5—吹松区；6—卸泥；7—洗水喷嘴；
8—卸滤泥刮板；9—泥浆搅拌器

M4-3　连续转鼓真空过滤机

① 真空吸滤机过滤泥浆的全部操作过程都是机械化连续进行的，其操作易于管理，操作人员少。但它更换滤布耗费工时较多、设备费用较高。

② 真空吸滤机滤布消耗量很少，仅为压滤机滤布耗用量的 1/10。

③ 真空吸滤机的单位过滤面积生产能力大，故设备容积小，而且操作环境比较清洁。

然而，真空吸滤机和板框式压滤机比较也有其不足之处。

① 真空吸滤机的压力差不大，一般为 0.053～0.06MPa（400～450mmHg）。若再提高真空度，则会加剧混合液的汽化现象，这样不但会引起混合液的温度降低，同时也加重了冷凝器的负担。由于这种原因，真空吸滤机的推动力比压滤机要小 3～4 倍。

② 真空吸滤机滤饼厚度通常不超过 12mm，为了在短时间内使滤饼能达到这样的厚度，混合液必须先经过增稠，以便提高泥浆的浓度。因此真空吸滤机必须有很多与之配合的附属设备。

5. 袋滤器

袋滤器被用来分离混合液（气）中的少量细小悬浮粒子，以便得到纯净透明、达到工艺质量要求的液体或气体。

袋滤器是利用混合液液柱的静压力作为推动力来进行过滤的，其流程如图 4-14 所示。一般袋滤时压力相当液柱高度约为 2～3m，因此袋滤器基本为恒压过滤。过滤时保持稳定的压力很重要，如果压力波动大会使细小的悬浮微粒穿破滤泥层而进入滤液中。工厂用袋滤器由槽形箱体、固体颗粒收集槽和方形滤框等组成。袋滤器的槽形箱体是一个长方形钢槽，槽底向排出口倾斜。在箱体顶部焊有角钢制成的框架。框架的一侧连接有铰接的平板盖，平板盖四周为活法兰以铰链螺栓和蝴蝶螺母固定。平板盖的另一侧有平衡锤，便于平板盖的开启。平板盖用橡胶衬垫密封。

袋滤器的滤框由两层镀锌钢丝编织网，波浪形镀锌钢板或镀锌的链等构成（图 4-15）。框的大小有 710mm×710mm 和 830mm×720mm 两种。套上滤布，前者两面的过滤面积为 $1m^2$，后者为 $1.2m^2$。框的顶部有出液（气）管与箱体前壁穿出的出液（气）管连接。当滤框套上滤布袋时，将袋的顶端弯曲而使滤框的各面皆为滤布袋所包围，并用铁夹在顶部

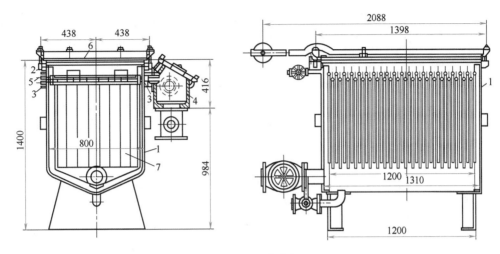

图 4-14　袋滤器

1—机壳；2—框架；3—横梁；4—混合汁集液槽；5—压紧螺钉；6—带有平衡锤的盖；7—滤框

夹紧。

　　链式滤框的优点是可以穿过滤布袋角上不大的缝隙而比较容易地将滤布袋套上，并且不需要铁夹压紧板条。链式滤框是在两根管间悬挂着若干条镀锌的铁链作为滤布袋的支撑。上边的管有连续的向下切口，以便使滤清液流进切口而从管端经箱壁接管流往集液箱。下边的管只起悬挂链条的作用，其构造如图 4-16 所示。

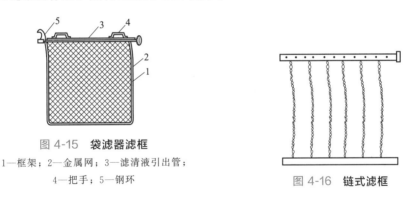

图 4-15　袋滤器滤框

1—框架；2—金属网；3—滤清液引出管；

4—把手；5—钢环

图 4-16　链式滤框

　　袋滤器的滤布选择与过滤效能有直接关系。可供选择的袋滤器的滤布有棉织滤布，合成纤维滤布和尼龙滤布等。

6. 预铺助滤剂层过滤机

　　预铺助滤剂层过滤机为加压过滤设备。它和其他过滤设备不同之处，主要是过滤介质不采用滤布，而是在金属网上预铺一层助滤介质，亦称助滤剂，起到过滤介质的作用。常用的助滤剂为硅藻土。轻质碳酸钙和木质纤维素等也是很好的助滤剂，也有在使用硅藻土助滤剂中掺入少量木质纤维素，其过滤效果更好。

　　预铺助滤剂层过滤机，亦称硅藻土过滤机。硅藻土过滤机有板框式、垂直叶片式和水平叶片式等多种形式。盘式过滤机属水平叶片式硅藻土过滤机的一种，其构造如图 4-17 所示。

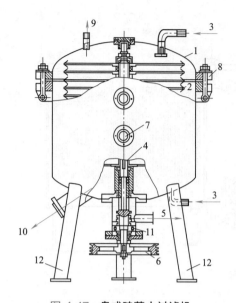

图 4-17　盘式硅藻土过滤机

1—筒体；2—盘式滤片；3—待滤混合液进口；
4—空心轴；5—滤清液出口；6—传动装置；
7—视镜；8—法兰；9—排空管；10—排泥管；
11—轴承；12—支座

盘式硅藻土过滤机由圆筒形壳体、过滤叶片盘和空心转轴等组成。垂直的空心转轴上装有许多水平排列的圆盘形滤片，滤片的上面是一层细金属丝网，作为硅藻土层的支持介质。滤片的中间是一层粗的大孔径金属丝网作为细金属丝网的支持介质，滤片的底层是薄的不开孔金属板。滤片的内腔与空心轴相通，滤液从滤片内腔流入空心轴从底部排出。

盘式滤片在空心轴的安装是由带引汁孔的套环逐片套好，并在套环与滤片间垫以橡胶垫片，最后用压盖以螺母旋紧。空心转轴下端由传动装置传动，其转速约为 200r/min。过滤前在金属网上预铺一层硅藻土助滤剂，一般用量为 0.5～1kg/m^2。预铺时只需在混合汁或水中加入硅藻土助滤剂，搅拌均匀后泵入过滤机内循环预铺，数分钟内滤清液清澈透明即完成预铺工作，而后送入混合液进行过滤。过滤结束后，从空心轴的滤清液出口反向压入清水、滤清液或压缩空气使滤饼疏松，然后开动空心轴带动滤片旋转，在离心力的作用下将滤饼卸除，并以浆状从过滤机底部排出。

此种过滤机的特点是助滤剂层较稳定，滤清液质量好，并且滤饼的清除效果也比较理想等。

第三节　离心机

离心机是工业上常用的一种分离设备，主要用于膏状结晶混合物料的分离。在化工生产的结晶物分离工序中，物料经过助晶之后仍然是晶体和母液的混合物。为了得到晶体颗粒，必须将晶体与母液分离。

1851 年出现了下方传动、从上方卸料的立式离心机。上方卸料给操作人员带来很多不便。后来，又出现将传动装置置于上方而从下方卸料，这就是沿用至今的上悬式离心机。接着又改进了挠性悬吊结构，降低了轴的临界转速，使上悬式离心机在高于临界转速下工作，从而提高了离心机的效能。此后，离心机又有了进一步的发展与改进，如将人工卸料改为机械卸料或自动卸料，变人工操作为自动程序控制等，20 世纪 60 年代以后又出现了连续式离

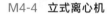

M4-4　立式离心机　　　M4-5　卧式离心机

心机。各种离心机的使用不但使分离效率提高、减轻了劳动强度，缩短了分离时间，而且提高了产品质量。

一、离心分离基本原理

1. 离心力

当物体绕轴旋转作匀角速圆周运动时，使之产生圆周运动的约束力称为向心力，物体因惯性产生与此向心力大小相等而方向相反的力称为离心力，即

$$F = \frac{mv^2}{R} = \frac{Gv^2}{gR} \tag{4-2}$$

式中　　F——离心力，$kg \cdot m/s^2$ 或 N；

　　　　m——旋转物体的质量，kg；

　　　　G——旋转物体的重量，$kg \cdot m/s^2$ 或 N；

　　　　v——圆周速度，m/s；

　　　　R——旋转半径，m。

又因为

$$v = 2\pi Rn \tag{4-3}$$

式中　　n——旋转物体的转速，（1/s，Hz）。

可得

$$F = 4\pi^2 mn^2 R \tag{4-4}$$

由上式可知，离心力的大小不仅与旋转半径成正比，还与转速的平方成正比。因此，用提高离心机的转速来增大离心力比增大转篮的直径更为有效，但它将受到分离因数 f 的影响。分离因数 f 是衡量离心机工作效能的主要参数。它是离心力与重力之比，也就是离心加速度与重力加速度之比。

分离因数越大，离心力 F 越大。现代工业采用的离心机中，分离因数可达几百、几千乃至上万的数值。分离因数的大小意味着分离过程的快慢和分离效果的好坏。分离因数大，分离过程迅速，分离效果好，但分离因数不是无限制的。对于一定直径的转篮，它的极限值取决于制造转篮的材料与重度。设计时，在提高转速的同时应该注意适当减小转篮直径，以免转篮应力过大，以致不能保证转篮的机械强度。因此，离心机按分离因数的大小分为常速离心机（$f < 3000$）、高速离心机（$f = 3000 \sim 50000$）、超高速离心机（$f > 50000$）。

2. 离心机应具备的条件

根据离心机的工作原理和工艺对物料分离的要求，离心机应具备如下条件：

① 分离效果好，效能高；

② 结构简单，安全可靠；

③ 操作简单，卸料方便；

④ 易于实现自动控制及程序控制。

3. 离心机的分类

① 按分离因数大小分类，可分为常速离心机、高速离心机和超高速离心机。

② 按分离过程分类，可分为离心分离机、过滤式离心机和沉降式离心机。

③ 按操作方式分类，可分为人工操作的离心机和自动操作的离心机。

④ 按运转方式分类，可分为间歇式离心机和连续式离心机。

⑤ 按卸料方式分类，可分为人工卸料离心机、重力卸料离心机和离心力卸料离心机。

在实际生产中主要是按离心机的结构形式来分类的，如三足式、上悬式、管式等，而结构形式往往又是由用途和操作方法所决定的。所以在我国离心机产品系列分类中常常兼顾这几个方面对产品进行命名，如三足式下部自动卸料离心机、上悬式重力卸料离心机等。我国已经系列化的离心机有三足式、上悬式、刮刀卸料式、活塞推料式离心机。

M4-6 活塞推料式离心机

二、离心机基本结构与分类

1. 上悬式离心机

上悬式离心机是工厂应用最广泛的间歇操作离心机。近年由于连续式离心机的应用，上悬式离心机现在只应用于对晶型、颗粒感官指标要求较高的晶体分离。

上悬式离心机由于传动装置安装于上方，卸料口在转篮的下面，所以卸料非常方便。按卸料方法的不同，可将其分为人工卸料、机械卸料与自动卸料三种形式。他们的基本结构相似，都是由电动机、联轴器、刹车装置、散料盘、升降装置、转篮、转轴、机壳、机架等部件组成的。

（1）人工卸料式离心机　人工卸料式离心机曾广泛应用于工厂，它由转篮、转轴、悬挂式轴承装置、联轴器等组成。人工卸料上悬离心机的转篮采用平底结构，因此在分离结束时需用人工铲除料层。这是一项非常繁重的体力劳动，同时又很不安全，对晶体也造成损伤。为减轻劳动强度，设计了机械卸料上悬式离心机。

（2）机械卸料式离心机　机械卸料式离心机是在人工卸料式离心机的基础上装置了卸料刮刀装置，如图 4-18 所示。它由刮刀、座架、手轮、齿杆等组成。刮刀固定在齿杆的顶部，刀锋装置的方向与转篮的回转方向相反。当用刮刀卸料时，为减少振动应使离心机在低速下旋转。转动手柄使刮刀插入料层中。当旋转手轮时，装有刮刀的齿杆使刮刀上升或下降，这样刮刀沿着转篮的半径及高度方向依次将料层铲除干净。机械刮刀卸料虽然使劳动强度大为减轻，并且缩短了操作时间，但操作要求较高，同时有部分晶粒受到损伤。

M4-7 上悬式离心机

（3）自动卸料式离心机　自动卸料上悬式离心机又称重力卸料式离心机，如图 4-19 所示。这种离心机的主要特征是采用了带有锥底的转篮。转篮的上部为圆柱形，而下部为截锥形。物料在较低的转速下进入转篮，分离后，结晶层附在转篮壁上。当离心机处于工作转速时，由于离心力远大于重力，物料挤压在转篮壁上而不可能下滑降落。但是，当转篮的转速接近停止时，离心力大为减小，晶粒在其自身所受重力作用下沿锥面下滑而卸出。

2. 锥篮式连续离心机

由于上悬式离心机的操作是间歇性的，所以它的停机时间多、辅助机械比较复杂、启动频繁、能耗高、劳动强度大。因此，国内外在提高离心机效能方面进行着两方面的工作。一是使上悬式离心机实现程序自动控制、改善劳动条件、缩短分离周期，使其生产能力有所提高；另一方面工作是使离心机向连续化方向发展。国内外比较成功的机型是锥篮式连续离心机，国外还采用了脉动卸料离心机。但是由于自动卸料上悬式离心机能保证晶粒的完整和分离效果，因此它仍然是目前广泛采用的设备。

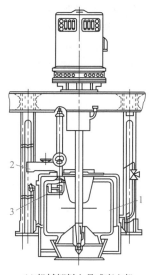
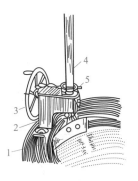

(a) 机械卸料上悬式离心机

1—转篮；2—齿杆；3—刮刀装置

(b) 刮刀卸料装置放大图

1—刮刀；2—座架；3—手轮；
4—齿杆；5—操纵盘

图 4-18　机械卸料式离心机及其刮刀卸料装置

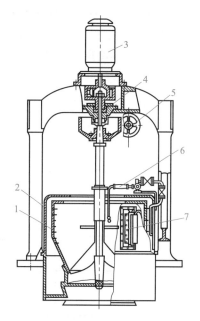

图 4-19　自动卸料上悬式离心机

1—转篮；2—外壳；3—电机；4—轴承；
5—刹车装置；6—气管；7—视镜

（1）锥篮式离心机基本构造　近 20 年来我国研制了多种锥篮式连续离心机应用于物料的分离。在试验阶段各种形式的锥篮式连续离心机都有过不够完备的地方。经过多年的探索和使用，使其结构设计更加完善，使用性能有了很大提高。目前锥篮式连续离心机在我国化工企业中得到广泛应用。

M4-8　立式锥篮
离心机

① 工作原理　锥篮式连续离心机的转篮是一个截锥体。在匀速旋转下的物料由于离心力分力的作用沿着锥面不断上升。在此过程中物料被分离，母液借惯性作用沿篮壁的切线方向被抛向母液室；物料晶粒则被推至筛面的上端，由于惯性作用被抛向晶体室。物料从旋转着的锥篮底部送入，分离过程中的晶体沿锥面上升的受力分析如图 4-20 所示。从图中可知，当锥篮的锥角为 2α，即锥面与垂直轴线的夹角（半锥角）为 α，锥篮以角速度 ω 旋转，此时位于锥篮表面上质量为 m 的晶体受离心力 F 与重力 G 的作用。在锥篮高速旋转时，重力 G 与离心力 F 相比显得很小，可以忽略不计。当晶体沿着锥篮壁表面向上移动时，便产生与移动方向相反的摩擦力 F'。当水平方向的分离 $F_1 > F'$ 时，晶体就向上运动。由力学分析可知，锥角（2α）的大小应根据摩擦因数的大小来选定。它受物料的性质和浓度、温度及组成等因素的影响，并且对晶粒的停留时间、设备的生产

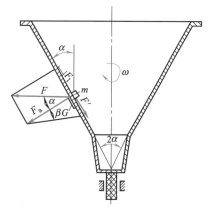

图 4-20　晶体向上移动的受力分析

能力及分离效能等都有较大的作用。若锥角小，晶粒在锥篮内停留时间长，从而降低了生产能力，但分离效果较好；反之锥角大，晶粒沿锥面迅速上升，停留时间短，生产能力虽然增加，但分离较差。

② 锥篮式连续离心机基本构造　锥篮式连续离心机的形式虽然较多，但其基本结构是相似的。它们都是由锥形转篮、传动装置、升温布料器、机壳及支座等主要部件组成的（图 4-21）。

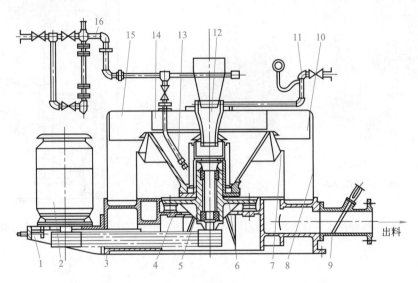

图 4-21　锥篮式连续离心机

1—调节螺栓；2—电动机；3—机座；4—吸振圈；5—传动座；6—锥篮；7—内机壳；8—外机壳；9—排液管；
10—挡料圈；11—气洗管；12—进物料管；13—洗涤管；14—挡圈；15—盖；16—水洗管

锥篮固定于转轴上，由电动机经过 V 带传动。物料自上部加入，通过布料升温器进入锥篮的底部，随即在离心力的作用下沿锥篮壁上升并分布成均匀的薄层。此时，母液穿过锥篮壁筛网进入母液室，而固体晶粒则沿锥篮壁上升进入带环形挡板的晶体收集室中。此外为了操作、检查和维修的需要，在机壳上还设置有取样器、视孔和手孔等。

（2）锥篮式离心机的特点　连续离心机的应用与发展趋势必将逐步取代间歇式离心机。同间歇式离心机相比，它具有下列优点。

① 连续作业，生产能力高。

② 由于不需变速电动机等，设备重量小，造价低廉。

③ 晶体质量较稳定，产率均匀。

④ 操作简单，卫生条件较好。

⑤ 操作人员少，劳动强度低。

⑥ 用电无尖峰负荷，耗电量少。

⑦ 有利于实现离心机及整个工段的连续化及自动化。

⑧ 维修费用低。

⑨ 对物料质量变动的适应性较强。

但锥篮式离心机也具有如下缺点：由于晶粒在锥篮壁上的运动过程中受到磨损，甩离锥篮时受到强撞击使晶粒破碎、变小且无光泽等原因，目前还不能应用于对晶型感官质量有较高要求的结晶物料的分离。

3. 转鼓式刮刀卸料离心机

图 4-22 给出了转鼓式刮刀卸料离心机结构。该类产品制造技术较为成熟，型号规格也较多，经常使用的规格有：WG-800，WG-1000，WG-1200。它是周期性循环操作，每个周期分加料、洗涤、分离、刮料、洗网五个程序。其主机连续运行，靠时间继电器控制电磁阀，实现油压回路换向，以达到自动或半自动控制。

M4-9　**卧式刮刀卸料离心机原理**

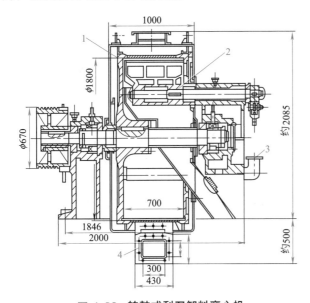

图 4-22　**转鼓式刮刀卸料离心机**
1—转鼓；2—刮刀；3—进料口；4—排液口

M4-10　**螺旋卸料离心机**

4. 螺旋沉降式离心机

图 4-23 给出了卧式螺旋沉降式离心机结构原理。由图 4-23 可见，电动机 1 通过 V 带驱动旋转轴，以 2000～3500r/min 的高速旋转，借行星齿轮箱 5 装置，使转筒 3 与螺旋 4 之间存在同方向的转速差，即螺旋转速稍慢于转筒，但两者旋转方向相同。悬浮液浆料由旋转轴经加料孔加入转鼓内，由于高速旋转的离心力，密度大的固体颗粒沉降于转筒内面，并由相对运动的螺旋，推向圆锥部分的卸料口排出；而母液则由圆筒部分另一端的溢流堰板 6 处排出。为防止排出的液-固返混，外罩 2 与转筒 3 之间设置有若干隔板。显而易见，增加圆锥部分，将使物料离心更充分，排出湿物料脱水更完全；而延长圆筒部分，则使母液的沉降更完全，排出母液中含固量更低。对于给定的机器，尚可通过溢流堰板深度的调节来调节最大处理能力，以及湿物料含水量或母液含固量。此种离心机与物料接触部分，均采用不锈钢材质，对于螺旋顶端、进料区表面以及湿物料卸料口等易摩擦部位，采用堆焊耐磨的硬质合金处理。此外，该离心机尚设有过载安全保护装置，系由齿轮箱的小齿轮轴伸出，与装在齿轮箱外的转矩臂连接构成。正常情况时由于弹簧的作用，转矩臂将顶压着转矩控制器，而一旦转筒内固体物料量过多，或螺旋叶片与转筒内壁的余隙为物料轧住时，螺旋发生过载，转矩臂就会自动脱开转矩控制器，使转筒与螺旋之间转速差顿时消失，从而避免转筒、螺旋或齿轮箱的损坏。

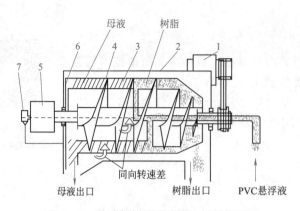

图 4-23　卧式螺旋沉降式离心机结构原理

1—电动机；2—外罩；3—转筒；4—螺旋；
5—齿轮箱；6—流溢堰板；7—过载保护

M4-11　半沉降螺旋卸料离心机

该离心机同时设有专用的润滑油循环系统（包括油泵及冷却器等），操作时对油的温度、压力和流量均有严格的要求。此外，为减少机器的震动和保持稳定地运转，在安装或使用过程中，出料管或进料管周围，应留有足够的震动间隙及选用软性连接。

与转鼓式离心机相比，螺旋沉降式离心机具有操作连续、处理能力久、运转周期长，母液含固量低、处理浆料的浓度和颗粒度的范围宽等一系列优点，因此已成为化工生产中最广泛采用的脱水设备。

三、离心机的操作与管理

1. 上悬式离心机的操作要点

目前一般物料的分离工厂仍然采用间歇操作的上悬式离心机。对晶型无要求的物料分离采用锥篮式连续离心机。连续离心机的操作主要控制好物料的温度和黏度，掌握好离心机的正常运转就可以了。现仅就上悬式离心机的操作与管理作以下简单介绍。

上悬式离心机的分离过程包括启动进料、分离、洗涤及停机卸料四个过程。这些过程需按次序周期地进行，同时要照顾到其他设备的工作顺序。

（1）启动进料阶段　转篮启动，在较低的转速下开始进物料。这个阶段由于晶粒密度大于母液密度，在离心力作用下晶粒以较快的速度向转篮壁移动，并被筛网所阻拦形成晶粒层。母液通过晶体层及筛网被不断地分离出去。此时晶体层较薄，晶间距较大，母液穿过晶体层所遇到的阻力较小，所以排液迅速是这一阶段的主要特征。随着进料的继续，晶体层逐渐增厚。由于晶体层沿着转篮半径方向增加，离心力造成的压强也逐渐增大，所以愈靠近锥篮壁，晶粒之间的距离愈小，压得愈紧密。

（2）分离阶段　这一阶段的特征是停止进料、压缩晶体层和排除晶间液体。在停止进料后，应将离心机的转速调至最大工作转速。此时晶粒受到最大离心压力，母液继续被排出，晶粒间的空隙继续被压缩。但是由于毛细管力和分子间引力作用使母液滞留在晶体层的毛细管内和晶粒表面。因此仅仅依靠离心力不足以将它们排除干净。要想得到不含母液的纯净结晶体单靠离心力的作用是办不到的。因此需要以水或气进行洗涤，以便除去晶间母液。

（3）洗涤阶段　以溶剂洗涤结晶层的晶间母液实质是稀释了滞留于毛细孔道和晶粒表面上的液体，稀释后的母液黏度减小，因此很容易被分离除去。分离出来的洗液纯度较高，这是因为洗涤剂也溶化了晶粒之间的细小晶粒所致。这一阶段晶体层继续被压缩，在晶体层被压缩过程中，晶粒间的毛细孔径愈来愈小，但最后仍有少量稀释了的母液残留在晶体层中，一般以 0.4～0.8MPa 的气体吹洗晶体层晶粒表面液膜。气洗可进一步除去残液外，还可大大降低含杂量。

（4）停机卸料阶段　控制适宜时间进行卸料也是物料分离的重要过程。如果时机掌握不当使运转时间过长，晶粒之间接触处的残存母液会增大晶粒之间的结合力，人们称这种现象为"机械干燥"，将会给卸料带来很大困难。

2. 离心机的管理常识

（1）离心机维护管理要点

① 经常检查离心机的运转是否平稳，其他附属设备工作是否正常，发现异常现象应及时停机检查处理。

② 检查离心机筛网有无破裂，注意制动器的磨损情况。

③ 检查各传动部件的润滑是否良好，并定时加注润滑脂。

④ 检查水、汽和物料、物料管路及阀门有无渗漏现象。

⑤ 每班至少清洗一次离心机及附属设备。

（2）离心机维护检修要点　离心机的易损件有面网、底网、滚动轴承、轴、支架的橡胶减振器等。因此根据各零件工作条件的不同，使用一定时间之后必须进行检修。

① 小修　小修一般在离心机运行 700～1400h 之后进行。小修的内容包括清洗轴承、补筛网、紧固螺栓等。

② 中修　小修之后再运行一定时间之后则进行中修。中修时要更换筛网、制动带等，检查滚动轴承，如有损伤或配合不好要及时更换。

③ 大修　只有当轴损伤，转篮腐蚀、断裂或与转轴配合松动时需进行大修。离心机解体大修时需要做如下工作：检查筛网是否破裂；清洗轴并检查轴的光洁度；必要时将轴端部的锥形配合面进行研磨；拆开并清洗轴承室，检查轴承有无损坏，检查轴承室的支承球面有无损伤；检查制动带，磨损严重须更换；检查转篮壁有无裂纹，严重者须更换；此外还须检查联轴器，更换摩擦带或胶垫等。大修时转篮与轴除非不得已一般不能拆开，转篮不应敲打以防变形，拆出的转轴注意垂直吊放。经过检修并装配好的转子，包括转篮、轴，制动轮等必须作平衡检查，若不合要求，还应作动平衡校正。

（3）转子的不平衡及其处理　为了避免产生共振现象，离心机工作转子的转速即使在远离临界转速的情况下工作，离心机转子只要存在有偏心载荷，就会产生不平衡离心力与振动。但是可以对装配好的工作转子进行平衡试验，发现不平衡因素，并针对引起不平衡的因素予以处理。

① 转子静不平衡与动不平衡

a. 转子的静不平衡与处理方法。由于制造转篮的材料密度不均匀，轴与转篮等在加工与装配中产生偏差，以及轴承室及减振器的安装不妥等原因，都会使转子的重心与转子的中心不重合而产生偏心距，造成转子不平衡，称为静不平衡。

静不平衡的检查方法是将转子放在两根平行的水平轨道上，不平衡的转子就会滚动，直到其重心位于最低的位置为止。为了使转子达到静平衡，可在转子的一边去掉一些材料，或在另一边增加一些重量进行平衡，使转子达到在上述的轨道上能任意平衡的状态。但应注意，去掉或增加重量时应在重心的同一平面上，否则将产生两个不平衡的重心，静平衡试验检查不出来。

　　b. 转子的动不平衡及处理方法。如果转子在两个不同平面上都存在着静不平衡,即在转子的两个平面上产生两个偏心距,因而在转动时将出现两个不平衡的离心力,这两个不平衡的离心力大小相等,方向相反,构成一对离心力偶。由于这种原因转动时产生的不平衡,称为动不平衡。由于它们在静止时处于平衡状态,所以在静平衡试验时不会被发现。如果两个不平衡平面的距离愈大,则离心力偶也愈大,动不平衡也愈加严重。动不平衡一般是在制造厂中用专门的机器检测并校正。

　　② 运转中的不平衡　离心机转子经过平衡试验平衡后,如在使用过程中操作不当,仍然可能出现不平衡而产生振动。例如转篮内部有积料、进料过快或不均匀、物料中有团块等都会导致转篮不平衡。此外,轴承磨损、机件松脱、筛网破裂等原因也是造成转子不平衡的因素。因此,在操作过程中转篮一旦发生振动,应立即停机分析并找出原因,及时处理。

四、离心机操作的不正常情况和故障处理

　　卧式刮刀卸料离心机操作常见的不正常情况和处理方法见表 4-1。

表 4-1　卧式刮刀卸料离心机操作常见的不正常情况和处理方法

序号	不正常情况	原因	处理方法
1	溢流跑料	①进料自控阀被"塑化片"顶住而关不紧 ②电磁开关故障 ③选料过多、脱水慢 ④进料前刮刀未退足	①关闭手动阀,停止进料,清理自控阀 ②手动启闭油压自控。检修电磁开关 ③控制进料量,清理滤布 ④再退足刮刀
2	进料慢	①进料管堵塞 ②沉析槽内有塑化片	①用软水冲洗疏通 ②对管道和阀门局部清理,并与聚合系统联系
3	脱水慢	①滤布堵塞 ②浆料温度高 ③树脂粒度不均匀	①清洗滤布 ②降低沉析槽料温 ③与聚合系统联系
4	机器振动大	①进料量波动大 ②滤布脱水过快	进料同时开大水洗阀或部分卸料
5	滤布刮坏	①转鼓两边的橡胶条未压紧滤布 ②刮刀与转鼓间隙过小	①检查并调整 ②重新调整间隙

　　沉降式离心机操作常见的不正常情况和处理方法见表 4-2。

表 4-2　沉降式离心机操作常见的不正常情况和处理方法

序号	不正常情况	原因	处理方法
1	离心机自动停车	①熔断器烧坏 ②浆料量过载,使转矩控制器自动脱开 ③润滑油量不足,使油压力开关跳脱 ④电动机超温,使热保护器跳开 ⑤离心机下料堵塞	①检查,调换 ②用手顺时针转动矩臂,若无阻碍则抬上转矩臂后重新开车运转,并调整进料量。若有阻碍则抬上转矩臂,取下机器外罩,前后转动转筒并用水冲洗前后转动皮带,重新开车运转 ③调节油量,再开车运转 ④停止运转,请电工检查 ⑤打开下料斗手孔,疏通积料
2	离心机不进料	①过滤器或进料管堵塞 ②浆料自控阀故障	①关闭过滤器进料阀,借热软水冲洗疏通 ②切换手控阀,检修自控阀

拓展阅读

我国在离心物料分离过程中取得的成就

我国在离心物料分离过程中取得了多项重大成就，一些关键突破和标志性成果如下。

1. 铀浓缩离心技术的自主化

我国核工业领域在铀浓缩技术上取得了重大突破，完全实现了自主化并达到国际先进水平。中核集团经过多年研制，成功开发了铀浓缩离心技术，利用高速旋转离心机实现铀-235和铀-238的分离，该技术能耗仅为扩散法的 1/25，综合成本大幅降低。这一成就标志着我国成为继俄罗斯等少数国家之后，自主掌握铀浓缩技术并成功实现工业化应用的国家。

2. 超重力离心模拟与实验装置

浙江大学陈云敏院士团队成功建设了国家重大科技基础设施——超重力离心模拟与实验装置。该装置为岩土体、地球深部物质、合金熔体等多相介质的物质运动提供了研究平台，可应用于重大基础设施建设、深地深海资源开发和高性能材料研发。项目建成后将成为全球容量最大、应用范围最广的超重力多学科开放共享实验平台。

3. 国产离心机技术与市场突破

美的集团在离心机领域取得了技术与市场的双重突破。2021年，美的第1000台离心机成功下线并交付深圳比亚迪公司，标志着我国离心机自主研发达到国际领先水平。这一成就不仅打破了外资品牌在离心机市场的长期垄断，还推动了我国离心机产业的高质量发展。

4. 超高速离心机的自主研制

海尔生物医疗成功研发出国内首台超高速离心机，转速可达 50000r/min，离心力达 135557xg（g 为重力加速度，约为 $9.8m/s^2$；xg 表示 10 倍重力加速度），填补了国内在超高速离心机领域的空白。此外，吉尔森科技公司也成功研制出超速离心机，技术水平达到国外同类产品标准，打破了国外市场垄断。

5. 离子分离膜技术的突破

中国科学技术大学徐铜文教授团队在新型离子分离膜精密构筑方面取得突破性进展，开发出具有多层次通道结构的多孔有机笼离子分离膜。该技术在盐湖提锂、氯碱工业、高盐废水处理等领域具有重要应用前景。

6. 离心机在国防领域的应用

我国在20世纪60年代成功研制出离心机，并应用于氢弹工程与核潜艇工程，突破了国外技术封锁，为国防建设提供了重要支持。

这些成就表明，我国在离心物料分离技术领域已经从依赖进口逐步走向自主创新，并在多个关键领域实现了技术突破和国际领先水平。

思考题

4-1　什么叫沉降？影响重力沉降速度的因素有哪些？

4-2　重力沉降器应具备哪些条件才能使沉降操作顺利进行？

4-3 沉降器是如何分类的？

4-4 简述单层快速沉降器与多层沉降器的工作原理、工作特点。

4-5 什么是过滤？过滤的基本原理是什么？

4-6 什么是过滤介质？影响过滤速度的因素有哪些？

4-7 简述过滤设备的分类及应具备的条件。

4-8 简述板框式压滤机的构造及工作原理及其优缺点。

4-9 简述板框式压滤机的操作过程及常见故障处理。

4-10 简述自动压滤机的构造和结构特点。

4-11 什么是过滤增稠？过滤增稠和沉淀增稠有什么共同点和不同之处？

4-12 简述 GP 过滤增稠器的构造、工作过程及各自特点。

4-13 真空吸滤机主要有几种形式？简述它们的结构特点及工作过程。

4-14 简述盘式硅藻土过滤机的结构及工作特点。

4-15 各种过滤机和增稠设备能组成几种过滤系统？试比较它们的特点。

4-16 简述离心机分离原理。

4-17 要想提高分离效率，应从哪些方面考虑问题？

4-18 何谓分离因数？分离因数的大小对离心机工作效率有什么影响？

4-19 离心机有哪几种基本形式？物料分离所用的离心机属哪种形式？

4-20 常用的上悬式离心机有几种形式？其基本结构如何？各有什么区别？各有什么优缺点？

4-21 上悬式离心机由哪些主要部件组成，它们的构造作用是什么？

4-22 上悬式离心机重力卸料的条件是什么？

4-23 简述锥篮式离心机的工作原理。

4-24 锥篮式离心机锥角的大小与哪些因素有关，它对离心机的工作效能有何影响？

4-25 锥篮式离心机由哪些部件组成？各有什么作用？

4-26 简述离心机的操作与管理。

第五章
换热器

在工业生产中，要实现热量的交换，需采用一定的设备，此种交换热量的设备统称为换热器。换热器作为工艺过程必不可少的单元设备，广泛地应用于石油、化工、轻工、机械、冶金、交通、制药等工程领域中。据统计，在现代石油化工企业中，换热器投资约占装置建设总投资的 30%～40%；在合成氨厂中，换热器约占全部设备总台数的 40%。由此可见，换热器对整个企业的建设投资及经济效益有着重要的影响。

M5-1 换热器

本章将讨论换热器的基础知识，重点讨论管壳式换热器的结构、操作与维护。

第一节　换热器的分类

换热器种类繁多，结构形式多样，本节将对换热器分类及结构形式进行简要的介绍。工程上，换热器常采用以下几种分类方法。

1. 按换热器作用原理分类

（1）间壁式换热器　间壁式换热器，亦称表面式换热器或间接式换热器。在此类换热器中，冷、热流体被固体壁面隔开，互不接触，热量由热流体通过壁面传给冷流体。该类型换热器适用于冷、热流体不允许混合的场合。间壁式换热器应用广泛，形式多样，各种管壳式和板式结构的换热器均属此类。

（2）直接接触式换热器　直接接触式换热器，亦称混合式换热器。在此类换热器中，冷、热流体直接接触，相互混合传递热量。该类型换热器结构简单，传热效率高，适用于冷、热流体允许混合的场合。常见的设备有凉水塔、洗涤塔、文氏管及喷射冷凝器等。

（3）蓄热式换热器　蓄热式换热器，亦称回流式换热器或蓄热器。此类换热器是借助于热容量较大的固体蓄热体，将热量由热流体传给冷流体。当蓄热体与热流体接触时，从热流体处接受热量，蓄热体温度升高，然后与冷流体接触，将热量传给冷流体，蓄热体温度下降，从而达到换热的目的。此类换热器结构简单，可耐高温，常用于高温气体热量的回收或冷却。其缺点是设备体积庞大，且不能完全避免两种流体的混合。回转式空气预热器即是一种蓄热式换热器。

（4）中间载热体式换热器　中间载热体式换热器，亦称热媒式换热器。此类换热器将两个间壁式换热器由在其中循环的载热体（热媒）连接起来，载热体在高、低温流体换热器内循环，从高温流体换热器中吸收热量后带至低温流体换热器中传递给低温流体。该类换热器多用于核能工业、化工过程、冷冻技术及余热利用中。热管式换热器、液体或气体偶联的间壁式换热器均属此类。

2. 按换热器的用途分类

（1）加热器　用于把流体加热到所需温度，被加热流体在加热过程中不发生相变。

（2）预热器　用于流体的预热，以提高整套工艺装置的效率。

（3）过热器　用于加热饱和蒸气，使其达到过热状态。

（4）蒸发器　用于加热液体，使之蒸发汽化。

（5）再沸器　为蒸馏过程的专用设备，用于加热已被冷凝的液体，使之再受热汽化。

（6）冷却器　用于冷却流体，使之达到所需要的温度。

（7）冷凝器　用于冷却凝结性饱和蒸气，使之放出潜热而凝结液化。

3. 按换热器传热面形状和结构分类

按结构和材料分类见图 5-1。

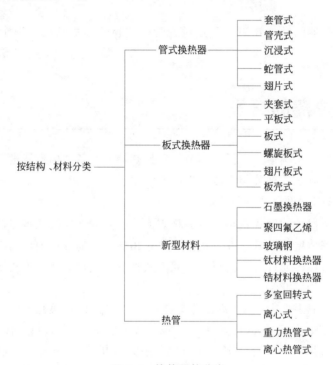

图 5-1　**换热器的分类**

（1）管式换热器　管式换热器通过管子壁面进行传热，按传热管的结构形式可分为管壳式换热器、蛇管式换热器、套管式换热器、翅片管式换热器等几种。管式换热器的应用最为广泛。

（2）板式换热器　板式换热器通过板面进行传热，按传热板的结构形式可分为平板式换热器、螺旋板式换热器、板翅式换热器、热板式（板壳式）换热器等几种。

（3）特殊形式换热器　此类换热器是指根据工艺特殊要求而设计的具有特殊结构的换热器。如回转式换热器、热管换热器、回流式换热器等。

4. 按换热器所用材料分类

（1）金属材料换热器　金属材料换热器由金属材料加工制成，常用的材料有碳钢、合金钢、铜及铜合金、铝及铝合金、钛及钛合金等。因金属材料热导率较大，该类换热器的传热效率较高。

（2）非金属材料换热器　非金属材料换热器由非金属材料加工制成，常用的材料有石墨、玻璃、塑料、陶瓷等。该类换热器主要用于具有腐蚀性的物系，因非金属材料热导率较小，其传热效率较低。

第二节　换热器的基本结构

一、管式换热器

1. 管壳式换热器

管壳式换热器又称列管式换热器，是一种通用的标准换热设备。它具有结构简单、坚固耐用、造价低廉、用材广泛、清洗方便、适应性强等优点，应用最为广泛，在换热设备中占据主导地位。管壳式换热器根据结构特点分为以下几种。

（1）固定管板式换热器　固定管板式换热器的结构如图 5-2 所示。它由壳体、管束、封头、管板、折流挡板、接管等部件组成。其结构特点是，两块管板分别焊于壳体的两端，管束两端固定在管板上。整个换热器分为两部分：换热管内的通道及与其两端相贯通处称为管程；换热管外的通道及与其相贯通处称为壳程。冷、热流体分别在管程和壳程中连续流动，流经管程的流体称为管（管程）流体，流经壳程的流体称为壳（壳程）流体。

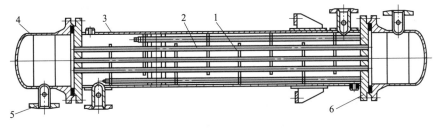

图 5-2　固定管板式换热器
1—折流挡板；2—管束；3—壳体；4—封头；5—接管；6—管板　　　M5-2　列管式换热器

若管流体一次通过管程，称为单管程。当换热器传热面积较大，所需管子数目较多时，为提高管流体的流速，常将换热管平均分为若干组，使流体在管内依次往返多次，称为多管程。管程数可为 2、4、6、8。管程数太大，虽提高了管流体的流速，从而增大了管内对流传热系数，但同时会导致流动阻力增大。因此，管程数不宜过多，通常以 2、4 管程最为常见。

壳流体一次通过壳程，称为单壳程。为提高壳流体的流速，也可在与管束轴线平行方向放置纵向隔板使壳程分为多程。壳程数即为壳流体在壳程内沿壳体轴向往、返的次数。分程可使壳流体流速增大，流程增长，扰动加剧，有助于强化传热。但是，壳程分程不仅使流动阻力增大，且制造安装较为困难，故工程上应用较少。为改善壳程换热，通常采用折流挡板，通过设置折流挡板，以达到实现强化传热的目的。

M5-3　双管程换热器内的流体流动

固定管板式换热器的优点是结构简单、紧凑。在相同的壳体直径内，排管数最多，旁路最少；每根换热管都可以进行更换，且管内清洗方便。其缺点是壳程不能进行机械清洗；当换热管与壳体的温差较大（大于50℃）时产生温差应力，需在壳体上设置膨胀节，因而壳程压力受膨胀节强度的限制不能太高。固定管板式换热器适用于壳方流体清洁且不易结垢，两流体温差不大或温差较大但壳程压力不高的场合。

M5-4　具有补偿圈的换热器

（2）浮头式换热器　浮头式换热器的结构如图5-3所示。

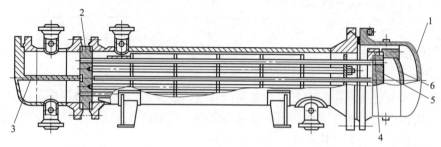

图5-3　浮头式换热器

1—壳盖；2—固定管板；3—隔板；4—浮头钩圈法兰；5—浮动管板；6—浮头盖；

M5-5　浮头式换热器

其结构特点是两端管板之一不与壳体固定连接，可在壳体内沿轴向自由伸缩，该端称为浮头。浮头式换热器的优点是当换热管与壳体有温差存在，壳体或换热管膨胀时，互不约束，不会产生温差应力；管束可从壳体内抽出，便于管内和管间的清洗。其缺点是结构较复杂，用材量大，造价高；浮头盖与浮动管板之间若密封不严，易发生内漏，造成两种介质的混合。浮头式换热器适用于壳体和管束壁温差较大或壳程介质易结垢的场合。

（3）U形管式换热器　U形管式换热器的结构如图5-4所示。其结构特点是只有一个管板，换热管为U形，管子两端固定在同一管板上。管束可以自由伸缩，当壳体与U形换热管有温差时，不会产生温差应力。U形管式换热器的优点是结构简单，只有一个管板，密封面少，运行可靠，造价低；管束可以抽出，管间清洗方便。其缺点是管内清洗比较困难；由于管子需要有一定的弯曲半径，故管板的利用率较低；管束最内层管间距大，壳程易短路；内层管子坏了不能更换，因而报废率较高。

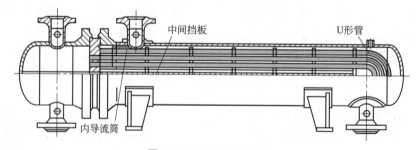

图5-4　U形管式换热器

U形管式换热器适用于管、壳壁温差较大或壳程介质易结垢，而管程介质清洁不易结垢以及高温、高压、腐蚀性强的场合。一般高温、高压、腐蚀性强的介质走管内，可使高压空间减小，密封易解决，并可节约材料和减少热损失。

（4）填料函式换热器　填料函式换热器的结构如图 5-5 所示。其结构特点是管板只有一端与壳体固定连接，另一端采用填料函密封。管束可以自由伸缩，不会产生因壳壁与管壁温差而引起的温差应力。填料函式换热器的优点是结构较浮头式换热器简单，制造方便，耗材少，造价低；管束可从壳体内抽出，管内、管间均能进行清洗，维修方便。其缺点是填料函耐压不高，一般小于 4.0MPa；壳程介质可能通过填料函外漏，对易燃、易爆、有毒和贵重的介质不适用。填料函式换热器适用于管、壳壁温差较大或介质易结垢，需经常清理且压力不高的场合。

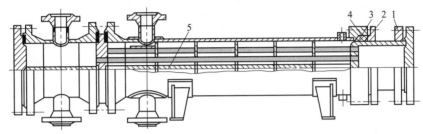

图 5-5　**填料函式换热器**

1—活动管板；2—填料压盖；3—填料；4—填料函；5—纵向隔板

（5）釜式换热器　釜式换热器的结构如图 5-6 所示。其结构特点是在壳体上部设置适当的蒸发空间，同时兼有蒸汽室的作用。管束可以为固定管板式、浮头式或 U 形管式。釜式换热器清洗维修方便，可处理不清洁、易结垢的介质，并能承受高温、高压。它适用于液-汽式换热，可作为最简结构的废热锅炉。

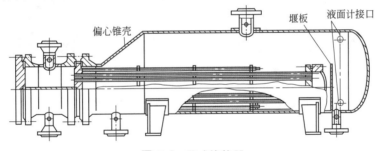

图 5-6　**釜式换热器**

管壳式换热器除上述五种外，还有插管式换热器、滑动管板式换热器等其他类型。

2. 蛇管式换热器

蛇管式换热器是管式换热器中结构最简单、操作最方便的一种换热设备。通常按照换热方式不同，将蛇管式换热器分为沉浸式和喷淋式两类。

（1）沉浸式蛇管换热器　此种换热器多以金属管弯绕而成，制成适应容器的形状，沉浸在容器内的液体中（图 5-7）。它是将蛇管置于装有需加热或需冷却的介质的容器中，一般管内通入蒸汽、热水和冷却液，通过管壁与容器中的介质传热。其结构简单，形状可与容器形状相配，蛇管能承受高压，但传热效率低，结构笨重。常用作高压流体的冷却和反应釜的传热构件。几种常用的蛇管形状如图 5-8 所示。

沉浸式蛇管换热器的优点是结构简单、价格低廉、便于防腐蚀、能承受高压。其缺点是由于容器的体积较蛇管的体积大得多，管外流体的传热膜系数较小，故常需加搅拌装置，以提高其传热效率。

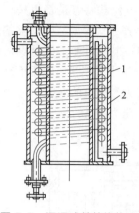

图 5-7　沉浸式蛇管换热器

1—壳体；2—蛇管

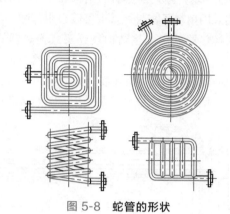

图 5-8　蛇管的形状

M5-6　蛇管式换热器

工作原理

（2）喷淋式蛇管换热器　喷淋式蛇管换热器如图 5-9 所示。

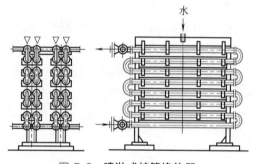

图 5-9　喷淋式蛇管换热器

M5-7　喷淋式换热器

此种换热器多用于冷却管内的热流体。固定在支架上的蛇管排列在同一垂直面上，热流体自下部的管进入，由上部的管流出。冷却水由管上方的喷淋装置中均匀地喷洒在上层蛇管上，并沿着管外表面淋漓而下，降至下层蛇管表面，最后收集在排管的底盘中。该装置通常放在室外空气流通处，冷却水在空气中汽化时，可带走部分热量，以提高冷却效果。

与沉浸式蛇管换热器相比，喷淋式蛇管换热器具有检修清理方便，传热效果好等优点。其缺点是体积庞大，占地面积大；冷却水消耗量较大，喷淋不易均匀。蛇管换热器因其结构简单、操作方便、常被用于制冷装置和小型制冷机组中。

3. 套管式换热器

套管式换热器是由两种不同直径的直管套在一起组成同心套管，其内管用 U 形肘管顺次连接，外管与外管互相连接而成的，其构造如图 5-10 所示。每一段套管称为一程，程数可根据传热面积要求而增减。换热时一种流体走内管，另一种流体走环隙，内管的壁面为传热面。

套管式换热器的优点是结构简单、能耐高压；传热面积可根据需要增减；适当地选择管内、外径，可使流体的流速增大，且两种流体呈逆流流

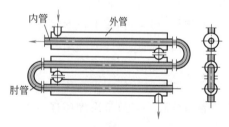

图 5-10　套管式换热器

动，有利于传热。其缺点是单位传热面积的金属耗量大；管子接头多，检修清洗不方便。此类换热器适用于高温、高压及小流量流体间的换热。

4. 翅片管式换热器

翅片管式换热器又称管翅式换热器，如图 5-11 所示。其结构特点是在换热器管的外表面或内表面装有许多翅片，常用的翅片有纵向和径向两类，图 5-12 所示是工业上广泛应用的几种翅片形式。

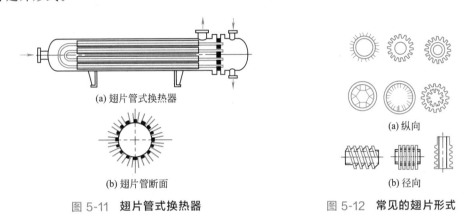

(a) 翅片管式换热器

(b) 翅片管断面

图 5-11　**翅片管式换热器**

(a) 纵向

(b) 径向

图 5-12　**常见的翅片形式**

翅片与管表面的连接应紧密无间，否则连接处的接触热阻很大，影响传热效果。常用的连接方法有热套、镶嵌、张力缠绕和焊接等。此外，翅片管也可采用整体轧制、整体铸造或机械加工等方法制造。

化工生产中常遇到气体的加热和冷却问题。因气体的对流传热系数很小，所以当与气体换热的另一流体是水蒸气冷凝或是冷却水时，则气体侧热阻成为传热控制因素。此时要强化传热，就必须增加气体侧的对流传热面积。在换热管的气体侧设置翅片，这样既增大了气体侧的传热面积，又增强了气体湍动程度，减少了气体侧的热阻，从而使气体传热系数提高。当然，加装翅片会使设备费提高，但一般当两种流体的对流传热系数之比超过 3∶1 时，采用翅片管式换热器在经济上是合理的。翅片管式换热器作为空气冷却器，在工业上应用很广。用空气代替水冷，不仅可在缺水地区使用，在水源充足的地方，采用空冷也可取得较大的经济效益。

二、板式换热器

1. 平板式换热器

平板式换热器简称板式换热器，其结构如图 5-13 所示。它是由一组长方形的薄金属板平行排列，夹紧组装于支架上面构成。两相邻板片的边缘衬有垫片，压紧后板间形成密封的流体通道，且可用垫片的厚度调节通道的大小。每块板的四个角上，各开一个圆孔，其中有两个圆孔和板面上的流道相通，另两个圆孔则不相通。它们的位置在相邻板上是错开的，以分别形成两流体的通道。冷、热流体交替地在板片两侧流动，通过金属板片进行换热（图 5-14）。

板片是板式换热器的核心部件。为使流体均匀流过板面，增加传热面积，并促使流体的湍动，常将板面冲压成凹凸的波纹状，波纹形状有几十种，常用的波纹形状有水平波纹、人字形波纹和圆弧形波纹等，如图 5-15 所示。

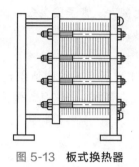

图 5-13　板式换热器

M5-8　板式换热器

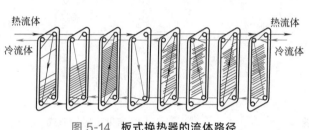

图 5-14　**板式换热器的流体路径**

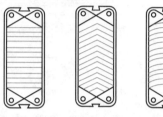

(a) 水平波纹板　(b) 人字形波纹板　(c) 圆弧形波纹板

图 5-15　**板式换热器的板片**

板式换热器的优点是结构紧凑，单位体积设备所提供的换热面积大；组装灵活，可根据需要增减板数以调节传热面积；板面波纹使截面变化复杂，流体的扰动作用增强，具有较高的传热效率；拆装方便，有利于维修和清洗。其缺点是处理量小；操作压力和温度受密封垫片材料性能限制而不宜过高。板式换热器适用于经常需要清洗、工作环境要求十分紧凑，工作压力在 2.5MPa 以下，温度在 −35~200℃ 的场合。

2. 螺旋板式换热器

螺旋板式换热器如图 5-16 所示，它是由两张间隔一定的平行薄金属板卷制而成的。两张薄金属板形成两个同心的螺旋形通道，两板之间焊有定距柱以维持通道间距，在螺旋板两侧焊有盖板。冷、热流体分别通过两条通道，通过薄板进行换热。

常用的螺旋板式换热器，根据流动方式不同，分为以下四种。

(1) Ⅰ型螺旋板式换热器　两个螺旋通道的两侧完全焊接密封，为不可拆结构，如图 5-16(a) 所示。换热器中，两流体均作螺旋流动，通常冷流体由外周流向中心，热流体由中心流向外周，呈完全逆流流动。此类换热器主要用于液体与液体间的传热。

(2) Ⅱ型螺旋板式换热器　一个螺旋通道的两侧为焊接密封，另一通道的两侧是敞开的，如图 5-16(b) 所示。换热器中，一流体沿螺旋通道流动，而另一流体沿换热器的轴向流动。此类换热器适用于两流体流量差别很大的场合，常用作冷凝器、气体冷却器等。

(3) Ⅲ型螺旋板式换热器　Ⅲ型螺旋板式换热器的结构如图 5-16(c) 所示。换热器中，一种流体作螺旋流动，另一流体作兼有轴向和螺旋向两者组合的流动。该结构适用于蒸汽冷凝。

(4) G型螺旋板式换热器　G型螺旋板式换热器的结构如图 5-16(d) 所示。该结构又称塔上型，常被安装在塔顶作为冷凝器，采用立式安装，下部有法兰与塔顶法兰相连接。蒸汽由下部进入中心管上升至顶盖折回，然后沿轴向从上至下流过螺旋通道被冷凝。

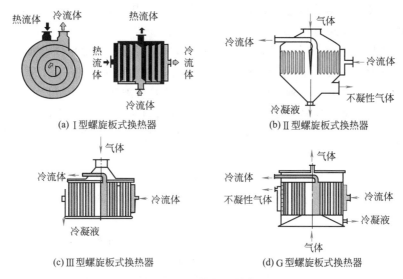

图 5-16　**螺旋板式换热器**

螺旋板式换热器的优点是：螺旋通道中的流体由于惯性离心力的作用和定距柱的干扰，在较低雷诺数下即达到湍流，并且允许选用较高的流速，故传热系数大；由于流速较高，又有惯性离心力的作用，流体中悬浮物不易沉积下来，故螺旋板式换热器不易结垢和堵塞；由于流体的流程长和两流体可进行完全逆流，故可在较小的温差下操作，能充分利用低温热源；结构紧凑，单位体积的传热面积约为管壳式换热器的 3 倍。其缺点是：操作温度和压力不宜太高，目前最高操作压力为 2MPa，温度在 400℃ 以下；因整个换热器为卷制而成，一旦发现泄漏，维修很困难。

3. 板翅式换热器

板翅式换热器为单元体叠积结构，其结构单元由翅片、隔板、封条组成，如图 5-17 所示。翅片上下放置隔板，两侧边缘用封条密封，即构成翅片单元体。把多个单元体进行不同的叠积和适当地排列，再用钎焊给予固定，即可得到常用的逆流、错流、错逆流的板翅式换热器组装件，称为芯部或板束。翅片式换热器可以为单个板束，也可以由多个板束串联或并联，组成大型板翅式换热器。

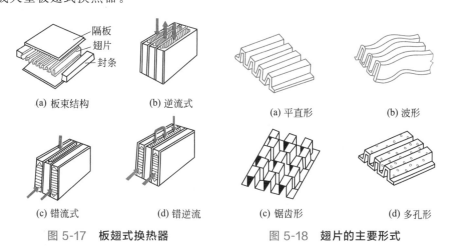

图 5-17　**板翅式换热器**　　　　　图 5-18　**翅片的主要形式**

翅片是板翅式换热器的核心部件，称为二次表面，其常用形式有平直形翅片、波形翅片、锯齿形翅片、多孔形翅片等，如图 5-18 所示。

板翅式换热器的优点是：结构紧凑，每立方米设备所提供的传热面积可达 2500～4370m² ；轻巧牢固，一般用铝合金制造，故质量轻，在相同的传热面积下，其质量约为管壳式换热器的十分之一；由于翅片促进了流体的湍动并被破坏了热边界层的发展，故其传热系数很高；由于铝合金的热导率高，而且在 0℃以下操作时其韧性和抗拉强度都较高，适用于低温和超低温的场合，可在－273～200℃范围内使用。同时因翅片对隔板有支撑作用，翅片式换热器允许操作压力也较高，可达 5MPa。

板翅式换热器的缺点是：由于设备流道很小，易堵塞，而形成较大压降；清洗和检修困难，故其处理的物料应洁净或预先净制；由于隔板和翅片均由薄铝板制成，故要求介质对铝不腐蚀。

板翅式换热器因轻巧牢固，常用于飞机、舰船和车辆的动力设备以及在电子、电气设备中，作为散热器和油冷却器等；也适用于气体的低温分离装置，如空气分离装置中作为蒸发冷凝器、液氮过冷器以及用于乙烯厂、天然气液化厂的低温装置中。

4. 热板式换热器

热板式换热器是一种新型高效板面式换热器，其传热基本单元为热板。热板结构如图 5-19 所示。其成形方法是按等阻力流动原理，将双层或多层金属平板点焊或滚焊成各种图形，并将边缘焊接密封组成一体（图 5-20）。平板之间在高压下充气形成空间，实现最佳流动状态的流道结构形式。各层金属板的厚度可以相同，亦可以不同，板数可以为双层或多层，这样就构成了多种热板传热表面形式，如不等厚双层热板 [图 5-21(a)]、等厚双层热板 [图 5-21(b)]、三层不等厚热板 [图 5-21(c)]、四层等厚热板 [图 5-21(d)] 等，设计时，可根据需要选取。

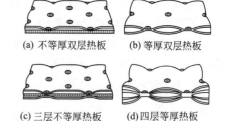

(a) 不等厚双层热板　　(b) 等厚双层热板

(c) 三层不等厚热板　　(d) 四层等厚热板

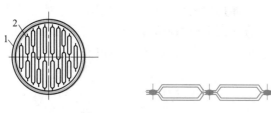

图 5-19　**热板式换热器**　　图 5-20　**基本元件的横截面**　　图 5-21　**热板式换热器的热板传热表面形式**
1—壳体；2—板束

热板式换热器具有最佳的流动状态，阻力小，传热效率高；根据工程需要可制造成各种形状，亦可根据介质的性能选用不同的板材。热板式换热器可用于加热、保温、干燥、冷凝等多种过程，作为一种新型的换热器，具有广阔的应用前景。

三、热管换热器

以热管为传热单元的热管换热器是一种新型高效换热器，其结构如图 5-22 所示，它是由壳体、热管和隔板组成的。热管作为主要的传热元件，是一种具有高导热性能的传热装置。它是一种真空容器，其基本组成部件为壳体、吸液芯和工作液。将壳体抽真空后充入适量的工作液，密闭壳体便构成一只热管。当热源对其一端供热时，工作液自热源吸收热量而蒸发汽化，携带潜热的蒸汽在压差作用下，高速传输至壳体的另一端，向冷源放出潜热而凝结，冷凝液回至热端，再次沸腾汽化。如此反复循环，热量不断从热端传至冷端。

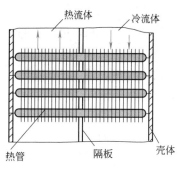

图 5-22　**热管换热器**

热管按冷凝液循环方式分为吸液芯热管、重力热管和离心热管三种。吸液芯热管的冷凝液依靠毛细管的作用回到热端，这种热管可以在失重情况下工作；重力热管的冷凝液是依靠重力流回热端，它的传热具有单向性，一般为垂直放置；离心热管是靠离心力使冷凝液回到热端，通常用于旋转部件的冷却。

热管按工作液的工作温度分为深冷热管、低温热管、中温热管和高温热管四种。深冷热管在 200K 以下工作，工作液有氮、氢、氖、氧、甲烷、乙烷等；低温热管在 200～550K 范围内工作，工作液有氟利昂、氨、丙酮、乙醇、水等；中温热管在 550～750K 范围内工作，工作液有导热姆 A、水银、铯、水及钾-钠混合液等；高温热管在 750K 以上工作，工作液有液态金属钾、钠、锂、银等。

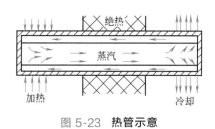

图 5-23　**热管示意**

热管的传热特点是热管中的热量传递通过沸腾汽化、蒸汽流动和蒸汽冷凝三步进行，如图 5-23 所示。由于沸腾和冷凝的对流传热强度都很大，而蒸汽流动阻力损失又较小，因此热管两端温度差可以很小，即能在很小的温差下传递很大的热流量。因此，它特别适用于低温差传热及某些等温性要求较高的场合。热管换热器具有结构简单、使用寿命长、工作可靠、应用范围广等优点，可用于汽-气、汽-液和液-液之间的换热过程。

第三节　换热器传热过程的强化

所谓换热器传热过程的强化就是力求使换热器在单位时间内、单位传热面积传递的热量尽可能增多。其意义在于：在设备投资及输送功耗一定的条件下，获得较大的传热量，从而增大设备容量，提高劳动生产率；在保证设备容量不变情况下使其结构更加紧凑，减少占有空间，节约材料，降低成本；在某种特定技术过程使某些工艺特殊要求得以实施等。本节将对传热过程的强化途径予以讨论。

一、传热过程的强化途径

换热器传热计算的基本关系式 $Q=KA\Delta t_m$ 揭示了换热器中传热速率 Q 与传热系数 K、平均温度差 Δt_m 以及传热面积 A 之间的关系。根据此式，要使 Q 增大，无论是增加 K、Δt_m，还是 A 都能收到一定的效果，工艺设计和生产实践中大多是从这些方面进行传热过程的强化的。

1. 增大传热面积

增大传热面积，可以提高换热器的传热速率。但增大传热面积不能靠增大换热器的尺寸来实现，而是要从设备的结构入手，提高单位体积的传热面积。工业上往往通过改进传热面的结构来实现。目前已研制出并成功使用了多种高效能传热面，它不仅使传热面得到充分的扩展，而且还使流体的流动和换热器的性能得到相应的改善。现介绍几种主要形式。

（1）翅化面（肋化面）　用翅（肋）片来扩大传热面面积和促进流体的湍动从而提高传热效率，是人们在改进传热面进程中最早推出的方法之一。翅化面的种类和形式很多，用材广泛，制造工艺多样，前面讨论的翅片管式换热器、板翅式换热器等均属此类。翅片结构通常用于传热面两侧传热系数小的场合，对气体换热尤为有效。

（2）异形表面　用轧制、冲压、打扁或爆炸成形等方法将传热面制造成各种凹凸形、波纹形、扁平状等，使流道截面的形状和大小均发生变化。这不仅使传热表面有所增加，还使流体在流道中的流动状态不断改变，增加扰动，减少边界层厚度，从而促使传热强化。强化传热管就是管壳式换热中常用的结构，工程上常用的强化传热管的形式如图 5-24 所示。

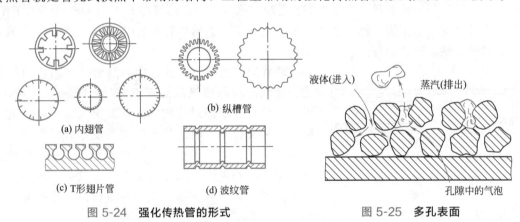

(a) 内翅管　(b) 纵槽管　(c) T形翅片管　(d) 波纹管

液体(进入)　蒸汽(排出)　孔隙中的气泡

图 5-24　强化传热管的形式　　图 5-25　多孔表面

（3）多孔物质结构　将细小的金属颗粒烧结或涂敷于传热表面或填充于传热表面间，以实现扩大传热面积的目的。其结构如图 5-25 所示。表面烧结法制成的多孔层厚度一般为 $0.25 \sim 1\text{mm}$，空隙率为 $50\% \sim 65\%$，孔径为 $1 \sim 150\mu\text{m}$。这种多孔表面，不仅增大了传热面积，而且还改善了换热状况，对于沸腾传热过程的强化特别有效。

（4）采用小直径管　在管式换热器设计中，减少管子直径，可增加单位体积的传热面积，这是因为管径减小，可以在相同体积内布置更多的传热面，使换热器的结构更为紧凑。据推算，在壳径为 1000mm 以下的管壳式换热器中，把换热管直径由 $\phi25$ 改为 $\phi19$，传热面积可增加 35% 以上。另一方面，减少管径后，使管内湍流换热的层流内层减薄，有利于传热的强化。

上述方法可提高单位体积的传热面积，使传热过程得到强化。但同时由于流道的变化，往往会使流动阻力有所增加，故设计时应综合比较，全面考虑。

2. 增大平均温度差

增大平均温度差，可以提高换热器的传热效率。平均温度差的大小主要取决于两流体的温度条件和两流体在换热器中的流动形式。一般来说，物料的温度由生产工艺来决定，不能随意变动，而加热介质或冷却介质的温度由于所选介质不同，可以有很大的差异。例如，在化工中常用的加热介质是饱和水蒸气，若提高蒸汽的压力就可以提高蒸汽的温度，从而提高平均温度差。但需指出的是，提高介质的温度必须考虑到技术上的可行性和经济上的合理性。另外，采用逆流操作或增加管壳式换热器的壳程数使 Δt 增大，均可得到较大的平均温度差。

3. 增大总传热系数

增大总传热系数，可以提高换热器的传热效率。总传热系数的计算公式为

$$K = \cfrac{1}{\cfrac{d_o}{h_i d_i} + R_{si} \cfrac{d_o}{d_i} + \cfrac{b d_o}{k d_m} + R_{so} + \cfrac{1}{h_o}} \tag{5-1}$$

式中　h_i，h_o——间壁内、外侧流体的对流传热系数，$W/(m^2 \cdot \text{℃})$；

d_i，d_o，d_m——间壁内径、外径、平均直径，m；

R_{si}，R_{so}——间壁内、外侧表面上的污垢热阻，$m^2 \cdot \text{℃}/W$；

k——间壁的热导率，$W/(m^2 \cdot \text{℃})$；

b——间壁的厚度，m。

由此可见，要提高 K 值，就必须减少各项热阻。但因各项热阻所占比例不同，故应设法减少对 K 值影响较大的热阻。一般来说，在金属材料换热器中，金属材料壁面较薄且热导率高，不会成为主要热阻；污垢热阻是一个可变因素，在换热器刚投入使用时，污垢热阻很小，不会成为主要矛盾，但随着使用时间的加长，污垢逐渐增加，便可成为障碍传热的主要因素；对流传热热阻经常是传热过程的主要矛盾，也应是着重研究的内容。

减少热阻的主要方法如下。

（1）提高流体的速度　加大流速，使流体的湍动程度加剧，可减少传热边界层中层流内层的厚度，提高对流传热系数，也即减少了对流传热的热阻。例如在管壳式换热器中增加管程数和壳程的挡板数，可分别提高管程和壳程的流速。

（2）增强流体的扰动　增强流体的扰动，可使层流内层减薄，使对流传热热阻减少。例如在管式换热器中，采用各种异形管或在管内加装麻花铁、螺旋圈或金属卷片等添加物，均可增强流体的扰动。

（3）在流体中加固体颗粒　在流体中加固体颗粒，一方面由于固体颗粒的扰动和搅拌作用，使对流传热系数加大，对流传热热阻减小；另一方面由于固体颗粒不断冲刷壁面，减少了污垢的形成，使污垢热阻减少。

（4）在气流中喷入液滴　在气流中喷入液滴能强化传热，其原因是液雾改善了气相放热强度低的缺点，当气相中液雾被固体壁面捕集时，气相换热变成了液膜换热，液膜表面蒸发传热强度极高，因而使传热得到强化。

（5）采用短管换热器　采用短管换热器能强化对流传热，其原理在于流动入口段对传热的影响。在流动入口处，由于层流内层很薄，对流传热系数较高。据报道，短管换热器的总传热系数较普通的管壳式换热器可提高 5～6 倍。

（6）防止结垢和及时清除垢层　为了防止结垢，可增加流体的速度，加强流体的扰动；为便于清除垢层，使易结垢的流体在管程流动或采用可拆式的换热器结构，定期进行清垢和检修。

二、管壳式换热器的设计与选型

管壳式换热器是一种标准的传统换热装备。它具有制造方便、选材面广、适应性强、处

理量大、清洗方便、运行可靠、能承受高温、高压等优点，在许多工业部门大量使用。尤其在石油、化工、热能、动力等工业部门所使用的换热器中，管壳式换热器居主导地位。

换热器的设计是通过计算，确定经济合理的传热面积及换热器的其他有关尺寸，以完成生产中所要求的传热任务。

1. 设计的基本原则

（1）流体流径的选择　流体流径的选择是指在管程和壳程各走哪一种流体，此问题受多方面因素的制约，下面以固定管板式换热器为例，介绍一些选择的原则。

① 不洁净和易结垢的流体宜走管程，因为管程清洗比较方便。

② 腐蚀性的流体宜走管程，以免管子和壳体同时被腐蚀，且管程便于检修与更换。

③ 压力高的流体宜走管程，以免壳体受压，可节省壳体金属消耗量。

④ 被冷却的流体宜走壳程，可利用壳体对外的散热作用，增强冷却效果。

⑤ 饱和蒸汽宜走壳程，以便于及时排除冷凝液，且蒸汽较洁净，一般不需清洗。

⑥ 有毒易污染的流体宜走管程，以减少泄漏量。

⑦ 流量小或黏度大的流体宜走壳程，因流体在有折流挡板的壳程中流动，由于流速和流向的不断改变，在低 Re（$Re>100$）下即可达到湍流，以提高传热系数。

⑧ 若两流体温差较大，宜使对流传热系数大的流体走壳程，因容器壁面温度与温度较高的流体温度接近，以减小管壁与壳壁的温差，减小温差应力。

以上讨论的原则并不是绝对的，对具体的流体来说，上述原则可能是相互矛盾的。因此，在选择流体的流径时，必须根据具体的情况，抓住主要矛盾进行确定。

（2）流体流速的选择　流体流速的选择涉及传热系数、流动阻力及换热器结构等方面。增大流速，可加大对流传热系数，减少污垢的形成，使总传热系数增大；但同时使流动阻力加大，动力消耗增多；选择低流速，使管子的数目减小，对一定换热面积，不得不采用较长的管子或增加程数，管子太长不利于清洗，单程变多程使平均传热温差下降。因此，一般需通过多方面权衡选择适宜的流速。表 5-1～表 5-3 列出了常用的流速范围，可供设计时参考。选择流速时，应尽可能避免在层流下流动。

表 5-1　管壳式换热器中常用的流速范围

流体的种类		一般流体	易结垢液体	气体
流速/(m/s)	管程	0.5～3.0	>1.0	5.0～30
	壳程	0.2～1.5	>0.5	3.0～15

表 5-2　管壳式换热器中不同黏度液体的常用流速

液体黏度/mPa·s	>1500	500～1500	100～500	35～100	1～35	<1
最大流速/(m/s)	0.6	0.75	1.1	1.5	1.8	2.4

表 5-3　管壳式换热器中易燃、易爆液体的安全允许速度

液体名称	乙醚、二硫化碳、苯	甲醇、乙醇、汽油	丙酮
安全允许速度/(m/s)	<1	<2～3	<10

（3）冷却介质（或加热介质）终温的选择　在换热器的设计中，进、出换热器物料的温

度一般是由工艺确定的,而冷却介质(或加热介质)的进口温度一般为已知,出口温度则由设计者确定。如用冷却水冷却某种热流体,水的进口温度可根据当地气候条件作出估计,而出口温度需经过经济权衡确定。为了节约用水,可使水的出口温度高些,但所需传热面积加大;反之,为减小传热面积,则可增加水量,降低出口温度。一般来说,设计时冷却水的温度差可取 5~10℃。缺水地区可选用较大温差,水源丰富地区可选用较小的温差。若用加热介质加热冷流体,可按同样的原则选择加热介质的出口温度。

2. 换热管与管板

(1)管子的规格和管间距

① 管子规格 管子规格的选择包括管径和管长。目前试行的管壳式换热器系列只采用 $\phi 25mm \times 2.5mm$ 及 $\phi 19mm \times 2mm$ 两种管径规格的换热管。对于洁净的流体,可选择小管径,对于易结垢或不洁净的流体,可选择大管径。管长的选择以清理方便和合理使用管材为原则。我国生产的标准钢管长度为 6m,故系列标准中管长有 1.5mm、2mm、3mm 和 6m 四种。此外管长 L 和壳径 D 的比例应适当,一般 L/D 为 4~6。

② 管间距 管子的中心距 t 称为管间距,管间距小,有利于提高传热系数,且设备紧凑。但由于制造上的限制,一般 $t=(1.25\sim1.5)d_o$,d_o 为管的外径。常用的 d_o 与 t 的对比关系见表 5-4。

表 5-4　管壳式换热器 t 与 d_o 的关系

换热管外径 d_o/mm	10	14	19	25	32	38	45	57
换热管中心距 t/mm	14	19	25	32	40	48	57	72

(2)换热管的布置 换热管在管板上的排列主要有正三角形、转角正三角形、正方形和转角正方形四种主要形式(见图 5-26,图中的流向箭头垂直于折流板切边)。

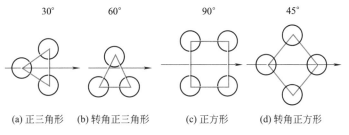

30°	60°	90°	45°
(a)正三角形	(b)转角正三角形	(c)正方形	(d)转角正方形

图 5-26　换热管排列形式

除此之外,还有等腰三角形和同心圆排列方式。其中正三角形排列的管数最多,故应用最广。而正方形排列最便于管外清洗,多用在壳程流体不洁净的情况下。换热管之间的中心距一般不小于管外径的 1.25 倍。

(3)管板 管板一般为一开孔的圆形平板或凸形板,其结构形式与换热器类型及与壳体的连接方式有关。

① 固定管板式换热器管板结构 固定管板式换热器的管板,可分为兼作法兰和不兼作法兰两类。兼作法兰的固定管板的常用结构与壳体的连接及适用范围,见图 5-27。

不兼作法兰时,固定管板的常用结构与壳体的连接及适用范围,见图 5-28。

② 浮头式、U 形管、填料函式换热器管板 浮头式的活动管板即为一开孔圆平板;而 U 形管式只有一块固定管板,没有活动管板;填料函式的活动管板通常为一开孔圆平板加

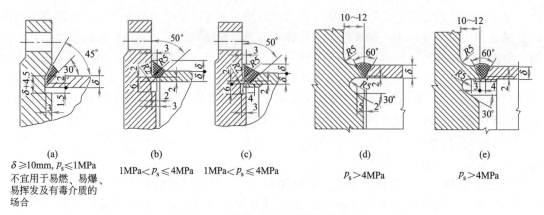

(a)
$\delta \geqslant 10mm, p_s \leqslant 1MPa$
不宜用于易燃、易爆
易挥发及有毒介质的
场合

(b)　　　　　(c)
$1MPa < p_s \leqslant 4MPa$　　$1MPa < p_s \leqslant 4MPa$

(d)
$p_s > 4MPa$

(e)
$p_s > 4MPa$

图 5-27　兼作法兰的固定管板结构

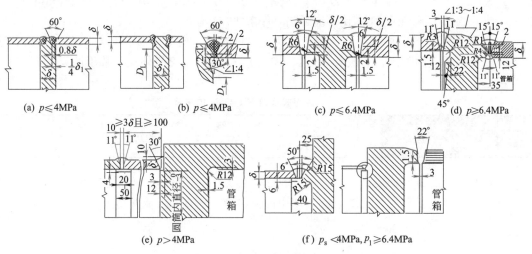

(a) $p \leqslant 4MPa$　　(b) $p \leqslant 4MPa$　　(c) $p \leqslant 6.4MPa$　　(d) $p \geqslant 6.4MPa$

(e) $p > 4MPa$　　(f) $p_s < 4MPa, p_1 \geqslant 6.4MPa$

图 5-28　不兼作法兰的固定管板结构

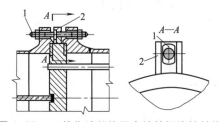

图 5-29　不兼作法兰的固定端管板连接结构
1—带肩双头螺柱；2—放松支耳

上短节圆筒形壳体。而三者的固定管板一般不兼作法兰，不受法兰力矩的作用，且与壳体采用可拆连接方式。其结构形式与壳体的连接见图 5-29。

（4）管子在管板上的连接　管子在管板上的连接方式有强度焊接、强度胀接、胀焊结合几种方式。

①强度胀接　强度胀接是指保证换热管与管板连接密封性能和抗拉脱强度的胀接。采用的方法有机械胀管法和液压胀管法。采用的原理都是促使换热管产生塑性变形与管板贴合。其结构与适应范围见图 5-30。

②强度焊接　强度焊接是指保证换热管与管板连接密封性和抗拉脱强度的焊接。其特点是制造加工简单，连接处强度高，但不适应于有较大振动和容易产生间隙腐蚀的场合。强度焊接管孔结构见图 5-31。

③胀焊结合　采用强度胀接虽然管子与管板孔贴合较好，但管子与管板孔壁处有环行缝隙，易产生间隙腐蚀。故工程上常采用胀焊结合的方法来改善连接处的状况。按目的不

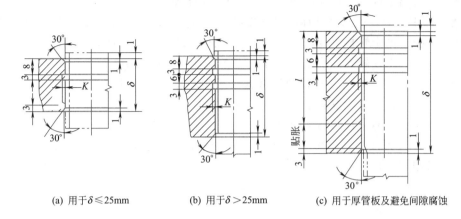

(a) 用于δ≤25mm　　(b) 用于δ>25mm　　(c) 用于厚管板及避免间隙腐蚀

图 5-30　强度胀接管结构

同，胀焊结合有强度胀加密封焊、强度焊加密
封胀、强度胀加强度焊等几种方式。按顺序不
同，又有先胀后焊和先焊后胀之分。但一般采
用先焊后胀，以免先胀时残留的润滑油影响以
后焊的焊接质量。

④ 管板的强度　管板是管壳式换热器的重
要部件，其设计是否得当，关系到换热器能否
正常工作。换热管通过焊接或胀接固定在管板
上，当管板在外载荷作用下发生弯曲变形时，
管束也将产生变形，管束的变形有端部的弯曲
变形和中间部分的伸长或压缩变形两种。管束

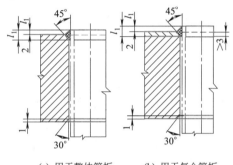

(a) 用于整体管板　　(b) 用于复合管板

图 5-31　强度焊接管孔结构

的轴向变形，对管板产生弹性约束力，弹性反作用力随位置（管板半径）的不同而变化，挠
度大的地方，管子对管板弹性作用力也大。如果管板直径比管子直径大得多，而管数又是足
够多时，可将弹性力看作连续分布载荷，管束对管板的作用，可简化为连续支承管板的弹性
基础。

a. 开孔对管板的削弱。管板上密布着规则排列的小孔，削弱了管板的强度和刚度，在
管孔边缘还将产生应力集中。但管子固定在管板上，又对管板起一定的加强作用，抵消了部
分应力集中的影响，设计时，通常采用削弱系数来考虑开孔对管板强度与刚度削弱的影响。

b. 管板周边支承形式的影响。管板周边支承形式，根据其对管板变形时的约束作用程
度分为固支和简支以及介于二者之间的半固支三种类型。当周边固支时，管板上应力和挠度
小，周边简支时，应力和挠度均较大。

c. 温差的影响。温差应力有两种情况：一是壳壁温度和管壁温度不同将导致壳体和管
束的伸长量不同，致使管板产生弯曲变形；二是管板上下表面接触的是两种温度不同的流
体，温度的不同将在管板上产生温差应力。

⑤ 管板强度理论简介　其他影响管板强度的因素还有管板是否兼作法兰的不同影响；
当管板兼作法兰时，要考虑法兰力矩的影响；周边不布管区对管板边缘的应力下降的影响
等。由于影响管板强度的因素很多，受力情况非常复杂，吸引了许多专家和工程技术人员对

此进行研究，提出了许多管板强度理论。国际上采用比较多的、有代表性的有以下几种。

a. 基于圆平板的理论。这种理论将管板当作周边支承条件下受均布载荷作用的圆平板，采用平板理论公式确定管板厚度，再考虑开孔削弱等影响，引入经验性的修正系数。这种理论计算简单，但局限性较大。采用这一理论的有美国和日本等国家。

b. 固定支承圆平板理论。这种理论将管束当作周边支承条件下受均布载荷作用的圆平板。该理论认为管板的厚度取决于管板上不布管区的范围。采用这一理论的有德国等国家。这种理论适用于各种薄管板的强度校核。

c. 基于安置在弹性基础上的圆平板理论。这种理论将管板看作由管束弹性支承的圆平板。该理论考虑了开孔的影响。采用这一理论的有英国等国家。中国管板设计理论是在此基础上，进一步考虑了法兰附加弯矩、管板周边布管情况等方面的影响，在理论上更完备，在结果上更精确，管板所需厚度最小，但计算更为复杂。

管板的强度计算和厚度确定非常复杂，计算方法烦琐。通常采用强度校核法。即首先假定一个计算厚度，然后计算各种参数，再校核在各种载荷作用下危险状况的应力，最后通过强度校核来判断初设的厚度是否合适。在需要具体计算时，可参看《热交换器》（GB/T 151—2014）。

3. 管箱、折流板、挡板

（1）管箱　管箱是位于换热器两端的重要部件。它的作用是接纳由进口管来的流体，并分配到各换热管或是汇集由换热管流出的流体，将其送入排出管输出。常用的管箱结构如图 5-32 所示。管箱的结构与换热器是否需要清洗和是否需要分程等因素有关。图 5-32(a) 所示管箱，是双程带流体进出口管的结构。在检查及清洗管内时，需拆下连接管道，故只适应管内走清洁流体的情况。图 5-32(b) 为在管箱上装箱盖，检查与清洗管内时，只需拆下箱盖即可，但材料消耗较多。图 5-32(c) 形式是将管箱与管板焊成一体，在管板密封处不会产生泄漏，但管箱不能单独拆卸，检查与清洗不便，已较少采用。图 5-32(d) 为一种多程隔板的安置形式。

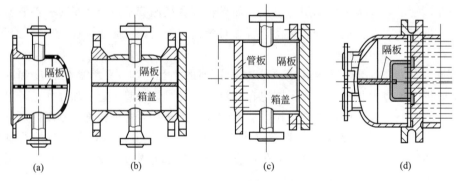

图 5-32　**管箱结构形式**

（2）折流板　在换热器中设置折流板是为了提高壳程流体的流速，增加流体流动的湍动程度，控制壳程流体的流动方向与管束垂直，以增大传热系数。在卧式换热器中，折流板还起着支撑管束的作用。常用的折流板有弓形与圆盘-圆环形几种形式，其中以弓形挡板应用最多，其结构如图 5-33 所示。

挡板的形状和间距对壳程流体的流动和传热有重要的影响。弓形挡板的弓形缺口过大或

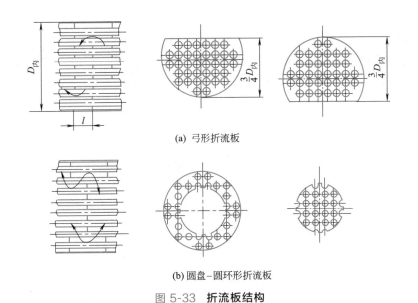

(a) 弓形折流板

(b) 圆盘–圆环形折流板

图 5-33 **折流板结构**

过小都不利于传热，还往往会增加流动阻力。通常切去的弓形高度为外壳内径的 10%～40%，常用的为 20% 和 25% 两种。

挡板应按等间距布置，挡板最小间距应不小于壳体内径的 1/5，且不小于 50mm；最大间距不应大于壳体内径。弓形折流板有单弓形、双弓形和三弓形三种形式；多弓形适应壳体直径较大的换热器，安装位置可以是水平，垂直或旋转一定角度，弓形折流板的缺口高度应使流体通过缺口时与横向流过管束时的流速大致相等，一般情况下，取缺口高度为 0.25 倍壳体内径。挡板缺口高度及板间距的影响如图 5-34 所示。

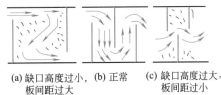

(a) 缺口高度过小，(b) 正常 (c) 缺口高度过大，
板间距过大 板间距过小

图 5-34 **挡板缺口高度及板间距的影响**

折流板一般在壳体轴线方向按等距离布置。最小间距不小于 0.2 倍壳体内径，且不小于 50mm；最大间距应不大于壳体内径。板间距过小，不便于制造和检修，阻力也较大；板间距过大，流体难于垂直流过管束，使对流传热系数下降。系列标准中采用的板间距为：固定管板式有 150mm、300mm 和 600mm 三种；浮头式有 150mm、200mm、300mm、480mm 和 600mm 五种。

管束两端的折流板应尽量靠近壳体的进、出口接管。折流板上管孔与换热管之间的间隙及折流板与壳体内壁的间隙要符合要求。间隙过大，会因短路现象严重而影响传热效果，且易引起振动，间隙过小会使安装、拆卸困难。

在卧式换热器中，折流板弓形缺口应上、下水平布置。当壳程流体为气体，且含有少量液体时，应在缺口朝上的弓形板底部开设通液口。通液口通常为 90°的扇形小缺口，以利排液。当壳程流体为液体，且含有少量气体时，应在缺口朝下的折流板顶部开设通气口。当壳程流体为气、液相共存或液体中含有固体颗粒时，折流板缺口应左、右垂直布置，且在底部开设通液口。

折流板的安装定位采用拉杆-定距管结构，如图 5-35（a）所示。当换热管径较小时（$d \leqslant 14\text{mm}$），可采用将折流板点焊在拉杆上而不用定距管，见图 5-35(b)。换热器内一般都

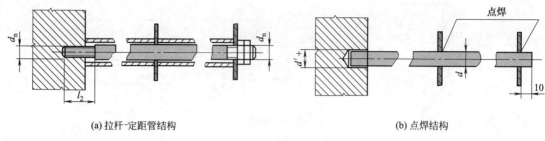

(a) 拉杆-定距管结构　　　　　　　　　　(b) 点焊结构

图 5-35　**拉杆结构**

装有折流板，既起折流作用，又起支撑作用。但当工艺上无折流板要求而换热管比较细长时，应考虑有一定数量的支撑板，以便于安装和防止管子过大变形。支撑板的结构和尺寸，可按折流板处理。

（3）挡板　当选用浮头式、U 形管式或填料函式换热器时，在管束与壳体内壁之间有较大环形空隙，形成短路现象而影响传热效果。对此，可增设旁路挡板，以迫使壳程流体垂直通过管束进行换热。旁路挡板数量可取 2～4 对，一般为 2 对。挡板可用钢板或扁钢制作，材质一般与折流板相同。挡板常采用嵌入折流板的方式安装。先在折流板上铣出凹槽，将条状旁路挡板嵌入折流板，并点焊固定。旁路挡板结构如图 5-36 所示。

在 U 形管换热器中，U 形管束中心部分有较大的间隙，流体在此处走短路而影响传热效率。对此，可采取在 U 形管束中间通道处设置中间挡板的办法解决。中间挡板数一般不超过 4 块。中间挡板可与折流板点焊固定，如图 5-37 所示。

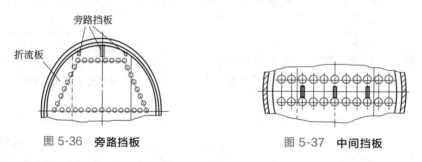

图 5-36　**旁路挡板**　　　　　　　　图 5-37　**中间挡板**

4. 温差补偿装置

在固定管板式换热器中，管束与壳体是刚性连接的。当管程流体温度较高而壳程流体温度较低时，管束的壁温高于壳体的壁温，管束的伸长要大于壳体的伸长，使得壳体受拉而管束受压，在壳壁上和管壁上产生了应力。这个应力是由于管壁与壳壁的温度差引起的，称为温差应力或热应力。当管程流体温度较低而壳程流体温度较高时，则壳体受压而管束受拉。当管壁温度与壳壁温度的差值越大时，所引起的温差应力也越大。情况严重时，可引起管子弯曲变形，甚至造成管子从管板上拉脱或顶出，导致生产无法进行。

在设计换热器时，应根据冷、热流体的温度，确定壳体和管子的壁温，然后计算由温差引起的温差应力，再校核在温差应力作用下，管束与管板的连接强度。若在连接处强度不足，则应采取温差补偿措施。

工程上应用最多的温差补偿装置是膨胀节。膨胀节是装在固定管板式换热器壳体上的挠性构件，由于它轴向柔度大，当管束与壳体壁温不同而产生温差应力时，通过协调变形而减少温差应力。膨胀节壁厚越薄，弹性越好，补偿能力越大，但膨胀节的厚度要满足强度要求。

工厂中使用最多的是 U 形膨胀节，它结构简单，补偿性能好，价格便宜，已有标准件可供选用，其结构如图 5-38 所示。若需要较大补偿量时，则可采用多波 U 形膨胀节（图 5-39）。

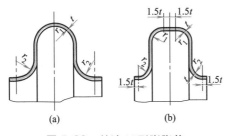

图 5-38　单波 U 形膨胀节

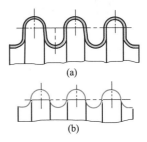

图 5-39　多波 U 形膨胀节

当壳程流体介质压力较高时，U 形膨胀节的厚度也需要增加。增大壁厚不仅增加了材料消耗，而且降低了膨胀节的弹性变形能力，减小了补偿量。此时可考虑选用 Ω 形膨胀节，因 Ω 形膨胀节内的应力与介质压力关系不大，而取决于自身结构。Ω 形膨胀节根据与壳体的连接结构和自身形状有多种形式，见图 5-40。

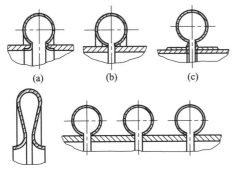

图 5-40　Ω 形膨胀节

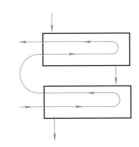

图 5-41　串联管壳式换热器示意

5. 管程和壳程数的确定

（1）管程数的确定　当换热器的换热面积较大而管子又不能很长时，就得排列较多的管子，为了提高流体在管内的流速，需将管束分程。但是程数过多，导致管程流动阻力加大，动力能耗增大，同时多程会使平均温差下降，设计时应权衡考虑。管壳式换热器系列标准中管程数有 1、2、4、6 四种。采用多程时，通常应使每程的管子数相等。

（2）壳程数的确定　当温度差校正系数 $\varphi_{\Delta t} < 0.8$ 时，应采用壳方多程。壳方多程可通过安装与管束平行的隔板来实现。流体在壳内流经的次数称壳程数。但由于壳程隔板在制造、安装和检修方面都很困难，故一般不宜采用。常用的方法是将几个换热器串联使用，以代替壳方多程，如图 5-41 所示。

6. 外壳直径的确定

换热器壳体的直径可采用作图法确定，即根据计算出的实际管数、管长、管中心距及管子的排列方式等，通过作图得出管板直径，换热器壳体的内径应等于或稍大于管板的直径。

但当管数较多又需要反复计算时，用作图法就太麻烦。一般在初步设计中，可参考壳体系列标准或通过估算初选外壳直径，待全部设计完成后，再用作图法画出管子的排列图。为使管子排列均匀，防止流体走"短路"，可以适当地增加一些管子或安排一些拉杆。

第四节　换热设备操作与维护

为了保证换热器长久正常运转，提高其生产效率，必须正确操作和使用换热器，并重视对设备的维护、保养和检修，将预防性维护摆在首位，强调安全预防，减少任何可能发生的事故。这就要求我们掌握换热器基本操作方法、运行特点和维护经验。

一、换热器的基本操作

1. 换热器的正确使用

① 投产前应检查压力表、温度计、液位计以及有关阀门是否齐全好用。

② 输进蒸汽前先打开冷凝水排放阀门，排除积水和污垢；打开放空阀，排除空气和其他不凝性气体。

③ 换热器投产时，要先通入冷流体，缓慢或数次通入热流体，做到先预热后加热，切忌骤冷骤热，以免换热器受到损坏，影响其使用寿命。

④ 进入换热器的冷热流体如果含有大颗粒固体杂质和纤维质，一定要提前过滤和清除（特别是对板式换热器），防止堵塞通道。

⑤ 经常检查两种流体的进出口温度和压力，发现温度、压力超出正常范围或有超出正常范围的趋势时，要立即查处原因，采取措施，使之恢复正常。

⑥ 定期分析流体的成分，以确定有无内漏，以便及时处理：对列管换热器进行堵管或换管，对板式换热器修补或更换板片。

⑦ 定期检查换热器有无渗漏、外壳有无变形以及有无振动，若有应及时处理。

⑧ 定期排放不凝性废气和冷凝液，定期进行清洗。

2. 操作要点

化工生产中对物料进行加热（沸腾）、冷却（冷凝），由于加热剂、冷却剂等的不同，换热器具体的操作要点也有所不同，下面分别予以介绍。

（1）蒸汽加热　蒸汽加热必须不断排除冷凝水，否则积于换热器中，部分或全部变为无相变传热，传热速率下降；同时还必须及时排放不凝性气体，因为不凝性气体的存放使蒸汽冷凝的传热系数大大降低。

（2）热水加热　热水加热，一般温度不高，加热速度慢，操作稳定，只要定期排放不凝性气体，就能保证正常操作。

（3）烟道气加热　烟道气一般用于生产蒸汽或加热、汽化液体，烟道气的温度较高，且温度不易调节，在操作过程中，必须时时注意被加热物料的液位、流量和蒸汽产量，还必须做到定期排污。

（4）导热油加热　导热油加热的特点是温度高（可达 400℃）、黏度较大、热稳定性差、易燃、温度调节困难。操作时必须严格控制进出口温度，定期检查进出管口及介质流道是否结垢，做到定期排污，定期放空，过滤或更换导热油。

（5）水和空气冷却　操作时注意根据季节变化调节水和空气的用量，用水冷却时，还要注意定期清洗。

（6）冷冻盐水冷却　其特点是温度低、腐蚀性较大，在操作时应严格控制进出口温度，防止结晶堵塞介质通道，要定期放空和排污。

（7）冷凝　冷凝操作需要注意的是，定期排放蒸汽侧的不凝性气体，特别是减压条件下不凝性气体的排放。

二、换热器的维护和保养

1. 换热器的常见故障与维修方法

（1）列管换热器的维护和保养

① 保持设备外部整洁，保温层和油漆完好。

② 保持压力表、温度计、安全阀和液位计等仪表和附件的齐全、灵敏和准确。

③ 发现阀门和法兰连接处渗漏时，应及时处理。

④ 开停换热器时，不要将阀门开得太猛，否则容易造成管子和壳体受到冲击，以及局部骤然胀缩，产生热应力，使局部焊缝开裂或管子连接口松弛。

⑤ 尽可能减少换热器的开停次数，停止使用时，应将换热器内的液体清洗放净，防止冻裂和腐蚀。

⑥ 定期测量换热器的壳体厚度，一般两年一次。

列管换热器的常见故障与处理方法见表5-5。

表5-5　列管换热器的常见故障与处理方法

故障	产生原因	处理方法
传热效率下降	①列管结垢 ②壳体内不凝汽或冷凝液增多 ③列管、管路或阀门堵塞	①清洗管子 ②排放不凝汽和冷凝液 ③检查清理
振动	①壳程介质流动过快 ②管路振动所致 ③管束与折流板的结构不合理 ④机座刚度不够	①调节流量 ②加固管路 ③改进设计 ④加固机座
管板与壳体连接处开裂	①焊接质量不好 ②外壳歪斜,连接管线拉力或推力过大 ③腐蚀严重,外壳壁厚减薄	①清除补焊 ②重新调整找正 ③鉴定后修补
管束、胀口渗透	①管子被折流板磨破 ②壳体和管束温差过大 ③管口腐蚀或胀(焊)接质量差	①堵塞或换管 ②补胀或焊接 ③换管或补胀(焊)

列管换热器的故障50%以上是由于管子引起的，下面简单介绍更换管子、堵塞管子和对管子进行补胀（或补焊）的具体方法。

当管子出现渗漏时，就必须更换管子。对胀接管，须先钻孔，除掉胀管头，拔出坏管，然后换上新管进行胀接，最好对周围不需更换的管子也能稍稍胀一下，注意换下坏管时，不能碰伤管板的管孔，同时在胀接新管时，要清除管孔的残留异物，否则可能产生渗漏；对焊接管，须用专用工具将焊缝进行清除，拔出坏管，换上新管进行焊接。

更换管子的工作是比较麻烦的，因此当只有个别管子损坏时，可用管堵将管子两端堵死，管堵材料的硬度不能高于管子的硬度，堵死的管子的数量不能超过换热器该管程总管数的 10%。

管子胀口或焊口处发生渗漏时，有时不需换管，只需进行补胀或补焊，补胀时，应考虑到胀管应力对周围管子的影响，所以对周围管子也要轻轻胀一下；补焊时，一般须先清除焊缝再重新焊接，需要应急时，也可直接对渗漏处进行补焊，但只适用于低压设备。

（2）板式换热器的维护和保养

① 保持设备整洁、油漆完好，紧固螺栓的螺纹部分应涂防锈油并加外罩。防止生锈和黏结灰尘。

② 保持压力表、温度计灵敏、准确，阀门和法兰无渗漏。

③ 定期清理和切换过滤器，预防换热器堵塞。

④ 组装板式换热器时，螺栓的拧紧要对称进行，松紧适宜。

板式换热器的常见故障和处理方法见表 5-6。

表 5-6　板式换热器常见故障和处理方法

故障	产生原因	处理方法
密封处渗漏	①胶垫未放正或扭曲 ②螺栓紧固力不均匀或紧固不够 ③胶垫老化或有损伤	①重新组装 ②调整螺栓紧固度 ③更换新垫
内部介质渗漏	①板片有裂缝 ②进出口胶垫不严密 ③侧面压板腐蚀	①检查更新 ②检查修理 ③补焊、加工
传热效率下降	①板片结垢严重 ②过滤器或管路堵塞	①解体清理 ②清理

2. 换热器的清洗

换热器经过一段时间的运行，传热面上会产生污垢，使传热系数大大降低而影响传热效率，因此必须定期对换热器进行清洗，由于清洗的困难程度随着垢层厚度的增加而迅速增大，所以清洗间隔时间不宜过长。

换热器的清洗不外乎化学清洗和机械清洗两种方法，对清洗方法的选定应根据换热器的形式、污垢的类型等情况而定。一般化学清洗适用于结构较复杂的情况，如列管换热器管间、U 形管内的清洗，由于清洗剂一般呈酸性，对设备多少会有一些腐蚀。机械清洗常用于坚硬的垢层、结焦或其他沉积物，但只能清洗清洗工具能够到达之处，如列管换热器的管内（卸下封头），喷淋式蛇管换热器的外壁、板式换热器（拆开后），常用的清洗工具有刮刀、竹板、钢丝刷、尼龙刷等。另外，还可以用高压水进行清洗。

（1）化学清洗（酸洗法）　酸洗法常用盐酸配制酸洗溶液，由于酸能腐蚀钢铁基体，因此在酸洗溶液中须加入定数量的缓蚀剂，以抑制对基体的腐蚀（酸洗溶液的配制方法参阅有关资料）。

酸洗法的具体操作方法有两种。其一为重力法，借助于重力，将酸洗溶液缓慢注入设备，直至灌满，这种方法的优点是简单、耗能少，但效果差、时间长；其二为强制循环法，依靠酸泵使酸洗溶液通过换热器并不断循环，这种方法的优点是清洗效果好，时间相对较短，缺点是需要酸泵，较复杂。

进行酸洗时，要注意以下几点：其一，对酸洗溶液的成分和酸洗的时间必须控制好，原则上要求既要保证清洗效果又尽量减少对设备的腐蚀；其二，酸洗前检查换热器各部位是否有渗漏，如果有，应采取措施消除；其三，在配制酸洗溶液和酸洗过程中，要注意安全，须穿戴口罩、防护服、橡胶手套，并防止酸液溅入眼中。

（2）机械清洗　对列管换热器管内的清洗，通常用钢丝刷，具体做法是用一根圆棒或圆管，一端焊上与列管内径相同的圆形钢丝刷，清洗时，一边旋转一边推进，通常，用圆管比用圆棒好，因为圆管向前推进时，清洗下来的污垢可以从圆管中退出。注意，对不锈钢管不能用钢丝刷而要用尼龙刷，对板式换热器也只能用竹板或尼龙刷，切勿用刮刀和钢丝刷。

（3）高压水清洗　采用高压泵喷出高压水进行清洗，既能清洗机械清洗不能到达的地方，又避免了化学清洗带来的腐蚀，因此，也不失为一种好的清洗方法。这种方法适用于清洗列管换热器的管间，也可用于清洗板式换热器。冲洗板式换热器中的板片时，注意将板片垫平，以防变形。

第五节　换热器技术的发展及标准化

随着石油、化工、农药、冶金等过程工业的发展，对广泛应用的传热装置的结构形式、传热效果、成本费用、使用维护等方面提出了越来越高的要求，换热器技术也不断发展。其主要成果表现为两个方面：一是逐步形成典型换热器的标准化生产，降低了生产成本，适应了大批量、专业化生产需要，方便了使用和日常维护检修；二是创新传热理论，奠定传热技术发展的基础；三是换热器的结构改进与更新，提高了传热效果。

一、传热理论创新

① 对冷凝传热过程，提出了在垂直管内部冷凝时所形成的冷凝液膜，从层状直到受重力或蒸汽剪力而引起的湍动，可分为重力控制的层状膜，重力诱导的湍动膜和蒸汽剪切控制的湍动膜等，并提出了有关热量传递公式。

② 进行了管束中的沸腾试验（过去只在单管或圆盘上做试验），指出了沸腾传热的一些基本性能。特别是对釜式再沸器，认为池沸腾（即当加热表面浸入液体的自由表面以下时的沸腾过程）可以控制的热传递机理。

其他方面的研究，如电磁场对电导流体热传递的影响、蒸发冷却、低密度气体与固体表面间的热传递和融磨冷却等都取得了新的进展。

二、设备结构的改进

1. 新型高效换热器的应用

在管壳式换热器的基础上发展起来的板式换热器、螺旋板换热器、板翅式换热器、伞板式换热器、热管式换热器、非金属材料制造的石墨换热器、聚四氟乙烯换热器等新型换热器越来越多地投入使用，适应了不同工艺的要求，增强了传热效果。

2. 改进传热元件结构，提高传热效率

在光滑管基础上进行形状改造，出现了螺旋槽管、横纹管，内翅片管、外翅片管等多种结构的传热管，增强了流体湍动程度，增大了给热系数，增强了传热效果。

3. 管板结构形式多样化

传统的管板为圆形平板，厚度较大。近年来已使用的椭圆形管板是以椭圆形封头做管

板，且常与壳体采用焊接连接，使得管板的受力情况大为改善，因而其厚度比圆平板小许多。与此同时，各种结构的薄管板也越来越多地投入使用。薄管板不仅节约了金属材料的消耗，而且减少了温差应力，改善了受力状况。

🌱 拓展阅读

我国换热器领域技术发展和技术创新

近年来，我国在换热器领域的创新和发展取得了显著成就，主要体现在技术创新、产品升级、市场拓展以及行业标准提升等方面。

1. 技术创新与产品升级

格力电器的感应控制技术：格力电器获得了一项名为"换热器的感应控制类部件的连接装置、换热器及空调"的专利。该技术通过感应控制革新，提升了换热器的能效比和智能化水平，进一步增强了环保性能。

浙江君华的单板可拆式换热器：浙江君华智慧物联科技有限公司成功研发了"单板可拆式板式换热器"，通过单板可拆设计，简化了维护流程，降低了运行成本，同时提升了设备的适应性和节能效果。

杭氧的高压板翅式换热器：杭氧实现了国内首次用国产高压板翅式换热器替代进口产品，突破了高低压一体板翅式换热器领域的"卡脖子"难题。该技术不仅降低了成本，还提升了特大型空分设备的核心竞争力。

2. 市场拓展与应用前景

市场规模增长：2024 年，中国换热器市场规模达到 214 亿元，预计到 2030 年将达到 295 亿元。随着"双碳"目标的推进，节能减排政策的实施，以及新能源、石化等下游行业的快速发展，换热器市场需求持续增长。

国际市场竞争力提升：我国换热器产品在国际市场上的竞争力逐渐增强，特别是在东南亚、南美、中东等地区，凭借性价比优势，出口量持续增长。

3. 行业标准与政策支持

政策推动：国家出台了一系列政策支持换热器行业的发展，包括财政补贴、税收优惠和研发资金支持，推动行业技术进步和产业升级。

行业标准提升：我国积极参与国际合作，推动换热器行业标准的制定和实施，提升产品质量和安全性。

4. 行业发展趋势

高效节能化：随着下游应用领域对节能要求的提高，高效节能的换热器产品受到市场青睐。例如，新型翅片技术的应用提升了换热效率。

智能化与定制化：换热器行业正朝着智能化和定制化方向发展。企业通过技术创新，满足不同应用场景的多样化需求。

总体来看，我国换热器行业在技术创新、产品升级、市场拓展和行业标准提升等方面取得了显著进展，未来有望在全球市场中占据更重要的地位。

👥 思考题

5-1 换热设备有哪些类型？各适应什么场合？

5-2 管式换热器主要有哪几种？各有何特点？

5-3 板面式换热器主要有哪几种？各有何特点？

5-4 固定管板式换热器由哪些主要部件组成？其作用是什么？

5-5 U 形管式换热器有何特点？适应哪些场合？

5-6 换热管在管板上有哪几种连接方式？各有哪些特点？

5-7 影响管板强度的因素有哪些？管板强度理论有哪几种？

5-8 固定管板式换热器中的温差应力是怎样产生的？热应力对设备有何影响？常用的温差应力补偿装有哪些？各有何特点？

5-9 什么叫热阻？对分析传热中有什么作用？减小热阻的方法有哪些？

5-10 折流板和折流杆的作用是什么？有哪些常见形式？如何安装固定？

5-11 如何强化换热器中的传热过程？如何评价传热过程强化的效果？

5-12 流速的选择对换热器的传热效果有何影响？换热器如何选择适宜的流速？

5-13 换热器为何常采用多管程？分程的作用是什么？

5-14 如何确定换热介质的流动途径？选择流体流径时应考虑哪些因素？

5-15 换热器工作时对换热介质进出口温度差是如何确定的？换热温差对设备选型与操作有何影响？

5-16 换热器有哪些常见故障？产生的原因是什么？应采取什么措施？

第六章
反应器

第一节　反应器的作用与分类

一、反应器的作用

反应器是化工生产中使用的典型设备之一。由于化学工艺过程的种种化学变化均需要在一定的容器内进行，对于参加反应的介质通常需要充分混合或伴随加热、冷却和液体萃取以及气体吸收等物理变化过程，也往往采用搅拌操作，才能获得更好的效果。因此反应设备除了在化学工业中大量使用外，还广泛应用于冶金、医药、农药、染料、油漆和三大合成材料等过程工业。

反应釜的作用是通过对参加反应的介质的充分搅拌，便物料混合均匀；强化传热效果和相间传质；使气体在液相中作均匀分散；使固体颗粒在液相中均匀悬浮；使不相容的另一液相均匀悬浮或充分乳化。

二、反应器的设计要求

反应器的设计是根据化学反应过程及工艺的不同要求来设计的，按其结构特征不同可分为釜式反应器、管式反应器、固定床和流化床反应器。按设计要求可分为工艺设计和机械设计两大部分。工艺设计的主要内容有：反应器所需容积；传热面积及构成形式；搅拌器形式和功率、转速；管口方位布置等。工艺设计所确定的工艺要求和基本参数是机械设计的基本依据。反应釜设计的内容一般包括下列几项：

① 确定反应釜的结构形式和尺寸；

② 进行筒体、夹套、封头、搅拌轴等构件的强度计算；

③ 根据工艺要求选用搅拌装置；

④ 根据工艺条件选用轴封装置；

⑤ 根据工艺条件选用传动装置。

由于化工产品种类繁多，物料的相态各异，反应条件差别很大，工业上使用的反应器形式也多种多样，考虑到化工生产的特点，既有不锈钢反应釜，也有非金属材料的搪瓷反应釜、石墨反应釜，此外管式反应器、固定床和流化床反应器也在化工生产中有广泛的应用。

本章主要介绍应用最广泛的釜式反应器。

第二节　反应器的结构

一、反应釜的主要类型

搅拌反应釜主要由筒体、传热装置、传动装置、轴封装置和各种接管组成。图 6-1 所示为夹套式搅拌反应釜。釜体内筒通常为一圆柱形壳体，它提供反应所需空间；传热装置的作用是满足反应所需温度条件；搅拌装置包括搅拌器、搅拌轴等，是实现搅拌的工作部件；传动装置包括电动机、减速器、联轴器及机架等附件，它提供搅拌的动力；轴封装置是保证工作时形成密封条件，阻止介质向外泄漏的部件。搅拌反应釜常见的有搪瓷反应釜和不锈钢反应釜。

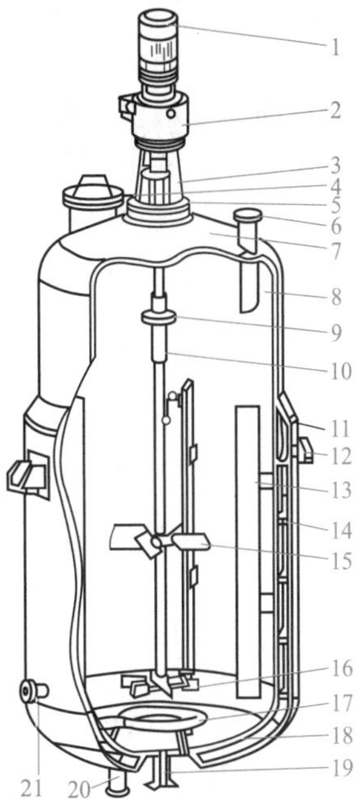

1. 搪瓷反应釜

各种不同类型的夹套式搪瓷反应釜见图 6-2。

$7m^3$ 和 $14m^3$ 搪瓷釜上使用的轴封通常有三种形式：填料箱密封、平衡式填料箱和机械密封（端面密封）。

搪瓷釜的搅拌装置有带指型挡板的三叶后掠式和不带挡板的二叶斜桨。搅拌结构是否合理对产品质量、物料消耗、物料分散度、物料混合、反应热量的传出等都有很大的影响。各厂可根据实际情况安装合适的搅拌叶，使生产达到高效、低耗，获得性能优质的产品。

2. 不锈钢反应釜

图 6-3 给出了已定型制造的 $13.5m^3$ 聚合釜结构。

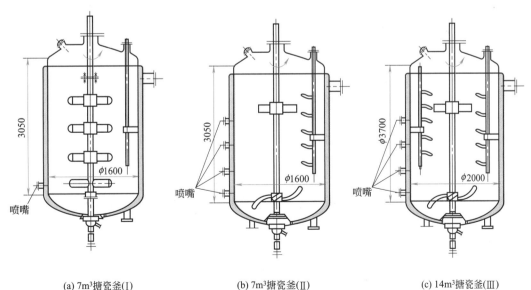

图 6-1　夹套式搅拌反应釜

1—电动机；2—减速器；3—机架；4—人孔；5—密封装置；6—进料口；7—上封头；8—筒体；9—联轴器；10—搅拌轴；11—夹套；12—载热介质出口；13—挡板；14—螺旋导流板；15—轴向流搅拌器；16—径向流搅拌器；17—气体分布器；18—下封头；19—出料口；20—载热介质进口；21—气体出口

设备材质有全不锈钢和碳钢复合不锈钢两种，由于后者传热系数较高，应用要广泛得多。由于属瘦长釜型，为加强上下层物料均匀混合，

3050　φ1600　喷嘴

(a) $7m^3$ 搪瓷釜(I)

3050　φ1600　喷嘴

(b) $7m^3$ 搪瓷釜(II)

φ3700　φ2000　喷嘴

(c) $14m^3$ 搪瓷釜(III)

图 6-2　搪瓷反应釜的结构

安装有 4～6 层搅拌桨叶，桨叶形式有推进式或平板斜桨式两种，这两种搅拌叶均有利于加强沿搅拌轴上下的循环混合作用。搅拌轴与釜底轴瓦的安装间隙要求为 0.70～0.90mm，使用一段时间后因机械磨损逐渐变大，一般当间隙达 2mm 左右应更换新轴瓦。

搅拌轴与釜体间的轴封多采用水环式填料密封，其结构如图 6-4 所示。其原理系采用填料轴封中，利用釜内气体平衡压力及高位水罐静压头。供给轴封填料函的水环 3 及石棉填料 2 以稍大于釜内气相压力的高压水，以封住反应釜体的气体，使轴封即使在密封较差的情况下，也只能漏水而不漏气，防止釜内气体从轴封处泄漏。

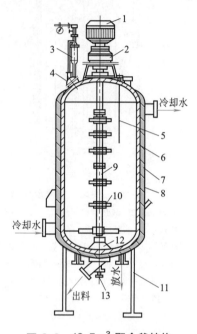

图 6-3　13.5m³ 聚合釜结构

1—电动机；2—减速器；3—高位水箱；4—人孔；5—温度计；
6—釜体；7—螺旋挡板；8—夹套；9—轴；10—搅拌叶；
11—支柱；12—轴承；13—出料阀

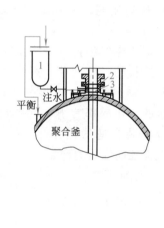

图 6-4　水环式填料轴封结构

1—高位静压水罐；2—石棉填料；
3—填料函压紧环

图 6-5 给出了我国第一代 33m³（Ⅰ型）不锈钢聚合釜的结构。

该聚合釜采用碳钢复合不锈钢材质制作，釜内安装有 8 根 ϕ100mm 内冷管（冷却水通道为两进两出）和 5～6 层平板斜桨式或推进式搅拌桨叶。该搅拌系统属于循环作用大而剪切作用小的体系，实际运转时的满载电流仅 60A 以下，实际搅拌效果不甚理想，所得产品的颗粒分布较宽，颗粒形态也不规整，该釜搅拌轴与釜底轴瓦的安装间隙要求控制在 0.50～0.70mm，使用一段时间后因磨损使间隙增大至约 2mm，也应更换新轴瓦。

搅拌轴与釜体的轴封均采用机械密封（又称端面密封），机械密封的动环材质为钴基硬质合金，静环为特制石墨或环氧树脂浸渍石墨，平衡液选用变压器油。

图 6-6 给出了 33m³（Ⅱ型）不锈钢聚合釜的结构，可见其基本结构与Ⅰ型釜相似。但是应指出的是两种釜型在搅拌体系上的差异，如内冷管（挡板）和搅拌桨叶的形式。Ⅱ型釜安装有 8 根双 U 形的 D_s100 内冷管（挡板），冷却水通道为 8 进 8 出，管底部结构有利于物料循环混合。虽然仅设置两层三叶平板式搅拌桨叶（釜底部位设置便于出料的小桨叶），但

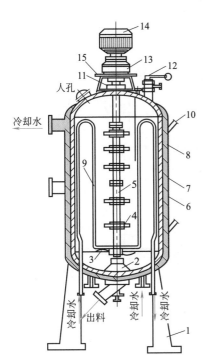

图 6-5　33m³（Ⅰ型）不锈钢聚合釜结构

1—支柱；2—底轴承；3—推进式桨叶；4—平板斜桨叶；

5—轴；6—釜体；7—夹套；8—螺旋挡板；9—内冷管；

10—温度计；11—机械封密；12—安全阀；

13—减速器；14—电动机；15—机架

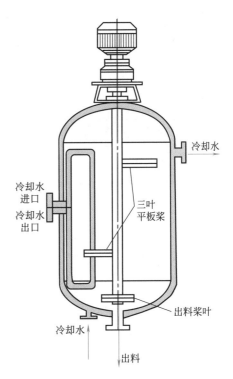

图 6-6　33m³（Ⅱ型）不锈钢
聚合釜结构

因桨叶宽度大，搅拌剪切力大，有利于造成物料沿径向四周的流动分散，实际搅拌效果较好，属于剪切作用大的搅拌体系，运转时的满载电流可达到 80～110A。用Ⅱ型釜生产的树脂颗粒较细，颗粒分布集中，颗粒形态也较规整，但清釜工作量稍大些。

有的工厂已对Ⅱ型釜进行改进，如将桨叶宽度缩小，并增加一层桨叶，获得剪切作用与循环作用适中的搅拌体系，产品树脂颗粒形态规整，搅拌的满载电流下降。

美国古德里奇公司开发的 70m³ 不锈钢聚合釜，设备总体积为 70.4m³，其采用下传动底伸式两层三叶后掠式搅拌器，如图 6-7 所示。由于搅拌为底伸式，可以杜绝顶伸式长轴下部与轴瓦产生塑化片而影响产品质量的弊病。两层三叶后掠式搅拌器增加了轴向转动力，克服了一层三叶后掠式搅拌器轴向循环量不足的缺点，使反应的物料体系轴向混合均匀，有利于改善物料的颗粒度分布和釜内的温度分布，提高釜的传热效率和产品的内在质量。

轴封采用双端面机械密封，为了防止物料颗粒进入机械密封内而导致机械密封的损坏，在密封的上端面和釜之间装有节流套筒，具有一定流速（大于物料粒子的沉降速度）的无离子水从节流筒的间隙中进入釜内，从而起到保护机械密封的作用，同时也起到向釜内注水的作用。该釜内安装有四根与釜底部固定的圆形套管式挡板，与釜壁无任何固定点，以避免釜内出现死角。为提高传热效果，冷却介质从套管之间进入，由中心排出。为了强化移热能力，冷却介质还可采用氨蒸发的潜热移热方法。釜的夹套采用半圆管焊接在釜的外壁，这种半圆管式夹套可以克服隔板式夹套冷却水产生短流现象，提高了冷却水流速；釜壁是复合钢

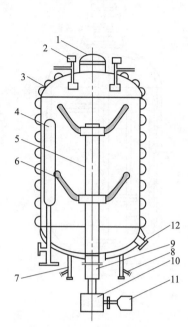 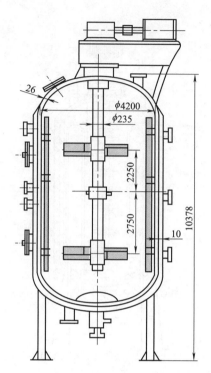

图 6-7　美国古德里奇公司 70m³ 不锈钢聚合釜示意　图 6-8　日本信越公司 127m³ 聚合釜结构

1—人孔；2—冲洗、喷涂装置；3—夹套；4—内冷挡板；

5—搅拌轴；6—搅拌叶；7—引发剂、分散剂入料阀；

8—排液孔；9—机械密封；10—减速器；

11—电动机；12—出料孔

板材质，有效地提高了釜的传热系数。同时半圆管式夹套又对釜壁起到加强作用，因而釜壁可以减薄，这既可强化釜的移热能力，又可降低釜的造价。但也同时带来釜的制造难度，如整个釜体要进行热处理，以消除焊接和冷热加工带来的应力；釜体要进行整体加工，以保证釜的传动机构装配上的同轴度，满足釜运行平稳，振动小，噪声低的要求。

　　为满足防粘釜的要求，釜内壁及内部构件均具有很高的光洁度。釜内壁进行电抛光，抛光后釜内部构件的表面粗糙度在 $0.01 \sim 0.32 \mu m$ 范围之内，达到镜面抛光。

　　在釜的顶部装有两个 180° 对称的用于防粘釜液的喷涂和釜壁冲洗的特殊装置。喷涂和冲洗装置由一个小电动机驱动，可以上下伸缩，喷嘴以 360° 旋转，使釜内各个部位都能得以喷涂和冲洗。

　　釜的人孔安装有自动开启和锁闭装置，压力安全防爆膜和压力安全阀，自动出料的特殊阀门等。

　　日本信越公司于 20 世纪 70 年开发出了 127m³ 不锈钢釜，我国引进了两套年产 $20 \times 10^4 t$ PVC 装置，现均已投产。图 6-8 给出了 127m³ 聚合釜结构。

　　其主要工艺参数：电动机功率 310kW；搅拌转速 180～124r/min；采用液压变矩器调节转速。

　　该釜内采用碳钢复合不锈钢材料制作，釜内安装有 1 块挡板固定在釜壁上，上伸式搅拌轴及两层平板垂直桨叶。釜外配有回流冷凝器，其弥补夹套冷却面积的不足。夹套和回流冷凝器均通入 8℃低温水冷却。

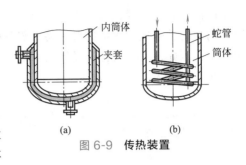

图 6-9　传热装置

二、反应釜的基本结构

1. 筒体和传热装置

釜体的内筒一般为钢制圆筒。容器的封头大多选用标准椭圆形封头，为满足工艺要求，釜体上安装有多种接管，如物料进出口管、监测装置接管等。常用的传热装置有夹套结构的壁外传热和釜内装设换热管传热两种形式，应用最多的是夹套传热，见图 6-9(a)。当反应釜采用衬里结构或夹套传热不能满足温度要求时，常用蛇管传热方式，见图 6-9(b)。蛇管换热反应釜整体结构见图 6-10。

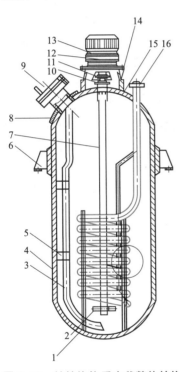

图 6-10　蛇管换热反应釜整体结构

1—换热管支架；2—搅拌桨叶；3—进料及压料管；4—釜壁；5—料管支撑；6—支撑耳；7—搅拌轴；8—料孔补强圈；9—视镜；10—联轴器；11—锥形齿轮；12—变速箱；13—电动机；14—电动机支架；15—封头；16—加热介质进、出口

2. 内筒的直径和高度及壁厚确定

为了满足介质反应所需空间，工艺计算已确定了反应所需的容积 V_0，在实际操作时，反应介质可能产生泡沫或呈现沸腾状态，故筒体的实际容积 V 应大于所需容积 V_0，这种差异用装料系数 η 来考虑，即

$$V_0 = V\eta \tag{6-1}$$

通常装料系数 η 可取 0.6～0.85。在选用 η 值时，应根据介质特性和反应时的状态以及生成物的特点，合理选取，以尽量提高筒体容积的利用率。当介质反应易产生泡沫或沸腾状态时，η 应取较小值，一般为 0.6～0.7；当介质反应状态平稳时，可取 η 为 0.8～0.85；若介质黏度大，则可取最大值。

釜体的实际容积由圆筒部分的容积和底封头的容积构成，如图 6-9 所示。若将底封头容积忽略不计，则筒体容积为

$$V = \frac{\pi}{4} D_i^2 H = \frac{\pi}{4} D_i^3 \left(\frac{H}{D_i}\right) \tag{6-2}$$

式中　V——筒体实际容积，m^3；

　　　D_i——筒体的内直径，m；

　　　H——圆筒部分的高度，m。

从式（6-2）中可知，釜体容积的大小取决于筒体直径 D_i 和高度 H 的大小。若容积一定，则应考虑筒体高度与直径的适合比例。当搅拌器转速一定时，搅拌器的功率消耗与搅拌桨直径的 5 次方成正比，若筒体直径增大，为保证搅拌效果，所需搅拌桨直径也要大，此时功率消耗很大，因此，直径不宜过大。若高度增加，能使夹套式容器传热面积增大，有利于传热，故对于发酵罐之类反应釜，为保证充分的

接触时间,希望高径比大些为好。但是,若釜体高度过大,则搅拌轴长度也相应要增加,此时,对搅拌轴强度和刚度的要求将会提高,同时为保证搅拌效果,可能要设多层桨,使得费用增加。因此,选择筒体高径比时,要综合考虑多种因素的影响。在确定高径比时,可根据物料情况,从表 6-1 中选取。

表 6-1　几种搅拌釜的 H/D_i 值

种类	釜内物料性质	H/D_i
一般搅拌釜	液-液相或液-固相	1～1.3
	气-液相	1～2
发酵釜	发酵液	1.7～2.5

筒体与夹套的厚度要根据强度条件或稳定性要求来确定。夹套承受内压时,按内压容器设计。筒体既受内压又受外压,应根据开车、操作和停工时可能出现的最危险状态来设计。当釜内为真空外带夹套时,筒体按外压设计,设计压力为真空容器设计压力加上夹套内设计压力;当釜内为常压操作时,筒体按外压设计,设计压力为夹套内的设计压力;当釜内为正压操作时,则筒体应同时按内压和外压设计,其厚度取两者中之较大者。

3. 夹套

夹套是搅拌反应釜最常用的传热结构,由圆柱形壳体和釜底封头组成。夹套与内筒的连接有可拆连接与不可拆(焊接)连接两种方式。可拆连接结构用于操作条件较差,或要求进行定期检查内筒外表面和需经常清洗夹套的场合。可拆连接结构是将内筒和夹套通过法兰来连接的。常用的可拆连接如图 6-11 所示。图 6-11(a) 所示形式,要求在内筒上另装一连接法兰;图 6-11(b) 所示是将内筒上端法兰加宽,将上封头和夹套都连接在宽法兰上,以增加传热面积。

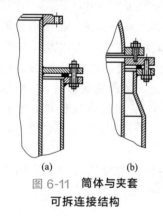

(a)　　　　(b)
图 6-11　简体与夹套
可拆连接结构

不可拆连接主要用于碳钢制反应釜。通过焊接将夹套连接在内筒上。不可拆连接密封可靠、制造加工简单。常用的连接方式如图 6-12 所示。

夹套上设有蒸汽、冷却水或其他加热、冷却介质的进出口。当加热介质是蒸汽时,进口管应靠近夹套上端,冷凝液从底部排出;当加热(冷却)介质是液体时,则进口管应设在底部,使液体下进上出,有利于排出气体和充满液体。

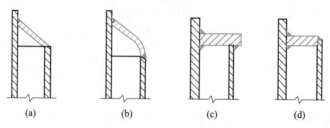

(a)　　　　(b)　　　　(c)　　　　(d)
图 6-12　简体与夹套不可拆连接结构

4. 蛇管

如果所需传热面积较大,而夹套传热不能满足要求或不宜采用夹套传热时,可采用蛇管传热。蛇管置于釜内，沉浸在介质中，热量能充分利用，传热效果比夹套结构好。但蛇管检修困难，还可能因冷凝液积聚而降低传热效果。蛇管和夹套可同时采用，以增加传热效果。

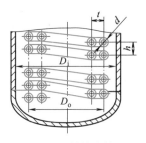

蛇管一般由公称直径为 $\phi25\sim70\mathrm{mm}$ 的无缝钢管绕制而成。常用结构形状有圆形螺旋状、平面环形、U 形立式、弹簧同心圆组并联形式等。

若数排蛇管沉浸于釜内（图 6-13），其内外圈距离 t 一般为 $(2\sim3)d$。各圈垂直距离 h 一般为 $(1.5\sim2)d$。最外圈直径一般比筒体内径 D_i 小 $200\sim300\mathrm{mm}$。

图 6-13　**蛇管传热**

蛇管在筒体内需要固定，固定形式有多种。当蛇管中心直径较小，圈数较少时，蛇管可利用进出口管固定在釜盖或釜底（图 6-10）；若中心直径较大、圈数较多、重量较大时，则应设立固定支架支承。常见的几种固定形式如图 6-14 所示。

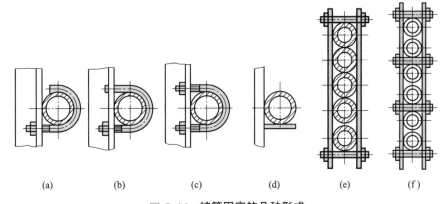

(a)　　　(b)　　　(c)　　　(d)　　　(e)　　　(f)

图 6-14　**蛇管固定的几种形式**

图 6-14(a) 是蛇管支承在角钢上，用半 U 形螺栓固定，制造简单，但难以锁紧。适用于振动小、蛇管公称直径小的场合。图 6-14(b) 和（c）的蛇管支承在角钢上，用 U 形螺栓固定，适用于振动较大和蛇管公称直径较大的情况。其中图 6-14(b) 采用一个螺母锁紧，安装简单；图 6-14(c) 采用 2 个螺母锁紧，固定可靠。图 6-14(d) 是蛇管支托在扁钢上，不用螺栓紧固，适用于热膨胀较大的蛇管。图 6-14(e) 是通过两块扁钢和螺栓夹紧并支承蛇管，用于紧密排列的蛇管，并可起到导流筒的作用。图 6-14(f) 也是利用两块扁钢和螺栓来固定蛇管的，此结构适用于振动较大的场合。

蛇管的进出口最好设在同一端，一般设在上封头处，以使结构简单、装拆方便。蛇管常用的几种进出口结构如图 6-15 所示。

图 6-15(a) 所示结构可将蛇管与封头一起取出。图 6-15(b) 所示结构用于蛇管需要经常拆卸的场合。图 6-15(c) 所示结构简单，使用方便。需拆卸时，可将外面短管割断，装时再焊上。图 6-15(d) 所示结构用于有衬里的设备。图 6-15(e) 所示结构用于螺纹法兰连接。

5. 顶盖

反应釜的顶盖（上封头）为满足装拆需要常做成可拆式的。即通过法兰将顶盖与筒体相连接。带有夹套的反应釜，其接管口大多开设在顶盖上。此外，反应釜传动装置也大多直接

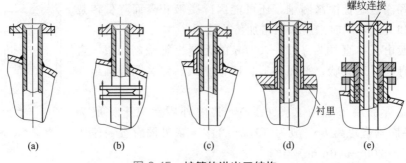

图 6-15 **蛇管的进出口结构**

支承在顶盖上。故顶盖必须有足够的强度和刚度。顶盖的结构形式有平盖、碟形盖、锥形盖，而使用最多的还是椭圆形盖。

6. 筒体上的接管

反应釜筒体的接管主要有：物料进出所需要的进料管和出料管；用于安装检修的人孔或手孔；观察物料搅拌和反应状态的视镜接管；测量反应温度用的温度计接口；保证安全而设立的安全装置接管等。

（1）进料管 进料管一般设在顶部。其常用结构如图 6-16 所示。进料管的下端一般成45°的切口。以防物料沿壁面流动。图 6-16(a) 为一般常用结构。图 6-16(b) 为套管式结构，便于装拆更换和清洗，适用于易腐蚀、易磨损、易堵塞的介质。图 6-16(c) 管子较长，沉浸于料液中，可减少进料时产生的飞溅和对液面的冲击，并可起液封作用。为避免虹吸，在管子上部开有小孔。

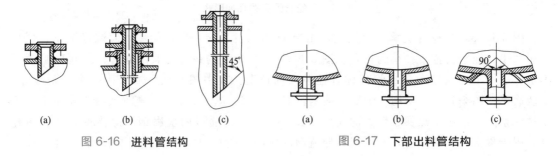

图 6-16 **进料管结构**   图 6-17 **下部出料管结构**

（2）出料管 出料管分为上出料管和下出料管两种形式。下部出料适用于黏性大或含有固体颗粒的介质。常见的下部出料接管形式如图 6-17 所示。图 6-17(a) 用于不带夹套的筒体，图 6-17(b) 和 (c) 适用于带夹套的筒体。其中图 6-17(c) 结构较复杂，多用在内筒与夹套温差较大的场合。

当物料需要输送到较高位置或需要密闭输送时，必须装设压料管，使物料从上部排出。压料管及固定方式如图 6-18 所示。上部出料常采用压缩空气或其他惰性气体，将物料从釜内经压料管压送到下一工序设备。为使物料排除干净，应使压出管下端位置尽可能低些，且底部做成与釜底相似形状。

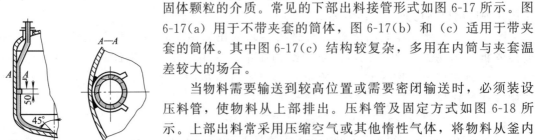

图 6-18 **压料管形式与结构**

第三节 反应釜搅拌装置

搅拌装置是反应釜的关键部件。反应釜内的反应物借助搅拌器的搅拌，达到物料充分混合、增强物料分子碰撞、加快反应速率、强化传质与传热效果、促进化学反应的目的。所以设计和选择合理的搅拌装置是提高反应釜生产能力的重要手段。搅拌装置通常包括搅拌器、搅拌轴、支承结构以及挡板、导流筒等部件。我国对搅拌装置的主要零部件均已实行标准化生产，供使用时选用。

一、搅拌器的类型

1. 推进式搅拌器

推进式搅拌器形状与船舶用螺旋桨相似。推进式搅拌器一般采用整体铸造方法制成，常用材料为铸铁或不锈钢，也可采用焊接成形。桨叶上表面为螺旋面，叶片数一般为三个。桨叶直径较小，一般为筒体内径的 1/3 左右，宽度较大，且从根部向外逐渐变宽，其结构形式如图 6-19 所示。推进式搅拌器结构简单、制造加工方便，工作时使液体产生轴向运动，液体剪切作用小，上下翻腾效果好。主要适用于黏度低、流量大的场合。

M6-1 **桨式搅拌**

2. 桨式搅拌器

桨式搅拌器结构较简单，一般由扁钢或角钢加工制成，也可由合金钢、有色金属等制造。按桨叶安装方式，桨式搅拌器分为平直叶和折叶式两种，如图 6-20 所示。

平直叶的叶片与旋转方向垂直，主要使物料产生切线方向的流动，若加设有挡板也可产生一定程度的轴向搅拌作用。折叶式则与旋转方向成一倾斜角度，产生的轴向分流比平直叶多。小型桨叶与轴的连接常采用焊接，即将桨叶直接焊在轮毂上，然后用键、止动螺钉将轮毂连接在搅拌轴上。直径较大的桨叶与搅拌轴的连接多采用可拆连接。将桨叶的一端制出半个轴环套，两片桨叶对开地用螺栓将轴环套夹紧在搅拌轴上。

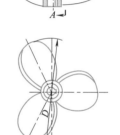

图 6-19 **推进式搅拌器**

桨式搅拌器的直径一般为筒体内径的 $0.35 \sim 0.8$ 倍，其中 $D/B = 4 \sim 10$。搅拌桨转速较低，一般为 $20 \sim 80 \text{r/min}$。当液层较高时，常装多层桨叶，且相邻两层桨叶交错 $90°$ 安装。

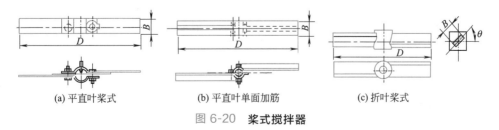

图 6-20 **桨式搅拌器**

3. 涡轮式搅拌器

涡轮结构如同离心泵的翼轮，轮叶上的叶片有平直形、弯曲形等形状。涡轮搅拌器形式较多，可分为开启式和带圆盘两大类，如图 6-21 所示。涡轮式搅拌器的桨叶直径一般为筒体内径的 0.25～0.5 倍，且一般在 $\phi 700mm$ 以下。涡轮的标准转速为 2～10m/s，$D/B = 5～8$。涡轮式搅拌器适用于各种黏性物料的搅拌操作。

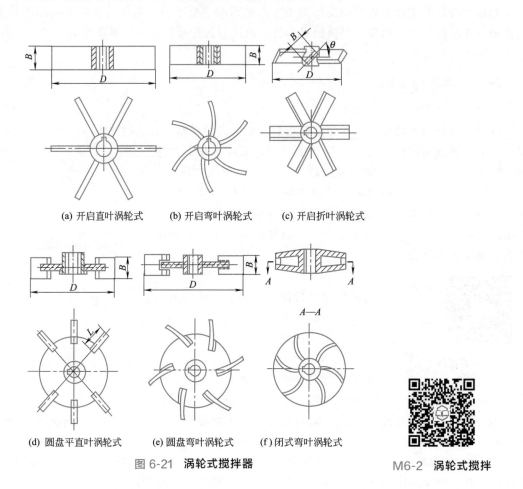

(a) 开启直叶涡轮式　　　(b) 开启弯叶涡轮式　　　(c) 开启折叶涡轮式

(d) 圆盘平直叶涡轮式　　(e) 圆盘弯叶涡轮式　　　(f) 闭式弯叶涡轮式

图 6-21　涡轮式搅拌器

M6-2　涡轮式搅拌

4. 锚式和框式及螺带式搅拌器

锚式搅拌器由垂直桨叶和形状与底封头形状相同的水平桨叶所组成（图 6-22）。整个旋转体可铸造而成，也可用扁钢或钢板煨制。搅拌器可先用键固定在轴上，然后从轴的下端拧上轴端盖帽即可。若在锚式搅拌器的桨叶上加固横梁即成为框式搅拌器，见图 6-22（b）、(c)。其中图 6-22(b) 为单级式，图 6-22(c) 为多级式。锚式和框式搅拌器的共同特点是旋转部分的直径较大，可达筒体内径的 0.9 倍以上，一般取 $D/B = 10～14$。由于直径较大，能使釜内整个液层形成湍动，减小沉淀或结块，故在反应釜中应用较多。

由螺旋带、轴套和支撑杆所组成的螺带式搅拌器如图 6-23 所示。其桨叶是一定宽度和螺矩的螺旋带，通过横向拉杆与搅拌轴连接。螺旋带外直径接近筒体内直径，搅动时液体呈现复杂运动，混合和传质效果较好。

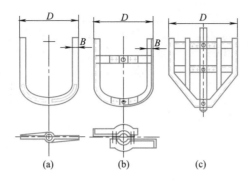

图 6-22 锚式及框式搅拌器　　　　　M6-3 锚式搅拌器

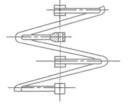

M6-4 框式搅拌器　　图 6-23 螺带式搅拌器　　M6-5 螺带式搅拌器

二、搅拌器的标准及选用

1. 搅拌器标准

由于搅拌过程种类繁多，操作条件各不相同，介质情况千差万别，所以使用的搅拌器形式多种多样。为了确保搅拌器的生产质量，降低制造成本，增加零部件的互换性，原化工部对几种常用搅拌器的结构形式制订了相应标准，并对标准搅拌器制订了技术条件。现行的搅拌器标准主要是 HG -T3796—2005 搅拌器系列标准。

搅拌器标准的内容包括：结构形式、基本参数和尺寸、技术要求、图纸目录等三个部分。在需要时可根据生产要求选用标准搅拌器。

2. 搅拌器类型选择

由于影响搅拌过程与效果的因素极其复杂，涉及流体的流动、传质、传热等诸多方面，各种选型资料都是建立在各自实验重点的基础上，所得结论不尽相同，大多带有经验性。实际选用时，可根据流动状态、搅拌目的、搅拌容量、转速范围及液体最高黏度等，查表 6-2 确定。

三、搅拌轴

搅拌轴是连接减速器和搅拌器而传递动力的构件。搅拌轴属于非标准件，需要自行设计。搅拌轴的材料常用 45 优质碳素钢，对强度要求不高或不太重要的场合，也可选用 Q325 钢。当介质具有腐蚀性或不允许铁离子污染时，可采用不锈耐酸钢或采取防腐措施。

搅拌轴的结构与一般机械传动轴相同。搅拌轴一般采用圆截面实心轴或空心轴。其结构形式视轴上安装的搅拌器类型、轴的支承形式、轴与联轴器连接等要求而定，如连接推进式和涡轮式搅拌器的轴头常采用图 6-24 所示的结构。

表 6-2　搅拌器类型选择

| 搅拌形式 | 流动状态 | | | 搅拌目的 | | | | | | | | | | 搅拌设备容量 /m² | 转速/ (r/min) | 最高黏度 /Pa·s |
	对流循环	湍流扩散	剪切流	低黏度液混合	高黏度液混合即传热反应	分散	溶解	固态悬浮	气体吸收	结晶	传热	液相反应				
涡轮式桨式	○	○	○	○	○	○	○	○	○	○	○	○		1～100	10～300	50
推进式	○	○	○	○	○		○	○	○		○	○		1～200	10～300	2
折叶开启涡轮式	○	○		○		○	○		○		○	○		1～1000	100～500	50
锚式	○	○		○		○	○				○	○		1～1000	10～300	50
螺杆式	○				○		○							1～100	1～100	100
螺带式	○				○		○							1～50	0.5～50	100

注：表中"○"为适合，空白为不适或不许。

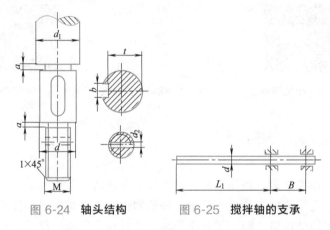

图 6-24　轴头结构　　　　图 6-25　搅拌轴的支承

　　搅拌轴通常依靠减速箱内的一对轴承支承，支承形式为悬臂梁，见图 6-25。由于搅拌轴往往细而长，而且要带动搅拌器进行搅拌操作。搅拌轴工作时承受着弯扭联合作用，如变形过大，将产生较大离心力而不能正常转动，甚至使轴遭受破坏。为保证轴的正常运转，悬臂支承的条件为

$$L_1/B = 4 \sim 5$$

$$L_1/d = 40 \sim 45$$

式中　L_1——悬臂轴的长度，m；

　　　B——轴承间距，m；

　　　d——搅拌轴直径，m。

　　若轴的直径裕量大、搅拌器经过平衡检验且转速较低时可取偏大值。如不能满足上述要求，则应考虑安装中间轴承或底轴承。

　　搅拌轴的直径大小，要经过强度计算、刚度计算、临界转速验算，还要考虑介质腐蚀情况。

1. 按强度条件计算搅拌轴的直径

　　搅拌轴在扭转和弯曲联合作用下，若轴截面上剪切应力过大，将使轴发生剪切破坏，故

应将最大剪应力限制在材料许用剪应力之内。

2. 按刚度条件计算搅拌轴直径

搅拌轴受扭矩和弯矩联合作用，扭转变形过大会造成轴的振动和扭曲，使轴的密封失效，故应限制单位长度上的最大扭转角在允许的范围内。

由以上强度条件和刚度条件确定的搅拌轴的直径是最危险截面处的直径。实际上，由于搅拌轴上因安装零部件和制造需要，常开有键槽、轴肩、螺纹孔、倒角、退刀槽等结构，削弱了横截面的承载能力，因此轴的直径应按计算直径适当放大，同时还要进行临界转速的验算和允许径向位移的验算。

四、挡板与导流筒

1. 挡板

挡板是固定在釜体内壁上的长条形板。挡板宽度为筒体内径的 $1/12\sim1/10$，挡板数视容器直径而定，当 $D_i<1m$ 时为 $2\sim4$ 块；当 $D_i>1m$ 时为 $4\sim6$ 块，一般装 4 块。安装时，挡板上边缘可与静止液面平齐，下边缘可至釜底。当流体黏度较小时，挡板可紧贴内壁安装，见图 6-26(a)。当流体黏度较大或含有固体颗粒时，挡板应与壁面保持一定距离，以防物料黏结和堆积，见图 6-26(b)。也可将挡板倾斜一定角度安装，见图 6-26(c)。如物料黏度高且使用桨式搅拌器，还可装横向挡板，见图 6-26(d)。

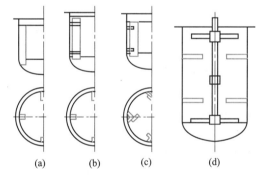

图 6-26　挡板安装方式

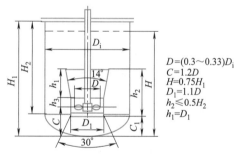

图 6-27　推进式搅拌器的导流筒

釜体内安装挡板后，可使流体的切向流动转变为轴向与径向流动，同时增大液体的湍动程度，从而改善搅拌效果。

2. 导流筒

导流筒是一个圆筒，安装在搅拌器外面，常用于推进式和涡轮式搅拌器（见图 6-27）。导流筒的作用是使从搅拌器排出的液体在导流筒内部和外部形成上下循环的流动，以增加流体湍动程度，减少短路机会，增加循环流量和控制流型。

五、反应釜传动装置

传动装置通常设置在反应釜顶盖上，一般采用立式布置。反应釜传动装置包括电动机、减速器、支架、联轴器、搅拌轴等，如图 6-28 所示。

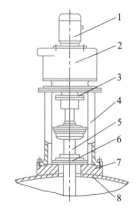

图 6-28　反应釜传动装置
1—电动机；2—减速器；3—联轴器；
4—支架；5—搅拌轴；6—轴封装置；
7—凸缘法兰；8—顶盖（上封头）

传动装置的作用是将电动机的转速，通过减速器，调整至工艺要求所需的搅拌转速，再通过联轴器带动搅拌轴旋转。从而带动搅拌器工作。

1. 电动机的选用

反应釜的电动机大多与减速器配套使用，因此电动机的选用一般可与减速器的选用配套进行。在许多场合下，电动机与减速器一并配套供应，选用时可根据选定的减速器选用配套的电动机。

电动机型号应根据电动机功率和工作环境等因素选择。工作环境包括防爆、防护等级，腐蚀情况等。电动机选用主要是确定系列、功率、转速、安装方式等内容。

电动机的功率是选用的主要参数，可由搅拌功率计算电动机的功率 P_e。

$$P_e = \frac{P + P_s}{\eta} \tag{6-3}$$

式中　P——工艺要求的搅拌功率，kW；

　　　P_s——轴封消耗功率，kW；

　　　η——传动系统的机械效率。

2. 减速器的选用

反应釜用减速器常用的有摆线针轮行星减速器、齿轮减速器、V 带减速器以及圆柱蜗杆减速器，其传动特点见表 6-3，供选用时参考。

减速器的作用是传递运动和改变转动速度，以满足工艺条件的要求。减速器是工业生产中应用很广的典型装置。为了提高产品质量，节约成本，适应大批量专业生产，已制订了相应的标准系列，并由有关厂家定点生产。需要时，可根据传动比、转速、载荷大小及性质，再结合效率、外廓尺寸、重量、价格和运转费用等各项参数与指标，进行综合分析比较，以选定合适的减速器类型与型号，外购即可。

表 6-3　四种常用减速器的特性参数

特性参数	减速器类型			
	摆线针轮行星减速器	齿轮减速器	V 带减速器	圆柱蜗杆减速器
传动比	9～87	6～12	2.96～4.53	15～80
输出轴转速/(r/min)	17～160	65～250	200～500	12～100
输入功率/kW	0.04～55	0.55～315	0.55～200	0.55～55
传动效率	0.9～0.95	0.95～0.96	0.95～0.96	0.8～0.83
传动原理	利用少齿差内啮合行星传动	两级同中心距并流式斜齿轮传动	单级 V 带传动	圆弧齿圆柱蜗杆传动
主要特点	传动效率高，传动比大，结构紧凑，拆装方便，寿命长，重量轻，体积小，承载能力高，工作平稳，对过载和冲击载荷有较强的承受能力，允许正反转，可用于防爆要求	在相同传动比范围内体积小，传动效率高，制造成本低，结构简单，装配检修方便，可以正反转，不允许承受外加轴向载荷，可用于防爆要求	结构简单，过载时能打滑，可起安全保护作用，但传动比不能保持精确，不能用于防爆要求	凹凸圆弧齿廓啮合，磨损小，发热低，效率高，承载能力高，体积小，重量轻，结构紧凑，广泛用于搪玻璃反应釜，可用于防爆要求

3. 机架

搅拌反应釜的传动装置是通过机架安装在釜体顶盖上的。机架的结构形式要考虑安装联轴器、轴封装置以及与之配套的减速器输出轴径和定位结构尺寸的需要。釜用机架的常用结构有单支点机架（图 6-29）和双支点机架（图 6-30）两种。

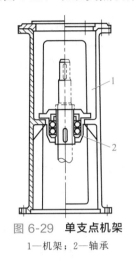 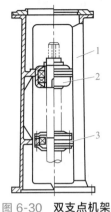

图 6-29 **单支点机架**　　　　　图 6-30 **双支点机架**

1—机架；2—轴承　　　　　1—机架；2—上轴承；3—下轴承

单支点机架用以支承减速器和搅拌轴，适合电动机或减速器可作为一个支点，或容器内可设置中间轴承和可设置底轴承的情况。搅拌轴的轴径应在 30～160mm 范围。

当减速器中的轴承不能承受液体搅拌所产生的轴向力时，应选用双支点机架，由机架上的两个支点承受全部的轴向载荷。对于大型设备，或对搅拌密封要求较高的场合，一般都采用双支点机架。

单支点机架和双支点机架都已有标准系列产品。标准对机架的用途和适应范围、结构形式、基本参数和尺寸、主要技术要求等做出了相应规定。单支点机架标准为 HG 21566—95；双支点机架标准为 HG 21567—95。

4. 凸缘法兰

凸缘法兰用于连接搅拌器传动装置的安装底盖。凸缘法兰下部与釜体顶盖焊接连接，上部与安装底盖法兰相连。标准凸缘法兰（HG 21564—95）有四种结构形式，标准凸缘法兰适应设计压力为 0.1～1.6MPa、设计温度为 −20～300℃ 的反应釜。

5. 安装底盖

安装底盖用于支承支架和轴封，分为上装式（传动装置设立在釜体上部）和下装式（传动装置设立在釜体下部）两种形式，安装底盖、机架、凸缘法兰、轴封的装配关系，见图 6-31 和图 6-32。

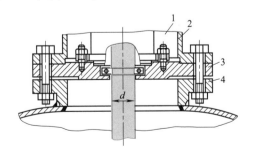 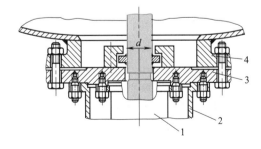

图 6-31 **传动装置上装式连接**　　　　　图 6-32 **传动装置下装式连接**

1—轴封；2—机架；3—安装底盖；4—凸缘法兰　　　　　1—轴封；2—机架；3—安装底盖；4—凸缘法兰

六、反应釜轴封装置

搅拌反应釜的密封除了各种接管的静密封外，还要考虑搅拌轴与顶盖之间的动密封。由于搅拌轴是旋转运动的，而顶盖是固定静止的，这种运动件和静止件之间的密封称为动密封。

对动密封的基本要求是：结构简单、密封可靠、维修装拆方便、使用寿命长。搅拌反应釜常用的动密封有填料密封与机械密封两种。

1. 填料密封

填料密封是搅拌反应釜最早采用的一种转轴密封形式。填料密封结构简单、易于制造。适应非腐蚀性和弱腐蚀性介质、密封要求不高、可定期维护的低压、低填料密封由填料、填料箱体、衬套、压盖、压紧螺栓、油杯等组成。图 6-33 为一带夹套的铸铁填料密封箱。

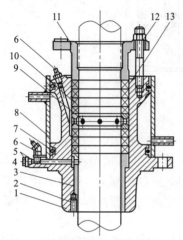

图 6-33　带夹套的铸铁填料密封箱
1—本体；2—螺钉；3—衬套；4—螺塞；
5—油圈；6—油杯；7—O 形密封圈；
8—水夹套；9—油杯；10—填料；
11—压盖；12—螺母；13—双头螺柱

（1）填料密封结构及密封原理　填料箱本体固定在顶盖的底座上。在压盖压力作用下，装在搅拌轴与填料箱本体之间的填料被压缩，对搅拌轴表面产生径向压紧力。由于填料中含润滑剂，因此，在对搅拌轴产生径向压紧力的同时，形成一层极薄的液膜。它一方面使搅拌轴得到润滑，另一方面又阻止设备内流体的溢出或外部流体的渗入，达到密封的目的。填料中所含润滑剂是在制造填料时加入的，在使用过程中将不断消耗，所以，需在填料密封装置中设置油杯，便于适时加油以确保搅拌轴和填料之间的润滑。

填料密封是通过压盖施加压紧力使填料变形来获得的。压紧力过大，将使填料过紧地压在转动轴上，会加速轴与填料间的磨损，导致间隙增大反而使密封快速失效；压紧力过小，填料未能贴紧转动轴，将会产生较大的间隙泄漏。所以工程上从延长密封寿命考虑，允许有一定的泄漏量，一般为 150～450mL/h。泄漏量和压紧程度通过调整压盖的压紧力来实现，并规定更换填料的周期，以确保密封效果。

（2）填料　填料是形成密封的主要元件，其性能优劣对密封效果起关键性作用。对填料的基本要求是：

① 具有足够的塑性，在压盖压紧力下能产生较大的塑性变形；

② 具有良好的弹性，吸振性能好；

③ 具有较好的耐介质及润滑剂浸泡、耐腐蚀性能；

④ 耐磨性好，使用寿命长；

⑤ 摩擦因数小，降低摩擦功率消耗；

⑥ 导热性能好，散热快；

⑦ 耐温性能好。

填料的选用应根据介质特性、工艺条件、搅拌轴的轴径及转速等情况进行。对于低压、无毒、非易燃易爆等介质，可选用石棉绳作填料。对于压力较高且有毒、易燃易爆的介质，一般可用油浸石墨石棉填料或橡胶石棉填料。对于高温高压下操作的反应釜，密封填料可选用铅、紫铜、铝、蒙乃尔合金、不锈钢等金属材料作填料。

常用的非金属填料见表 6-4。

表 6-4　常用的非金属填料

填料名称	介质极限温度/℃	介质极限压力/MPa	线速度/(m/s)	适用条件(接触条件)
油浸石棉填料	450	6	2	蒸汽、空气、工业用水、重质石油产品、弱酸液等
聚四氟乙烯纤维编结石棉填料	250	30	1	强酸、强碱、有机溶剂
聚四氟乙烯石棉填料	260	25	2	酸、碱、强腐蚀性溶液、化学试剂等
石棉线或石棉线与尼龙线浸渍聚四氟乙烯填料	300	30	2	弱酸、强碱、各种有机溶剂、液氨、海水、纸浆废液等
柔性石墨填料	250~300	20	2	醋酸、硼酸、柠檬酸、盐酸、硫化氢、乳剂、硝酸、硫酸、硬脂酸、溴、矿物油、汽油、二甲苯、四氯化碳等
膨体聚四氟乙烯石墨填料	250	4	2	强酸、强碱、有机溶液

（3）填料箱　填料箱已有标准件。标准的制订以标准轴径为依据，轴径系列有 $\phi30$、$\phi40$、$\phi50$、$\phi65$、$\phi80$、$\phi95$、$\phi110$ 和 $\phi130$ 八种规格，已能适应大部分厂家的要求。填料箱的材质有铸铁、碳钢、不锈钢三种。结构形式有带衬套及冷却水夹套和不带衬套与冷却水夹套两种。当操作条件符合要求时，可直接选用。

（4）压盖与衬套　压盖的作用是盖住填料，并在压紧螺母拧紧时将填料压紧，从而达到轴封的目的。压盖的内径应比轴径稍大，而外径应比填料室内径稍小，使轴向活动自由，以便于压紧和更换填料。

通常在填料箱底部加设一衬套，它的作用如同轴承。衬套与箱体通过螺钉作周向固定。衬套上开有油槽和油孔。油杯中的油通过油孔润滑填料。衬套常选用耐磨材料较好的球墨铸铁、铜或其他合金材料制造，也可采用聚四氟乙烯、石墨等抗腐蚀性能较好的非金属材料。

2. 机械密封

用垂直于轴的平面来密封转轴的装置称为机械密封或端面密封。与填料密封相比，机械密封是一种功耗小、泄漏率低、密封性能可靠、使用寿命长的转轴密封形式。

（1）密封结构与密封机理　机械密封装置主要由动环、静环、弹簧加荷装置和辅助密封圈等四部分组成，其结构如图 6-34 所示。静环 7 利用防转销 6 与静环座 4 连接起来，中间加密封圈 5。利用弹簧 2 把动环 3 压紧于静环上，使其紧密贴合形成一个回转密封面，弹簧还可调节动环以补偿密封面磨损产生的轴向位移。动环内有密封圈 8 以保证动环在轴上的密封，弹簧座 1 靠紧定螺钉（或键）固定在轴（或轴承）上。动环、动环密封圈、弹簧及弹簧座随轴一起转动。

机械密封在结构上要防止四条泄漏途径，形成了四个密封点 A、B、C、D（见图 6-34），A 点是静环座与设备之间的静密封，密封元件是静环座密封圈 10；B 点是静环与静环座之间的静密封，密封元件是静环密封圈 5；D 点是动环与轴（或轴套）之间的静密封，密封元件是动环密封圈 8；C 点是动环

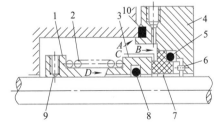

图 6-34　机械密封

1—弹簧座；2—弹簧；3—动环；4—静环座；
5—静环密封圈；6—防转销；7—静环；
8—动环密封圈；9—紧定螺钉；
10—静环座密封圈

与静环之间有相对运动的两个端面的密封,属于动密封,是机械密封的关键部位。它依靠介质的压力和弹簧力使两端面紧密贴合,并形成一层极薄的液膜起密封作用。

(2)机械密封的分类 机械密封通常依据动静环的对数、弹簧的个数等结构特征以及介质在端面上引起的压力情况等加以区分。常见的结构形式有如下几种。

① 单端面与双端面 当密封装置中只有一对摩擦环(即一个动环、一个静环)时称为单端面,其结构如图 6-35 所示;有两个摩擦环的(即有两个动环、两个静环)称为双端面,其结构如图 6-36 所示。

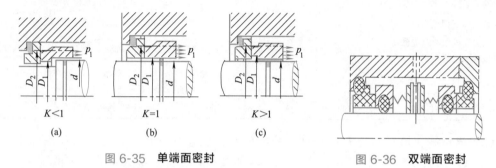

图 6-35 **单端面密封**　　　　　　图 6-36 **双端面密封**

单端面结构简单,制造与装拆方便,但密封效果不如双端面,适合于密封要求不太高、介质压力较低的场合。双端面的两对摩擦环间的空腔注入压力略大于操作压力的中性液体,能起到密封和润滑的双重作用,故密封效果好。但双端面密封结构复杂,制造装拆较困难,同时还需要配备一套封液输送装置。

② 大弹簧与小弹簧 大弹簧又称单弹簧,即在密封装置中仅有一个与轴同轴安装的弹簧。只有大弹簧时结构简单、安装简便,但作用在端面上的压力分布不均匀,且难于调整,适应轴径较小的场合。小弹簧又称多弹簧,即在密封装置中装设数个沿圆周分布的小弹簧。小弹簧弹力分布均匀、缓冲性能好,适应轴径较大、密封要求高的场合。

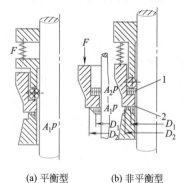

(a)平衡型　　(b)非平衡型

图 6-37 **平衡型与非平衡型**
1—甲负荷面;2—乙负荷面

③ 平衡型与非平衡型 根据接触面负荷平衡状况,机械密封又可分为平衡型与非平衡型两种,其结构如图 6-37 所示。非平衡型结构在介质压力上升时,负荷面积为 A 的端面上产生的推力为 $A_1 p$,如图 6-37(a)所示。在 $A_1 p$ 作用下,紧贴的端面向上移动,为保证端面密封,应先增大弹簧力,而当介质压力消除后,负荷面受力不平衡,即空载运转时将引起端面的磨损和发热,甚至使密封失效,故非平衡型仅适应介质压力较低场合。从图 6-37(b)中可知当介质压力 p 上升时,除了动环上的弹簧力之外,还有负荷面 A_2 上的介质压力 $A_2 p$ 与之抗衡,由于 $A_2 p$ 的存在,无需增大弹簧力,因此平衡型适宜于压力较高或压力波动较大的场合。

(3)主要零部件

① 动环和静环 动环和静环是机械密封中最重要的元件。由于工作时动环和静环产生相对运动的滑动摩擦,因此,动、静环要选用耐磨性、减摩性和导热性能好的材料。一般情况下,动环材料的硬度要比静环高,可用铸铁、硬质合金、高合金钢等材料,介质腐蚀严重

时，可选用不锈钢。当介质黏度较小时，静环材料可选择石墨、氟塑料等非金属材料；介质黏度较高时，也可采用硬度比动环材料低的金属材质。由于动环与静环两接触端面要产生相对摩擦运动，且要保证密封效果，故两端面加工精度要求很高。

② 弹簧加荷装置　弹簧加荷装置由弹簧、弹簧座、弹簧压板等组成。弹簧通过压缩变形产生压紧力，以使动、静环两端面在不同工况下都能保持紧密接触。同时，弹簧又是一个缓冲元件，可以补偿轴的跳动及加工误差引起的摩擦面不贴合。弹簧还能起到传递扭矩的作用。

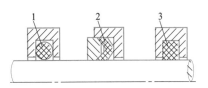

图 6-38　静密封元件
1—O 形环；2—V 形环；3—矩形环

③ 静密封元件　静密封元件是通过在压力作用下自身的变形来形成密封条件的。釜用机械密封的静密封元件形状常用的有 O 形、V 形、矩形等，如图 6-38 所示。

第四节　反应器的操作与维护

化工产品的种类繁多（易燃、易爆、剧毒、强腐蚀等），各种产品的生产工艺和生产条件各不相同，但基本上都采用连续性生产的工艺流程。因此，生产过程中的化工设备进行操作、维护时，既要保证质量，又要安全、迅速。

一、釜式反应器的日常运行与操作

以生产高密度低压聚乙烯的搅拌反应釜聚合系统（图 6-39）为例说明釜式反应器的日常运行与操作。

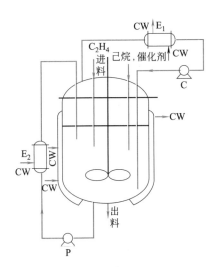

图 6-39　搅拌反应釜聚合系统示意
C—循环风机；E₁—气相换热器；P—浆液
循环泵；E₂—浆液换热器；CW—冷却水

1. 开车

用氮气对系统试漏、置换。检查设备后，投运冷却水、蒸汽、热水、氮气、工厂风、仪表风、润滑油、密封油等系统。投运仪表、电气、安全联锁系统。往聚合釜中加入溶剂或液态聚合单体。当釜内液体淹没最低一层搅拌叶后，启动聚合釜搅拌器。继续往釜内加入溶剂或单体，直到达正常料位止。升温使釜温达到正常值。在升温的过程中，当温度达到某一规定值时，向釜内加入催化剂、单体、溶剂、分子量调节剂等，并同时控制聚合温度、压力、聚合釜料位等工艺指示，使之达正常值。

2. 聚合系统的操作

（1）温度控制　聚合温度的控制一般有如下三种方法。

① 通过夹套冷却水换热。

② 如图 6-39 所示，循环风机 C、气相换热器 E₁、聚合釜组成气相外循环系统，通过气相换热器 E₁ 能够调节循环气体的温度，并使其中的易冷凝气相冷凝，冷

凝液流回聚合釜，从而达到控制聚合温度的目的。

③ 浆液循环泵 P、浆液换热器 E_2 和聚合釜组成浆液外循环系统，通过浆液换热器 E_2 能够调节循环浆液的温度，从而达到控制聚合温度的目的。

（2）压力控制　聚合温度恒定时，在聚合单体为气相时可主要通过催化剂的加料量和聚合单体的加料量来控制聚合压力。如聚合单体为液相时，聚合釜压力主要决定单体的蒸气分压，也就是聚合温度。聚合釜气相中，不凝性惰性气体的含量过高是造成聚合釜压力超高的原因之一。此时需通过减压阀排出不凝性气体以降低聚合釜的压力。

（3）料位控制　聚合釜料位应该严格控制。一般聚合釜液位控制在 70％ 左右，通过聚合浆液的出料速率来控制。连续聚合时聚合釜必须有自动料位控制系统，以确保料位准确控制。料位控制过低，聚合产率低；料位控制过高甚至满釜，就会导致聚合浆液进入换热器、风机等设备中造成事故。

（4）聚合浆液浓度控制　浆液过浓，造成搅拌器电动机电流过高，引起超负载跳闸、停转，就会造成釜内聚合物结块，甚至引发飞温、爆聚事故。停搅拌是造成爆聚事故的主要原因之一。控制浆液浓度主要通过控制溶剂的加入量和聚合产率来实现。

3. 停车

首先停进催化剂、单体，溶剂继续加入，维持聚合系统继续运行，在聚合反应停止后，停进所有物料，卸料，停搅拌器和其他运转设备，用氮气置换，置换合格后交检修。

二、釜式反应器的故障处理及维护

1. 反应釜常见故障与处理方法

反应釜常见故障与处理方法见表 6-5。

表 6-5　釜式反应器常见故障与处理方法

序号	故障现象	故障原因	处理方法
1	壳体损坏（腐蚀裂纹、透孔）	受介质腐蚀（点蚀、晶间腐蚀）；热应力影响产生裂纹或碱脆；磨损变薄或均匀腐蚀	用耐蚀材料衬里的壳体需重新修衬或局部补焊；焊接后要消除应力，产生裂纹要进行修补；超过设计最低的允许厚度需更换本体
2	超温超压	仪表失灵，控制不严格；误操作或原料配比不当产生剧热反应；因传热或搅拌性能不佳，发生副反应；进气阀失灵，进气压力过大、压力高	检查、修复自控系统，严格执行操作规程，紧急放压，按规定定量、定时投料，严防误操作；增加传热面积或清除结垢，改善传热效果；修复搅拌器，提高搅拌效率关总气阀，切断气源修理阀门
3	密封泄漏（填料密封）	搅拌轴在填料处磨损或腐蚀，造成间隙过大；油环位置不当或油路堵塞不能形成油封；压盖未压紧，填料质量差，或使用过久；填料箱腐蚀机械密封；动、静端面变形、碰伤；端面比压过大，摩擦副产生热变形；密封圈选材不对，压紧力不够，或 V 形密封圈装反，失去密封性；轴线与静环端面垂直度误差过大；操作压力、温度不稳，硬颗粒进入摩擦副；轴窜量超过指标；镶装或粘装动、静环的镶缝泄漏	更换或修补搅拌轴，并在机床上加工，保证表面粗糙度；调整油环位置，清洗油路；压紧填料，或更换填料；修补或更换；更换摩擦副重新研磨；调整比压要合适，加强冷却系统，及时带走热量；密封圈选材、安装要合理，要有足够的压紧力；停车，重新找正，保证垂直度误差小于 0.5mm；严格控制工艺指标，颗粒及结晶物不能进入摩擦副；调整、检修使轴的窜量达到标准；改进安装工艺，或过盈量要适当，或胶黏剂要好用，粘接牢固
4	釜内有异常的杂音	搅拌器摩擦釜内附件（蛇管、温度计管等）或刮壁；搅拌器松脱，衬里鼓包，与搅拌器撞击；搅拌器弯曲或轴承损坏	停车检修找正，使搅拌器与附件有一定间距；停车检查，紧固螺栓，修鼓包，或更换衬里；检修或更换轴及轴承

序号	故障现象	故障原因	处理方法
5	搪瓷搅拌器脱落	被介质腐蚀断裂;电动机旋转方向相反	更换搪瓷轴或用玻璃修补;停车改变转向
6	搪瓷釜法兰漏气	法兰瓷面损坏;选择垫圈材质不合理,安装接头不正确,空位、错移;卡子松动或数量不足	修补、涂防腐漆或树脂;根据工艺要求,选择垫圈材料,垫圈接口要搭拢,位置要均匀;按设计要求,有足够数量的卡子,并要紧固
7	瓷面产生鳞爆及微孔	夹套或搅拌轴管内进入酸性杂质,产生氢脆现象;瓷层不致密,有微孔隐患	用碳酸钠中和后,用水冲净或修补,腐蚀严重的需更换;微孔数量少的可修补,严重的更换
8	电动机电流超过额定值	轴承损坏;釜内温度低,物料黏稠;主轴转速较快;搅拌器直径过大	更换轴承;按操作规程调整温度,物料黏度不能过大;控制主轴转速在一定的范围内;适当调整检修

2. 釜式反应器的维护要点

① 反应釜在运行中严格执行操作规程,禁止超温、超压。

② 按工艺指标控制夹套（或蛇管）及反应器的温度。

③ 避免温差应力与内压应力叠加,使设备产生应变。

④ 要严格控制配料比,防止剧烈反应。

⑤ 要注意反应釜有无异常振动和声响,如发现故障,应检查修理并及时消除。

第五节　其他类型的反应器

一、固定床反应器

1. 固定床反应器结构及工作原理

固定床反应器又称填充床反应器,是装填有固体催化剂或固体反应物用以实现多相反应过程的一种反应器。固体物通常呈颗粒状,粒径 2～15mm 左右,堆积成一定高度（或厚度）的床层。床层静止不动,流体通过床层进行反应。它与流化床反应器及移动床反应器的区别在于固体颗粒处于静止状态。固定床反应器主要用于实现气固相催化反应,如氨合成塔、二氧化硫接触氧化器、烃类蒸汽转化炉等。用于气固相或液固相非催化反应时,床层则填装固体反应物。涓流床反应器也可归属于固定床反应器,气液相并流向下通过床层,呈气液固相接触。

（1）固定床反应器基本形式　固定床反应器有以下三种基本形式。

① 轴向绝热式固定床反应器（图 6-40）。流体沿轴向自上而下流经床层,床层同外界无热交换。

② 径向绝热式固定床反应器。流体沿径向流过床层,可采用离心流动或向心流动,床层同外界无热交换。径向反应器与轴向反应器相比,流体流动的距离较短,流道截面积较大,流体的压力降较小。但径向反应器的结构较轴向反应器复杂。

以上两种形式都属绝热反应器,适用于反应热效应不大,或反应系统能承受绝热条件下由反应热效应引起的温度变化的场合。

③ 列管式固定床反应器（图 6-41）。由多根反应管并联构成。管内或管间置催化剂,载

热体流经管间或管内进行加热或冷却，管径通常在 25～50mm 之间，管数可多达上万根。列管式固定床反应器适用于反应热效应较大的反应。

此外，尚有由上述基本形式串联组合而成的反应器，称为多级固定床反应器。例如，当反应热效应大或需分段控制温度时，可将多个绝热反应器串联成多级绝热式固定床反应器，反应器之间设换热器或补充物料以调节温度，以便在接近于最佳温度条件下操作。

（2）固定床反应器特点

固定床反应器的优点是：①返混小，流体同催化剂可进行有效接触，当反应伴有串联副反应时也可得较高选择性；②催化剂机械损耗小；③结构简单。

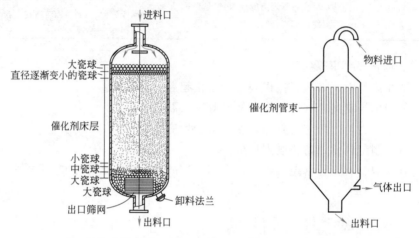

图 6-40　轴向绝热式固定床反应器示意　　图 6-41　列管式固定床反应器示意

固定床反应器的缺点是：①传热差，反应放热量很大时，即使是列管式反应器也可能出现飞温（反应温度失去控制，急剧上升，超过允许范围）；②操作过程中催化剂不能更换，催化剂需要频繁再生的反应一般不宜使用，常代之以流化床反应器或移动床反应器。

固定床反应器中的催化剂不限于颗粒状，网状催化剂早已应用于工业上。目前，蜂窝状、纤维状催化剂也已被广泛使用。

2. 固定床反应器操作与维护

（1）温度调节　催化剂床层温度是反应部分最重要的工艺参数。提高反应温度可使反应速率加快，组分含量增加，产率增高。但反应温度的提高，使催化剂表面积炭结焦速率加快，影响使用寿命。所以，温度的调节控制十分重要。

① 控制反应器入口温度　以加热炉式换热器提供热源的反应，要严格控制反应器入口物料的温度，即控制加热炉出口温度或换热器终温，这是装置重要的工艺指标。如果有两股以上物料同时进反应器，则还可以调节两股物料的比例，达到反应器入口温度恒定的要求。如加氢裂化反应器可以通过加大循环氢量或减少新鲜进料，来降低反应器的入口温度。

② 控制反应床层间的冷却介质量　如加氢裂化过程是急剧的放热反应。如热量不及时移走，将使催化剂温度升高。而催化剂床层温度的升高，又加速了反应的进行，如此循环，会使反应器温度在短时间急剧升高，造成反应失控，造成严重的操作事故。正常的操作中，用调节冷氢量来降低床层温度。

③ 原料组成的变化会引起温度的变化　原料组成发生变化，反应热也会变化，从而会

引起床层温度的变化。如原料组分或杂质增多，都会引起床层温度的变化。一般来说，原料变重，温度升高；而原料含水量增加，则床层温度会上下波动。

④ 反应器初期与末期的温度变化　通常在开工初期，催化剂的活性较高，反应温度可低一些。随着开工时间的延续，催化剂活性有所下降，为保证相对稳定的反应速率，可以在允许范围内适当提高反应温度。

⑤ 反应温度的限制　化工反应器规定反应器床层任何一点温度超过正常温度某一限度时即应停止进料；超过正常温度极限值时，则要采用紧急措施，启动高压放空系统。因为压力下降，反应剧烈程度减缓，使温度不致进一步剧升，造成反应失控。

（2）催化剂器内再生操作　器内再生即是反应物料停止进反应器后，催化剂保留在反应器内，而将再生介质通过反应器，进行再生操作。这种再生方式，避免了催化剂的装卸，缩短了再生时间，是一种广泛使用的方式。

再生前首先降温，遵循"先降温后降量"的原则，严格按照工艺要求的降温速率进行。温度降到规定要求，并停止进料后，就可以用惰性气体，一般是工业氮气，对系统进行吹扫，将反应系统的烃类气体和氢气吹扫干净。经化验，反应器出口的气体内烃类和氢气的含量小于1%即可。

二、流化床反应器

1. 流化床反应器结构及工作原理（图 6-42）

当流体以不同速度由下向上通过固体颗粒床层时，根据流速的不同，会出现不同的情况，如图 6-43 所示。

（1）固定床阶段　当流体以较低的操作速度 u_0 通过床层时，颗粒所受的曳力较小，能够保持静止状态，不发生相对运动，流体只能穿过静止颗粒之间的空隙而流动，床层高度 L_0 也不变，这种床层称为固定床。

（2）流化床阶段　当流速增至一定值，颗粒床层开始松动，颗粒位置也在一定区间内开始调整，床层略有膨胀，但颗粒仍不能自由运动，床层的这种情况称为初始流化或临界流化，此时床层高度为 L_{mf}，空塔气速称为初始流化速度或临界流化速度 u_{mf}。如继续增大流速，固体颗粒将悬浮于流体中作随机运动，床层开始膨胀、增高，空隙率也随之增大，此时颗粒与流体之间的摩擦力恰好与其净重力相平衡。此后床层高度将随流速提高而升高，这种床层具有类似于流体的性质，故称为流化床。

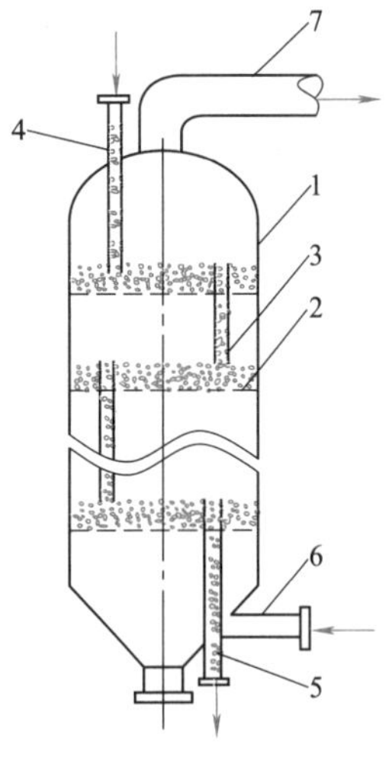

（3）稀相输送床阶段　若流速再升高达到某一极限时，流化床的上界面消失，颗粒分散悬浮于气流中，并不断被气流带走，这种床层称为稀相输送床，颗粒开始被带出的速度称为带出速度，其数值等于颗粒在该流体中的沉降速度。

图 6-42　流化床反应器示意
1—壳体；2—分布板；3—溢流管；4—加料口；5—出料口；6—气体进口；7—气体出口

借助于固体的流态化来实现某种处理过程的技术，称为流态化技术。流态化技术已广泛应用于固体颗粒物料的干燥、混合、煅烧、输送以及催化反应过程中。由于流态化现象比较复杂，人们对它的规律性了解还很不够，无论在设计方面还

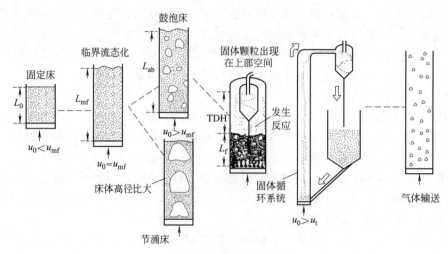

图 6-43　**流态化流型**

是在操作方面，都还有许多有待于进一步研究的内容。而且，鉴于目前绝大多数工业应用都是气-固流化系统，因此，本节主要讨论气-固流化系统。

2. 流化床的主要特点

在流化床中，气、固两相的运动状态就像沸腾的液体，因此流化床也称为沸腾床。流化床具有液体的某些性质，如具有流动性，无固定形状，随容器形状而变，可从小孔中喷出，从一个容器流入另一个容器；具有上界面，当容器倾斜时，床层上界面将保持水平，当两个床层连通时，它们的上界面自动调整至同一水平面；比床层密度小的物体被推入床层后会浮在床层表面上；床层中任意两截面的压差可用压差计测定，且大致等于两截面间单位面积床层的重力。

流化床内的固体颗粒处于悬浮状态并不停的运动，这种颗粒的剧烈运动和均匀混合使床层基本处于全混状态，整个床层的温度、浓度均匀一致，这一特征使流化床中气-固系统的传热大大强化，床层的操作温度也易于调控。但颗粒的激烈运动使颗粒间和颗粒与固体器壁间产生强烈的碰撞与摩擦，造成颗粒破碎和固体壁面磨损；同时当固体颗粒连续进出床层时，会造成颗粒在床层内的停留时间不均，导致固体产品的质量不均。

在聚式流化床中，大部分气体以气泡形式通过床层，与固体颗粒接触时间较短，相反，乳化相中气体与颗粒接触时间较长，造成气-固两相接触时间不均匀。

显然，流态化技术有优点也有缺点，掌握流态化技术，了解其特性，应用时扬长避短，可以获得更好的经济效益。

M6-6　**流化床的流化状态**

3. 流化床的不正常现象

（1）**腾涌现象**　腾涌现象主要出现在气-固流化床中。若床层高度与直径之比值过大，或气速过高，或气体分布不均时，会发生气泡合并成大气泡的现象。当气泡直径长到与床层直径相等时，气泡将床层分为几段，形成相互间隔的气泡层与颗粒层。颗粒层被气泡推着向上运动，到达上部后气泡突然破裂，颗粒则分散落下，这种现象称为腾涌现象。

流化床发生腾涌时，不仅使气-固接触不均，颗粒对器壁的磨损加剧，而且引起设备振动，因此，应采用适宜的床层高度与床径比及适宜的气速，以避免腾涌现象的发生。

（2）沟流现象　沟流现象是指气体通过床层时形成短路，大部分气体穿过沟道上升，没有与固体颗粒很好地接触。沟流现象使床层密度不均且气固接触不良，不利于气固两相的传热、传质和化学反应；同时由于部分床层变成死床，颗粒不是悬浮在气流中。

沟流现象的出现主要与颗粒的特性和气体分布板的结构有关。粒度过细、密度大、易于粘连的颗粒，以及气体在分布板处的初始分布不均，都容易引起沟流。

流化床 Δp-u 关系曲线（图 6-44、图 6-45）可以帮助判断流化床的操作是否正常。流化床正常操作时，压降波动较小。若波动较大，可能是形成了大气泡。若发现压降直线上升，然后又突然下降，则表明发生了腾涌现象。反之，如果压降比正常操作时低，则说明产生了沟流现象。实际压降与正常压降偏离的大小反映了沟流现象的严重程度。

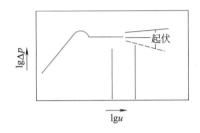

图 6-44　腾涌发生后 △p-u 关系曲线

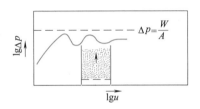

图 6-45　沟流发生后 △p-u 关系曲线

4. 流化床的操作范围

要使固体颗粒床层在流化状态下操作，必须使气速高于临界气速 u_{mf}，而最大气速又不得超过颗粒带出速度，因此，流化床的操作范围应在临界流化速度和带出速度之间。

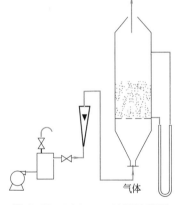

临界流化速度 u_{mf} 测试装置如图 6-46 所示。利用这套装置可测定固体颗粒床层从固定床到流化床，再从流化床回到固定床时压降与气体流速之间的相互关系，得到临界流化速度。

临界流化速度的测定受很多因素的影响，在给定固体颗粒与流化介质条件下，还必须有良好的气体分布装置。测定时常用空气作流化介质，实际生产时根据其所用的介质及其他条件加以校正。实际生产中的临界流化速度 u_{mf} 目前没有普遍的计算公式可供使用，只有一些适用于特定条件下的经验式和半经验式。设计时应更多地参考实际生产中的数据。

图 6-46　测定 u_{mf} 的测试装置

5. 分离高度

流化床中的固体颗粒都有一定的粒度分布，而且在操作过程中也会因为颗粒间的碰撞、磨损产生一些细小的颗粒，因此，流化床的颗粒中会有一部分细小颗粒的沉降速度低于气流速度，在操作中会被带离浓相区，经过分离区而被流体带出器外。另外，气体通过流化床时，气泡在床层表面上破裂时会将一些固体颗粒抛入稀相区，这些颗粒中大部分颗粒的沉降速度大于气流速度，因此，它们到达一定高度后又会落回床层。这样就使得离床面距离越远的区域，其固体颗粒的浓度越小，离开床层表面一定距离后，固体颗粒的浓度基本不再变

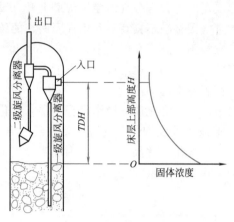

图 6-47 流化床分离高度

化。如图 6-47 所示，固体颗粒浓度开始保持不变的最小距离称为分离区高度，又称 TDH（Transport Disen-gaging Height）。床层界面之上必须有一定的分离区，以使沉降速度大于气流速度的颗粒能够重新沉降到浓相区而不被气流带走。从经济性考虑，气体出口不需高于分离区高度。分离区高度的影响因素比较复杂，系统物性、设备及操作条件均会对其产生影响。至今尚无适当的计算公式。

6. 提高流化质量的措施

流化质量是指流化床均匀的程度，即气体分布和气、固接触的均匀程度。流化质量不高对流化床的传热、传质及化学反应过程都非常不利。特别是在聚式流化床中，由于气相多以气泡形式通过床层，造成气、固接触不均匀，严重影响流化床的操作效果。一般来说，流化床内形成的气泡越小，气固接触的情况越好。影响流化质量的因素如下。

（1）分布板　在流化床中，分布板的作用除了支撑固体颗粒、防止漏料外，还有分散气流使气体得到均匀分布的作用。但一般分布板对气体分布的影响通常只局限在分布板上方不超过 0.5m 的区域内，床层高度超过 0.5m 时，必须采取其他措施，改善流化质量。

设计良好的分布板，应对通过它的气流有足够大的阻力，从而保证气流均匀分布于整个床层截面上，也只有当分布板的阻力足够大时，才能克服聚式流化的不稳定性，抑制床层中出现沟流等不正常现象。实验证明，当采用某种致密的多孔介质或低开孔率的分布板时，可使气固接触非常良好，但同时气体通过这种分布板的阻力较大，会大大增加鼓风机的能耗，因此通过分布板的压力降应有个适宜值。据研究，适宜的分布板压力降应等于或大于床层压力降的 10%，并且其绝对值应不低于 3.5kPa。床层压力降可取为单位截面上床层重力。

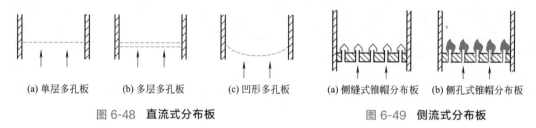

(a) 单层多孔板　(b) 多层多孔板　(c) 凹形多孔板	(a) 侧缝式锥帽分布板　(b) 侧孔式锥帽分布板
图 6-48 　直流式分布板	图 6-49 　侧流式分布板

工业生产用的气体分布板形式很多，常见的有直流式、侧流式和填充式等。直流式分布板如图 6-48 所示。单层多孔板结构简单，便于设计和制造，但气流方向与床层垂直，易使床层形成沟流；小孔易于堵塞，停车时易漏料。多层多孔板能避免漏料，但结构稍微复杂。凹形多孔分布板能承受固体颗粒的重荷和热应力，还有助于抑制鼓泡和沟流。侧流式分布板如图 6-49 所示，在分布板的孔上装有锥形风帽（锥帽），气流从锥帽底部的侧缝或锥帽四周的侧孔流出。目前这种带锥帽的分布板应用最广，效果也最好，其中侧缝式锥帽采用最多。填充式分布板如图 6-50 所示，它是在直孔筛板或栅板和金属丝网层间铺上卵石-石英砂-卵

石。这种分布板结构简单，能够达到均匀布气的要求。

（2）设备内部构件　在床层中设置某种内部构件以后，能够抑制气泡长大并破碎大气泡，从而改善气体在床层中的停留时间分布、减少气体返混和强化两相间的接触。

图 6-50　**填充式分布板**

挡网、挡板和垂直管束都是工业流化床广泛采用的内部构件。当气速较低时可采用挡网，它是用金属丝制成的，常采用网眼为 25mm×25mm 和 25mm×25mm 两种规格。

我国目前通常采用百叶窗式的挡板，这种挡板大致分为单旋挡板和多旋挡板两种类型，以单旋挡板用得最多。

采用挡板可破碎上升的气泡，使粒子在床层径向的粒度分布趋于均匀，改善气固接触状况，阻止气体的轴向返混。但挡板也有不利的一面，它阻碍了颗粒的轴向混合，使颗粒沿床层高度按其粒径大小产生分级现象，使床层的轴向温差变大，因而恶化了流化质量。

为了减少床层的轴向温度差，提高流化质量，挡板直径应略小于设备直径，使颗粒沿四周环隙下降，然后再被气流通过各层挡板吹上去，从而构成一个使颗粒得以循环的通道。环隙愈大，颗粒循环量愈大。床径小于 1m 时，环隙宽度约为 10～15mm；床径为 2～5m 时，环隙宽度约为 20～25mm，有时可大到 50mm。环隙的大小还应视过程的特点而异，颗粒作为载体时，环隙宜大；颗粒作为催化剂时，环隙宜小。挡板间距的确定，目前还没有明确的结论，工业使用的板间距为 150～400mm 或更大。

垂直管束（如流化床内垂直放置的加热管）是床层内的垂直构件，它们沿径向将床层分割，可限制气泡长大，但不会增大轴向温差，操作效果较好，目前应用逐渐增加。

7. 流化床反应器的操作

对于一般的工业流化床反应器，需要控制和测量的参数主要有颗粒粒度、颗粒组成、床层压力和温度、流量等。这些参数的控制除了受所进行的化学反应的限制外，还要受到流态化要求的影响。实际操作中是通过安装在反应器上的各种测量仪表了解流化床中的各项指标，以便采取正确的控制步骤达到反应器的正常工作。

（1）颗粒粒度和组成的控制　颗粒粒度和组成对流态化质量和化学反应转化率有重要影响。下面介绍一种简便而常用的控制粒度和组成的方法。

在氨氧化制丙烯腈的反应器内，采用的催化剂粒度和组成中，为了保持小于 $44\mu m$ 的"关键组分（即对流态化质量起关键作用的较小粒度的颗粒）"粒子含量在 20%～40% 之间，在反应器上安装一个"造粉器"。当发现床层内小于 $44\mu m$ 的粒子含量小于 12% 时，就启动造粉器。造粉器实际上就是一个简单的气流喷枪，它是用压缩空气以大于 300m/s 的流速喷入床层，黏结的催化剂粒子即被粉碎，从而增加了小于 $44\mu m$ 粒子的含量。在造粉过程中，要不断从反应器中取出固体颗粒样品，进行粒度和含量的分析，直到细粉含量达到要求为止。

（2）压力的测量与控制　压力和压降的测量，是了解流化床各部位是否正常工作较直观的方法。对于实验室规模的装置，U 形管压力计是常用的测压装置，通常压力计的插口需配置过滤器，以防止粉尘进入 U 形管。工业装置上常采用带吹扫气的金属管做测压管。测压管直径一般为 12～25.4mm，反吹风量至少为 $1.7m^3/h$。反吹气体必须经过脱油、去湿方可应用。测压管线的典型安装如图 6-51 所示。为了确保管线不漏气，所有丝接的部位最后都是焊死的，阀门不得漏气。孔板是用 1mm 厚的不锈钢或铜板制造的，钻 $0.64 \sim 1.0mm$ 小孔。为了了解在流态化情况下的床层高度，可用下式推算：

$$L = L_1 \frac{p_C - p_A}{p_C - p_B}$$

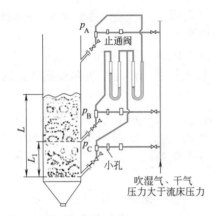

图 6-51　流化床压差计安装管线示意　　M6-7　U 形压差计　　M6-8　双液位压差计

　　用同样的取样方式，可以推算旋风分离器料腿内的料柱高度。就是说，为了随时了解旋风分离器料腿内的料柱高度及它的稳定工作情况，可在料腿上也安装三个测压管，同样要接吹扫风。特别是在用细颗粒催化剂时，旋风分离系统的设计，常是过程能否成功的关键，应当特别慎重处理。由于流化床呈脉冲式运动，需要安装有阻尼的压力指示仪表，如差压计、压力表等。有经验的操作者常能通过测压仪表的运动预测或发现操作故障。

　　（3）温度的测量与控制　　流化床催化反应器的温度控制取决于化学反应的最优反应温度的要求。一般要求床内温度分布均匀，符合工艺要求的温度范围。通过温度测量可以发现过高温度区，进一步判断产生的原因是存在死区，还是反应过于剧烈，或者是换热设备发生故障。通常由于存在死区造成的高温，可及时调整气体流量来改变流化状态，从而消除死区。如果是因为反应过于剧烈，可以通过调节反应物流量或配比加以改变。换热器是保证稳定反应温度的重要装置，正常情况下通过调节加热剂或制冷剂的流量就能保证工艺对温度的要求。但是如果设备自身出现故障，就必须加以排除。最常用的温度测量办法是采用标准的热敏元件。如适应各种范围温度测量的热电偶。可以在流化床的轴向和径向安装这样的热电偶组，测出温度在轴向和径向的分布数据，再结合压力测量，就可以对流化床反应器的运行状况有一个全面的了解。

M6-9　弹簧
压力表

M6-10　典型的减温
减压系统布置图

　　（4）流量控制　　气体的流量在流化床反应器中是一个非常重要的控制参数，它不仅影响着反应过程，而且关系到流化床的流化效果。所以作为既是反应物又是流化介质的气体，其流量必须要在保证最优流化状态下，有较高的反应转化率。一般原则是气量达到最优流化状态所需的气速后，应在不超过工艺要求的最高或最低反应温度的前提下，尽可能提高气体流量，以获得最高的生产能力。

气体流量的测量一般采用孔板流量计，要求被测的气体是清洁的。当气体中含有水、油和固体粉尘时，通常要先净化，然后再进行测量。系统内部的固体颗粒流动，通常是被控制的，但一般并不计量。它常常被调节在一个推理的基础上，如根据温度、压力、催化剂活性、气体分析等要求来调整。在许多煅烧操作中，人们常根据煅烧物料的颜色来控制固体的给料。

M6-11　孔板流量计示意

（5）开停车及防止事故的发生　由粗颗粒形成的流化床反应器，开车启动操作一般不存在问题。而细颗粒流化床，特别是采用旋风分离器的情况下，开车启动操作需按一定的要求来进行。这是因为细颗粒在常温下容易团聚。当用未经脱油、脱湿的气体流化时，这种团聚现象就容易发生，常使旋风分离器工作不正常，导致严重后果。正常的开车程序如下。

① 先用被间接加热的空气加热反应器，以便赶走反应器内的湿气，使反应器趋于热稳定状态。对于一个反应温度在 $300\sim400℃$ 的反应器，这一过程要达到使排出反应器的气体温度达到 $200℃$ 为准。必须指出，绝对禁止用燃油或燃煤的烟道气直接加热。因为烟道气中含有大量燃烧生成的水，与细颗粒接触后，颗粒先要经过吸湿，然后随着温度的升高再脱水，这一过程会导致流化床内旋风分离器的工作不正常，造成开车失败。

② 当反应器达到热稳定状态后，用热空气将催化剂由储罐输送到反应器内，直至反应器内的催化剂量足以封住一级旋风分离器料腿时，才开始向反应器内送入速度超过 u_{mf} 不太多的热风（热风进口温度应大于 $400℃$），直至催化剂量加到规定量的 $1/2\sim2/3$ 时，停止输送催化剂，适当加大流态化热风。对于热风的量，应随着床温的升高予以调节，以不大于正常操作气速为度。

③ 当床温达到可以投料反应的温度时，开始投料。如果是放热反应，随着反应的进行，逐步降低进气温度，直至切断热源，送入常温气体。如果有过剩的热能，可以提高进气温度，以便回收高值热能的余热，只要工艺许可，应尽可能实行。

④ 当反应和换热系统都调整到正常的操作状态后，再逐步将未加入的 $1/3\sim1/2$ 催化剂送入床内，并逐渐把反应操作调整到要求的工艺状况。

正常的停车操作对保证生产安全，减少对催化剂和设备的损害，为开车创造有利条件等都是非常重要的。不论是对固相加工或气相加工，正常停车的顺序都是首先切断热源（对于放热反应过程，则是停止送料），随后降温。至于是否需要停气或放料，则视工艺特点而定。一般情况下，固相加工过程有时可以采取停气，把固体物料留在装置里不会造成下次开车启动的困难；但对气相加工来说，特别是对于采用细颗粒而又用旋风分离器的场合，就需要在床温降至一定温度时，立即把固体物料用气流输送的办法转移到储罐里去，否则会造成下次开车启动的困难。

为了防止突然停电或异常事故的突然发生，考虑紧急地把固体物料转移出去的手段是必需的。同时，为了防止颗粒物料倒灌，所有与反应器连接的管道，如进、出气管，进料管，测压与吹扫气管，都应安装止逆阀门，使之能及时切断物料，防止倒流，并使系统缓慢地泄压，以防事故的扩大。

8. 流化床反应器的故障处理与维护

流化床催化反应器常见故障及处理方法见表 6-6。

表 6-6　流化床催化反应器的故障及处理方法

序号	故障现象	故障原因	处理办法
1	出料气体夹带催化剂	旋风分离器堵塞	调节进料摩尔比及压力、温度,如无效,则停车处理
2	回收催化剂管线堵塞	反应器保温、伴热不良,蛇管内热水温度低,反应器内产生冷凝水,导致催化剂结块	加强保温及伴热效果,提高蛇管内热水温度
3	回收催化剂插入管阀门腐蚀穿孔	保温或伴热不良,蛇管内热水温度低,反应器内产生冷凝水	不停车带压堵漏,如无法修补,则应停车,更换新件
4	蛇管泄漏	制造质量差,腐蚀、冲刷或停车时保护不良	立即停车,倒空,进行修补或更换冷却蛇管
5	大法兰泄漏	垫片变形、螺栓预紧力不均匀	紧法兰螺栓或更换垫片
6	反应器流化状态不良	分布器或挡板被催化剂堵塞	重新调整进料摩尔比,如无效,停车清理分布板或挡板

三、管式反应器

1. 管式反应器结构及工作原理

管式反应器是化工行业广泛应用的一种装置,具有反应速度快、体积小、无活动部件、操作维护简便、连续化生产等优点。硫酸、氨管式反应器是硫酸与氨的管式反应器。硫酸与气氮或液氮同时分别进入管式反应器中,在这里二者进行充分反应。进入的氨量应使硫酸全部中和,生成硫酸铵。反应管中生成的硫酸铵通过与反应管成直角的肘管喷嘴喷出。由于在管式反应器内加入了回收料浆,且硫酸与氨的反应热大,所以反应器内物流为气、液混合流,该物流经喷嘴喷出时,在管内产生的气流作用下,出反应器的硫酸铵被良好地雾化并均匀地喷洒在造粒机内物料床层上。硫酸、氨管式反应器的最高反应温度高达350℃,远远高于用于磷酸与氨反应的十字管反应器的反应温度,所以要求设备耐酸腐蚀程度更高。硫酸、氨管式反应器结构见图 6-52。

图 6-52　硫酸、氨管式反应器设备简图

1—气氨入口;2—洗涤液入口;3—蒸汽入口;

4—硫酸入口;5—硫酸铵出口

刺刀管式反应器是高压法生产三聚氰胺装置中的关键设备。该刺刀管式反应器操作的好坏直接影响三聚氰胺产品质量。

刺刀管式反应器中间是一根 $\phi635\times10$ 的中心管,周围是 4 层 179 根刺刀管,反应器内衬、刺刀管外管、中心管材质均为高镍合金,封头垫片均为纯银垫片。尿素由底部进入充满反应器后,利用密度差在刺刀管间和中心管形成循环,在循环过程中尿素缩聚成三聚氰胺从反应器顶部排出。刺刀管由 $\phi19.5\times1.65$ 的内管和 $\phi33.4\times3.38$ 的外管组成，刺刀管（也叫插入管）因其形似刺刀而得名。管子一端固定在管箱上，另一端可以自由伸缩，高温熔盐由分布器分成四路进入外管箱，经内、外管间的环隙上升，完成热交换后，由上端进入内管，最后汇集到内管箱。刺刀管式反应器结构如图 6-53 所示。

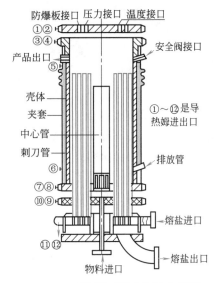

图 6-53　刺刀管式反应器结构简图

2. 常见故障及处理方法

管式反应器常见故障及处理方法见表 6-7。

3. 维护要点

管式反应器与釜式反应器相比较，由于没有搅拌器一类转动部件，故具有密封可靠、振动小、管理和维护保养简便的特点。但是，经常性的巡回检查仍是不少的。运行中出现故障时，必须及时处理，绝不能马虎了事。

反应器的振动通常有两个来源：一是超高压压缩机的往复运动造成压力脉动的传递；二是反应器末端压力调节阀频繁动作而引起的压力脉动。振幅较大时要检查反应器入口、出口配管接头箱紧固螺栓及本体抱箍是否有松动，若有松动，应及时紧固。但接头箱紧固螺栓的紧固只能在停车后才能进行。同时要注意碟形弹簧垫圈的压缩量，一般允许为压缩量的 50%，以保证管子热膨胀时的伸缩自由。反应器振幅控制在 0.1mm 以下。此外，要经常检查钢结构地脚螺栓是否有松动，焊缝部分是否有裂纹等。

表 6-7　管式反应器常见故障及处理方法

序号	故障现象	故障原因	处理方法
1	密封泄漏	安装密封面受力不均；振动引起紧固件松动；滑动部件受阻造成热胀冷缩，局部不均匀；密封环材料处理不符合要求	停车修理：按规范要求重新安装；拧紧紧固螺栓；检查、修正相对活动部位；更换密封环
2	放出阀泄漏	阀杆弯曲度超过规定值；阀芯、阀座密封面受伤；装配不当使油缸行程不足，阀杆与油缸锁紧螺母不紧，密封面光洁度差，装配前清洗不够；阀体与阀杆相对密封面过大，密封比压减小；油压系统故障造成油压降低；填料压盖螺母松动	停车修理：更换阀杆；阀座密封面研磨；解体检查安装，并做动作试验；更换阀门；检查并修理油压系统；紧螺母或更换
3	爆破片爆破	膜片存在缺陷；爆破片疲劳破坏；油压放出阀联系失灵，造成压力过高；运行中超温超压发生分解反应	注意安装前爆破片的检验；按规定定期更换；查油压放出阀联锁系统；分解反应爆破后，应做下列各项检查：接头箱超声波探伤；相接邻近超高压配管超声波探伤，不合格应更新
4	反应管胀缩卡死	安装不当，使弹簧压缩量大，调整垫板厚度不当；机架支托滑动面相对运动受阻；支撑点固定螺栓与机架上长孔位置不正	重新安装，控制碟形弹簧压缩量，选用适当厚度的调整垫板；检查清理滑动面；调整反应管位置或修正机架孔
5	套管泄漏	套管进出口因管径变化引起汽蚀，穿孔套管定心柱处冲刷磨损穿孔；套管进出接管结构不合理；套管材料较差；接口及焊接存在缺陷；联络管法兰紧固不均匀	停车局部修理；改造套管进出接管结构；选用合适的套管材料；焊口按规范修补；重新安装联络管，更换垫片

拓展阅读

我国反应器技术的发展

近年来，我国在反应器领域取得了显著的创新和发展。2024 年，我国成功投产了 3000 吨级超大型催化加氢反应器，这是世界上最大的加氢反应器。这一成就标志着我国在加氢反应器领域的自主创新取得了决定性胜利，打破了国外技术封锁。该设备不仅满足了国内需求，还提升了我国在国际市场的竞争力。

陈建峰院士提出跨尺度分子混合反应理论模型，创建了超重力反应器技术及其反应与分离强化新工艺。该技术成功应用于百万吨级高端化学品和纳米材料制造等领域，显著提升了节能减排能力和产品品质。

张跃研究员团队开发了高效传热、传质功能的毫米通道反应系统，形成了可量产化的连续流高通量微反应系统。该技术已在中国石油、中国石化等 30 多家企业实现工业化应用，覆盖多个地区，推动了石油化工、医药、染料等行业的技术升级。

在生物反应器领域我国也取得了显著进展。药明生物于 2024 年 6 月成功建成并投入使用了首批 5000L 一次性生物反应器，标志着我国在生物反应器领域的国产化迈出了坚实一步。此外，东富龙和楚天科技等企业也在生物反应器的研发和产业化方面取得了重要突破。康宁反应器技术有限公司将微反应器技术引入中国，并推动了该技术在化工、制药等领域的应用。康宁反应器技术在中国的应用从无到有，取得了显著的市场认可。此外，我国在连续流微通道反应器系统研究方面也取得了显著成果，开发的反应系统已在多个行业实现工业化应用，推动了相关领域的技术升级。

这些技术的发展，不仅推动了我国反应器技术的自主创新，也为相关行业的高质量发展奠定了坚实基础。

思考题

6-1 化工厂常用的高温热源有哪些？各适用于什么场合？

6-2 搅拌器的作用是什么？有哪些类型？根据什么原则选型？

6-3 搅拌反应器有哪些主要部分？各部分的作用是什么？

6-4 搅拌釜式反应器的传热装置有哪些？各有什么特点？

6-5 选择反应器形式和操作方式时，应从哪些方面对反应器性能进行比较？

6-6 夹套传热与蛇管传热各有何特点？

6-7 搅拌反应器常用的减速器有哪几种？各有什么特点？各适应什么场合？

6-8 机架、凸缘、底盖有哪些标准结构形式？

6-9 简述填料密封的结构组成、工作原理及密封特点。

6-10 简述机械密封的结构组成、工作原理及密封特点。

6-11 简述连续操作管式反应器、连续操作釜式反应器的主要特点。

6-12 气固相催化反应器有哪几类？各有什么特点？

6-13 固定床反应器分为哪几种类型？其结构有何特点？

6-14 试述绝热式和换热式气固相催化固定床反应器的特点，并举出应用实例。

6-15 流体在固定床反应器中的流动特性是什么？

6-16 当气体通过固定颗粒床时，随着气速的增大，床层将发生何种变化？形成流化床时气速必须达到何值？

6-17 两种流态化的概念是什么？如何判断？

6-18 常见的不正常流化床有哪几种？对流化床的操作有何影响？

6-19 流化床中质量传递和热量传递有何特点？

6-20 流化床反应器有哪些主要参数？各参数的计算方法和计算中应注意哪些问题？

6-21 流化床反应器操作中应注意什么问题？如何优化流化床反应器的操作条件？

第七章
塔设备

第一节 塔设备概述

一、塔设备在化工生产中的应用

在炼油、化工及轻工等工业生产中，气、液两相直接接触进行传质传热的过程是很多的，如精馏、吸收、解吸、萃取等。这些过程都是在一定的压力、温度、流量等工艺条件下，在一定的设备内完成的。由于其过程中两种介质主要发生的是质的交换，所以也将实现这些过程的设备叫传质设备；从外形上看这些设备都是竖直安装的圆筒形容器，且长径比较大，形如"塔"，故习惯上称其为塔设备。

塔设备是化工、石油化工、生物化工、制药、炼油等生产过程中广泛采用的重要设备之一。塔设备属于气液传质设备，它可使气（或汽）液或液液两相之间进行紧密接触达到相际传质及传热的目的。

化工生产中常见的可在塔设备中完成的单元操作有：精馏、吸收、解吸和萃取等。此外，工业气体的冷却与回收、气体的湿法精制和干燥中也多使用塔设备，另外，在兼有气液两相传质和传热的增湿、减湿等生产中塔设备也有广泛的应用。

在化工厂或炼油厂中，塔设备的性能对于整个装置的产品产量、质量、生产能力和消耗定额，以及三废处理和环境保护等各个方面都有重大的影响。

据有关资料报道，塔设备的投资费用及钢材耗量仅次于换热设备，参看表 7-1。据统计，在化工和石油化工生产装置中，塔设备的投资费用占全部工艺设备总投资的 25.39%，在炼油和煤化工生产装置中占 34.85%；其所消耗的钢材重量在各类工艺设备中所占比例也是比较高的，如年产 250 万吨常减压蒸馏装置中，塔设备耗用钢材重量占 45.5%，年产 120 万吨催化裂化装置中占 48.9%，年产 30 万吨乙烯装置中占 25%～28.3%。可见塔设备是炼油、化工生产中最重要的工艺设备之一，它的设计、研究、使用对化工、炼油等工艺的发展起着重大的作用。

表 7-1　化工生产装置中各类工艺设备所占投资的比例　　　　单位：%

类别	搅拌设备	反应设备	换热设备	塔设备
化工和石油化工	6.15	22.91	45.55	25.39
炼油和煤化工	2.63	13.02	49.50	34.85
人造纤维	12.19	2.30	40.61	44.90
药物和制药	33.61	30.60	25.92	9.87
油脂工业	19.58	8.99	50.94	20.49
油漆和涂料	53.66	22.03	12.91	11.40
橡胶	15.38	12.04	57.47	15.11

二、塔设备的分类及构造

随着化工生产工艺的不断改进和发展，与之相适应的塔设备也形成了形式繁多的结构和类型，以满足各种特定的工艺要求。为了便于研究和比较，人们从不同的角度对塔设备进行分类。例如：按操作压力分为加压塔、常压塔和减压塔；按单元操作分为精馏塔、吸收塔、解吸塔、萃取塔、反应塔和干燥塔；按形成相际接触界面的方式分为具有固定相界面的和流动过程中形成相界面的塔；也有按塔釜形式分类的；还有几种装有机械运动构件的塔。

1. 按用途分类

（1）精馏塔　利用液体混合物中各组分挥发度的不同来分离其各液体组分的操作称为蒸馏，反复多次蒸馏的过程称为精馏，实现精馏操作的塔设备称为精馏塔。如常减压装置中的常压塔、减压塔，可将原油分离为汽油、煤油、柴油及润滑油等；铂重整装置中的各种精馏塔，可以分离出苯、甲苯、二甲苯等。

（2）吸收塔、解吸塔　利用混合气中各组分在溶液中溶解度的不同，通过吸收液体来分离气体的工艺操作称为吸收；将吸收液通过加热等方法使溶解于其中的气体释放出来的过程称为解吸。实现吸收和解吸操作过程的塔设备称为吸收塔、解吸塔。如催化裂化装置中的吸收、解吸塔，从炼厂气中回收汽油、从裂解气中回收乙烯和丙烯，以及气体净化等都需要吸收、解吸塔。

（3）萃取塔　对于各组分间沸点相差很小的液体混合物，利用一般的分馏方法难以奏效，这时可在液体混合物中加入某种沸点较高的溶剂（称为萃取剂）；利用混合液中各组分在萃取剂中溶解度的不同，将它们分离，这种方法称为萃取（也称为抽提）。实现萃取操作的塔设备称为萃取塔。如丙烷脱沥青装置中的抽提塔等。萃取塔中以脉冲塔和转盘塔用得较多。

M7-1　**脉冲萃取塔**　M7-2　**转盘萃取塔**　M7-3　**喷洒萃取塔**

（4）洗涤塔　用水除去气体中无用的成分或固体尘粒的过程称为水洗或除尘，采用的塔设备称为洗涤塔或除尘塔。

这里需要说明一点，有些设备就其外形而言属塔式设备，但其工作实质不是分离而是换热或反应。如凉水塔属冷却器，合成氨装置中的合成塔属反应器。

2. 按操作压力分类

塔设备根据其完成的工艺操作不同，其压力和湿度也不相同。但当达到相平衡时，压力、温度、气相组成和液相组成之间存在着一定的函数关系。在实际生产中，原料和产品的成分和要求是由工艺确定的，不能随意改变，压力和温度有选择的余地，但二者之间是相互关联的，如一项先确定了，另一项则只能由相平衡关系求出。从操作方便和设备简单的角度来说，选常压操作最好，从冷却剂的来源角度看，一般宜将塔顶冷凝温度控制在 $30 \sim 40 \, ^\circ\!C$，以便采用廉价的水或空气作为冷却剂。所以塔设备根据具体工艺要求，设备及操作成本综合考虑，有时可在常压下操作、有时则需要在加压下操作，有时还需要减压操作。相应的塔设备分别称为常压塔、加压塔和减压塔。

3. 按结构形式分类

塔设备尽管其用途各异，操作条件也各不相同，但就其构造而言都大同小异，主要由塔体、支座、内部构件及附件组成。根据塔内部构件的结构可将其分为板式塔和填料塔两大类。具体结构如图7-1、图7-2所示。

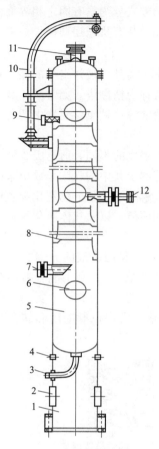

图 7-1　板式塔基本结构

1—裙座；2—裙座人孔；3—塔底液体出口；
4—裙座排气孔；5—塔体；6—人孔；
7—蒸汽入口；8—塔盘；9—回流入口；
10—吊柱；11—塔顶蒸汽出口；12—进料口

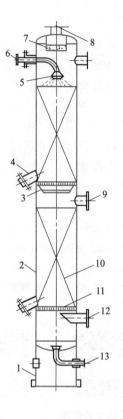

图 7-2　填料塔基本结构

1—裙座；2—塔体；3—液体再分布器；
4—卸料口；5—喷淋装置；6—料液进口；
7—除沫器；8—气体出口；9—人孔；
10—填料；11—填料支撑；12—气
体进口；13—液体出口

M7-4　填料萃取塔

在板式塔中，塔内装有一定数量的塔盘，气体以鼓泡或喷射的形式穿过塔盘上的液层使两相密切接触，进行传质。两相的组分浓度沿塔高呈阶梯式变化。在填料塔中，塔内装填一定高度的填料层，液体沿填料表面呈膜状向下沉动，而连续相的气体自下而上流动，与液体逆流传质。两相的组分浓度沿塔高呈连续变化。人们又按板式塔的塔盘结构和填料塔所用的填料，可以细分为不同塔型。

4. 塔设备的构件

塔设备的构件，除了种类繁多的各种内件外，其余构件则是大致相同的。分别如下。

（1）塔体　塔体是塔设备的外壳。常见的塔体是由等直径、等壁厚的圆筒和作为顶盖与底盖的椭圆形封头所组成的。随着化工装置的大型化，还有采用不等直径、不等壁厚的塔体。塔体除满足工艺条件（如温度、压力、塔径和塔高等）下的强度、刚度外，还应考虑风力、地震、偏心载荷所引起的强度、刚度问题，以及吊装、运输、检验、开停工等的影响。对于板式塔来说，塔体的不垂直度和弯曲度将直接影响塔盘的水平度，其指标对板式塔效率的影响是非常明显的，为此在塔体的设计、制造、检验、运输和吊装等各个环节中，都应严格保证达到有关要求，不允许误差超过设计要求。

（2）塔体支座　塔体支座是塔体安放到基础上的连接部分。它必须保证塔体坐落在确定的位置上进行正常的工作。为此，它应当具有足够的强度和刚度能承受各种操作情况下的全塔重量，以及风力、地震等引起的载荷。最常用的塔体支座是裙式底座（简称为"裙座"）。

（3）除沫器　除沫器用于捕集夹带在气流中的液滴。使用高效的除沫器，对于回收贵重物料、提高分离效率、改善塔后设备的操作状况，以及减少对环境的污染等都是非常必要的。

（4）接管　塔设备的接管是用以连接工艺管，把塔设备与相关设备连成系统。按接管的用途分为进液管、出液管、进气管、回液管、侧线抽出管和仪表接管等。

（5）人孔和手孔　人孔和手孔一般是为了安装、检修和检查的需要而设置的。在板式塔和填料塔中，各有不同的设置要求。

（6）吊耳　塔设备的运输和安装，特别是在设备大型化后，往往是化工厂基建工地上一项举足轻重的任务。为起吊方便，可在塔设备上焊上吊耳。

（7）吊柱　在塔顶设置吊柱及为了在安装和检修时，方便塔内件的运送。

三、塔设备的工艺要求和技术要求

1. 塔设备的工艺要求

化工生产过程中，塔设备主要用于传质过程，因此首先要能使塔设备中的物料气液两相充分接触，以获得较高的传质效率；此外为了满足工业生产的需要，塔设备还得考虑下列各项要求。

① 生产能力大。即单位塔截面上单位时间内物料的处理量要大。在较大的气（汽）液流速下，仍不致发生大量的雾沫夹带、漏液或液泛等破坏正常操作的现象。

② 分离效率高。即气、液相能充分接触且分离效果好。

③ 操作稳定、弹性大。即有较强的适应性和较宽的操作范围，能适应不同性质的物料且在负荷波动时能维持稳定操作，应保证能长期连续操作。当塔设备的气（汽）液负荷量有较大的波动时仍能在较高的传质效率下进行稳定的操作。

④ 压降小。即流体通过时阻力小，这样可以大大节约生产的动力消耗，以降低正常操作费用。对于减压蒸馏操作，较大的压力降还将使系统无法维持必要的真空度。

⑤ 结构简单、材料耗用量小、制造和安装容易。这可以减少基建过程中的投资费用，降低成本。

⑥ 耐腐蚀和不易堵塞，操作、调节和检修方便。

事实上，一个塔设备要同时满足以上各项要求是困难的，对于现有的任何一种塔型，都不可能完全满足上述的所有要求，仅是在某些方面不同的塔型各有其独到之处。而且实际生产中各项指标的重要性因具体情况而异，不可一概而论。所以应从生产需要及经济合理性考虑，正确处理以上各项要求。

2. 塔设备的技术要求

塔设备制造、安装质量对设备能否达到预期的操作性能有很大影响，必须注意技术要求。下述几项技术要求可供参考，更全面的要求可参阅其他技术规定、规范。

① 塔体弯曲度应小于 1/1000 塔高。塔总高 20m 以下，塔体弯曲度不得超过 20mm，当塔高大于 20m，塔体弯曲度不得超过 30mm。

② 板式塔塔体安装垂直度偏差应小于 1/1000 塔高，且不大于 15mm；填料塔塔体安装垂直度偏差不得超过塔高的 2/1000，且不大于 30mm。

③ 塔盘板长度偏差不得超过 ±0.4mm，宽度偏差不得超过 ±0.2mm。

④ 塔盘板需要维持一定的水平度，否则将影响气、液的均匀分布。除在制造及安装中会引起偏差外，还因塔盘板自重、液体负荷以及塔体弯曲都会影响塔盘水平度，故塔盘板应要求尽可能平。在安装前，分块塔盘板的弯曲及局部不平度在整个板面内均不得超过 2mm；在安装后，塔盘板水平度在整个面上的偏差 f（即最高点与最低点之差）不得超过表 7-2 所列数值。

⑤ 为了保证塔盘的水平度，支持圈的表面水平度也有一定的要求。在 300mm 弦长的表面上，局部平面度不超过 1mm，总的平面度的允许偏差与塔盘相同（即表 7-2 的 f 值），相邻两支撑全间距的偏差不超过 ±20mm。

表 7-2　塔盘板水平度允许偏差 f　　　　　　　　mm

塔器公称直径 DN	偏差 f	塔器公称直径 DN	偏差 f
$DN \leqslant 1600$	4	$6000 < DN \leqslant 8000$	12
$1600 < DN \leqslant 4000$	6	$8000 < DN \leqslant 10000$	15
$4000 < DN \leqslant 6000$	9		

⑥ 溢流堰顶的水平度对塔盘板的操作及效率均有影响，故堰顶的水平度不超过堰宽的 1/1000，且不大于 3mm。

⑦ 降液管安装后，其下端与受液盘距离的偏差为 ±3mm。

⑧ 栅板应平整，安装后的平面度不超过 2mm。对最底层的栅板没有平面度要求。

⑨ 液体分布装置安装时，水平偏差不超过 ±3mm，标高偏差不超过 ±3mm，其中心线与塔中心线偏差不超过 ±3mm。

⑩ 塔体在同一断面上的最大直径与最小直径之差 e，应符合下述规定：受内压塔 $e \leqslant 1\%$ DN（DN 为塔内径），且 e 不大于 25mm；对受外压塔 $e \leqslant 0.5\% DN$，且 e 不大于 25mm。

⑪ 裙座（支座）螺栓孔中心圆直径偏差小于 ±3mm，任意两孔间距偏差小于 ±3mm。

四、塔设备的发展

化工生产对于高效率、高生产能力、稳定操作和低压力降的追求，推动着科技人员不断研发新的塔设备结构形式，推动着塔设备新结构形式的不断出现和发展。

工业上最早出现的板式塔是筛板塔和泡罩塔。筛板塔出现于 1830 年，很长一段时间内被认为难以操作而未得到重视。泡罩塔结构复杂，但容易操作，自 1854 年应用于工业生产以后，很快得到推广，直到 20 世纪 50 年代初，它始终处于主导地位。第二次世界大战后，炼油和化学工业发展迅速，泡罩塔结构复杂、造价高的缺点日益突出，而结构简单的筛板塔重新受到重视。通过大量的实验研究和工业实践，逐步掌握了筛板塔的操作规律和正确设计方法，还开发了大孔径筛板，解决了筛孔容易堵塞的问题。因此 20 世纪 50 年代起，筛板塔迅速发展成为工业上广泛应用的塔型。与此同时，还出现了浮阀塔，它操作容易，结构也比较简单，同样得到了广泛应用。而泡罩塔的应用则日益减少，除特殊场合外，已不再新建。20 世纪 60 年代以后，石油化工的生产规模不断扩大，大型塔的直径已超过 10m。为满足设备大型化及有关分离操作所提出的各种要求，目前已出现了数十种新型塔板。

20 世纪 70 年代以前，在大型塔器中，板式塔占有绝对优势，70 年代初能源危机的出现，突出了节能问题。随着石油化工的发展，填料塔日益受到人们的重视，此后的 20 多年间，填料塔技术有了长足的进步，涌现出不少高效填料与新型塔内构件，特别是新型高效规整填料的不断开发与应用，冲击了蒸馏设备以板式塔为主的局面，且大有取代板式塔的趋势。

目前，我国常用的板式塔型仍为泡罩塔、浮阀塔、筛板塔和舌形塔等，填料种类除拉西环、鲍尔环外，阶梯环以及波纹填料、金属丝网填料等规整填料也常采用。近年来，参考国外塔设备技术的发展动向，加强了对筛板塔的科研工作，提出了斜孔塔和浮动喷射塔等新塔型。对多降液管塔盘、导向筛板、网孔塔盘等，也都作了较多的研究，并广泛应用于生产。其他如大孔径筛板、双孔径筛板、穿流式可调开孔率筛板、浮阀-筛板复合塔板，以及角钢塔盘、旋流塔盘、喷旋塔盘、旋叶塔盘等多种塔型和金属鞍环填料的流体力学性能、传质性能和几何结构等方面的试验工作在各个科研机构也在进行，有些已取得了一定的成果或用于生产。

第二节　板式塔

板式塔是一类用于气液或液液系统的分级接触传质设备，参看图 7-1，由圆筒形塔体和按一定间距水平装置在塔内的若干塔板组成。板式塔广泛应用于化工单元操作中的精馏和吸收过程，有些类型（如筛板塔）也用于萃取，还可作为反应器用于气液反应过程。操作时，物料为气液系统，液体在重力作用下，自上而下依次流过各层塔板，至塔底排出；气体在压力差推动下，自下而上依次穿过各层塔板，至塔顶排出。每块塔板上保持着一定深度的液层，气体通过塔板分散到液层中去，进行相际接触传质。泡罩塔盘上气液接触情况如图 7-3 所示。

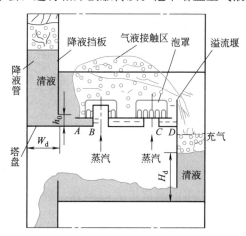

图 7-3　泡罩塔盘上气液接触情况　　M7-5　板式塔内的流体流动

一、塔盘的结构

塔盘又称塔板，是板式塔中气液两相接触传质的部位，塔盘决定塔的操作性能。塔盘在结构方面要求有一定的刚度以维持水平；塔盘与塔壁之间应有一定的密封性以避免气、液短路；塔盘应便于制造、安装、维修并且要求成本低。板式塔塔板分为浮阀塔盘、筛孔塔盘、舌形塔盘、斜孔塔盘、网孔塔盘、导向浮阀型塔盘、穿流型塔盘、旋流板塔盘等。

塔盘通常主要由气体通道和溢流装置两部分组成。

1. 气体通道

为保证气液两相充分接触，塔板上均匀地开有一定数量的通道供气体自下而上穿过板上的液层。气体通道的形式很多，它对塔板性能有决定性影响，也是区别塔板类型的主要标志。

化工生产中最常见的三种塔板为：筛板塔板、泡罩塔板和浮阀塔板，其结构示意图如图 7-4 所示。

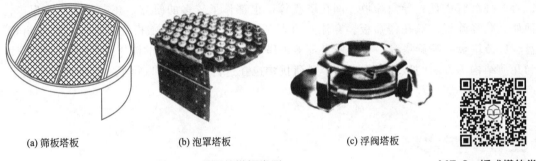

(a) 筛板塔板　　　　(b) 泡罩塔板　　　　(c) 浮阀塔板

图 7-4　常见的塔板类型　　　　　　　M7-6　板式塔的类型

筛板塔板的气体通道最简单，只是在塔板上均匀地开设许多小孔（通称筛孔），气体穿过筛孔上升并分散到液层中。浮阀塔板则直接在圆孔上盖以可浮动的阀片，根据气体的流量，阀片自行调节开度。泡罩塔板的气体通道最复杂，它是在塔板上开有若干较大的圆孔，孔上接有升气管，升气管上覆盖分散气体的泡罩（图 7-5）。

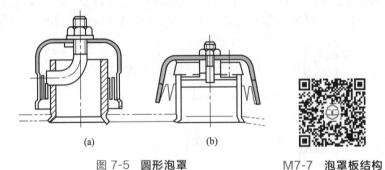

(a)　　　　　　　(b)

图 7-5　圆形泡罩　　　　　　　M7-7　泡罩板结构

（1）泡罩塔　泡罩塔是最早应用于工业生产的典型板式塔。泡罩塔盘由塔板、泡罩、升气管、降液管、溢流堰等组成。生产中使用的泡罩形式有多种，最常用的是圆形泡罩（图7-5），圆形泡罩的直径有 $\phi80$、$\phi100$、$\phi150$ 三种，其中前两种为矩形齿缝，如图 7-5(a) 所示，$\phi150$ 的圆形泡罩为敞开式齿缝，如图 7-5(b) 所示。

泡罩塔盘上的气液接触状况如图 7-3 所示。气体由泡罩塔下部进入塔体，经过塔盘上的升气管，流经升气管与泡罩之间的环形通道而进入液层，然后从泡罩边缘的齿缝流出，搅动液体，形成液体层上部的泡沫区，再进入上一层升气管。液体则由上层降液管出口经溢流堰流入下一层塔板，横向流经布满泡罩的区域，漫过溢流堰进入降液管，再流入下层塔板。

泡罩塔操作的要点是使气、液量维持稳定。若气量过小而液量过大，气体不能以连续的方式通过液层，只有当气体积蓄的压力升高后，才能冲破液层通过齿缝溢出。气体冲出后，压力下降，只有等待气体压力再次升高，才能重新冲破液层溢出，形成脉冲方式，并可能产生漏液现象；若气量过大而液量过小，则难以形成液封，液体可能从泡罩的升气管流入下层塔板，使塔板效率下降。气量过大还可能形成雾沫夹带和液泛现象。

泡罩塔的优点是：相对于其他塔型操作稳定性较好，易于控制，负荷有变化时仍有较好的弹性，介质适应范围广。缺点是生产能力较低，流体流经塔盘时阻力与压降大，且结构较复杂，造价较高，制造加工有较大难度。

（2）筛板塔　筛板塔的塔盘为一钻有许多孔的圆形平板。筛板分为筛孔区、无孔区、溢流区、降液管区等几个部分。筛孔直径一般为 $\phi 3 \sim 8mm$，通常按正三角形布置，孔间距与孔径的比值为 $3 \sim 4$。随着研究的深入，近年来，发展了大孔径（$\phi 20 \sim 25mm$）和导向筛板等多种形式的筛板塔。

筛板塔内的气体从下而上，通过各层筛板孔进入液层鼓泡而出，与液体接触进行气、液间的传质与传热。液体则从降液管流下，径向流经筛孔区，再由降液管进入下层塔板。筛板的结构及气液接触状况见图 7-6。

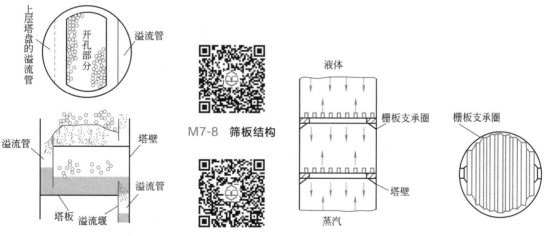

图 7-6　筛板结构及气液接触状况　　M7-9　筛板萃取塔　　图 7-7　穿流式栅板及支承圈

筛板塔与泡罩塔相比，生产能力提高 20%～40%，塔板效率高 10%～15%，压力降小于 30%～50%，且结构简单，造价较低，制造、加工、维修方便，故在许多场合都取代了泡罩塔。筛板塔的缺点是操作弹性不如泡罩塔，当负荷有变动时，操作稳定性差。当介质黏性较大或含杂质较多时，筛孔易堵塞。

（3）穿流板塔　穿流板塔与筛板塔相比，其结构特点是不设降液管。气体和液体同时经由板上孔道逆流通过，在塔盘上形成泡沫进行传质与传热。常用的塔板结构有筛孔板和栅板两种。穿流式栅板及支承情况如图 7-7 所示。

穿流板塔结构简单，制造、加工、维修简便，塔截面利用率高，生产能力大，塔盘开孔率大，压降小。但塔板效力较低，操作弹性小。

（4）浮阀塔 浮阀塔是 20 世纪 50 年代发展起来的板式塔，现已广泛应用于精馏、吸收、解吸等传质过程。浮阀塔盘结构的特点是在塔板上开设有阀孔，阀孔里装有可上下浮动的浮阀（阀片）。

浮阀可分为盘状浮阀和条状浮阀两大类，如图 7-8(a)～(i) 所示。目前应用最多的是 F 型浮阀。气体经阀孔上升，冲开阀片经环形缝隙沿水平方向吹入液层形成鼓泡。当气速有变化时，浮阀能在一定范围内升降，以保持操作的稳定性。工作时的阀片见图 7-9。

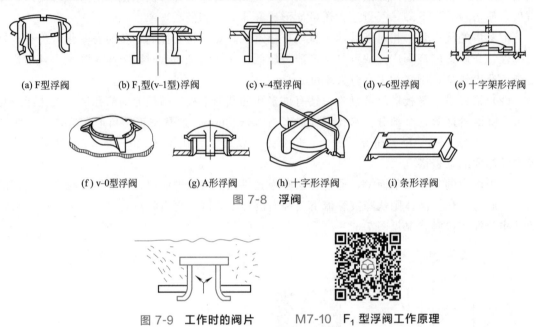

| (a) F型浮阀 | (b) F₁型(v-1型)浮阀 | (c) v-4型浮阀 | (d) v-6型浮阀 | (e) 十字架形浮阀 |

(a) F型浮阀　　(b) F₁型(v-1型)浮阀　　(c) v-4型浮阀　　(d) v-6型浮阀　　(e) 十字架形浮阀

(f) v-0型浮阀　　(g) A形浮阀　　(h) 十字形浮阀　　(i) 条形浮阀

图 7-8　浮阀

图 7-9　工作时的阀片　　　　M7-10　F₁ 型浮阀工作原理

浮阀塔生产能力大，操作弹性好，液面落差小，塔板效率高（比泡罩塔高 15％左右）。流体压降和流体阻力小，且结构简单，造价较低，是一种综合性能较好的塔型，已在生产中得到广泛应用。

（5）舌形塔 舌形塔属于喷射形塔，20 世纪 60 年代开始应用。与开有圆形孔的筛板不同，舌形塔板的气体通道是按一定排列方式冲出的舌孔（图 7-10）。舌孔有三面切口和拱形切口两种，如图 7-10(b)、(c) 所示。常用的三面切口舌片的开启度一般为 20°，如图 7-10 (d) 所示。

由于舌孔方向与液流方向一致，故气体从舌孔喷出时，可减小液面落差，减薄液层，减少雾沫夹带。

舌形塔盘物料处理量大，压降小，结构简单，安装方便。但操作弹性小，塔板效率低。

（6）浮动舌形塔 浮动舌形塔盘是在塔板孔内装设了可以浮动的舌片（图 7-11）。浮动舌片既保留了舌形塔倾斜喷射的结构特点，又具有浮阀操作弹性好的优点。

浮动舌形塔具有处理量大、压降小、雾沫夹带少、操作弹性大、稳定性好、塔板效率高等优点。缺点是在操作过程中浮舌易磨损。

（7）导向筛板塔 导向筛板塔是近年来开发应用的新塔型。它在普通筛板塔的基础上改进而成。它的结构特点是：在塔盘上开有一定数量的导向孔，通过导向孔的气流与液流方向一致，

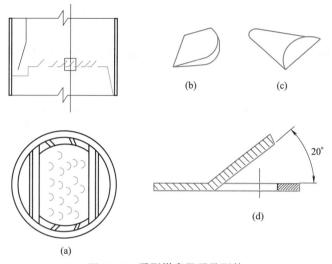

图 7-10　舌形塔盘及舌孔形状

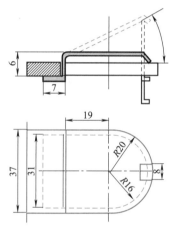

图 7-11　浮动舌片结构

M7-11　浮舌塔板示意图

对液流有一定的推动作用，有利于减少液面梯度；在塔板的液体入孔处增设了鼓泡促进结构，有利于液体刚流入塔板就可以生产鼓泡，形成良好的气液接触条件，以提高塔板利用率，减薄液层，减小压降。与普通筛板塔相比，塔板效率可提高 13％左右，压降可下降15％左右。

　　导向筛板结构如图 7-12 所示。导向孔的形状如同百叶窗，类似于舌片冲压而成，所不同的是开口为细长的矩形缝。缝长有 12mm、24mm、36mm 三种。导向孔开缝高度常为1～3mm。导向孔的开孔率一般为 10％～20％。鼓泡促进器是在塔板入口处形成的凸起部

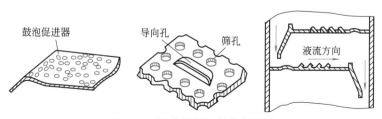

图 7-12　导向筛板与鼓泡促进器

分。凸起高度一般为 3～5mm，斜面的斜率一般在 0.1～0.3 之间，斜面上通常仅开有筛孔。

（8）板式塔比较　板式塔的结构形式多种多样，各种塔盘结构都具有各自的特点，且都有各自适宜的生产条件和范围，在具体选择塔盘结构时应根据工艺要求选择。表 7-3 对几种常用塔型的性能进行了比较，供使用时参考。

表 7-3　板式塔性能比较

塔型	与泡罩塔相比的相对气相负荷	效率	操作弹性	85%最大负荷时的单板压降/mmH_2O	与泡罩塔相比的相对价格	可靠性
泡罩塔	1.0	良	超	45～80	1.0	优
浮阀塔	1.3	优	超	45～60	0.7	良
筛板塔	1.3	优	良	30～50	0.7	优
舌形塔	1.35	良	超	40～70	0.7	良
栅板塔	2.0	良	中	25～40	0.5	中

注：$1mmH_2O = 9.80665Pa$。

2. 溢流装置

板式塔内部的溢流装置包括降液管、受液盘、溢流堰等部件。

（1）降液管　降液管是液体自上层塔板流至下层塔板的通道，也是气（汽）体与液体分离的部位。为此，降液管中必须有足够的空间，让液体有所需的停留时间。此外，为保证气液两相在塔板上形成足够的相际传质表面，塔板上须保持一定深度的液层，为此，在塔板流体的出口端设置溢流堰。塔板上液层高度在很大程度上由堰高决定。溢流装置有单溢流分块式塔盘（图 7-13）和双溢流分块式塔盘（图 7-14）。对于大型塔板，为保证液流均布，一般采用双溢流分块式塔盘结构，还在塔板的进口端设置进口堰。

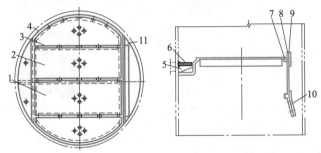

图 7-13　单溢流分块式塔盘支撑结构

1—通道板；2—矩形板；3—弓形板；4—支撑圈；5—筋板；6—受液盘；7—支撑板；
8—固定降液板；9—可调堰板；10—可拆降液板；11—连接板

还有一类无溢流塔板，塔板上不设降液管，仅是块均匀开设筛孔或缝隙的圆形筛板。操作时，板上液体随机地经某些筛孔流下，而气体则穿过另一些筛孔上升。无溢流塔板虽然结构简单，造价低廉，板面利用率高，但操作弹性太小，板效率较低，故应用不广。

降液管有圆形与弓形两大类（图 7-15）。常用的是弓形降液管。弓形降液管由平板和弓形板焊制而成，并焊接固定在塔盘上。当液体负荷较小或塔径较小时，可采用圆形降液管。圆形降液管有带溢流堰和兼作溢流堰两种结构。

（2）受液盘　为了保证降液管出口处的液封，在塔盘上一般都设置有受液盘。受液盘的结构形式对塔的侧线取出、降液管的液封、液体流出塔盘的均匀性都有影响。受液盘有平形和凹形两种。平形受液盘有可拆和焊接两种结构，图 7-16(a) 所示为一种可拆式平形受液

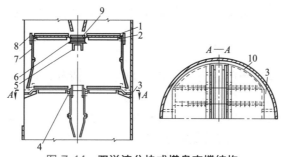

图 7-14　双溢流分块式塔盘支撑结构

1—塔盘板；2—支持板；3—筋板；4—压板；5—支座；6—主梁；7—两侧降液板；
8—可调降液板；9—中心降液板；10—支撑圈

盘。平形受液盘因可避免形成死角而适应易聚合的物料。当液体通过降液管与受液盘时，如果压降过大或采用倾斜式降液管，则应采用凹形受液盘，见图 7-16(b)。凹形受液盘的深度一般大于 50mm，而小于塔板间距的 1/3。

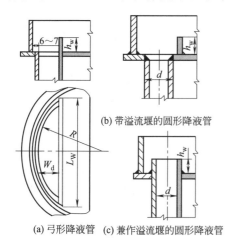

(b) 带溢流堰的圆形降液管

(a) 弓形降液管　(c) 兼作溢流堰的圆形降液管

图 7-15　降液管的基本类型

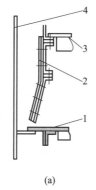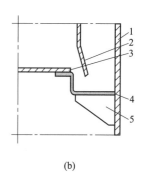

(a)　　　(b)

1—受液盘；2—降液管；　　1—塔壁；2—降液板；3—塔盘板；
3—塔盘板；4—塔壁　　　4—受液盘；5—筋板

图 7-16　受液盘的基本类型

在塔或塔段的最底层塔盘降液管末端应设液封盘，以保证降液管出口处的液封。用于弓形降液管的液封盘如图 7-17(a) 所示。用于圆形降液管的液封盘如图 7-17(b) 所示。液封盘上开设有泪孔，以供停工时排液。

（3）溢流堰　溢流堰的形式有平直堰、齿形堰和可调节堰三种。

① 平直堰　当液体溢流量大时，可采用平直堰。图 7-18 为入口堰采用平直出口堰的结构，它是由 φ8mm 圆钢或小型角钢焊在塔盘上而构成。平直的出口堰是用角钢或钢板弯成角钢形式，与塔盘构成固定式或可拆式结构，图 7-19所示为可拆式平直出口堰结构。

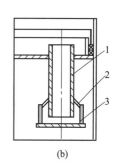

(a)　　　(b)

1—支撑圈；2—液封盘；　　1—圆形降液管；2—筋板；
3—泪孔；4—降液板　　　3—液封盘

图 7-17　液封盘

② 齿形堰　当液体流量小，堰上液体高度小于 6mm 时，为避免液体流动不均，可采用齿形堰，如图 7-20 所示。

3. 塔盘

塔盘按照制造与安装设计还分为有整块式和分块式两种。当塔径在 800～900mm 以下时，建议采用整块式塔盘。当塔径在 800～900mm 以上时，可采用分块式塔盘。

整块式塔盘的塔体由若干塔节组成，塔节与塔节之间由法兰连接。每个塔节中安装若干块层层叠置起来的塔盘。塔盘与塔盘之间用管子支承，并保持需要的间距。在这类结构中，由于塔盘和塔壁有间隙，故对每一层塔盘须用填料来密封（图 7-21）。

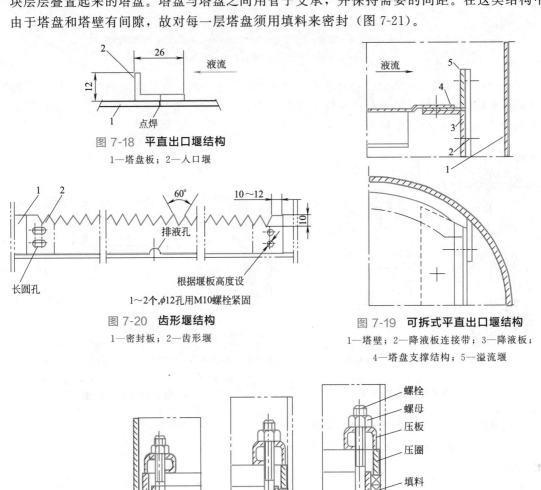

图 7-18　**平直出口堰结构**
1—塔盘板；2—入口堰

图 7-20　**齿形堰结构**
1—密封板；2—齿形堰

图 7-19　**可拆式平直出口堰结构**
1—塔壁；2—降液板连接带；3—降液板；
4—塔盘支撑结构；5—溢流堰

图 7-21　**塔盘的密封形式**

在直径较大的板式塔中，如果仍用整块式塔盘，则由于刚度的要求，塔盘板的厚度势必增加，而且在制造、安装与检修等方面很不方便。因此，当塔径在 800～900mm 以上时，由于人能进入塔内，故都采用分块式塔盘（图7-22），此时塔身为一焊制整体圆筒，不分塔节，而塔盘板被分成数块，通过人孔送进塔内，装到焊在塔内壁的塔盘固定件（一般为支持圈）上。塔盘板的分块，应结构简单，装拆方便，有足够刚性，并便于制造、安装、检修。一般大多采用自身梁式塔盘，有时也采用槽式塔盘（图7-23）。

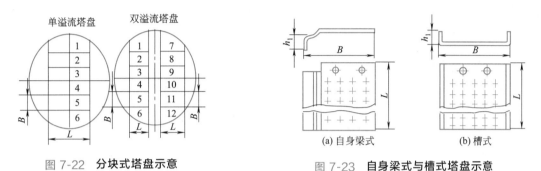

图 7-22　分块式塔盘示意

图 7-23　自身梁式与槽式塔盘示意

二、除沫装置

除沫装置的作用是分离出塔气体中含有的雾沫和液滴，以保证传质效率，减少物料损失，确保气体纯度，改善后续设备的操作条件。

常用的除沫装置有丝网除沫器、折流板除沫器、旋流板除沫器等。

（1）丝网除沫器　丝网除沫器具有比表面积大、重量轻、空隙率大、效率高、压降小和使用方便等特点，从而得到广泛应用。丝网除沫器适用于洁净的气体，不宜用于液滴中含有易黏结物的场合，以免堵塞网孔。丝网除沫器由丝网、格栅、支承结构等构成。丝网可由金属和非金属材料制造。常用的金属丝网材料有奥氏体不锈钢、镍、铜、铝、钛、银、钼等有色金属及其合金；常用的非金属材料有聚乙烯、聚丙烯、聚氯乙烯、聚四氟乙烯、涤纶等。丝网材料的选择要由介质的物性和工艺操作条件确定。

丝网除沫器已有系列产品。当选用的除沫器直径较小且与出口管径相近时，可采用图7-24所示的结构；当除沫器直径较大而接近塔径时，可采用图7-25的形式。

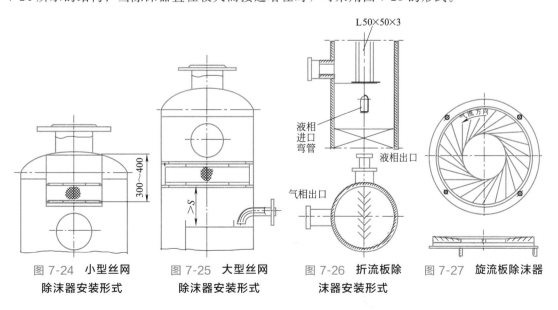

图 7-24　小型丝网除沫器安装形式

图 7-25　大型丝网除沫器安装形式

图 7-26　折流板除沫器安装形式

图 7-27　旋流板除沫器

（2）折流板除沫器　折流板除沫器（图 7-26）结构简单，但消耗金属量大，造价较高。若能增加折流次数，能有较高的分离效率。除沫器的折流板常由 50mm×50mm×3mm 的角钢制成。

（3）旋流板除沫器　旋流板除沫器由固定的叶片组成风车状（图 7-27）。夹带液滴的气体通过叶片时产生旋转和离心作用。在离心力作用下，将液滴甩至塔壁，从而实现气、液的分离，除沫效率可达 95%。

三、进出口管装置

液体进料管可直接引入加料板。为使液体均匀通过塔板，减少进料波动带来的影响，通常在加料板上设进口堰，结构如图 7-28 所示。

气体进料管一般做成 45°的切口，以使气体分布较均匀，见图 7-29（a）。当塔径较大或对气体分布均匀要求高时，可采用较复杂的图 7-29（b）所示结构。气液混合进料时，可采用图 7-30 所示结构，以使加料盘间距增大，有利气、液分离，同时保护塔壁不受冲击。

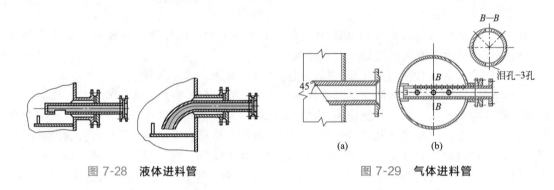

图 7-28　**液体进料管**　　　　　图 7-29　**气体进料管**

四、板式塔的流体力学特性

塔的操作能否正常进行，与塔内气液两相的流体力学状况有关。板式塔的流体力学性能包括：塔板压降、液泛、雾沫夹带、漏液及液面落差等。

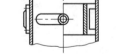

图 7-30　**气液混合进料**

1. 塔板上的气液流动状态

（1）气液接触状态　随气流通过塔板的速度不同，接触状态大致分三种，见表 7-4。

工业上，一般两相接触选为泡沫状态或喷射状态，很少采用鼓泡状态。

① 鼓泡接触状态　当操作气速很低时，气流断裂成少数气泡在板面液层中上升，板上存在有大量清液层，相际接触面积为气泡表面。由于气泡数量较少，气泡表面的湍动程度也较低，所以鼓泡接触状态的传质阻力较大，效率较低。此时，气相为分散相而液相为连续相。

表 7-4　**板式塔气液接触状态**

气流速度 u	接触状态	接触界面	传质性能	连续相	分散相
很小	鼓泡接触	气泡表面	湍动程度低，传质阻力大	液	气
增大	泡沫接触	气泡间液膜	高度湍动，传质面积大	液	气
很大	喷射接触	液滴外表面	传质良好	气	液

② 泡沫接触状态 随着气速增大，气泡数量急剧增加，此时，塔板上液体大部分是以液膜形式存在于气泡之间，两相传质表面是面积很大的液膜，它高度湍动且不断合并与破裂，为两相传质创造良好的流体力学条件，因此传质阻力变小，传质效率有所提高。此时，气相仍为分散相而液相仍为连续相。

③ 喷射接触状态 随着气速继续增大，气体射流穿过液层，将板上的液体破碎成大小不等的液滴而被反复抛起，两相传质表面是众多液滴的外表面。传质阻力很小，传质效率有所提高但容易造成过量的雾沫夹带。此时，液体为分散相而气体为连续相，这是喷射接触状态与泡沫接触状态的根本区别。由泡沫状态转为喷射状态的临界点称为转相点。转相临界点与气速、孔径、开孔率、持液量有关。

工业上的操作多控制在泡沫状态或喷射接触状态，其特征分别是有不断更新的液膜表面和液滴表面。

（2）不均匀流动 不均匀流动包括气体和液体两相的不均匀流动。对于很大的塔盘来说：

① 液膜流过塔盘时很可能造成不均匀流动；

② 因盘上液位落差导致气相流动不均匀（可采用出口安定区不开孔方法）。

以上两种情况均可能导致气液接触不充分。

2. 塔板压降

上升的气流通过塔板时需要克服以下几种阻力：塔板本身的干板阻力（即板上各部件所造成的局部阻力）、板上充气液层的静压强和液体的表面张力。气体通过塔板时克服这三部分阻力就形成了该板的总压强降。

$$\Delta p = \Delta p_{干板} + \Delta p_{液层静压} + \Delta p_{液层表面张力} \qquad (7\text{-}1)$$

3. 液泛

若气液两相中之一的流量增大，使降液管内液体不能顺利下流，管内液体必然积累，当管内液体增高到越过溢流堰顶部，于是两板间液体相连，该层塔板产生积液，并依次上升，这种现象称为液泛，亦称淹塔，常见的包括降液管液泛和夹带液泛。

液泛产生时，塔板压降急剧上升，全塔操作被完全破坏，所以操作时应避免液泛现象的发生。

4. 漏液

对板面上方有通气孔的塔板，如筛孔、浮阀等，当上升气速较低时，液体易经孔道流至下一层塔板而造成漏液现象，漏液必然影响气液在塔板上的充分接触，使塔板效率下降，严重的漏液会使塔板不能积液而无法操作。

为保证塔的正常操作，漏液量应不大于液体流量的 10%。

M7-12
板式塔漏液

5. 液面落差

当液体横向流过板面时，为克服板面的摩擦阻力和板上部件（如泡罩、浮阀）的局部阻力；或当塔径或液体流量很大时，则在板面上容易形成液面落差。

液层厚度的不均匀性将引起气流的不均匀分布，从而造成漏液，使塔板效率严重降低。对于大塔径的情况可采用双溢流、阶梯流等溢流形式来减小液面落差。

6. 适宜的气液流量操作范围——塔板负荷性能图

各种塔板只有在一定的气液流量范围内操作，才能保证气液两相有效接触，从而得到较好的传质效果。可用塔板负荷性能图来表示塔板正常操作时气液流量的范围，图 7-31 为塔板负荷性能示意图，图中的几条边线所表示的气液流量限度如下。

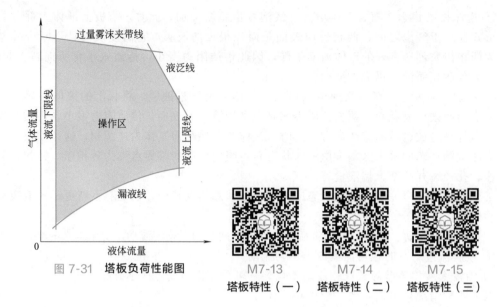

图 7-31　塔板负荷性能图

M7-13　　　　M7-14　　　　M7-15

塔板特性（一）　塔板特性（二）　塔板特性（三）

（1）雾沫夹带线　当气相负荷超过此线时，雾沫夹带量将过大，使板效率严重下降，塔板适宜操作区应在雾沫夹带线以下。

（2）液泛线　塔板的适宜操作区应在此线以下，否则将会发生液泛现象，使塔不能正常操作。

（3）液相负荷上限线（液流上限线）　该线又称降液管超负荷线，液体流量超过此线，表明液体流量过大，液体在降液管内停留时间过短，进入降液管中的气泡来不及与液相分离而被带入下层塔板，造成气相返混，降低塔板效率。

（4）漏液线　该线即为气相负荷下限线，气相负荷低于此线将发生严重的漏液现象，气液不能充分接触，使板效率下降。

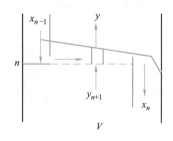

图 7-32　塔板点效率

（5）液相负荷下限线（液流下限线）　液相负荷低于此线使塔板上液流不能均匀分布，导致板效率下降。

（6）塔板操作弹性

$$塔板操作弹性 = \frac{气量上限值}{气量下限值} \tag{7-2}$$

五、塔板效率

由于塔板上非理想流动的存在，使实际板与理论板存在着差距，以塔板效率来衡量。

（1）点效率　点效率指局部效率（图 7-32）

$$E_{oV} = \frac{y - y_{n+1}}{y^* - y_{n+1}} \tag{7-3}$$

$$E_{oL} = \frac{x_{n-1} - x}{x_{n-1} - x^*} \tag{7-4}$$

式中　　　　　　　y——离开某点的汽相组成，摩尔分数；

　　　　　　　　y^*——与某点液相组成 x 成平衡的汽相组成，摩尔分数；

x——离开某点的液相组成，摩尔分数；

x^*——与某点汽相组成 y 成平衡的液相组成，摩尔分数；

E_{oV}——气相点效率，%；

E_{oL}——液相点效率，%；

$y - y_{n+1}$，$x_{n-1} - x$——气相与液相通过某点时的实际组成变化；

$y^* - y_{n+1}$，$x_{n-1} - x^*$——气相与液相分别通过该点时的理论组成变化。

在点效率中，假设塔板局部点的垂直方向上混合均匀，有一个均匀组成 x；由于塔板上的液层较薄且有气体强烈搅动，上述假设是符合实际情况的。塔板上每个点的点效率是不相同的，有时可大于 100%；理论上应取整塔的统计平均值作为平均板效率。

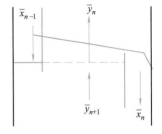

图 7-33　塔板单板效率

（2）单板效率（图 7-33）

$$E_{mV} = \frac{\text{实际塔板的汽相增浓值}}{\text{理论塔板的汽相增浓值}} = \frac{\overline{y}_n - \overline{y}_{n+1}}{y_n^* - \overline{y}_{n+1}} \qquad (7\text{-}5)$$

$$E_{mL} = \frac{\text{实际塔板的液相增浓值}}{\text{理论塔板的液相增浓值}} = \frac{\overline{x}_{n-1} - \overline{x}_n}{\overline{x}_{n-1} - x_n^*} \qquad (7\text{-}6)$$

式中　　　　　　　E_{mV}——气相单板效率，%；

E_{mL}——液相单板效率，%；

$\overline{y}_n - \overline{y}_{n+1}$，$\overline{x}_{n-1} - \overline{x}_n$——气相与液相通过第 n 层塔板时的实际组成变化；

$y_n^* - \overline{y}_{n+1}$，$\overline{x}_{n-1} - x_n^*$——气相与液相分别通过该层塔板的理论组成变化。

式（7-5）和式（7-6）中，y_n^* 是与 $\overline{x}_n$ 成平衡的，x_n^* 是与 $\overline{y}_n$ 成平衡的，而

$$E_{mV} \neq E_{mL}$$

（3）全塔效率　常用的度量板式塔分离性能的综合指标

$$E_o = \frac{\text{理论板数}}{\text{实际板数}} = \frac{N_T}{N_P} \times 100\% \qquad (7\text{-}7)$$

式中　E_o——全塔效率，%；

N_T——理论板数；

N_P——实际板数。

对双组分溶液：$E_o = 0.5 \sim 0.7$。

六、板式塔的操作及维护

1. 板式塔设备开车前准备

一般塔设备在检修完毕或重新开车前应做好以下几项工作。

① 认真检查水、电、汽是否能够保证正常生产需要。

② 各种物料输送装置如泵、压缩机等设备是否能正常运转。

③ 设备、仪表、防火安全设施是否齐全完备，有计算机自控装置应试调系统。

④ 所有阀门要处于正常运行的开、闭状态，并保证不能有渗漏、逃汽跑液现象。

⑤ 各冷凝、冷却器事先要试验是否渗漏，安排先后送水预冷，整个塔设备要先送蒸汽温塔。

⑥ 疏通前后工段联系，掌握进料浓度和储罐槽液量，通知化验室作取样分析准备工作。

2. 典型板式塔设备的操作要求

由于板式塔设备在化工生产中的应用非常广泛,无法一一说明其操作过程,这里仅以石油炼制中常见的常减压蒸馏装置的精馏塔为例介绍其操作规程。

① 检查精馏塔系统阀门关/开是否正确。蒸馏开始前,开启冷却水循环系统,并打开泄压阀,然后打开冷凝器冷却水阀门,将水压调整到 0.15MPa,关闭进料转子流量计阀门。

② 开启精馏塔系统真空,真空度按具体工艺要求选择,如蒸馏物料挥发性较强,开启盐水机组,启用冷凝系统,捕集物料。

③ 启动磁力泵,将蒸馏物料送入计量罐内,再输送至高位槽。

④ 打开预热蒸汽阀,打开塔釜蒸汽阀,并将蒸汽压力控制在需要的范围之内,保持设定温度。

⑤ 检查塔体、塔釜、残液槽之间连接管道的阀门开启是否正确。

⑥ 选择合适的进塔料口,打开转子流量计,流量根据具体情况加以调整。

⑦ 整个蒸馏过程必须监控真空度、蒸汽压力、流量、物料输送以及出料情况。

⑧ 蒸馏完毕,排渣,清洗系统。

3. 板式塔设备的停车

通常每年要定期停车检修,将塔设备打开,检修其内部部件。注意在拆卸塔板时,每层塔板要作出标记,以便重新装配时出现差错。此外,在停车检查前预先准备好备件,如密封件、连接件等,以更换或补充。停车检查项目如下。

① 取出塔板或填料,检查、清洗污垢或杂质。

② 检测塔壁厚度,做出减薄预测曲线,评价腐蚀情况,判断塔设备使用寿命;检查塔体有无渗漏现象,做出渗漏处的修理安排。

③ 检查塔板或填料的磨损破坏情况。

④ 检查液面计、压力表、安全阀是否发生堵塞和在规定压力下动作,必要时重新调整和校正。

⑤ 如果在运行中发现有异常振动,停车检查时要查明原因。

七、塔设备常见机械故障及排除方法

塔设备在操作时,不仅受到风载荷、地震载荷等外部环境的影响,还承受着内部介质压力、温度、腐蚀等作用。这些因素将可能导致塔设备出现故障,影响塔设备的正常使用。所以在设计与使用时,应采取预防措施,减少故障的发生。一旦出现故障,应及时发现,分析产生故障的原因,制订排除故障的措施,以确保塔设备的正常运行。

塔设备的故障可分为两大类。一类是工艺性故障,如操作时出现的液泛、漏液量大、雾沫夹带过多、传质效率下降等现象。另一类是机械性故障,如塔设备振动、腐蚀破坏、密封失效、工作表面积垢、局部过大变形、壳体减薄或产生裂纹等。

1. 塔设备的振动

脉动风力是塔设备产生振动的主要原因。当脉动风力的变化频率(或周期)与塔自振频率(或周期)相近时,塔体便发生共振。塔体产生共振后,使塔发生弯曲、倾斜,塔板效率下降,影响塔设备的正常操作,甚至导致塔设备严重破坏,造成重大事故。因此在塔的设计阶段就应考虑塔设备产生共振的可能性,采取预防措施,防止共振的发生。防止塔体产生共振通常采用以下三方面的办法。

① 提高塔体的固有频率，从根本上消除产生共振的根源。具体的方法有：降低塔体总高度，增加塔体内径（但需与工艺设计一并考虑）；加大塔体壁厚，或采用密度小、弹性模量大的材料；如条件允许，可在离塔顶 $0.22H$ 处（相应于塔的第二振形曲线节点位置），安装一个铰支座。

② 增加塔体的阻尼，抑制塔的振动。具体方法有：利用塔盘上的液体或塔内填料的阻尼作用；在塔体外部装置阻尼器或减振器；在塔壁上悬挂外包橡胶的铁链条；采用复合材料等。

③ 采用扰流装置。合理地布置塔体上的管道、平台、扶梯和其他连接件，以破坏或消除周期性形成的旋涡。在大型钢制塔体周围焊接螺旋条，也有很好的防振作用。

2. 塔设备的腐蚀

由于塔设备一般由金属材料制造，所处理的物料大多为各种酸、碱、盐、有机溶剂及腐蚀性气体等介质，故腐蚀现象非常普遍。据统计，塔设备失效有一半以上是由腐蚀破坏造成的。因此，在塔设备设计和使用过程中，应特别重视腐蚀问题。

塔设备腐蚀几乎涉及腐蚀的所有类型。既有化学腐蚀，又有电化学腐蚀；既可能是局部腐蚀，又可能是均匀腐蚀。造成腐蚀的原因更是多种多样，它与塔设备的选材、介质的特性、操作条件及操作过程等诸多因素有关。如炼油装置中的常压塔，产生腐蚀的原因与类型有：原油中含有的氯化物、硫化物与水对塔体和内件产生的均匀腐蚀，致使塔壁减薄，内件变形；介质腐蚀造成的浮阀点蚀而不能正常工作；在塔体高应力区和焊缝处产生的应力腐蚀，导致裂纹扩展穿孔；在塔顶部因温度过低而产生的露点腐蚀等。

为了防止塔设备因腐蚀而破坏，必须采取有效的防腐措施，以延长设备使用寿命，确保生产正常进行。防护措施应针对腐蚀产生的原因、腐蚀类型来制订。一般采用的方法有如下几种。

（1）正确选材　金属材料的耐腐蚀性能，与所接触的介质有关，因此，应根据介质的特性合理选择。如各种不锈钢在大气和水中或氧化性的硝酸溶液中具有很好的耐蚀性能，但在非氧化性的盐酸、稀硫酸中，耐蚀性能较差；铜及铜合金在稀盐酸、稀硫酸中相当耐蚀，但不耐硝酸溶液的腐蚀。

（2）采用覆盖层　覆盖层的作用是将主体与介质隔绝开来。常用的有金属覆盖层与非金属覆盖层。金属覆盖层是用对某种介质耐蚀性能好的金属材料覆盖在耐蚀性能较差的金属材料上。常用的方法如电镀、喷镀、不锈钢衬里等。非金属保护层常用的方法是在设备内部衬以非金属材料或涂防腐涂料。

（3）采用电化学保护　电化学保护是通过改变金属材料与介质电极电位来达到保护金属免受电化学腐蚀的办法。电化学保护分阴极保护和阳极保护两种。其中阴极保护法应用较多。

（4）设计合理的结构　塔设备的腐蚀在很多场合下与它们的结构有关，不合理的结构往往引起机械应力、热应力、应力集中和液体的滞留。这些都会加剧或产生腐蚀。因此，设计合理的结构也是减少腐蚀的有效途径。

（5）添加缓蚀剂　在介质中加入一定量的缓蚀剂，可使设备腐蚀速度降低或停止。但选择缓蚀剂时，要注意对某种介质的针对性，要合理确定缓蚀剂的类型和用量。

3. 其他常见机械故障

（1）介质泄漏　介质泄漏不仅影响塔设备正常操作，恶化工作环境，甚至可能酿成重大事故。介质泄漏一般发生在构件连接处，如塔体连接法兰、管道与设备连接法兰以及人孔等处。泄漏的原因有：法兰安装时未达到技术要求；受力过大引起法兰刚度不足而变形；法兰密封件失效，操作压力过大等。采取的措施是保证安装质量；改善法兰受力情况或更换法兰；选择合适的密封件材料或更换密封件；稳定操作条件，不超温、不超压。

（2）壳体减薄与局部变形　塔设备在工作一段时间后，由于介质的腐蚀和物料的冲刷，壳体壁厚可能减小。对于可能壁厚减薄的塔设备，首先应对其进行厚度测试，确定是否能继续使用，以确保安全。其次是在塔设备设计时，应针对介质腐蚀特性和操作条件合理选择耐蚀、耐磨的材料或采用衬里，以确保其服役期内的正常运转。

在塔设备的局部区域，可能由于峰值应力、温差应力、焊接残余应力等原因造成过大的变形。对此，要通过改善结构来改变应力分布状态；在满足工艺条件的前提下减少温差应力；在设备制造时进行焊后热处理以消除焊接残余应力。当局部变形过大时，可采用挖补的方法进行修理。

（3）工作表面积垢　塔设备工作表面的积垢通常发生在结构的死角区（如塔盘支持圈与塔壁连接焊缝处、液体再分布器与塔壁连接处等），因介质在这些地方流动速度降低，介质中杂质等很容易形成积淀，也可能出现在塔壁、塔盘和填料表面。积垢严重时，将影响塔内件的传质、传热效率。积垢的消除通常有机械除垢法和化学除垢法等方法。

第三节　填料塔

填料塔最初出现在 19 世纪中叶，在 1881 年用于精馏操作。填料塔在传质形式上与板式塔不同。填料塔是一种连续式气液传质设备，主要应用于吸收与解吸、气体增湿减湿、蒸馏和填料反应塔等化工生产过程。

20 世纪 70 年代以前，在大型塔器中，板式塔占有绝对优势，70 年代初能源危机的出现，突出了节能问题。随着石油化工的发展，填料塔日益受到人们的重视，此后的 20 多年间，填料塔技术有了长足的进步，涌现出不少高效填料与新型塔内件，特别是新型高效规整填料的不断开发与应用，冲击了蒸馏设备以板式塔为主的局面，且大有取代板式塔的趋势。最大直径规整填料塔已达 14~20m，结束了填料塔只适用于小直径塔的历史。

填料塔由外壳、填料、填料支承、液体分布器、中间支承和再分布器、气体和液体进出口接管等部件组成，如图 7-34 所示，塔外壳多采用金属材料，也可用塑料制造。塔体横截面有圆形、矩形及多边形等，但绝大部分是圆形。塔壳材料可以是碳钢、不锈钢、聚氯乙烯、玻璃钢和砖等。塔内放置着填料。填料种类很多。用于制造填料的材料有碳钢、不锈钢、陶瓷、聚丙烯、增强聚丙烯等。由于填料与塔体取材面广，故易于解决物料腐蚀问题。

填料在填料塔操作中起着重要作用。液体润湿填料表面便增大了气液接触面积，填料层的多孔性不仅促使气流均匀分布，而且促进了气相的湍动。

一、填料

填料是填料塔的核心，它提供了塔内气液两相的接触面，填料与塔的结构决定了塔的性能。填料必须具备较大的比表面积，有较高的空隙率、良好的润湿性、耐腐蚀、一定的机械强度、密度小、价格低廉等。常用的填料有拉西环、鲍尔环、弧鞍形和矩鞍形填料，20 世纪 80 年代后开发的新型填料如金属板状填料、规整板波纹填料、格栅填料等，为先进的填料塔设计提供了基础。

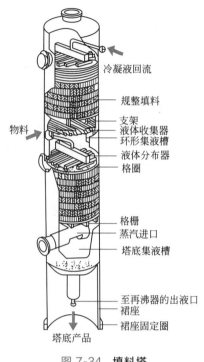

图 7-34　填料塔　　　　　　　　　M7-16　填料塔

1. 填料的类型和性能

填料的种类很多，根据装填方式的不同，可分为散装填料和规整填料。

（1）散装填料　散装填料是一个个具有一定几何形状和尺寸的颗粒体，一般以随机的方式堆积在塔内，又称为乱堆填料或颗粒填料。散装填料根据结构特点不同，又可分为环形填料、鞍形填料、环鞍形填料及球形填料等。现介绍几种较为典型的散装填料。

① 拉西环填料　拉西环填料于 1914 年由拉西（F. Rashching）发明，为外径与高度相等的圆环，如图 7-35（a）所示。拉西环填料的气液分布较差，传质效率低，阻力大，通量小，目前工业上已较少应用。

(a) 拉西环　　　　(b) 鲍尔环　　　　(c) 阶梯环

M7-17　拉西环　　　　图 7-35　环形填料结构示意　　　　M7-18　阶梯环

② 鲍尔环填料　鲍尔环填料是对拉西环的改进，如图 7-35（b）所示。在拉西环的侧壁上开出两排长方形的窗孔，被切开的环壁的一侧仍与壁面相连，另一侧向环内弯曲，形成内伸的舌叶，舌叶的侧边在环中心相搭。鲍尔环由于环壁开孔，大大提高了环内空间及环内表面的利用率，气流阻力小，液体分布均匀。与拉西环相比，鲍尔环的气体通量可增加 50％

以上，传质效率提高30％左右。鲍尔环是一种应用较广的填料。

③ 阶梯环填料　阶梯环填料是对鲍尔环的改进，如图 7-35(c) 所示。与鲍尔环相比，阶梯环高度减少了一半并在一端增加了一个锥形翻边。由于高径比减小，使得气体绕填料外壁的平均路径大为缩短，减少了气体通过填料层的阻力。锥形翻边不仅增加了填料的机械强度，而且使填料之间由线接触为主变成以点接触为主，这样不但增加了填料间的空隙，同时成为液体沿填料表面流动的汇集分散点，可以促进液膜的表面更新，有利于传质效率的提高。阶梯环的综合性能优于鲍尔环，成为目前所使用的环形填料中最为优良的一种。

④ 弧鞍填料　弧鞍填料属鞍形填料的一种，其形状如同马鞍，一般采用瓷质材料制成。如图 7-36(a) 所示。弧鞍填料的特点是表面全部敞开，不分内外，液体在表面两侧均匀流动，表面利用率高，流道呈弧形，流动阻力小。其缺点是易发生套叠，致使一部分填料表面被重合，使传质效率降低。弧鞍填料强度较差，容易破碎，工业生产中应用不多。

⑤ 矩鞍填料　将弧鞍填料两端的弧形面改为矩形面，且两面大小不等，即成为矩鞍填料，如图 7-36(b) 所示。矩鞍填料堆积时不会套叠，液体分布较均匀。矩鞍填料一般采用瓷质材料制成，其性能优于拉西环。目前，国内绝大多数应用瓷拉西环的场合，均已被瓷矩鞍填料所取代。

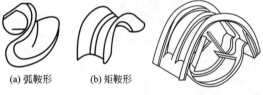

(a) 弧鞍形　　　(b) 矩鞍形

图 7-36　鞍形填料结构示意

图 7-37　金属环矩鞍填料结构示意

M7-19

金属环矩鞍

(a) 多面球形填料形　(b) TRI球形填料

图 7-38　球形填料结构示意

⑥ 金属环矩鞍填料　环矩鞍填料（国外称为 Intalox）是兼顾环形和鞍形结构特点而设计出的一种新型填料，该填料一般以金属材质制成，故又称为金属环矩鞍填料，如图 7-37。环矩鞍填料将环形填料和鞍形填料两者的优点集于一体，其综合性能优于鲍尔环和阶梯环，在散装填料中应用较多。

⑦ 球形填料　球形填料一般采用塑料注塑而成，其结构有多种，如图 7-38 所示。球形填料的特点是球体为空心，可以允许气体、液体从其内部通过。由于球体结构的对称性，填料装填密度均匀，不易产生空穴和架桥，所以气液分散性能好。球形填料一般只适用于某些特定的场合，工程上应用较少。

除上述几种较典型的散装填料外，近年来不断有构型独特的新型填料开发出来，如共轭环填料、海尔环填料、纳特环填料等。

(2) 规整填料　规整填料是按一定的几何构形排列，整齐堆砌的填料。规整填料种类很多，根据其几何结构可分为格栅填料、波纹填料、脉冲填料等。

① 格栅填料　格栅填料是以条状单元体经一定规则组合而成的，具有多种结构形式。工业上应用最早的格栅填料为木格栅填料。目前应用较为普遍的有格里奇格栅填料、网孔格栅填料、蜂窝格栅填料等，其中以格里奇格栅填料最具代表性。格栅填料的比表面积较低，主要用于要求压降小、负荷大及防堵等场合。

② 波纹填料　目前工业上应用的规整填料绝大部分为波纹填料，它是由许多波纹薄板

组成的圆盘状填料，波纹与塔轴的倾角有 30°和 45°两种，组装时相邻两波纹板反向靠叠。各盘填料垂直装于塔内，相邻的两盘填料间交错 90°排列。波纹填料按结构可分为网波纹填料和板波纹填料两大类，其材质又有金属、塑料和陶瓷等之分。波纹填料结构如图 7-39 所示。

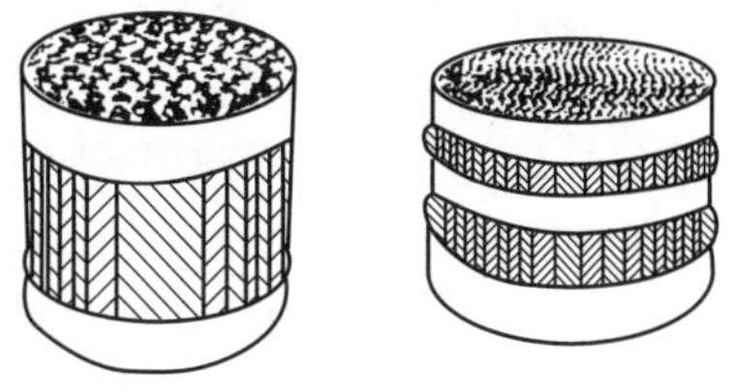

(a) 板波纹填料　　　　(b) 网波纹填料

图 7-39　规整填料结构示意

金属丝网波纹填料是网波纹填料的主要形式，它是由金属丝网制成的。金属丝网波纹填料的压降低，分离效率很高，特别适用于精密精馏及真空精馏装置，为难分离物系、热敏性物系的精馏提供了有效的手段。尽管其造价高，但因其性能优良仍得到了广泛的应用。

金属板波纹填料是板波纹填料的一种主要形式。该填料的波纹板片上冲压有许多 ϕ5mm 左右的小孔，可起到促进分配板片上的液体分布、加强横向混合的作用。波纹板片上轧成细小沟纹，可起到细分配板片上的液体、增强表面润湿性能的作用。金属孔板波纹填料强度高，耐腐蚀性强，特别适用于大直径塔及气液负荷较大的场合。

金属压延孔板波纹填料是另一种有代表性的板波纹填料。它与金属孔板波纹填料的主要区别在于板片表面不是冲压孔，而是刺孔，用碾轧方式在板片上辗出很密的孔径为 0.4～0.5mm 小刺孔。其分离能力类似于网波纹填料，但抗堵能力比网波纹填料强，并且价格便宜，应用较为广泛。

波纹填料的优点是结构紧凑，阻力小，传质效率高，处理能力大，比表面积大（常用的有 125、150、250、350、500、700 等几种）。波纹填料的缺点是不适于处理黏度大、易聚合或有悬浮物的物料，且装卸、清理困难，造价高。

③ 脉冲填料　脉冲填料是由带缩颈的中空棱柱形个体，按一定方式拼装而成的一种规整填料。脉冲填料组装后，会形成带缩颈的多孔棱形通道，其纵面流道交替收缩和扩大，气液两相通过时产生强烈的湍动。在缩颈段，气速最高，湍动剧烈，从而强化传质。在扩大段，气速减到最小，实现两相的分离。流道收缩、扩大的交替重复，实现了"脉冲"传质过程。

脉冲填料的特点是处理量大，压降小，是真空精馏的理想填料。因其优良的液体分布性能使放大效应减少，故特别适用于大塔径的场合。

2. 填料的特性参数

（1）比表面积 a　比表面积 a 是指塔内单位体积填料层具有的填料表面积，单位为 m^2/m^3。填料比表面积的大小是气液传质比表面积大小的基础条件。需说明两点：第一，操作中有部分填料表面不被润湿，以致比表面积中只有某个分率的面积才是润湿面积，据资料介绍，填料真正润湿的表面积只占全部填料表面积的 20%～50%；第二，有的部位填料表面虽然润湿，但液流不畅，液体有某种程度的停滞现象。这种停滞的液体与气体接触时间长，气液趋于平衡态，在塔内几乎不构成有效传质区。为此，需把比表面积与有效的传质比表面积加以区分。但比表面积 a 仍不失为重要的参量。

（2）空隙率 ε　空隙率 ε 是指塔内单位体积填料层具有的空隙体积，m^3/m^3。ε 为一分数。ε 值大则气体通过填料层的阻力小，故 ε 值以高为宜。

对于乱堆填料，当塔径 D 与填料尺寸 d 之比大于 8 时，因每个填料在塔内的方位是随机的，填料层的均匀性较好，这时填料层可视为各向同性，填料层的空隙率 ε 就是填料层内任一横截面的空隙截面分率。

当气体以一定流量通过填料层时，按塔横截面积计的气速 u 称为"空塔气速"（简称空速），而气体在填料层孔隙内流动的真正气速为 u_1。二者关系为：$u_1 = u/\varepsilon$。

（3）塔内单位体积具有的填料个数　根据计算出的塔径与填料层高度，再根据所选填料的 n 值，即可确定塔内需要的填料数量。

一般要求塔径与填料尺寸之比 $D/d > 8$（此比值在 $8 \sim 15$ 之间为宜），以便气、液分布均匀。若 $D/d < 8$，在近塔壁处填料层空隙率比填料层中心部位的空隙率明显偏高，会影响气液的均匀分布。若 D/d 值过大，即填料尺寸偏小，气流阻力增大。

几种常用填料的特性数据列于表 7-5。

表 7-5　几种常用填料的特性数据

填料类型	尺寸 /mm	材质及堆积方式	比表面积 a/(m^2/m^3)	空隙率 ε/(m^3/m^3)	每立方米填料个数 n	堆积密度 /(kg/m^3)	干填料因子 a/ε /m^{-1}	填料因子 ϕ/m^{-1}	备注
拉西环	$10 \times 10 \times 1.5$	瓷质乱堆	440	0.70	720×10^3	700	1280	1500	直径×高×壁厚（环形填料尺寸为外径×高×壁厚）
	$10 \times 10 \times 0.5$	钢质乱堆	500	0.88	800×10^3	960	740	1000	
	$25 \times 25 \times 2.5$	瓷质乱堆	190	0.78	49×10^3	505	400	450	
	$25 \times 25 \times 4.5$	钢质乱堆	220	0.92	55×10^3	640	290	260	
	$50 \times 50 \times 4.5$	瓷质乱堆	93	0.81	6×10^3	457	177	205	
	$50 \times 50 \times 4.5$	瓷质乱堆	124	0.72	8.83×10^3	673	339		
	$50 \times 50 \times 1$	钢质乱堆	110	0.95	7×10^3	430	130	175	
	$80 \times 80 \times 9.5$	瓷质乱堆	76	0.68	1.91×10^3	714	243	280	
	$76 \times 76 \times 1.5$	钢质乱堆	68		1.87×10^3	400	80	105	
鲍尔环	$25 \times 25 \times 3$	瓷质乱堆	220	0.76	48×10^3	505		300	直径×高×壁厚
	$25 \times 25 \times 0.6$	钢质乱堆	209	0.94	61.5×10^3	480		160	
	$25 \times 25 \times 1.2$	塑料乱堆	209	0.90	51.1×10^3	72.6		170	
	$50 \times 50 \times 4.5$	瓷质乱堆	110	0.81	6×10^3	457		130	
	$50 \times 50 \times 0.9$	钢质乱堆	103	0.95	6.2×10^3	355		66	
阶梯环	$25 \times 12.5 \times 1.4$	塑料乱堆	223	0.90	81.5×10^3	97.8		172	直径×高×壁厚
	$33.5 \times 19 \times 1.0$	塑料乱堆	132.5	0.91	27.2×10^3	57.5		115	
弧鞍形	25	瓷质	252	0.69	78.1×10^3	725		360	
	25	钢质	280	0.83	88.5×10^3	1400			
	50	钢质	106	0.72	8.87×10^3	645		148	
矩鞍形	25×3.3	瓷质	258	0.775	84.6×10^3	548		320	名义尺寸×壁厚
	50×7	瓷质	120	0.79	9.4×10^3	532		130	
θ网、环鞍行网、压延孔环	8×8		1030	0.936	2.12×10^6	490			40目,丝径0.23～0.25mm;60目,丝径0.152mm
	10	镀锌铁丝网	1100	0.91	4.56×10^6	340			
	6×6		1300	0.96	10.2×10^6	355			

二、填料塔的附属设备

填料塔具有生产能力大，分离效率高，压降小，持液量小，操作弹性大等优点。填料塔也有一些不足之处，如填料造价高；当液体负荷较小时不能有效地润湿填料表面，使传质效率降低；不能直接用于有悬浮物或容易聚合的物料；对侧线进料和出料等复杂精馏不太适合等。

除了用于气液传质的主要部件填料外，填料塔的附属设备主要有液体喷淋装置、除沫装置、液体再分布器及填料支承装置等。

1. 液体喷淋装置

填料塔在操作时，保证在任一截面上气、液的分布均匀十分重要，它直接影响到塔内填料表面的有效利用率，进而影响传质效率。为使液流分布均匀，液体在塔顶的初始分布须均匀。经验表明，对塔径为 0.75m 以上的塔，每平方米塔横截面上应有 40～50 个喷淋点；对塔径在 0.75m 以下的塔，喷淋点密度至少应为每平方米塔截面上 160 个。为了满足不同塔径、不同液体流量以及不同均布程度的要求，液体喷淋装置有多种结构形式，按操作原理可分为喷洒形、溢流形、冲击形等，按结构又可分为管式、排管式、喷头式、盘式、槽式等形式，如图 7-40 所示。

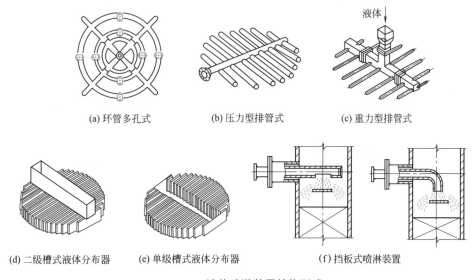

| (a) 环管多孔式 | (b) 压力型排管式 | (c) 重力型排管式 |

| (d) 二级槽式液体分布器 | (e) 单级槽式液体分布器 | (f) 挡板式喷淋装置 |

图 7-40　**液体喷淋装置结构形式**

（1）环管多孔喷淋器　如图 7-40(a) 所示，在环管的下部开有 3～5 排孔径为 4～5mm 的小孔，开孔总面积与管子截面积大约相等。环管多孔喷淋器结构较简单，喷淋均匀度比直管好，适用于直径小于 1200mm 的塔设备。

（2）排管式喷淋器　如图 7-40(b)、(c) 所示。它由液体进口主管和多列排管组成。主管将进口液体分流给各列排管。每根排管上开有 1～3 排布液孔，孔径为 $\phi3\sim6mm$。排管式喷淋器一般采用可拆连接，以便通过人孔进行安装和拆卸。安装位置至少要高于填料表面层 150～200mm。当液体负荷小于 $25m^3/(m^2 \cdot h)$ 时，排管式喷淋器可提供更好的液体分布。其缺点是当液体负荷过大时，液体高速喷出，易形成雾沫夹带，影响分布效果，且操作弹性不大。

（3）喷头式喷淋器　又叫莲蓬头，是应用较多的液体分布装置。莲蓬头一般由球面构成。莲蓬头直径 d 为塔径 D 的 1/5～1/3，开孔总数由计算确定。莲蓬头距填料表面高度约为塔径的（0.5～1）倍。莲蓬头喷淋器结构简单，安装方便，但容易堵塞，一般适用于直径小于 600mm 的塔设备。这种装置要求液体洁净，以免发生小孔堵塞，影响布液的均匀性。

多孔式喷淋器结构简单，安装、拆卸简便，但喷淋面积小，而且不均匀，只能用于塔径较小，且对喷淋均匀性要求不高的场合。

（4）槽式喷淋器　属于溢流型分布器，其结构如图 7-40(d)、(e) 所示。操作时，液体由上部进液管进入分配槽，漫过分配槽顶部缺口流入喷淋槽，喷淋槽内的液体经槽的底部孔道和侧部的堰口分布在填料上。分配槽通过螺钉支承在喷淋槽上，喷淋槽用卡子固定在塔体的支持圈上。

槽式喷淋器的液体不易堵塞，分布均匀，处理量大，操作弹性好，抗污染能力强，适应的塔径范围广，是应用比较广泛的液体分布装置。但因液体是由分配槽的 V 形缺口流出，故对安装的水平度有一定要求。

(5) 挡板式喷淋器　挡板式喷淋器是将管内流出的液体经挡板反溅洒开的液体喷淋装置，其结构简单，不会堵塞，但布液不够均匀。如图 7-40(f) 所示。

(6) 溢流型盘式喷淋器　图 7-41 所示为一溢流型盘式喷淋器。它与多孔式液体喷淋器不同，进入布液器的液体超过堰的高度时，依靠液体的自重通过堰口流出，并沿着溢流管壁呈膜状流下，淋洒至填料层上。溢流型布液装置目前广泛应用于大型填料塔。它的优点是操作弹性大，不易堵塞，操作可靠且便于分块安装。

操作时，液体从中央进液管加到分布盘内，然后从分布盘上的降液管溢出，淋洒到填料上。气体则从分布盘与塔壁的间隙和各升气溢流管上升。升气管有圆形和矩形两种，如图 7-42、图 7-43 所示。降液管一般按正三角形排列。为了避免堵塞，降液管直径不小于15mm，管子中心距为管径的 2～3 倍。分布盘的周边一般焊有三个耳座，通过耳座上的螺钉，将分布盘支承在支座上。拧动螺钉，还可调整分布盘的水平度，以便液体均匀地淋洒到填料层上。

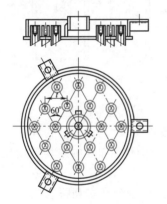
图 7-41　溢流型盘式喷淋器

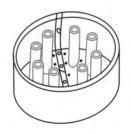
图 7-42　盘式喷淋器圆形升气管

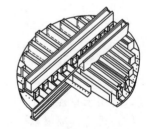
图 7-43　盘式喷淋器矩形升气管

(7) 冲击型喷淋器　冲击型喷淋器如图 7-44 所示。反射板式喷淋器属于冲击型布液装置，它由中心管和反射板组成，见图 7-44(a)。操作时液体沿中心管流下，靠液体冲击反射板的反射分散作用而分布液体。反射板可做成平板、凸板和锥形板等形状，为了使填料层中央部分有液体喷淋，在反射板中央钻有小孔。当液体喷淋均匀性要求较高时，还可由多块反射板组成宝塔式喷淋器，如图 7-44(b) 所示。

冲击型喷淋器喷洒范围大，液体流量大、结构简单、不易堵塞。但应当在稳定的压头下工作，否则影响喷淋范围和效果。

2. 液体收集及再分布装置

当填料层较高，需要多段设置时，或填料层间有侧线进料或出料时，在各段填料层之间要设液体收集及再分布装置，将上段填料流下的液体收集后充分混合，使进入下段填料层的液体具有均匀的浓度，并重新分布在下段填料层上。为使流向塔壁的液体能重新流回塔中心

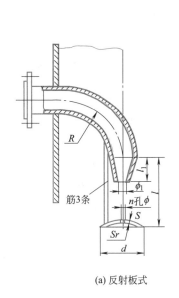 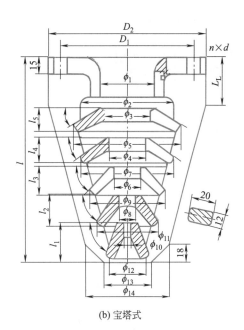

(a) 反射板式　　　　　　　　(b) 宝塔式

图 7-44　冲击型喷淋器

部位，一般在液体流过一定高度的填料层后装置一个液体再分布器。

通常将整个填料层分为若干段，段与段间设置液体再分布器。如令每段填料层的高度为 Z，塔径为 D，对乱堆拉西环，取 $Z/D=3$。随着填料性能的改进，Z/D 之值可增大，该值一般在 $3\sim10$ 之间。

液体收集再分布器大体上可以分为两类：一类是液体收集器与液体再分布器各自独立，分别承担液体收集和再分布任务，对于这种结构，前节所述的各种液体分布器都可以与液体收集器组合成液体收集再分布装置；另一类是集液体收集和再分布功能于一体而制成的液体收集和再分布器。这种液体收集再分布器结构紧凑，安装空间高度低，常用于塔内空间高度受到限制的场合。

(1) 百叶窗式液体收集器　　百叶窗式液体收集器结构见图 7-45，主要由收集器筒体、集液板和集液槽组成。集液板由下端带导液槽的倾斜放置的一组挡板组成，其作用在于收集液体，并通过其下的导液槽将液体汇集于集液槽中。集液槽是位于导液槽下面的横槽或沿塔周边设置的环形槽，液体在集液槽中混合后，沿集液槽的中心管进入液体再分布器，进行液相的充分混合和再分布。

图 7-45　百叶窗式液体
收集器

(2) 多孔盘式液体再分布器　　多孔盘式液体再分布器是集液体收集和再分布功能于一体的液体收集和再分布装置。这种再分布器具有结构简单、紧凑、安装空间高度低等优点，是常用的液体再分布装置之一。其结构与盘式液体分布器类似，设计方法基本相同。其升气管常制成矩形，并在升气管上方设遮挡板，以防止液体落入升气管，见图 7-46。设计遮挡板时应注意遮挡板与升气管出口间的气体流通面积大于升气管的横截面积。这种分布器通常采用多点进料进行液体的预分布，以使盘上液面高度保持均匀，改善液体的分布性能。

（3）截锥式液体再分布器　工厂中应用最多的是锥形分布器，其结构见图7-47。

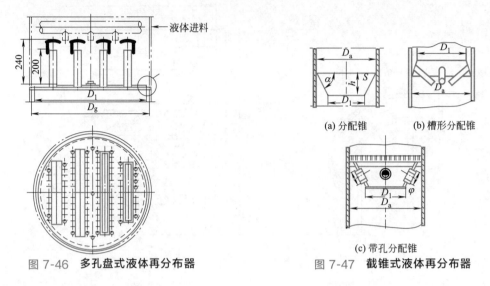

图 7-46　多孔盘式液体再分布器

（a）分配锥　　（b）槽形分配锥

（c）带孔分配锥

图 7-47　截锥式液体再分布器

截锥式液体再分布器是一种最简单的液体再分布器，多用于小塔径（$D<0.6m$）的填料塔，以克服壁流作用对传质效率的影响。该种分布器锥体与塔壁的夹角一般为 $35°\sim45°$，截锥口直径为塔径的 $70\%\sim80\%$。

图7-47（a）所示为一分配锥。锥壳下端直径为 $0.7\sim0.8$ 倍塔径，上端直径与塔体内径相同，并可直接焊在塔壁上。分配锥结构简单，但安装后减少了气体流通面积，扰乱了气体流动，且在分配锥与塔壁连接处形成了死角，妨碍填料的装填。分配锥只能用于直径小于 $1m$ 的塔内。图7-47（b）为一槽形分配锥。它的结构特点是将分配锥倒装以收集壁流，并将液体通过设在锥壳上的 $3\sim4$ 根管子引入塔的中央。槽形分配锥有较大的自由截面，可用于较大直径的塔。

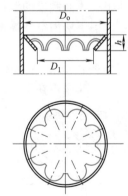

图 7-48　改进的
分配锥

图7-47（c）为一带通孔的分配锥。它是在分配锥的基础上，开设 4 个管孔以增大气体通过的自由截面，使气体通过分配锥时，不致因速度过大而影响操作。为了解决分配锥自由截面过小的缺点，可将分配锥做成玫瑰状，称为改进分配锥，其结构如图7-48所示。它具有自由截面积大，液体处理能力大，不易堵塞，不影响塔的操作和填料的装填，可装入填料层内等优点。

3．填料支承压紧装置

（1）填料支承装置　填料的支承装置结构对填料塔的操作性能影响很大。若设计不当，将导致填料塔无法正常工作。对填料支承装置的基本要求为：有足够的强度和刚度以支承填料及其所持液体的重量（持液量）；有足够的开孔率（一般要大于填料的孔隙率），使气、液两相通过时阻力较小，以防首先在支承处发生液泛；装置结构应有利于气液相的均匀分布，同时不至于产生较大的阻力（一般阻力不大于 $20Pa$）；制造、安装、拆卸要方便。

常用的填料支承装置有栅格板、格栅板、波形板等。

① 栅格板　栅格板通常由若干扁钢组焊成形（见图7-49），栅板间距一般为散堆填料环外径的 $0.6\sim0.8$ 倍。为提高栅格的自由截面率，也可采用较大间距，并在其上预先散布较

大尺寸的填料，而后再放置小尺寸填料。栅格形支承装置多分块制作，每块宽度约为300～400mm，可以通过人孔进行装卸。栅板支承结构简单，强度较高，特别适合规整填料的支承，是填料塔应用较多的支承结构。但栅板自由截面积较小，气速较大时易引起液泛，且塔内组装时，各块之间常有卡嵌现象。

② 格栅板　格栅板由格条、栅条以及边圈组成，如图7-50所示。当塔径小于800mm时，可采用整式格栅板；当塔径大于800mm时，应采用分块式格栅板。栅板条间距一般为100～200mm，塔径小时取小值。格板条间距一般为300～400m，塔径小时取小值。分块式格栅板每块宽度不大于400mm。格栅板通常由碳钢制成。当介质腐蚀性较大时，可采用不锈钢制造。格栅板适用于规整填料的支承。

③ 波形板　波形板由开孔金属平板冲压为波形而成。其结构见图7-51。在每个波形梁的侧面和底部上开有许多小孔，上升的气体从侧面小孔喷出，下降的液体从底部小孔流下，故气液在波形板上为分道逆流。既减少了流体阻力，又使气、液分布均匀。开孔波形板的特点是：支承板上开孔的自由截面率大，需要时，可达100%；支承板气液分道逆流，允许较高的气、液负荷；气体通过支承板时所产生的压降小；支承板做成波形，提高了刚度和强度。波形板支承装置适合于散堆填料的支承，一般用于直径在1.5m以上的大塔，采用分块制作，每块的宽度约为290mm，高度约为300mm，各块间留有10mm的间隙，使液相流动。此种支承装置，气液两相分布效果好，是一种性能优良的填料支承装置。

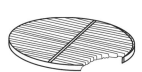

图7-49　栅格板支承装置

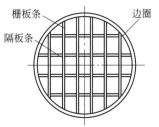

图7-50　格栅板支承装置

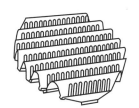

图7-51　波形板支承装置

（2）填料限定装置　为保证填料塔在工作状态下填料床层能够稳定，防止高气相负荷或负荷突然变动时填料层发生松动，破坏填料层结构，甚至造成填料流失，必须在填料层顶部设置填料限定装置。

填料限定装置可分为两类：一类是放置于填料上端，仅靠自身重力将填料压紧的填料限定装置，称为填料压板；另一类是将填料限定装置固定于塔壁上，称为床层限定板。填料压板常用于陶瓷填料，以免陶瓷填料发生移动撞击，造成填料破碎。床层限定板多用于金属和塑料填料，以防止由于填料层膨胀，改变其初始堆积状态而造成的流体分布不均匀现象。

填料压板主要有两种形式：一种是栅条形压板，见图7-52(a)；另一种是丝网压板，见图7-52(b)。栅条形压板的栅条间距为填料直径的0.6～0.8倍。丝网压板是用金属丝编织的大孔金属网焊接于金属支承圈上，网孔的大小应以填料不能通过为限。填料压板的重量要适当，过重可能会压碎填料，过轻，则难以起到作用，一般需按每平方米1100N设计，必要时需加装压铁以满足重量要求。

4. 除沫装置

气体从塔顶流出时，总会带少量液滴出塔。为使气体夹带的液滴能重新返回塔内，一般在塔内液体喷淋装置上方装置除沫器。常用的除沫器有折流板式与填料层式（参见板式塔除

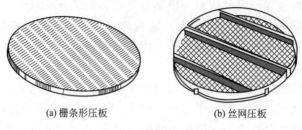

(a) 栅条形压板　　　　　　　(b) 丝网压板

图 7-52　填料限定装置

沫装置)。

对于折流板式除沫器,气体流过曲折通道时,气流中夹带的液滴因惯性附于折流板壁,然后流回塔内。

对于填料层式除沫器,当气流通过填料层时,气流中夹带的液滴附于填料表面流回塔内。过去曾用拉西环除沫,但其阻力大,效果不理想,现在一般采用金属丝网或尼龙丝网填料层,填料层高 $0.1 \sim 0.15m$,压降小于 $25mmH_2O$($1mmH_2O = 9.80665Pa$),可除去大于 $5\mu m$ 的液滴,效率达 $98\% \sim 99\%$。

三、填料塔塔设备的操作与维护

1. 填料的安装

(1) 填料安装前的处理　新填料表面有一薄油层,这油层可能是金属填料在加工过程中采用润滑油润滑而形成的;也可能是为了避免碳钢填料在运输和储存过程中被腐蚀而加的防锈油。这层油的存在对于某些物系是绝对不允许的,例如空分系统中,油层洗涤下来后与液氧共存,可引起爆炸。对于水溶液物系,这层油可妨碍液膜的形成,对于某些碱性物系还可引起溶液发泡,因此应弄清该油的物性,在开车之前将其除掉。碳钢填料应储存在干燥封闭处,不应提前除油,以防锈蚀。

新陶瓷填料和重新填充的陶瓷填料应将其中的碎片筛掉,有时需用手工逐个除去,散装陶瓷填料在运输过程中难免有破碎,大块的碎填料仍可利用,其通量有所下降,压降有所升高,但分离效率不会下降。

(2) 散装填料的安装　陶瓷填料和非碳钢金属填料,若条件允许,应采用湿法填充。采用湿法填充,安装支持板后,往塔内充水,将填料从水面上方轻轻倒入水中,填料从水中漂浮下落,水面要高出填料 1m 以上。湿法填充可减少填料破损、变形。湿法填充还增加了散装填料的均匀性,填料用量减少约 5%,填料通量增大,压力降减小。

采用干法填充填料应始终从离填料层一定高度倒入,对于大直径塔采用干法填充,有时需人站在填料层上填充。应需注意人不可直接站在填料上,以防填料受压变形及密度不均,可在填料上铺设木板使受力分散。

无论采用湿法填充还是采用干法填充,都应由塔壁向中心填充,以防填料在塔壁处架桥,填料不应压迫到位,以防变形密度不均。各段填料安装完毕应检查上端填料是否推平,若有高低不平现象,应将其推平。

(3) 规整填料的安装　对于直径小于 800mm 的小塔,规整填料通常做成整圆盘由法兰孔装入。对于直径大于 800mm 的塔,规整填料通常分成若干块,由人孔装入塔内,在塔内组圆,无论整圆还是分块组圆,其直径都要小于塔径,否则无法装入。填料与塔壁之间的间隙，应根据采用的防壁流圈形式而定，各填料生产厂家通常有自己的标准。

通常为防止由于填料与塔壁间隙而产生气液壁流，在此间隙加防壁流圈。此防壁流圈可与填料做成一体，也可分开到塔内组装。

2. 填料塔的操作

填料塔操作与板式塔大体相同，参看本章第二节。

填料塔操作与板式塔主要不同之处在于：首先，填料塔应主要控制液体分布均匀，防止填料局部过流影响传质效果；其次要控制好压力变化，避免气相变化过大，造成填料压板的损坏。

3. 填料塔的日常检查

操作工对填料塔进行的日常检查应该包括下列几项。

① 定期检查、清理，更换莲蓬头或溢流管，保持不堵塞、不破损、不偏斜，使喷淋装置能把液体均匀分布到填料上。

② 进塔气体的压力和流速不能过大，否则填料将会被吹乱或带走，严重降低气、液两相接触效率。

③ 控制进气温度，防止塑料填料软化或变质，增加气流阻力。

④ 进塔的液体不能含有杂物，太脏时应过滤，避免杂物堵塞填料缝隙。

⑤ 定期检查、防腐，清理塔壁，防止腐蚀、冲刷、挂疤等缺陷。

⑥ 定期检查算板腐蚀程度，如果腐蚀变薄则应更新，防止脱落。

⑦ 定期测量塔壁厚度并观察塔体有无渗漏，发现后及时修补。

⑧ 经常检查液面，不要淹没气体进口，防止引起振动和异常响声。

⑨ 经常观察基础下沉情况，注意塔体有无倾斜。

⑩ 保持塔体油漆完整，外观无挂疤，清洁卫生。

⑪ 定期打开排污阀门，排放塔底积存脏物和碎填料。

⑫ 冬季停用时，应将液体排尽，防止冻结。

⑬ 如果压力突然下降，此时可能原因是发生了泄漏。如果压力上升，可能的原因是填料阻力增加或设备管道堵塞。

⑭ 防腐层和保温层损坏，此时要对室外保温设备进行检查，着重检查温度在100℃以下的雨水浸入处、保温材料变质处、长期经外来微量的腐蚀性流体侵蚀处。

填料塔设备运行期间的点检、巡检内容及方法见表7-6。

4. 填料塔常见故障诊断与处理

填料塔达不到设计指标统称为故障。填料塔的故障可由一个因素引起，也可能同时由多个因素引起，一旦出现故障，工厂总是希望尽快找出故障原因，以最少的费用尽快解决问题。故障诊断者应对塔及其附属设备的设计及有关方面的知识有很深的了解，了解得越多，故障诊断越容易。

故障诊断应从最简单最明显处着手，可遵循以下步骤。

① 若故障严重，涉及安全、环保或不能维持生产，应立即停车，分析、处理故障。

② 若故障不严重，应在尽量减少对安全、环境及利润损害的前提下继续运行。

③ 在运行过程中取得数据及一些特征现象，在不影响生产的前提下，做一些操作变动，以取得更多的数据和特征现象。如有可能还可进行全回流操作，为故障分析提供分析数据。

表 7-6   填料塔的检查内容及方法

检查内容	检查方法	问题的判断和说明
操作条件	①查看压力表、温度计和流量计 ②检查设备操作记录	①压力突然下降:塔节法兰或垫片泄漏 ②压力上升:填料阻力增加或设备管道堵塞
物料变化	①目测观察 ②物料组分分析	①内漏或操作条件破坏 ②混入杂物、杂质
防腐、保温层	目测观察	对室外保温设备,检查雨水浸入处及腐蚀瘤体侵蚀处
附属设备	目测观察	①进入管阀站连接螺栓是否松动变形 ②管支架是否变形松动 ③手孔、人孔是否腐蚀、变形,启用是否良好
基础	目测、水平仪	基础如出现下沉或裂纹,会使塔体倾斜
塔体	①目测观察 ②发泡剂检查 ③气体检测器检查 ④测厚仪检查	塔体、法兰、接管处、支架处容易出现裂纹或泄漏

④ 分析塔过去的操作数据,或与同类装置相比较,从中找出相同与不同点。若塔操作由好变坏,找出变化时间及变化前后的差异,从而找出原因。

⑤ 故障诊断不要只限于塔本身,塔的上游装置及附属设备,如泵、换热器以及管道等都应在分析范畴内。

⑥ 仪表读数及分析数据错误可能导致塔的不良操作。每当故障出现,首先对仪表读数及分析数据进行交叉分析,特别要进行物料平衡、热量平衡及相平衡分析,以确定其准确性。

⑦ 有些故障是由于设计不当引起的。对设计引起故障的检查应首先检查图纸,看是否有明显失误之处,分析此失误是否为发生故障的原因;其次,要进行流体力学核算,核算某处是否有超过上限操作的情况;此外,还需对实际操作传质进行模拟计算,检查实际传质效率的高低。

填料塔常见故障及处理方法见表 7-7。

表 7-7   填料塔常见故障及处理方法

故障现象	产生原因	处理方法
工作表面结垢	①被处理物料中含有杂质 ②被处理物料中有晶体析出沉淀 ③硬水产生垢 ④设备被腐蚀,产生腐蚀物	①提高过滤质量 ②清除结晶物、水垢物 ③清除水垢 ④采取防腐措施
连接处失去密封能力	①法兰连接螺栓松动 ②螺栓局部过紧,产生变形 ③设备振动而引起螺栓松动 ④密封垫圈疲劳破坏 ⑤垫圈受介质腐蚀而损坏 ⑥法兰面上的衬里不平 ⑦焊接法兰翘曲	①紧固螺栓 ②更换变形螺栓 ③消除振动,紧固螺栓 ④更换变质的垫圈 ⑤更换耐腐蚀垫圈 ⑥加工不平的法兰 ⑦更换新法兰

续表

故障现象	产生原因	处理方法
塔体厚度减薄	设备在操作中,受介质的腐蚀、冲蚀和摩擦	减压使用或修理腐蚀部分或报废更新
塔局部变形	①塔局部腐蚀或过热使材料降低而引起设备变形 ②开孔无补强,焊缝应力集中使材料产生塑性变性 ③受外压设备工作压力超过临界压力,设备失稳变形	①防止局部腐蚀或过热 ②矫正变形或割下变形处,焊上补板 ③稳定正常操作
塔体出现裂缝	①局部变形加剧 ②焊接时有内应力 ③封头过渡圆弧弯曲半径太小 ④水力冲击作用 ⑤结构材料缺陷 ⑥振动和温差的影响 ⑦应力腐蚀	裂缝修理
冷凝器内有填料	填料压板翻动	固定好压板
进料慢	进料过滤器堵塞	拆卸、清洗

🌱 **拓展阅读**

我国化工塔装备发展历程

中国化工装备中的塔设备（如精馏塔、吸收塔、反应塔等）经历了从起步到自主创新的发展历程。

1. 起步与仿制阶段（20 世纪 50～70 年代）

塔设备在中国化工领域的应用始于 20 世纪 50 年代,早期主要依赖进口或仿制国外技术。这一阶段,塔设备的设计和制造技术相对简单,主要用于基础化工生产。

2. 技术引进与初步发展（20 世纪 80～90 年代）

改革开放后,中国化工行业快速发展,塔设备技术也迎来了引进和吸收阶段。通过引进国外先进技术和设备,国内企业逐步掌握了塔设备的核心设计和制造工艺,形成了较为完整的产业链。

3. 自主创新与技术突破（21 世纪初至今）

进入 21 世纪,随着国内化工行业的升级和环保要求的提高,塔设备技术不断向高效、节能、环保方向发展。近年来,塔设备制造商通过优化内部结构和材料选择,显著提高了设备性能,降低了能耗。例如:

• 新型填料和塔内件的应用:新型高效填料和塔内件的研发,提升了塔设备的传质效率和分离效果。

• 智能化与自动化:借助智能制造技术,塔设备的生产过程更加智能化,设备的可靠性和使用寿命显著提升。

4. 市场需求与应用拓展

塔设备广泛应用于石油化工、制药、环保等领域。随着"双碳"目标的推进，塔设备在节能减排和绿色生产中的作用愈发重要。例如：

- 石油化工领域：塔设备在常减压、催化重整、加氢精制等工序中发挥关键作用，市场需求持续增长。
- 环保领域：塔设备在废气处理和废水处理中的应用不断增加，推动了相关技术的创新。

5. 未来发展趋势

未来，塔设备行业将更加注重技术创新和节能减排。随着新材料、新工艺的不断涌现，塔设备将更好地适应复杂工业过程，提高分离效率和产品质量。

总体来看，中国塔设备行业从依赖进口到实现自主创新，经历了快速发展的历程，并在全球市场中逐步占据重要地位。

思考题

7-1 什么是塔设备？塔板由哪些基本部分组成？

7-2 什么是板式塔？什么是填料塔？如何选择板式塔和填料塔？

7-3 泡罩塔、浮阀塔、筛板塔各具有哪些特点？

7-4 衡量塔板优劣的标准是什么？

7-5 溢流管的装置形式有哪几种？

7-6 蒸馏塔的加热方式有哪两种？

7-7 简述填料塔的结构。

7-8 填料塔的附属设备主要有哪些？

7-9 填料塔内填料的作用是什么？对填料有哪些方面要求？

7-10 填料按堆砌方式大体可分为哪两大类？各有哪些常见的填料？

7-11 什么是塔板效率？其影响因素有哪些？

7-12 板式塔有哪些不正常的操作现象？

7-13 什么叫雾沫夹带？它有哪些危害？

7-14 什么叫液泛？它有哪些危害？产生的原因是什么？如何防止？

7-15 什么叫漏液？它有什么害处？

7-16 板式塔在开车时应做好哪些准备？

7-17 装置停工吹扫后，要清理塔内杂物，打开人孔或手孔时，应按什么顺序？为什么？

7-18 板式塔在日常生产时应做好哪些日常巡检工作？

7-19 塔设备在停车时检查的重点项目是什么？

7-20 填料塔在选用填料时应注意哪些因素？

7-21 填料的特性参数有哪些？与操作有哪些关系？

7-22 填料塔有哪些不正常的操作现象？

7-23 填料塔在日常生产时应做好哪些日常巡检工作？

7-24 填料塔在生产过程中的常见故障有哪些？如何诊断与处理？

7-25 填料塔的哪些部位容易腐蚀？

7-26 填料的安装如何进行？

7-27 简述典型的精馏塔操作的操作规程。

第八章 蒸发设备

第一节 蒸发基本原理

一、蒸发基本原理

在化工过程中，蒸发是浓缩溶液的单元操作。这种操作是将溶液加热，使其中部分溶剂气化并不断除去，以提高溶液中溶质浓度。例如，烧碱液的增浓、稀盐水液的浓缩、淡水制备等。用来进行蒸发的设备称为蒸发器。

蒸发的方式有自然蒸发和沸腾蒸发。自然蒸发是溶液中的溶剂在低于沸点下气化，例如，海盐的晒制，溶剂的气化仅发生在溶液的表面，蒸发速率缓慢。沸腾蒸发是使溶液中的溶剂在沸点时气化，在气化过程中，溶液呈沸腾状态，溶剂的气化不仅发生在溶液表面，而且发生在溶液内部，几乎在溶液各个部分都同时发生气化现象，因此沸腾蒸发的速率远超过自然蒸发速率。工业上的蒸发大多是采用沸腾蒸发。

为了保持溶液在沸腾情况下使溶剂不断气化，就必须不断向溶液供给热能，并随时排除气化出来的溶剂蒸汽。工业上采用的热源通常是水蒸气，而被蒸发的溶液大都是水溶液，即从溶液中气化出来的也是水蒸气，为了易于区别，前者称为加热蒸汽或生蒸汽，后者称为二次蒸汽。蒸发产生的二次蒸汽必须及时排除，否则在沸腾液体上面的空间中二次蒸汽的压力将逐渐升高，会影响溶剂的蒸发速率，以致气化不能继续进行。通常是采用冷凝的方法将二次蒸汽排除。

图 8-1 为蒸发装置示意图。蒸发时原料液预热后加入蒸发器。蒸发器的下部是由许多加热管组成的加热室，加热蒸汽在加热室的管间冷凝，放出的热量通过管壁传给管内的溶液，使溶液受热沸腾气化，经浓缩后的溶液（完成液），由蒸发器底部排出。蒸发器的上部为蒸发室，气化产生的蒸汽在蒸发室及其顶部的除沫器中，将其挟带的液沫予以分离，然后送往冷凝器被冷凝而除去。

蒸发操作可以是连续的也可以是间歇的，工业上大量物料的蒸发，通常是在稳定和连续的条件下进行的。

由上述可知，常见的蒸发过程实质上是在间壁两侧分别有蒸汽冷凝和液体沸腾的传热过程，但和

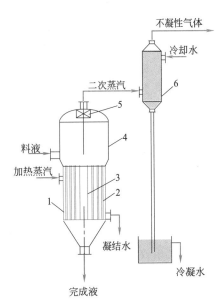

图 8-1 蒸发装置示意图

1—加热室；2—加热管；3—中心降液管；
4—蒸发室；5—捕汁器；6—冷凝器

一般传热过程相比，蒸发过程尚有以下特点。

① 蒸发的物料是溶有不挥发性溶质的溶液。依拉乌尔定律可知，在相同压力下，溶液的沸点高于纯溶剂的沸点。所以，当加热蒸汽温度一定时，蒸发溶液时的传热温度差要比蒸发纯溶剂时为小，溶液的浓度越大，这种影响越显著。

② 蒸发时要气化大量的溶剂，因此需消耗大量的加热蒸汽。

③ 被蒸发的溶液本身常具有某些特性，例如，有些物料在浓缩时可能结垢或析出结晶，有些热敏性物料在高温下易分解变质，有些溶液则有较大的黏度或较强的腐蚀性等。

蒸发可按蒸发器内的压力分为常压、加压或减压蒸发。减压下的蒸发称为真空蒸发。也可按二次蒸汽利用的情况分为单效蒸发和多效蒸发。若产生的二次蒸汽不再利用或被利用于蒸发器以外的这种操作，称为单效蒸发；如果将二次蒸汽引至另一压力较低的蒸发加热室，作为加热蒸汽来使用，以提高加热蒸汽的利用率，称为多效蒸发，也就是使二次蒸汽在蒸发过程中得到再利用的蒸发操作。

蒸发广泛应用于化工、食品、医药等工业中。本章仅讨论化工中水溶液的沸腾蒸发。但内容中所述及的蒸发计算方法和设备可应用于任何溶剂的蒸发以及纯液体的气化。

二、蒸发系统

1. 单效蒸发系统

某些热敏性物料在高温下易分解变质，有些溶液则有较大的黏度或较强的腐蚀性等。单效蒸发是在一个蒸发器内进行蒸发操作，图 8-1 所示为由单个蒸发器组成的单效蒸发装置。对于单效蒸发，在给定生产任务和确定了操作条件后，则可应用物料衡算、热量衡算和传热基本方程式计算确定蒸发操作中水分蒸发量、加热蒸汽消耗量和蒸发器的传热面积。

2. 多效蒸发系统

蒸发的操作费用主要是气化溶剂（如水）所需消耗的蒸汽动力费。在单效蒸发中，从溶液中蒸发出 1kg 水，通常都需要不少于 1kg 的加热蒸汽。在大型工业生产过程中，当蒸发大量水分时，势必要消耗大量的加热蒸汽。为了减少加热蒸汽消耗量，可采用多效蒸发，即将几个蒸发器彼此连接起来协同操作。其原理是利用减压的方法使后一个蒸发器的操作压力和溶液的沸点均较前一个蒸发器的为低，以使前一个蒸发器引出的二次蒸汽作为后一个蒸发器的加热蒸汽，且后一个蒸发器的加热室成为前一个蒸发器的冷凝器。按此原则将几个蒸发器顺次连接起来协同操作以实现二次蒸汽的再利用，从而提高加热蒸汽利用率的操作称为多效蒸发。每一个蒸发器称为一效。通入加热蒸汽（生蒸汽）的蒸发器称为第一效，用第一效的二次蒸汽作为加热蒸汽的蒸发器称为第二效，用第二效的二次蒸汽作为加热蒸汽的蒸发器称为第三效，依此类推。

由于除末效以外的各效的二次蒸汽都作为下一效的加热蒸汽，所以提高了加热蒸汽的利用率。假若单效蒸发或多效蒸发装置中所蒸发的水分量相同，则后者需要加热蒸汽量远小于前者。根据经验将最小的单位蒸汽消耗量 D/W 大致数值列于表 8-1 中。

表 8-1　不同蒸发系统单位蒸汽消耗量

效数	单效	双效	三效	四效	五效
D/W	1.1	0.57	0.4	0.3	0.27

由于多效蒸发可以节省加热蒸汽用量，所以在蒸发大量水分时，广泛采用多效蒸发。常用的多效蒸发器有双效、三效或四效，有的多达六效。

按原料液加入的方式，常见的多效蒸发装置流程有以下几种。

（1）并流法　并流加料法是工业中常用的加料法。如图8-2所示，溶液流向与蒸汽相同，即由第一效顺序流至末效。加热蒸汽通入第一效加热室，蒸发出的二次蒸汽进入第二效的加热室作为加热蒸汽，第二效的二次蒸汽又进入第三效的加热室作为加热蒸汽，第三效（末效）的二次蒸汽则送到冷凝器被全部冷凝。原料液进入第一效，浓缩后由底部排出，依顺序流入第二效和第三效连续地进行浓缩，完成液由末效的底部排出。

并流加料的优点为：①由于后一效蒸发室的压力较前一效为低，故溶液在效间的输送无需用泵，就能自动从前效进入后效；②由于后一效溶液的沸点较前一效为低，故前一效的溶液进入后一效时，会因过热而自行蒸发，因而可产生较多的二次蒸汽；③由末效引出完成液，因其沸点最低，故带走的热量最少，减少了热量损失。

并流加料的缺点是由于后一效溶液的浓度较前一效为大，且温度又较低，所以料液黏度沿流动方向逐效增大，致使后效的传热系数降低，故对黏度随浓度的增加而迅速增大的溶液，不宜采用并流法进行多效蒸发。

（2）逆流法　如图8-3所示，原料液由末效加入，用泵打入前一效，完成液由第一效底部排出，而加热蒸汽仍是加入第一效加热室，与并流法蒸汽流向相同。其优点在于随着溶液浓度的增大，温度也随着升高，因而各效溶液的黏度较为接近，使各效的传热系数也大致相同。其缺点是效间溶液需用泵输送，增加设备和能量消耗，又除末效外各效进料温度都低于沸点，故无自行蒸发现象，与并流法相比较，所产生的二次蒸汽量较少。一般来说此法宜用于处理黏度随温度和浓度变化较大的溶液，而不适宜于处理热敏性物料。

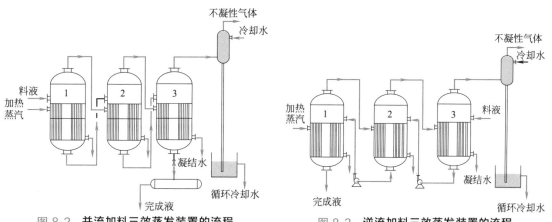

图 8-2　并流加料三效蒸发装置的流程　　　　图 8-3　逆流加料三效蒸发装置的流程

（3）平流法　此法是按各效分别加料并分别出料的方式进行操作。而加热蒸汽仍是加入第一效的加热室，其流向与并流法相同，如图8-4所示。此法适用于在蒸发过程中同时有结晶析出的场合，因其可避去结晶体在效间输送时堵塞管道，或用于对稀溶液稍加浓缩的场合。此法缺点是每效皆处于最大浓度下进行蒸发，所以溶液黏度大，致使传热系数较小，同时各效的温度差损失较大，故降低了蒸发设备的生产能力。

在多效蒸发中，有时并非将某效产生的二次蒸汽全部引到下一效加热室作为加热蒸汽去使用，而是将其中一部分引出作为预热原料或与蒸发装置无关的其他设备的热源。这种由某

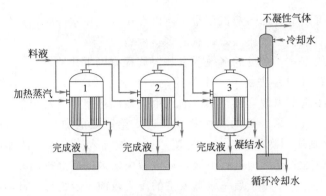

图 8-4　平流加料三效蒸发装置的流程

效引出后不通入下一效而用于其他处的二次蒸汽，称为额外蒸汽。图 8-5 所示为从第一、二两效引出额外蒸汽的情况，其目的在于提高整个装置的经济程度。

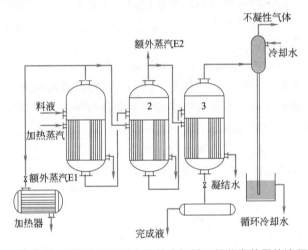

图 8-5　有额外蒸汽引出的并流加料三效蒸发装置的流程

三、多效蒸发中效数的限制

多效蒸发可以提高加热蒸汽的利用率，所以多效蒸发的操作费用随着效数的增加而减少。但从表 8-1 可知，虽然 (D/W) 是随着效数的增加而不断减小，但所节省的加热蒸汽量也随之减小，例如由单效改为双效，可节省加热蒸汽量约为 50%，而从四效增为五效，可节省加热蒸汽量就已降为 10%。另一方面，增加效数就需要增加设备费，而当增加一效的设备费用不能与所节省的加热蒸汽的收益相抵时，就没有必要再增加效数，所以多效蒸发的效数是有一定限度的。

另外，蒸发装置中效数越多，温度差损失越大。若效数过多还可能发生总温度差损失等于或大于有效总温度差，而使蒸发操作无法进行。

基于上述理由，工业上使用的多效蒸发装置，其效数并不是很多的。一般对于电解质溶液，如 NaOH 等水溶液的蒸发，由于其沸点升高较大，故采用 2～3 效；对于非电解质溶液，如糖的水溶液或其他有机溶液的蒸发，由于其沸点升高较小，所用效数可取 4～6 效；而在海水淡化的蒸发装置中，效数可多达 20～30 效。图 8-6 为英国 FS 公司为我国提供的 4000 吨/日甜菜糖厂设计的蒸发方案。

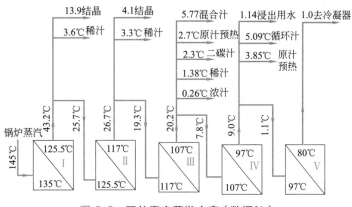

图 8-6　五效真空蒸发方案（数据%）

四、蒸发热力方案选择的原则

热力方案的选择首先应满足工艺的要求，即保证供应足够浓度的浓缩汁和车间各用汽工序足够的蒸汽及规定的蒸汽参数，并做到热力利用的合理经济。在不影响操作稳定的情况下，最大限度地抽取额外蒸汽，做到全面利用，使进入冷凝器的汁汽降到最低限度以及利用冷凝水自然蒸发等，使热力方案具有较高的技术经济指标，同时又保证蒸发操作的稳定性和灵活性，即一方面是尽可能使实际抽取的汁汽量与设计时的抽取量相一致，另一方面是注意生产波动时调节的可能性。设计时还必须考虑到蒸发罐的真空度应有调节的可能性，或者采用浓缩罐。对于设备的投资费用等方面也应予以适当的考虑。

第二节　蒸发设备

一、蒸发设备基本构造

1. 标准式蒸发器（中央循环管式蒸发器）

标准式蒸发器结构见图 8-7，它是圆柱形筒体，加热室中中央循环管的截面一般为加热管束总面积的 40% 以上。料液由于受热程度不同，产生重度差，从边上上升、中间下降，在分离室进行汽液分离。二次蒸汽由顶部排出。料液经中央循环管下降，再进入加热管束，形成自然循环，液面的水汽向上部负压空间迅速蒸发，从而达到浓缩的目的。浓缩后的制品由底部卸出。

标准式蒸发器结构紧凑，传热条件良好，投资少，但存在循环速度小、检修不方便等缺点。该类蒸发器在国内糖厂和小型氯碱企业应用较多。

（1）加热器体　它由沸腾加热管及中央循环管和上部管板所组成，如图 8-7 所示，中央循环管的截面积，一般为加热管束总截面积的 40%～100%，沸腾加热管多采用 $\phi25\sim75mm$ 的管子，长度一般为 0.6～2.0m，材料为不锈钢或其他耐腐蚀的材料。

中央循环管与加热管一般采用胀管法或焊接法固定在上下管板上，从而构成一组竖式加热管束。料液在管内流动，而加热蒸汽在管束之间流动。为了提高传热效果，在管间可增设若干挡板，或抽去几排加热管，形成蒸汽通道，同时，配合不凝性气体排出管的合理分布，有利于加热蒸汽均匀分布，从而提高传热及冷凝效果。加热器体外侧都有不凝性气体排出管、加热蒸汽管、冷凝水排出管等。

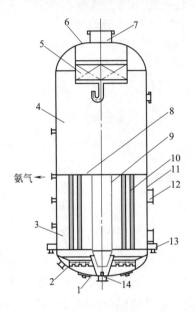

图 8-7　标准式蒸发器
1—罐底封头；2—进液管；3—加热室；4—蒸发室；5—捕集器；6—罐顶封头；
7—二次蒸汽出口；8—管板；9—中央降液管；10—加热管；11—加热室外壳；
12—蒸汽入口；13—凝结水出口；14—浓缩液出口

M8-1　中央循环管式蒸发器

（2）蒸发室　蒸发室是指料液液面上部的圆筒空间。料液经加热后气化，必须具有一定高度和空间，使汽液进行分离，二次蒸汽上升，溶液经中央循环管下降，如此保证料液不断循环和浓缩。蒸发室的高度，主要根据防止料液被二次蒸汽夹带的上升速度所决定，同时考虑清洗、维修加热管的方便，一般为加热管长度的 1.1～1.5 倍。

在蒸发室外壁有视镜、人孔、洗水、照明、仪表、取样等装置。在顶部有捕集器，使二次蒸汽夹带的汁液进行分离，保证二次蒸汽的洁净，减少料液的损失，且提高传热效果。二次蒸汽排出管位于蒸发器顶部。

这种浓缩设备结构简单，操作方便，液面容易控制，但清洗困难，黏度大时循环效果很差。

（3）加热室中不凝气体的排除　加热蒸汽热交换后，释放出凝结热而成为凝结水，从下面排出。如图 8-7 所示，但蒸汽中有一部分气体是混入的空气或氨等不凝气体，不能排除。如果不及时排除，会在加热室内愈积愈多，严重影响热效率，排出位置的选择很重要，视不凝气积聚于何处而定，此不凝气管可排空或接入真空系统，蒸汽中混入不凝气体的原因有以下 3 个。

① 锅炉水中混入溶解着空气的不凝气体和其他气体（若用的是冷凝水就不存在此情况）。如果用河水或井水，可以用开口炉烧开后再入锅炉，可去除大部分不凝气。

② 因在真空下操作，有空气从接头处漏入，造成二次蒸汽中混入不凝性气体。

③ 如果是多效系统，则应注意料液中往往也会有溶解着的不凝气体，有时甚至还含有

对材料具有腐蚀性的恶性气体，更应及时排除。

这些不凝性气体会形成薄膜，包住加热管。因为气体是热的不良导体，加热蒸汽需通过它才能与壁内溶液进行热交换，因而降低了传热效率。

2. 悬筐式蒸发器

悬筐式蒸发器的基本结构见图 8-8。其加热室像篮筐，悬挂在蒸发器壳体的下部，加热蒸汽由顶部引入，在管间加热管内的溶液。其原理和中央循环管式相同，但溶液沿悬筐外壁和外壳体内壁所形成的环隙向下作循环流动，循环速度略大。其加热管束可取出后清理，用备用管束替换，以节约清洗时间。加热蒸汽从位于中央的一根多孔管进入，均匀吹入各加热管间。加热管束和管内壁形成的环形通道是循环料液的下流通道。其传热面积一般在 $100m^2$ 以下，总传热系数为 $600 \sim 3500 W/(m^2 \cdot K)$。

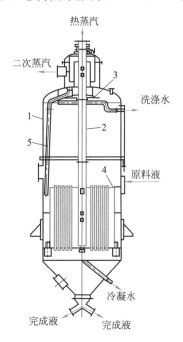

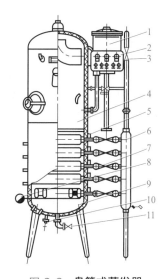

图 8-8 悬筐式蒸发器　　M8-2 悬筐式蒸发器　　图 8-9 盘管式蒸发器

1—壳体；2—蒸汽接管；3—分离室；
4—悬筐加热室；5—溢流管

1—汽液分离器；2—仪表箱；3—总汽阀；
4—蒸发室；5—加热盘管；6—汽包；
7—分汽阀；8—疏水阀；9—加热
室；10—取样旋塞；11—出料旋塞

（1）优点　悬筐式蒸发器实际上是标准式蒸发器的改进形式。它把加热室改进成可整体装拆悬吊在蒸发器中，便于检修；循环通道比标准式大，可以产生较大的循环速度和传热系数，同时由于循环通道在外周，因此热损失小。加热室可由顶部取出，便于检修和更换，适用于易结晶、结垢溶液的蒸发。

（2）缺点　悬筐式蒸发器结构复杂、单位传热面的金属消耗量较多而制造费用较大。

3. 盘管式蒸发器

盘管式蒸发器适用于牛奶、果汁、蔬菜汁、豆浆、葡萄糖溶液等热敏性物料在真空条件下进行低温浓缩，也可供医药、化工等部门浓缩物料之用。

盘管式蒸发器具有以下优点：①蒸发强度高，每平方米传热面积蒸发量可达 100kg/h 以上，其原因是传热温度差较高；②操作方便，容易掌握；③易损件少，维护简单；④每批的产品质量均匀一致；⑤设备制造工艺简单，使用钢材少。

缺点：①间歇操作，生产效率低；②物料受热时间长，影响产品质量；③料液循环差，传热系数低；④由于是单效、间歇操作，蒸汽消耗量大，蒸发 1kg 水耗蒸汽在 1.1kg 以上；⑤冷却水用量大；⑥盘管表面易结垢，且洗刷不方便；⑦二次蒸汽未能很好利用，仅适用于中小型工厂。

盘管式蒸发器按锅体结构可分为有加热夹套式和无加热夹套式。我国从日本引进的盘管式蒸发器在锅体下侧有加热夹套，以增大传热面积。国产的盘管蒸发器皆为无加热夹套。基本结构见图 8-9。

盘管式蒸发器由蒸发锅、汽液分离器、止逆阀、水力喷射器、水箱、多级离心水泵、仪表箱和操作台组成。

在设于蒸发器锅体下部的环形盘管内，通入加热蒸汽，此蒸汽冷凝放热通过盘管传给锅体内的料液，使料液沸腾蒸发，不断排除二次蒸汽，不断加入新料，经一定时间，达到预定浓度后排料。

① 蒸发锅　为一直立筒形密封容器，器体下部内装有作为加热元件的盘管。底部装有出料阀、取样阀和温度计接头。器体上部为蒸发室，器壁上装有人孔、视孔、进料阀、放气阀、二次蒸汽出口。器体外有保温层以减少热损失。盘管有 4～5 盘分层排列（图 8-9），每盘 1～3 圈，每盘都有单独的进汽口，由长柄和方向联轴器操纵进汽口的分汽阀。盘管的出汽口有两种方式：一种与进汽口同侧，另一种为与进汽口对侧，后者常用。盘管的形状为竖直扁平椭圆形截面，这种截面对料液自然对流的阻力较小，且便于清洗。

② 汽液分离器　为一斜底不锈钢圆筒体，筒壁上开有切向二次蒸汽进口，内部中心管为二次蒸汽出口，与冷凝系统相接，斜底下侧装有料液回流管。

4. 外加热室式蒸发器

外加热室式蒸发器的加热室装于蒸发室之外，采用了长加热管（管长与管径之比为 50～100），液体下降管（也称循环管）不再受热，基本结构见图 8-10。它是将加热室移至蒸发器体外的一种外热式自然循环蒸发器，由列管加热器、蒸发室、循环管三个部分组成。若蒸发时产生结晶，应在循环管下口加液固分离器。料液在蒸发器内循环速度小于 1m/s，循环的动力是循环管和加热管内液体的重度差。这种蒸发器传热面积常为数百平方米甚至上千平方米。一个蒸发室可配有 1～4 个加热室。加热管较长，其长径比 $L/D = 60～110$，总传热系数为 1400～3500W/(m^2·K)。这种设备的缺点是设备较高，由于料液在管内液柱较高，提高了下部液体的沸点，故要求加热温差大，因而限制了多效使用。

（1）优点　蒸发室通过导管和循环管与加热室相连接，使得循环速度较大（可达 1.5m/s）；加热室便于清洗、检修和更换。

（2）缺点　结构比较复杂，散热损失较大。

5. 列文式蒸发器

列文式蒸发器属于加热管外沸腾的自然循环型蒸发器，是 20 世纪 50 年代苏联 PEnebnh 提出的，其结构见图 8-11。其特点是在加热室的上部加一段 2.7～5m 高的直管作为沸腾室。由于沸腾室内液柱静压力的作用，加热管内的溶液只升温不沸腾，升温后的溶液上升至沸腾室时，压力降低，沸腾气化。这样，就将溶液的沸腾气化由加热室转移到没有传热面的沸腾室，沸腾室内装有隔板以防止气泡增大，并可达到较大的流速。列文式蒸发器可避免在加热管中析出晶体，可用于有晶体析出的溶液的蒸发。为了保证溶液在蒸发器内能有良好的循环，应减少循环系统阻力，故要求循环管截面积 F_1 大于加热管的总截面积 F_2 （一般 F_1：$F_2=1.3\sim2.5$），这种蒸发器的循环速度可达到 $1.5\sim2.0\mathrm{m/s}$。总传热系数为 $1280\sim2350\mathrm{W/(m^2\cdot K)}$。加热管的长径比 L/D 一般为 $100\sim120$，循环管的高度一般为 $7\sim8\mathrm{m}$。国内在硅酸钠溶液等蒸发的工业生产中，溶液的循环速度已超过 $2\mathrm{m/s}$。同时，这也是一种外热室式蒸发器，属外热式自然循环蒸发器，它的加热室与循环管都较长，造成重度差大，使液体的循环速度加大，列文式蒸发器的循环速度比内热式蒸发器大。

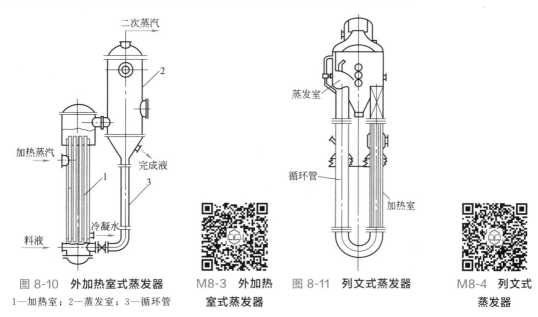

图 8-10　**外加热室式蒸发器**
1—加热室；2—蒸发室；3—循环管

M8-3　**外加热室式蒸发器**

图 8-11　**列文式蒸发器**

M8-4　**列文式蒸发器**

（1）优点　可显著减轻和避免加热管表面的结晶和结垢，较长时间不需要清洗，传热效果较好。

（2）缺点　由液柱静压力引起的温度差损失较大，要求加热蒸汽有较高的压力；设备庞大，消耗材料多，需要高大的厂房。

6. 结晶式蒸发器

结晶式蒸发器也称改进的列文式蒸发器，结构见图 8-12。它除保持了原列文式蒸发器的一些特点外，还在循环管与加热室之间增加了一个有利于结晶析出及分离的结晶罐，从而减少固体盐垢对加热室的传热影响，延长了洗罐周期。目前我国氯碱厂较普遍采用列文式及其改进型蒸发器。

7. 强制外循环蒸发器

上述各种蒸发器均为自然循环型蒸发器，即靠加热管与循环管内溶液的密度差引起溶液的循环，这种循环速度一般都比较低，不宜处理黏度大、易结垢及有大量结晶析出的溶液。对于这类溶液的蒸发，可采用强制循环型蒸发器。这种蒸发器是利用外加动力（循环泵）使溶液强制循环。强制循环蒸发器是离子膜碱液蒸发中常被选用的一种蒸发器，通常可分为强制外循环蒸发器与强制内循环蒸发器，其区别在于强制循环泵在蒸发器的主体外还是在主体内，前者为强制外循环蒸发器（图 8-13），后者为强制内循环蒸发器（图 8-14）。

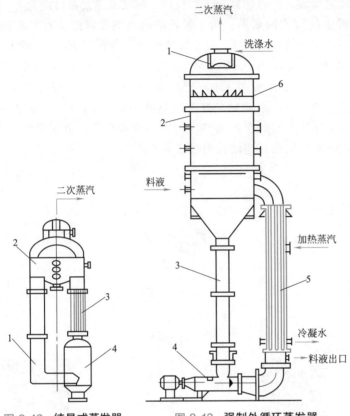

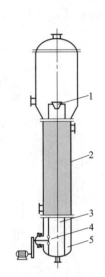

图 8-12 结晶式蒸发器

1—循环管；2—蒸发室；3—加
热器；4—结晶罐

图 8-13 强制外循环蒸发器

1—液沫捕集器；2—分离器；3—循环管；
4—循环泵；5—加热管；6—旋流板

图 8-14 强制内循环蒸发器

1—分布器；2—加热室；3—上升通
道；4—轴流泵；5—下降通道

M8-5 强制循环蒸发器（卧式）   M8-6 强制循环蒸发器（立式）

（1）工作原理 以碱液的浓缩为例，碱液在加热器上方进入蒸发器，借助于布料环均匀地分布在器壁上，转子上的叶片刮板遂即将碱液在加热面上刮成高度湍流的薄膜层，被刮成薄膜的碱液沿着加热面螺旋地向下流动，与此同时，碱液中的水分不断地被蒸发，蒸发出来的二次蒸汽逆流上升至上部的离心式分离器。在此，所夹带的液滴被分离器的高速叶片所分离而落回到加热蒸发区中，蒸汽则向上经冷凝器冷凝，浓缩的浓碱则由蒸发器的下部流出。

（2）结构特点 强制外循环蒸发器主要由四部分组成，即蒸发分离室、加热室、循环管、循环泵。料液进入蒸发器后经循环管由循环泵送至加热室加热，料液与加热蒸汽沿一定方向作高速循环流动。循环速度的大小可通过调节泵的流量来控制。一般循环速度在 2.5m/s 以上。

这种蒸发器的优点是传热系数大，蒸发能力强，对于黏度较大或易结晶、结垢的物料，适应性较好，但其增加了循环系统，动力消耗较大，也增加了设备的泄漏维修点。

8. 强制内循环蒸发器

强制内循环蒸发器用于避免在加热面上沸腾而形成结垢或产生结晶，为此，管中的流动速度必须高。当循环液体流过热交换器时被加热，然后在分离器中压力降低时部分蒸发，从而将液体冷却至对应压力下的沸点温度。由于循环泵的原因，蒸发器的操作与温差基本无关，物料的再循环速度可以精确调节，蒸发速率设定在一定的范围内，在结晶应用中，晶体可以通过调节循环流动速度和采用特殊的分离器设计从循环晶体泥浆中分离出来。

列管既可水平也可垂直布置，取决于现场的条件和过程的要求，特别当用热水代替水蒸气作为加热介质时，可以采用板式换热器。

9. 升膜式蒸发器

（1）基本结构　升膜式蒸发器主要由蒸发室（或称分离器）、加热器及循环管道、止逆阀、水力喷射器、水箱、离心出料泵、水泵及操作台等所组成。它是自然循环蒸发器的一种，结构如图 8-15 所示。

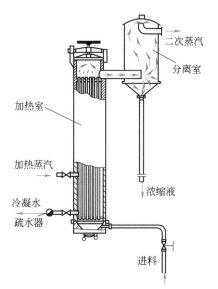

图 8-15　升膜式蒸发器　　　　M8-7　升膜式蒸发器

加热器由钢制圆柱形外壳、不锈钢加热管、上下管板、上下集箱以及上下器盖等组成。上集箱与蒸发室连接，下集箱与外循环管连接，结构简单。蒸发室（分离器）是由锥形底、集沫器与筒体组成的不锈钢制密闭容器，在筒体上装有灯孔、视孔、温度计、破真空放气装置、排气管、进料管、排液管等。进料管与加热器的上集箱连接，排液管与外循环管连接，排气管经止逆阀与水力喷射器连接。加热管一般用直径为 30～50mm 的管子，其长径比为 100～300，一般长管式的管长为 6～8m，短管式的 3～4m。长管式加热器结构比较复杂，壳体应考虑热应力对结构的影响，需采用浮头管板或在加热器壳体上加膨胀节。有时可采用套管办法来缩短管长。

（2）工作原理　升膜式蒸发器又称爬升膜蒸发器，它依据虹吸泵原理操作，根据在沸腾过程中产生的蒸汽气泡的升力，液体和蒸汽并流向上流动，同时，产生的蒸汽量增加，从而在管壁上产生流动的膜，即液体向上"爬"。并流向上运动有助于在液体中产生高度的湍流。

料液由加热管底部进入，加热蒸汽在管外将热量传给管内料液。管内料液的加热与蒸发分三部分：①最底部——管内完全充满料液，热量主要依靠对流传递；②中间部——开始产生蒸汽泡，使料液产生上升力；③最高部——由于膨胀的二次蒸汽而产生强的上升力，料液呈薄膜状在管内上行，在管顶部呈喷雾状，以较高速度进入汽液分离器，在离心力作用下与二次蒸汽分离，二次蒸汽从分离器顶部排出。浓缩液一部分通过下导管到底部再加热蒸发，达到浓度的浓缩液从分离器底部放出。升膜式蒸发器一般为单流型，即进料经一次浓缩就可达到成品浓度而排出。

升膜式蒸发器管内的静液面较低，因而由静压头而产生的沸点升高很小；蒸发时间短，仅几秒到 10 余秒，适用于热敏性溶液的浓缩；高速的二次蒸汽（常压时为 20～30m/s，减压时 80～200m/s）具有良好的破沫作用，故尤其适用于易起泡沫的料液；二次蒸汽在管内高速螺旋式上升（其流速一般不得小于 10m/s），将料液贴于管内壁并拉成薄膜状，薄膜料液的上升必须克服其重力与管壁的摩擦阻力，故不适用黏度较大的溶液。升膜式蒸发器一般组成双效或多效流程使用。

操作时，应很好地控制进料量，使之既能形成液膜又不会发生管壁结焦现象。另外，料液最好预热到接近沸点状态进入加热器体，这样可增加液膜在管内的比例，从而提高沸腾和传热系数。

优点：①占地面积小，空间高度低，结构紧凑，造价低，投资少；②常为连续操作，也可间歇操作；③清洗方便，劳动强度低，并可用清洗液循环清洗；④物料循环较好，正常操作时不易结焦。

缺点：①不适宜于高黏度物料的浓缩，如甜炼乳的浓缩，也不适宜于终点浓度要求严格的物料浓缩，如淡炼乳的浓缩；②操作要求较高，应严格控制料位，出料系统及加热器底部密封要求高，操作中不宜随意停车，否则易结焦；③在连续出料操作中，会有少量料液长期在蒸发器内循环，影响产品质量。

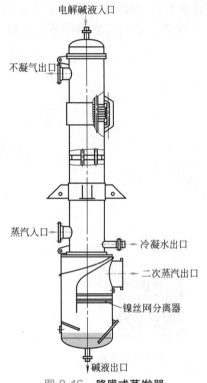

图 8-16　降膜式蒸发器

10. 降膜式蒸发器

（1）基本结构　它的结构与升膜式蒸发器大致相同，如图 8-16 所示。降膜式蒸发器由布液装置、蒸发器体、分离器、预热器、闪蒸罐、热压泵以及真空形成装置与冷凝器组成。

① 布液装置　其作用是将料液均匀分配于各管并呈膜状下降，常见的三种类型——沟槽型分布器、扩尾型分布器和齿缝型分布器见图 8-17。

② 蒸发器体　它在结构上如同普通立式列管换热器，但管子长度较长，目前国外最长可达 18m。为提高降膜式蒸发器管内物料的周边流量，除对物料进行外循环外，常把蒸发器体分隔成两部分或更多。

（2）工作原理　如图 8-16 所示，在降膜式蒸发器中，液体和蒸汽向下并流流动，需浓缩的液体预热至沸腾温度，均匀的液膜通过蒸发器顶上的液体分布装置进入加热管，在沸腾温度下向下流动并部分蒸发，往下运动引入的重力因并流的蒸汽流不断加强。

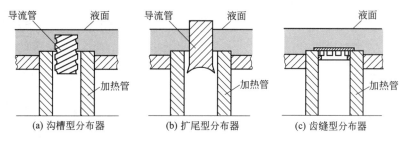

图 8-17　降膜式蒸发器的液体分布器

在降膜式蒸发器中，将液体充分润湿的加热面对装置的无故障操作是极其重要的。如果加热面没有充分润湿，将发生局部干壁和结壳，最糟糕的情况是加热管会被完全堵塞。在临界情况下，润湿速率随蒸发器效数的增加或划分而增加，因此，应保持单程操作的优点。在这种操作方式下，液体和加热面的接触时间几乎是恒定的，通常每一程为几秒钟。

除了管材尺寸以外，选择合适的液体分布装置对获得完全润湿非常重要，图 8-17 列举的是三种液体分布装置。由于加热管中液体量低且流速快，产品停留时间颇为短暂，因此，可以极其温和地蒸发热敏性物料。

降膜式蒸发器适用于牛奶、豆浆、果汁、海产品等热敏性液体食品的真空浓缩，也适用于医药、中药浸提液、日用化工等工业部门作为蒸发液体物料之用。

降膜式蒸发器的优点：①物料一次通过，受热时间短，可防止热分解，如乳液蒸发提高奶粉复原性，宜于热敏性物料；②连续操作，设备有效时间利用率高；③蒸发与预热都在小温差下进行，因而不易结焦，易于清洗，也易于二次蒸汽再压缩和多效流程操作；④由于可多效操作及二次蒸汽再压缩等原因，热能消耗少；⑤冷却水消耗量少；⑥传热系数高，传热性能好；⑦无液柱静压强引起的温差损失，固形物引起的沸点升高小；⑧可用于固形物含量与黏度较高的物料；⑨可进行就地清洗；⑩易于调节、控制，操作稳定可靠、方便，易实现自动化。

缺点：①设备较高，要求高层厂房；②要求工作蒸汽压力较高且稳定；③设备投资较高。由于降膜式蒸发器的众多优点，已在工业中得到广泛应用。

11. 旋转薄膜蒸发器

旋转薄膜蒸发器是国内近年开发的一种高效蒸发装置，如图 8-18 所示。通常在真空下操作，蒸发效率高，能力大，其蒸发强度可达 $150 \sim 300 kg/(m^2 \cdot h)$。该形式蒸发器国内已有系列产品。

与常规的蒸发器相比，它具有以下特点：①传热系数大 [最大可达 $2500 W/(m^2 \cdot K)$]，蒸发强度高 [$150 \sim 200 kg$ 水$/(m^2 \cdot h)$]；②物料在蒸发器内停留时间短（数秒至十多秒），不结焦、无污垢；③适用的黏度范围广（最高黏度可达 $10 Pa \cdot s$ 左右）；④可进行连续生产，操作弹性大，浓度调节范围广并且无需洗罐；⑤可在较低温度条件下蒸发（工作温度为78℃），解决或减缓了浓碱对设备的腐蚀问题，可选用普通的奥氏体不锈钢制作，降低了设备的投资费用；⑥可使用二次蒸汽或余热（使用蒸汽压力 $0.1 \sim 0.2 MPa$）从而降低了能耗。由于旋转薄膜蒸发器具有上述的特点，该设备有可能成为蒸发设备新的替代产品。

12. 刮板式薄膜蒸发器

刮板式薄膜蒸发器有固定刮板式和活动刮板式两种。按其安装形式又有立式和卧式之分；而立式又分降膜式和升膜式两种。

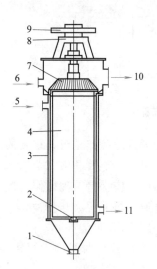

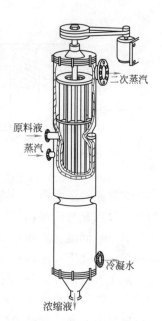

图 8-18　旋转薄膜蒸发器　　　　M8-8　回转式薄膜蒸发器　　图 8-19　刮板式薄膜蒸发器

1—浓碱出口；2—转子下轴承；3—加热夹套；
4—转子；5—加热蒸汽；6—碱液入口；7—分离
器；8—转子上轴承；9—转子带轮；10—二次
蒸汽出口；11—冷凝水出口

（1）基本结构见图 8-19 所示　主要由转轴、料液分配盘、刮板、轴承、轴封、蒸发室和夹套加热室等组成。加热室是一夹套圆筒体，分成几段加热区，采用不同压力加热蒸汽来加热（有利于保证产品的质量），圆筒直径为 300～800mm。

加热室圆筒体内表面必须经过精加工，圆度偏差在 0.05～0.2mm，保证刮板的热面之间的最小间隙为 1.5±0.3mm，转轴转速一般为 350～800r/min。刮板一般有 4～8 块，刮板与轴安装时有一导向角约 10°。分配盘带孔叶板固定在轴上。

（2）工作原理　料液由进料口沿切线方向进入蒸发器内，或经器内固定在旋转轴上的料液分配盘，将料液均布内壁四周。由于重力和刮板离心力的作用，料液在内壁形成螺旋下降或上升的薄膜（立式），或螺旋向前推进的薄膜（卧式）。二次蒸汽经顶部（立式）或浓缩液口端的汽液分离器后至冷凝器中冷凝排出。由于料液在浓缩时呈液膜状态，而且不断更新，故总传热系数较高，适用于低黏度的果汁、蜂蜜、牛乳或含有悬浮颗粒的料液的浓缩。在浓缩中液层很薄，溶液沸点升高可忽略，料液在加热区域停留时间随蒸发器的高（长）度、刮板的导向角及转轴的转速等因素而变化，一般为 2～45s。

固定式刮板主要用于不刮壁蒸发；而活动式刮板则应用于刮壁蒸发，因刮板与筒内壁接触，因此这种刮板又称为扫叶片或拭壁刮板。

固定式刮板主要有三种。这种刮板一般不分段，刮板末端与筒内壁有一定间距（一般为 0.75～2.0mm）。为保证其间距，对刮板和筒体的圆度及安装垂直度有较高的要求。刮板数一般为 4～8 块，其周边速度为 5～12m/s。

活动式刮板是指可双向活动的刮板。它借助于旋转轴所产生的离心力，将刮板紧贴于筒内壁，因而其液膜厚小于固定式刮板的液膜厚，加之不断地搅拌使液膜表面不断更新，并使筒内壁保持不结晶、难积垢，因而其传热系数比不刮壁要高。刮壁的刮板材料有聚四氟乙烯、层压板、石墨、木材等。活动式刮板一般分数段。因它是靠离心力紧贴于壁，故对筒体的圆度及安装的垂直度等的要求不严格。其末端的圆周速度较低，一般为 1.5～5m/s。刮板式薄膜蒸发器的筒体对于立式一般为圆柱形，其长径比为 3～6。同样料液在相同操作条件下，固定式刮板蒸发器的长径比要比活动式的大一些。

（3）操作要点　筒体的加热室为夹套，务求蒸汽在夹套内流动均匀，防止局部过热和短路。转轴由电机及变速调节器控制。轴应有足够的机械强度和刚度，且多采用空心轴。转轴两端装有良好的机械密封，一般采用不透性石墨与不锈钢的端面轴封。

（4）特点

优点：①料液在浓缩时呈膜状，且不断更新，总传热系数较大，$K=1163～3489W/(m^2 \cdot K)$；②料液在加热区域停留时间短，为 2～45s（时间随罐的高度、刮板的导向角、转速等而变化）；③可处理黏度大的物料（适于易结晶、结垢、高黏度、热敏性物料）；④可在传热温差很小情况下操作，消除结垢现象。

缺点：①设备成本高，不易清洗，只用于单效蒸发，耗汽量大；②动力消耗较大，一般传热面积在 $1.5～3kW/m^2$ 时，能耗随料液黏度增大而增加；③由于加热室直径较小，清洗不太方便。

二、蒸发附属装置

蒸发装置的附属设备和机械主要有除尘器、冷凝器和真空装置。

1. 除尘器（汽液分离器）

蒸发操作时产生的二次蒸汽，在分离室与液体分离后，仍夹带大量液滴，尤其是处理易产生泡沫的液体，夹带更为严重。为了防止产品损失或冷却水被污染，常在蒸发器内（或外）设除尘器。图 8-20 为几种除尘器的结构。

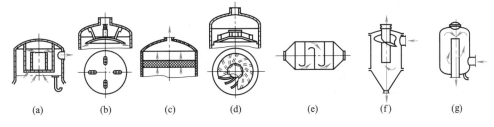

图 8-20　不同类型的汽液分离器

图 8-20(a)～(d) 直接安装在蒸发器顶部，图 8-20(e)～(g) 安装在蒸发器外部。

2. 冷凝器

冷凝器（图 8-21）的作用是冷凝二次蒸汽，对不凝气体分离，减轻真空系统负荷。冷凝器有间壁式和直接接触式两种，倘若二次蒸汽为需回收的有价值物料或会严重污染水源，则应采用间壁式冷凝器，否则通常采用直接接触式冷凝器。后一种冷凝器一般均在负压下操作，这时为将混合冷凝后的水排出，冷凝器必须设置得足够高，冷凝器底部的长管称为大气腿。

（1）间接式冷凝器　二次蒸汽与冷却水间接传热，有列管式、板式、螺旋板式和淋水管式。

特点：冷凝液可回收利用，但传热效率低，故用作冷凝的较少。

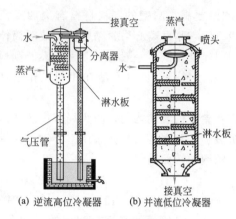

（a）逆流高位冷凝器　（b）并流低位冷凝器

图 8-21　冷凝器

（2）直接式冷凝器（混合式）　分为逆流式和喷射式，二次蒸汽与冷却水直接接触而冷凝。

3. 真空装置

真空装置的作用是抽出不凝结气体，保证系统的真空度，降低浓缩锅内压力，使料液在低温下沸腾。

当蒸发器在负压下操作时，无论采用哪一种冷凝器均需在冷凝器后安装真空装置。需要指出的是，蒸发器中的负压主要是由于二次蒸汽冷凝所致，而真空装置仅是抽吸蒸发系统泄漏的空气、物料及冷却水中溶解的不凝性气体和冷却水饱和温度下的水蒸气等，冷凝器后必须安装真空装置才能维持蒸发操作的真空度。常用的真空装置有喷射泵、水环式真空泵、往复式或旋转式真空泵等。

蒸发时不凝气体的来源主要包括：溶解于冷却水中的空气；料液中分解的气体；设备泄漏进入的空气等。

第三节　蒸发设备操作条件的选择及优化

一、蒸发设备的选用原则

蒸发设备的选型主要考虑被蒸发溶液的性质，如黏度、发泡性、腐蚀性、热敏性和是否容易结晶或析出结晶等因素。各种类型蒸发器的特性见表 8-2。

表 8-2　各种类型蒸发器的特性

（化学工程手册第 2 卷，2019）

	蒸发器类型	适用黏度范围/Pa·s	蒸发容量	造价	料液停留时间	浓缩比	盐析与结垢趋势	适于处理热敏性物料	适于处理易发泡物料
自然循环型	夹套釜式	≤0.05	小	较低	长	较高	大	不适	较差
	中央循环管	≤0.05	中	较高	长	较高	大	不适	较差
	带搅拌中央循环管式	≤0.05	中	较高	长	较高	稍大	不适	尚适
	长管自然循环型	≤0.05	中~大	较低	长	较高	稍大	不适	尚适
强制循环型	管式	0.10~1.00	中~大	较高	长	较高	较小	不适	尚适
	板式	0.10~1.00	中~大	较高	长	较高	较小	不适	尚适
膜式	升膜	≤0.05	小~大	较低	短	一般	大	适	好
	降膜	0.01~0.10	小~大	较低	短或长[1]	一般或较高[1]	稍大	适	好
	刮膜	1.00~10.00	小~中	高	短	高	稍小	适	适
	浸没燃烧	≤0.05	小~中	低	长	较高	微小	不适	尚适
	闪蒸型	≤0.01	中~大	高	较短或长	小	微小	适	尚适

① 为采用循环操作条件下的情况。

蒸发热敏性物料时，应选用膜式蒸发器，以防止物料分解；蒸发黏度大的溶液，为保证物料流速应选用强制循环回转薄膜式或降膜式蒸发器；蒸发易结垢或析出结晶的物料，可采用标准式或悬筐式蒸发器或管外沸腾式和强制循环型蒸发器；蒸发发泡性溶液时，应选用强制循环型和长管薄膜式蒸发器；蒸发腐蚀性物料时应考虑设备用材；如蒸发废酸等物料应选用浸没燃烧蒸发器；处理量小的或采用间歇操作时，可选用夹套或锅炉蒸发器，以便制造、操作和节约投资。

（1）热敏性　对热过程很敏感，受热后会引起产物发生化学变化或物理变化而影响产品质量的性质称为热敏性。如发酵工业中的酶是大分子的蛋白质，加热到一定温度、一定时间即会变性而丧失其活力，因此酶液只能在低温短时间受热的情况下进行浓缩，才能保存活性。又如番茄酱和其他果酱在温度过高时，会改变色泽和风味，使产品质量降低。这些热敏性物料的变化与温度和时间均有关系，若温度较低，变化很缓慢；温度虽然很高，但受热时间很短，变化也很小。因此，食品工业中常用低温蒸发，或在较高温度下的瞬时受热蒸发来解决热敏性物料蒸发过程的特殊要求。一般选用各种薄膜式或真空度较高的蒸发浓缩器。

（2）结垢性　有些溶液在受热后，会在加热面上形成积垢，从而增加热阻，降低传热系数，严重影响蒸发效能，甚至因此而停产。故对容易形成积垢的物料应采取有效的防垢措施，如采用管内流速很大的升膜式蒸发设备或其他强制循环的蒸发设备，用高流速来防止积垢生成，或采用电磁防垢、化学防垢等，也可采用方便清洗加热室积垢的蒸发设备。

（3）发泡性　有些溶液在浓缩过程中，会产生大量气泡。这些气泡易被二次蒸汽带走进入冷凝器，一方面造成溶液的损失，增加产品的损耗；另一方面污染其他设备，严重时会造成不能操作。所以，发泡性溶液蒸发时，要降低蒸发器内二次蒸汽的流速，以防止跑泡的现象，或在蒸发器的结构上考虑消除发泡的可能性。同时要设法分离回收泡沫，一般采用管内流速很大的升膜式蒸发器或强制循环式蒸发器，用高流速的气体来冲破泡沫。

（4）结晶性　有些溶液在浓度增加时，会有晶粒析出，大量结晶沉积则会妨碍加热面的热传导，严重时会堵塞加热管。要使有结晶的溶液正常蒸发，则要选择带搅拌的或强制循环蒸发器，用外力使结晶保持悬浮状态。

（5）黏滞性　有些料液浓度增大时，黏度也随着增大，而使流速降低，传热系数也随之减小，生产能力下降。故对黏度较高或经加热后黏度会增大的料液，不宜选用自然循环型，而应选用强制循环型如刮板式或降膜式浓缩器。

（6）腐蚀性　蒸发腐蚀性较强的料液时，设备应选用防腐蚀的材料或是结构上采用更换方便的形式，使腐蚀部分易于定期更换。如柠檬酸液的浓缩器采用石墨加热管或耐酸搪瓷夹层蒸发器等。

二、蒸发设备的设计原则

以上是根据溶液的特性作为选择、设计蒸发浓缩设备的依据，选择时要全面衡量，还应满足如下几点要求。

① 满足工艺要求，如溶液的浓缩比，浓缩后的收得率，保持溶液的特性。

② 传热效果好，传热系数高，热利用率高。

③ 结构合理紧凑，操作清洗方便，安全可靠。

④ 动力消耗要小，如搅拌动力或真空动力消耗等。

⑤ 易于加工制造，维修方便，既要节省材料、耐腐蚀，又要保证足够的机械强度。

表 8-2 是不同蒸发器选型基准表。

第四节　蒸发设备操作与管理

一、蒸发器的操作要点

工厂的蒸发操作，多年来基本采用低液面五定操作。由于低液面料液柱静压较低，沸点升高较小，有效温度差大，料液循环良好、传热效率高，从而能提高蒸发效能。

（1）定汽压　所谓定汽压是指第一效加热蒸汽压力保持稳定。当进罐的稀汁性能参数基本稳定及要求的料液浓度决定之后，加热蒸汽压力应维持恒定。

（2）定各效压力　根据蒸发系统热力方案的条件，掌握各效的正常压力差。

（3）定液面　进罐的稀汁量和浓度及各效罐的浓度波动不应过大。一般掌握料液面在加热管 1/3 处，而沸腾时要保持沸腾液面盖过管板而不使加热管裸露。

（4）定阀门　在操作正常的情况下应保持进汽阀、进汁阀、抽汁汽阀、凝结水阀、不凝结气体排出阀、安全阀及过罐阀等不经常变动，需调整时也应缓缓转动开闭。

（5）定抽汁汽　根据热力计算和实际情况，应保持各效汁汽量稳定抽出，否则将影响蒸发系统的正常操作。

二、蒸发器的管理常识

1. 蒸发系统的正常管理

（1）稳定均衡生产操作管理　全厂均衡生产直接关系到蒸发的操作管理。此外其他用气设备、加热器等稳定的抽用汁汽量等都会给蒸发的五定操作带来影响。因此全厂各工序应协调好，以保证五定操作顺利进行，才能做到节省加热蒸汽消耗量。

（2）全面抽取汁汽的管理　全面抽取汁汽是根据蒸发方案设计为依据，并结合生产实际情况，合理调整热力系统，以便达到均衡抽取汁汽的目的。

（3）凝结水系统的管理　凝结水系统管理包括：

① 不含物料的凝结水送回锅炉作为锅炉给水，这就要求检查其是否含有物料；

② 利用凝结水作为热源去加热其他物料；

③ 利用凝结水自然蒸发补充低压蒸汽量的不足；

④ 蒸发设备凝结水必须排出完全，否则将影响蒸发传热。

（4）保持加热面清洁的管理　加热管生成积垢会影响传热，无积垢生成是不可能的。根据查定或实际观察确定蒸发罐煮洗清除积垢操作。一般先煮碱，然后用清水煮洗 2～3 次，再进行酸洗后再用清水冲洗 2～3 次，最后用人工通刷。现已采用化学防、除垢剂和高压水除垢的办法。

2. 蒸发的设备管理

（1）蒸发器的安装与水压试验　蒸发器安装好坏与水压试验是否符合要求，对蒸发操作有直接影响。蒸发器的安装应先进行预安装，然后进行正式安装。预安装的目的是检查加热室、蒸发室及各处法兰是否符合设计要求，出现加工不合理的地方采取补救措施。当预安装无误时再进行正式安装和水压试验。

（2）蒸发系统阀门的管理 蒸发系统是受压容器，它包括各效蒸发器、抽汁汽系统、凝结水排出系统、泵系统，甚至包括蒸汽冷凝系统。因此整个系统的阀门、管路等必须严密不泄漏，阀门必须灵活好用。特别在稳定操作的情况下，非操作人员不得随便触动阀门。

（3）保温管理 蒸发设备及其所属的热力系统必须严格按保温操作规定保温，以防止热量的损失。

三、不正常现象及处理

1. 各效压力不稳定

产生各效压力不稳定的原因很多，大致有：供汽压力不稳定；汁汽抽出量不均衡；加热管严重积垢；凝结水或不凝结气体排出不良等。由操作人员和工艺及设备管理人员判断其原因后处理。

2. 料液浓度过低

浓度过低意味着蒸发工序没有完成浓缩的基本任务，其原因有：进料浓度低或来量过大，汁汽抽出不正常；首效供汽不足或末效真空不足，不能保证各效及总有效温度差；凝结水或不凝结气体排出不良；加热管严重积垢，蒸发效率低；加热管泄漏和液位过高等。操作人员应采用查定等手段判断其产生的原因，并视情况处理。

3. 出料浓度过高

浓度过高，比如接近饱和状态，将是很危险的，很可能在物料输送或在储罐中析出结晶而堵塞管路造成停产事故。其原因为：进罐稀汁量少，液位过低；首效蒸汽过高等。此时除调整出料浓度符合标准外，应检查与来料相关工段的工作状况，视情况处理。

4. 积垢生成快

积垢生成快意味着蒸发强度迅速降低，增加洗罐周期次数，缩短有效作业时间。其原因为通常是前期清净和过滤管理不正常；蒸发罐操作不正常，如液位过低循环不良等。应加强清净和蒸发操作管理。

5. 加热室噪声

加热室喀喀作响将引起蒸发设备振动，有造成设备泄漏和其他不可预测的事故，应引起操作人员的重视。其原因为：凝结水排出不良；料液进罐温度过低等，视情况处理。

6. 阀门和接管等泄漏或失控

蒸发设备阀门较多，一旦泄漏或失控将给蒸发器操作带来严重后果。如发现泄漏或失控应及时修理。

第五节 蒸发设备的安全运行

一、高温蒸汽运行

蒸发工段各装置是在高温高压蒸汽加热下运行的，通常加热蒸汽（表压 0.8MPa）最高温度可达 170℃。所以要求蒸发设备及管道具有良好的外保温及隔热措施；在设计、制作、安装过程中要充分考虑设备管道的热胀冷缩因素，所有管道连接处要有足够的补偿系数；以防止在开停车和运行过程中因热胀冷缩而拉裂管道之间的连接，发生设备损坏事故。

由于蒸发各设备在高温蒸汽条件下运行,一旦蒸汽外泄极易发生人身烫伤事故,因此预防热水、蒸汽烫伤是该工段一项重要安全措施。要加强该岗位操作的安全责任感,杜绝因设备、管道中的"跑、冒、滴、漏"而引起的事故。平时要严格按岗位操作规程操作,加强巡回检查,做到定时、定点、定内容、定路线,发现异常情况需立即汇报并及时组织力量进行检修并排除故障。

高温液料泄漏产生的原因有以下几种:

① 设备和管道中焊缝、法兰、密封填料处、膨胀节等薄弱环节处,尤其在蒸发工段开、停车时受热胀冷缩的应力影响,造成拉裂、开口、发生料液或蒸汽外泄。

② 管道内有存水未放清,冬天气温低,结冰将管道胀裂。在开车时蒸汽把冰融化后,蒸汽大量喷出,造成烫伤事故。

③ 设备管道等受到腐蚀,壁厚减薄,强度降低,尤其在开停车时受压力冲击,造成热浓料液从腐蚀处喷出造成灼伤事故。

预防措施如下。

① 蒸发设备及管道的设计、制造、安装及检修均需按有关规定标准执行,严格把关不得临时凑合。设备交付使用前由专职人员验收。开车前的试漏工作要严格把关。

② 要充分考虑到蒸发器热胀冷缩的温度补偿,合理配管及膨胀节的设置。对薄弱环节采取补焊加强等安全预防措施。

③ 对长期使用的蒸发设备,每年要进行定期检测壁厚及腐蚀情况。对腐蚀情况要进行测评。有的可降级使用,严重的判废。

④ 当发生高温液碱或蒸汽严重外泄时,应立即停车检修。操作工和检修工要穿戴好必需的劳动防护用品,工作中尽心尽责,严守劳动纪律,按时进行巡回检查。

⑤ 当人的眼睛或皮肤溅上烧碱液后,须立即就近用大量清水或稀硼酸水彻底清洗,再去医务部门或医院进行进一步治疗。

二、管路堵塞

1. 产生原因

料液在蒸发浓缩过程中,由于液体连续不断地被蒸汽加热、沸腾、蒸发、浓缩,随着浓度不断提高而溶液中所含的固体溶解度不断下降,最后成结晶状固体析出而悬浮在料液之中。如果分离盐泥不够及时,固体结晶变大,会堵塞管道、阀门、蒸发器加热室,造成物料不能流通,影响蒸发工艺操作的正常运行。

2. 预防措施

在蒸发过程中要及时分离固液混合物。注意固液分离的旋液分离器使用效果,发现分离效果差时要及时调整操作进行处理。堵塞时要及时冲通,保证正常运行。如发现结晶盐堵塞管道、阀门等情况时,可及时用加压水清洗畅通或借用真空抽吸等补救措施,来达到管道、阀门的畅通无阻。

三、蒸发器视镜破裂,造成热浓料液外泄

1. 产生原因

如在烧碱蒸发浓缩中,高温、高浓度烧碱溶液具有极强的腐蚀性,对许多物质均呈强腐蚀。高温、高浓度烧碱能与玻璃发生化学反应,造成玻璃碱蚀,厚度减薄,机械强度降低,

受压后爆裂，引起热浓碱液外泄，易发生化学灼伤事故。

2. 预防措施

为了防止蒸发器上安装的玻璃视镜受烧碱溶液的腐蚀，可在玻璃视镜上面衬透明的聚四氟乙烯薄膜保护层，并要定期进行检查更换，也可采用薄膜保护层对玻璃视镜进行防腐保护。蒸发器的视镜在日常工艺巡回检查及检修中均应重点检查。

四、坠落事故

1. 产生原因

蒸发厂房内设备多，管线交错复杂，常因预留孔无盖，或有些篦子板长年使用发生腐蚀而强度降低，在操作中不慎踩坏．发生人员坠落伤亡事故。

2. 预防措施

树立"安全第一、预防为主"的安全生产方针，职工要加强自我保护的意识。针对蒸发厂房设备多、管线复杂的特点，对预留孔要加盖，对篦子板等设施要定期检查，查出隐患及时整改。

五、检修强制循环泵时，料液冲出伤人

1. 产生原因

有些化工厂为了强化蒸发器的循环速度在列文等型号蒸发器上装置了强制循环泵，泵均设在循环管口的最低点。当循环泵发生机械故障修理时需要拆泵，但在拆泵时由于结晶盐在泵的进出口处堵塞，而在最低点排液时又排不出，当检修工将泵法兰撬开时，管道中大量剩余料液喷出伤人造成料液化学灼伤事故。

2. 预防措施

这类事故多数由于思想麻痹、违章作业和违章指挥等原因造成。随着化工生产技术不断发展，新工艺、新设备不断增多，在此类情况下，必须进一步提高广大职工的安全意识和技术素质，通过系统安全教育，提高规范操作技能。在日常检修中必须确定检修项目，制订检修方案，明确检修的任务、要求和安全防范措施。参加检修的部门和人员应认真进行现场检查，弄清检修现场环境情况和设备结构、性能、设备内危险物质及可能发生哪些意外情况。生产车间则应与检修工密切配合，主动介绍情况，为搞好检修工作提供方便。

🌱 **拓展阅读**

我国蒸发及浓缩设备发展现状

在20世纪80年代以前，我国蒸发浓缩设备的技术和产品主要依赖进口。国内蒸发器行业处于起步阶段，技术水平相对落后，设备性能和质量难以满足工业生产的需求。随着改革开放的推进，国内企业开始引进国外先进技术和管理经验，加强自主研发与创新。这一阶段，我国蒸发浓缩设备的生产技术逐步提升，产品质量和性能得到显著改善。同时，国内企业开始探索适合国情的蒸发设备设计和制造工艺。进入21世纪后，我国蒸发浓缩设备行业逐渐走向成熟，尤其在节能环保和技术创新方面取得了长足进展。近年来，随着全球资源和环境问题的日益突出，节能减排和可持续发展成为行业发展的主要方向。蒸发浓缩设备在化工、制药、食品、环保等多个领域得到广泛应用。

近年来，我国蒸发浓缩设备行业开始引入新技术，如机械式蒸汽再压缩（MVR）技术。MVR技术凭借其显著的节能优势，逐渐在化工、制药、环保等领域实现产业化应用。此外，随着物联网和人工智能技术的发展，蒸发浓缩设备也朝着智能化方向发展，具备远程监控、故障预警等功能。新技术的发展主要体现在以下几个方面：

1. 高效节能技术广泛应用

机械蒸汽再压缩技术作为一种高效节能的蒸发浓缩技术，近年来在我国得到了广泛应用。其通过将蒸发器产生的二次蒸汽进行压缩升温，再作为加热源使用，每吨水蒸发所需的能耗仅为传统多效蒸发器的30%左右。

2. 智能化发展趋势明显

随着物联网技术和人工智能的发展，蒸发机浓缩装备正朝着智能化方向发展。设备能够实现远程监控和故障预警等功能，提高整体系统的运行效率。

3. 新型蒸发技术研发推进

我国正在积极探索可再生能源和废热回收技术在蒸发机中的应用，如太阳能蒸发和热电联产系统。此外，开发新型蒸发技术，如膜蒸馏和等离子蒸发，以解决传统蒸发器面临的挑战。

未来几年，预测市场规模持续扩大。2022年，中国蒸发浓缩设备市场规模达到了约45亿元。2025年，我国蒸发器产量预计达到7.5万台。应用领域更加广泛。蒸发机浓缩装备在化工、制药、食品加工等行业广泛应用。其中，化工行业占比最高，约为45%；制药行业占比约为25%。目前，我国蒸发机浓缩装备行业市场竞争激烈，前五大品牌占据了约60%的市场份额。随着技术的进步和市场的扩大，新进入者不断增加，国家对制造业转型升级的支持，也为蒸发机浓缩装备行业的发展提供了政策保障。国内企业如江苏海达机械集团有限公司、浙江新安化工集团股份有限公司等，在国内市场中具有较强竞争力。

蒸发机浓缩装备技术复杂，初期投资成本较高，维护难度大，这在一定程度上限制了其广泛应用。尽管我国蒸发机浓缩装备技术水平不断提升，但在高端产品领域，仍依赖进口。

在"双碳"目标背景下，我国政府出台了一系列支持蒸发浓缩设备行业发展的政策，包括加大环保投入、鼓励技术创新、推动产业升级等。这些政策为行业的发展提供了有力支持，为蒸发机浓缩装备行业迎来了新的发展机遇，同时也促进了蒸发浓缩设备在节能减排领域的应用。同时，随着国家对节能减排和环保要求的不断提高，政府对工业废水循环利用和节能减排的重视，也推动了蒸发浓缩分离设备的应用。

思考题

8-1　什么是单效蒸发与多效蒸发？蒸发的必备条件是什么？

8-2　蒸发操作有哪些特点？真空蒸发有哪些优点？

8-3　蒸发系统应该满足工艺上的哪些要求？蒸发设备在结构上应具备哪些条件？

8-4　设蒸发器加热室时应考虑哪些问题？为什么？

8-5　蒸发器的蒸发室起什么作用？设计时应该如何考虑它的容积和高度？

8-6 液体捕集器的作用是什么？各种捕集器都具有什么特点？

8-7 常用蒸发器有哪几种主要类型？各有什么特点？

8-8 中央循环管式蒸发器主要由哪几部分组成？各部分的作用是什么？

8-9 简述升膜和降膜式蒸发器的工作原理及其特点。

8-10 并流加料的多效蒸发装置中，一般各效的总传热系数逐效减小，而蒸发量却逐效略有增加，试分析原因。

8-11 欲设计多效蒸发装置将 NaOH 水溶液由质量分数 0.10% 浓缩到 0.60%，宜采用何种加料方式。料液温度为 30℃。

8-12 在上题条件下，可供使用的加热蒸汽压力为 400kPa（绝压），末效蒸发器内真空度为 80kPa。为提高蒸汽的经济性，拟采用 5 效蒸发装置，是否适宜？

8-13 溶液的哪些性质对确定蒸发的效数有影响？并予简略分析。

8-14 多效蒸发中："最后一效的操作压力，是由后面的冷凝器的能力确定的。"这种说法是否正确？冷凝器后使用真空泵的目的是什么？

8-15 用一单效蒸发器将 2000kg/h 的 NaOH 水溶液由质量分数 0.15% 浓缩至 0.25%。已知加热蒸汽的压力为 392kPa（绝压），蒸发室内操作压力为 101.3kPa，溶液的平均沸点为 113℃，试计算两种进料状况下所需的加热蒸汽换热单位蒸汽消耗量 D/W。（1）进料温度为 20℃；（2）沸点进料。

8-16 一蒸发器将 1000kg/h 的 NaCl 水溶液由质量分数 0.05% 浓缩至 0.30%。已知加热蒸汽的压力为 118kPa（绝压），蒸发器操作压力为 19.6kPa，溶液的平均沸点为 75℃。已知进料温度为 30℃，NaCl 的比热容为 0.95kJ/(kg·℃)，若浓缩热与热损失忽略不计，试求浓缩量与加热蒸汽消耗量。

8-17 设计一个三效并流蒸发系统，将某种水溶液由质量分数 0.10% 浓缩至 0.50%。进料量为 2270kg/h，进料温度为 51.7℃。各效的总传热系数 $K_1 = 2840W/(m^2·℃)$，$K_2 = 1700W/(m^2·℃)$，$K_3 = 1135W/(m^2·℃)$。各效的比热容、汽化潜热分别可取 4.186kJ/(kg·℃) 及 2326kJ/kg（即比热容和汽化潜热不随温度和浓度改变）。假设各种温度差损失和热损失可以忽略。试求蒸发器的传热面积（假定各效的面积相等），加热蒸汽量及各效的完成液量。

第九章 干燥设备

第一节 干燥目的及设备分类

一、干燥的目的和应用

干燥是指从湿物料中脱去挥发性湿分（水分或有机溶剂等），得到固体产品的过程，其主要目的是便于运输、储存、加工和使用等，因而广泛用于化工、轻工、农林产品加工等领域。

干燥的方法有机械除湿法、化学除湿法和加热（或冷冻）干燥法。

机械除湿法是利用压榨、过滤、离心分离等机械方法除去物料中的湿分。这种方法除湿快而费用低，但除湿程度不高。

化学除湿法是利用吸湿剂（如浓硫酸、无水氯化钙、分子筛等）除去气体、液体或固体物料中少量湿分。这种方法除湿有限而费用高。

加热（或冷冻）干燥法是借助于热能使物料中湿分蒸发而得到干燥，或用冷冻法使物料中的水结冰后升华而被干燥。这是生产中常用的方法。实际生产中，一般先用机械除湿法最大限度地除去物料中的湿分，再用加热干燥法除去残留的部分湿分。

二、干燥器的类型及选用

由于被干燥物料的形态和性质、生产能力等不同，对干燥产品的要求（如湿含量、粒径、溶解性、色泽、光泽等）均不相同，使得干燥器的形式多种多样，因此，干燥器的选择是干燥技术领域最复杂的一个问题。生产中需要根据具体条件，对所采用的干燥方法、干燥器的具体结构形式、操作方式（间歇式或连续式）及操作条件等进行选择。

干燥可以分为两大类：一类要求干燥结束后，仍保持原料的原形，如很多食品类、建筑材料的干燥等；另一类是把液体、泥状、块状粉状物料干燥后，成为粉状或颗粒状产品。

常见干燥器的分类如下。

（1）按操作压力分类　可分为常压型和真空型干燥器。

（2）按操作方式分类　可分为连续式和间歇式干燥器。

（3）按被干燥物料的形态分类　可分为块状物料、带状物料、粒状物料、糊状物料、浆状物料或液体物料干燥器等。

（4）按使用的干燥介质分类　可分为空气、烟道气、过热蒸汽、惰性气体干燥器等。

（5）按热量传递的方式分类　可分为：

① 对流加热型干燥器，如喷雾干燥器、气流干燥器、流化床干燥器等；

② 传导加热型干燥器，如耙式真空干燥器、桨叶干燥器、转鼓干燥器、冷冻干燥器等；

③ 辐射加热型干燥器，如红外线干燥器、远红外线干燥器等；

④ 介电加热型干燥器，如微波加热干燥器等。

| M9-1 | M9-2 | M9-3 | M9-4 | M9-5 |
| 真空耙式干燥器 | 箱式干燥器 | 红外线干燥器 | 流化干燥器 | 双滚筒干燥器 |

在众多的干燥器中，对流加热型干燥器应用得最多。

在实际生产中，干燥的物料有块状、带状、粒状、膏状、溶液和浆状等物料，物料的原始状态决定了选择干燥设备的形式。因此，要根据干燥物的原始状态选择适用的设备。另外，干燥设备的进料和出料也有技术问题，很多方面还是要凭借实践经验。从经济角度分析，处理量的大小也是选择干燥设备形式时要考虑的因素。总结于表9-1。

表 9-1   干燥器的选择

原始物料形态	生产形式	可选用干燥设备	干燥原理及特点
液体、浆状物料	大批量连续	喷雾干燥、流化床多级干燥	传导传热 热效率高，溶剂容易回收
	小批量	转鼓式、真空带式干燥及惰性介质流化床干燥	
糊状物料	大批量连续	气流干燥、搅拌回转干燥、通风带式干燥及冲击波喷雾干燥	
	小批量	传导加热圆筒搅拌干燥或槽形搅拌干燥，以及箱式通风干燥	
薄片状物料	大批量连续	带式通风干燥和回转通风干燥	对流、传导传热；干燥速率高，设备投资少，但热效率较低
	小批量	箱式通风干燥和真空圆筒式搅拌干燥	
颗粒状物料	大批量连续	带式通风干燥、回转通风干燥及流化床干燥	
	小批量	流化床干燥、槽式搅拌干燥、箱式通风干燥及锥形回转干燥机	
粉状物料	大批量连续	流化床干燥和气流干燥	
	小批量	间歇流化床干燥和真空圆筒式搅拌干燥	
定型物料	大批量连续	平流隧道式干燥器和平流台车式干燥器	对流、辐射热传导
	小批量	箱式干燥器	
不定型物料如涂料、涂布液	大批量连续	红外线干燥器和喷雾流化床式干燥器	对流、辐射热传导
	小批量	滚筒式干燥器	

大多数干燥器在接近大气压下操作，微正压可避免环境空气漏入干燥器内。在某些情况下，如果不允许向外界泄漏，则采用微负压操作。真空操作是昂贵的，仅仅当物料必须在低温、无氧或在中温或高温操作产生异味时才推荐使用。高温操作是更为有效的，由此对于给定的蒸发量，可采用较低的干燥介质流量和较小的干燥设备，干燥效率也高。

干燥器的未来发展将在深入研究干燥机理和物料干燥特性，掌握对不同物料的最优操作条件下，开发和改进干燥器；另外，大型化、高强度、高经济性，以及改进对原料的适应性和产品质量，重视节能和能量综合利用，是干燥器发展的基本趋势；如采用各种联合加热方式，移植热泵和热管技术，进一步研究和开发微波干燥器、远红外干燥器、太阳能干燥器等。随着人类对环保的重视，改进干燥器的环境保护措施以减少粉尘和废气的外泄等，也将是需要深入研究的方向。

三、干燥附属设备的配置

1. 风机配置

为了克服整个干燥系统的流体阻力以输送干燥介质，必须选择适当形式的风机，并确定其配置方式。风机的选择主要取决于系统的流体阻力、干燥介质的流量、干燥介质的温度等。风机的配置方式主要有以下三种。

（1）送风式　风机安装在干燥介质加热器的前面，整个系统处于正压操作。这时，要求系统的密闭性要好，以免干燥介质外漏和粉尘飞入环境。

（2）引风式　风机安装在整个系统后面，整个系统处于负压操作。这时，同样要求系统的密闭性要好，以免环境空气漏入干燥器内，但粉尘不会飞出。

（3）前送后引式　两台风机分别安装在干燥介质加热器前面和系统的后面，一台送风，一台引风。调节系统前后的压力，可使干燥室处于略微负压下操作，整个系统与外界压差较小，即使有不严密的地方，也不至于产生大量漏气现象。

2. 细粉回收设备的选择

由于从干燥器出来的废气夹带细粉，细粉的收集将影响产品的收率和劳动环境等，所以，在干燥器后都应设置气固分离设备。最常用的气固分离设备是旋风分离器，对于粒径大于 $5\mu m$ 的颗粒具有较高的分离效率。旋风分离器可以单台使用，也可以多台串联或并联使用。为了进一步净化含尘气体，提高产品的回收率，一般在旋风分离器后安装袋滤器或湿式除尘器等第二级分离设备。袋滤器除尘效率高，可以分离旋风分离器不易除去的小于 $5\mu m$ 的微粒。

3. 加料器及卸料器的选择

加料器和卸料器对保证干燥器的稳定操作及干燥产品质量很重要。因此，在设计时要根据物料的特性和流量等综合进行考虑，选择适当的加、卸料设备。

总之，在确定工艺设计方案过程中，往往需要对多种方案从不同角度进行对比，从中选出最佳方案。

第二节　干燥装置

一、气流干燥装置

所谓气流干燥是指把湿润的泥状及粉粒体状等物料，采用适当的加料方式，将其加入干燥管内，在高速流动的气流输送过程中，湿分蒸发得到粉状或粒状干燥产品的过程。气流干燥装置的工艺流程如图 9-1 所示，主要由鼓风机、空气加热器、加料器、气流干燥管、旋风分离器、引风机等组成。

气流干燥具有以下特点。

① 干燥强度大。由于物料在气流中高度分散，颗粒的全部表面积即为干燥的有效面积，因此传热传质强度较大。直管型气流干燥器的体积传热系数一般为 $2300 \sim 6950 W/(m^3 \cdot ℃)$，而带粉碎机的气流干燥器可达 $3470 \sim 11700 W/(m^3 \cdot ℃)$。

② 干燥时间短。干燥介质在气流干燥管中的速度一般为 $10 \sim 20 m/s$，气-固两相之间的接触干燥时间很短，一般为 $0.5 \sim 2s$，又是并流操作，因此特别适用于热敏性物料的干燥。

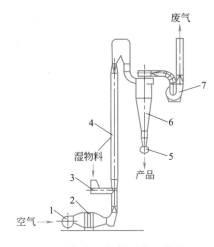

图 9-1　**气流干燥装置的工艺流程**

1—鼓风机；2—空气加热器；3—加料器；4—气流干燥管；

5—旋转阀；6—旋风分离器；7—引风机

M9-6　**气流干燥器**

③ 气流干燥管结构简单，占地面积小，易于制造和维修。

④ 处理量大，热效率高。当干燥非结合水时，热效率可达 60％。

⑤ 系统阻力大。由于操作气速高，干燥系统压降较大，故动力消耗大，而且干燥产品需要用旋风分离器和袋滤器等分离下来，因此分离系统负荷较重。

⑥ 干燥产品磨损较大。由于操作气速高，因而物料易被粉碎、磨损，难以保持干燥前的结晶形状和光泽。

常用的干燥器有直管型、脉冲型、倒锥形、套管型、环形和旋风型等。

1. 直管型气流干燥器

直管型是应用最广的一种气流干燥器，它的最大优点是结构简单、制造容易，如图 9-2 所示。在干燥管的进料部位，湿物料颗粒与上升气流间的相对速度最大，随着颗粒不断被加速，两者的相对速度随之减小。当其等于颗粒的沉降速度时，颗粒进入等速运动阶段，并保持至干燥管出口。在颗粒的加速运动阶段，气-固两相间的温差较大，单位干燥管体积内具有较大的传热传质面积，因此这一阶段具有较大的干燥强度。在等速运动阶段，气-固两相间的相对速度不变，颗粒已具有最大的上升速度，相对于加速阶段，单位干燥管体积内具有的颗粒表面积较小，所以该阶段的传热传质速率较低。加速运动阶段的长度一般为 2～3m。

图 9-2　**直管型气流干燥器**

直管型气流干燥器的管长一般为 10～20m，有的长达 30m 以上。对于干燥产品湿含量要求不高，或者水分与物料的结合力不强而易干燥的散状物料，可适当地缩短等速运动段的长度，即出现了短管直管型气流干燥器。短管气流干燥器一般长度为 4～6m，在厂房高度受到限制时，干燥管也可倾斜放置。

2. 脉冲型气流干燥器

脉冲型气流干燥器是将干燥管的管径做成交替扩大和缩小的形式，使颗粒不断地被加速和减速，如图 9-3 所示。加速运动段在气流干燥管中所占的长度比例并不大，但却能除去湿

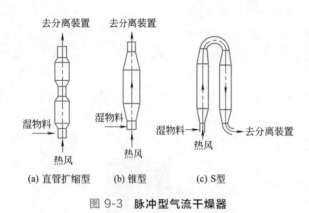

(a) 直管扩缩型　　(b) 锥型　　(c) S型

图 9-3　脉冲型气流干燥器

物料中的大部分水分。湿物料首先进入管径小的一段，高速气流使物料颗粒被加速，当加速运动接近终了时，干燥管径突然扩大，使气流速度骤然下降，而颗粒由于惯性进入扩大段。由于颗粒受到阻力的作用而不断被减速，直至气-固两相间的相对速度再一次等于颗粒的沉降速度时，干燥管径突然缩小，颗粒又被加速。如此反复，使颗粒总是被加速或减速，大大强化了传热传质过程，提高了设备的干燥能力，从而可进一步缩短干燥管的长度。

3. 倒锥形气流干燥器

倒锥形气流干燥器的管径沿气流方向逐渐扩大，从而使管内气流速度逐渐减小，不同粒度的颗粒分别在不同的高度悬浮。由于物料在干燥过程中水分蒸发而逐渐变轻，故其带出速度逐渐减小，采用倒锥形气流干燥器增加了物料在干燥管中的停留时间，同时也降低了管子的长度。如图 9-4 所示。

4. 套管型气流干燥器

套管型气流干燥器是将湿物料与热风从内管底部进入，然后由顶部导入内外管的环隙内再排出。采用这种结构可避免内管的热损失，提高热效率，并适当降低干燥管的高度，如图 9-5 所示。

5. 环形气流干燥器

环形气流干燥器是将直管做成环形，其中一部分具有套管型的作用，从而大大降低干燥管的高度，如图 9-6 所示。

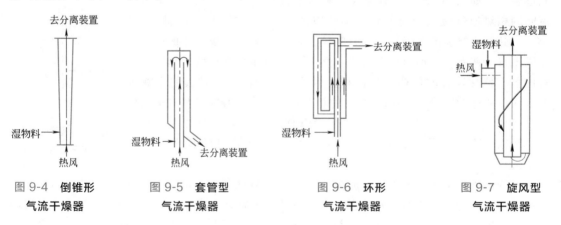

图 9-4　倒锥形　　　图 9-5　套管型　　　图 9-6　环形　　　图 9-7　旋风型
气流干燥器　　　　　气流干燥器　　　　　气流干燥器　　　　　气流干燥器

6. 旋风型气流干燥器

如图 9-7 所示，旋风型气流干燥器的结构形式如同旋风分离器，热风夹带着湿物料颗粒以切线方向进入干燥器内做旋转运动。由于是切线运动，气-固两相间的相对速度大大增加；颗粒对气流的不断扰动，使其周围的气体边界层处于高度湍流状态，从而提高了传热传质速率。旋转运动也对物料有粉碎作用，增大了颗粒的传热传质面积，强化了干燥过程。这种干燥器的结构简单、体积小，对憎水性、不怕破碎的物料尤为适用。旋风型气流干燥器的切线进气速度一般为 18～20m/s，中心管内速度为 20～23m/s。

二、回转筒式干燥装置

回转筒式干燥机，是利用加热的空气作为干燥介质的气流式干燥机，它有两种基本结构形式。

1. 具有抄板的回转式干燥机

具有抄板的回转式干燥机由回转圆筒、滚圈、托轮和传动装置等组成，如图 9-8 所示。

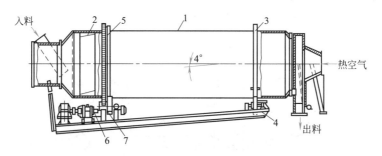

图 9-8　**具有抄板的回转式干燥机**
1—回转圆筒；2—抄板；3—滚圈；4—托轮；5—齿圈；6—变速装置；7—齿轮

回转圆筒用钢板焊接而成，它与水平线成 4°～5°倾斜安装。圆筒内壁装有许多抄板，用来将物料提升后抛下，使其与热空气充分接触。转筒外壁装有滚圈，筒体及其中的物料重量通过滚圈支承在两对托轮上。靠近滚圈的筒体上还装有齿圈，齿圈由电动机及传动装置带动转动，其转速约为 6～10r/min。为了防止筒体轴向移动，还设置有挡轮。干燥机的物料进口与出口处都装有固定的料斗。在固定部分与转动部分之间有密封装置。

筒体内壁的抄板形式很多，如升举式、扇形式、分配式、联合式等。升举式抄板布料如图 9-9 所示，其宽度约 60mm，与转筒壁成 45°装置。

当回转筒体旋转时，物料被抄板举起并从上面撒落，使物料晶粒能均匀地与流过的热空气相接触。旧式抄板往往使物料集中在圆筒截面的左方落下。为了使物料能够在整个截面均匀地撒下，对升举式抄板作了局部的改进，如图 9-9 中抄板 1 及 4 的开口较浅，而抄板 2 及 3 开口较深，这样物料就会均匀地分布在截面的各个位置上。

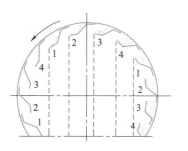

图 9-9　**升举式抄板布料示意图**

筒体的两端各有一固定的料斗小室，作为加入和卸出物料及送入和引出空气之用。空气与物料的流动是逆向的，卸出的物料温度较高，通常采用振动式输送机在输送过程中使物料逐步冷却下来，然后进行筛分、包装。

回转式干燥机通常在 50～250Pa（5～25mmH$_2$O）的负压下操作，这种不大的负压操作，保证了料粉不致飞扬出来。料粉的飞扬不但会造成物料损失、污染操作环境，而且当空气中料粉超过一定浓度时还会引起料粉爆炸。因此，转筒应避免在压力下操作。为了避免冷空气进入转筒内，回转圆筒与两端的固定小室之间必须很好地密封。回转式干燥机两端的密封方式很多，常用的有迷宫式密封与端面式密封。

回转式干燥机的生产能力受抄板形状、转筒转速及转筒倾斜角度的影响甚大。增大转筒转速和倾斜度，可以提高干燥机的生产能力。但是增加转速或倾斜度，都将减少物料在转筒内的停留时间，将引起干燥过程不完善。抄板的形状，如前面所述必须能使物料升起，同时能将其均匀撒开，从而增加物料与空气的接触面积。必须指出，物料被升高而抛下时，晶粒棱角被磨损，将使物料失去光泽。

回转式干燥机若只做干燥之用，如上述的结构形式，又称为单段回转式干燥机。若干燥与冷却同时进行，可采用双段转筒，这种设备称为干燥-冷却机（图9-10）。进行这两个过程所需要的条件是不同的，为使物料有效的干燥，应取温度较高、相对湿度较低的空气作干燥介质。而当冷却时，则应将干燥后的物料与冷空气相接触。

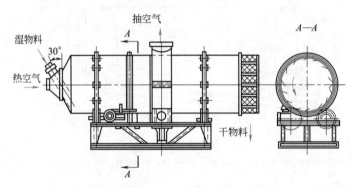

图 9-10　干燥-冷却机

物料在干燥机内沿着整个长度方向向前移动，转筒中部的固定外壳上设有空气吸出管道。特殊形式的抄板使物料顺利穿过中间固定室而进入冷却段。热空气自左方进入干燥段与物料呈并流流动，冷空气则从右端的冷却段进入与物料作逆流流动。转筒中部的固定小室与引风机连接，而将热、冷空气抽出，使干燥机内形成负压操作。于是物料在前段得到干燥，而在后段进行冷却，冷却后的物料可直接筛分包装。

干燥-冷却机的优点是结构紧凑、占地面积小、生产能力较高。

2. 无抄板的回转式干燥机

具有抄板的干燥机的主要缺点是容易使物料晶粒的棱角磨损而失去光泽，影响产品质量。为了克服这种缺点，也有采用无抄板的回转式干燥机。

无抄板回转式干燥机的结构是在转筒内部沿着转筒内壁的纵向装有许多片百叶窗式隔板，每个隔板构成热空气通道，如图9-11所示。从横截面上看去，隔板沿着半径方向呈辐射状，其高度从进口至出口处逐渐降低。在隔板半径方向的端部沿切线方向装有条板，其长度与隔板相等。隔板之间及条板之间的空隙作为空气通道，所有条板的内表面形成锥形圆筒。物料从转筒一端的中心部位送入，随着筒体的转动，条板借摩擦力将物料带至一定高度而自由滑下，于是物料偏于筒体的一侧而形成一定的扇形体堆积层，物料像在无抄板的光滑筒内一样，以螺旋线轨迹向前移动。

这种干燥机从结构上保证热空气只能从堆积着物料的那部分隔板间的通道内送入，随即分散至条板间的缝隙内，然后均匀地穿过料层。如果需要，也可将这种干燥机设计成干燥-冷却机。即在隔板中分别送入热空气与冷空气，前者起干燥作用，后者可使物料冷却。

　　无抄板回转式干燥机由于结构特殊，因此具有物料磨损少、产品质量好、物料损失少、能够满足工艺要求的特点。但是这种干燥机的结构较复杂，特别是分配热空气的结构，难以保证其全部穿过料层而不漏风。

三、立式转盘干燥机

　　立式转盘干燥机由旋转圆盘及直立圆筒壳体等组成，如图 9-12 所示。

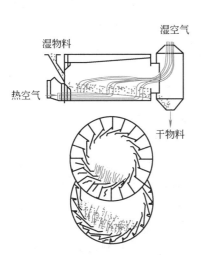

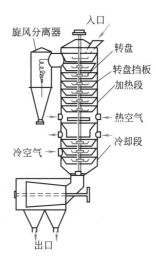

图 9-11　无抄板回转式干燥机　　　　图 9-12　立式转盘干燥机

　　立式转盘干燥机的圆筒壳体分为上下两段，上段为干燥段，下段为冷却段。在圆筒的中心有一转轴，转轴上固定有许多钢板制的圆盘。中心轴必须以一定的转速旋转，以便当物料跌落在圆盘上面时，产生一定的离心力将物料抛出。从圆盘上抛出的物料，碰击着固定在直立圆筒内壁上的倾斜度大于物料摩擦角的环形挡板而跌落至下一层圆盘。这一运动过程，圆盘间的物料抛出与跌落是连续进行的。因此，物料便可以从干燥机的顶部下降至底部。

　　热空气从干燥段的底部送入，物料进口及粉末分离装置则安装在顶部。因此，热空气和物料的运动方向是逆流的，可使干燥介质充分与物料接触。干燥机上部的五层圆盘设有刮板装置，以便将附着在内壁表面的物料刮下。在冷却段的上部两边有冷空气排出口，用抽风机可将冷空气排出，已干燥和冷却的物料从底部排出送往包装间。

　　立式圆盘干燥机的壳体是固定的，仅转轴及固定转轴上的圆盘旋转，因此功率消耗较少；圆盘转速一般为 50～80r/min，晶粒磨损程度不大；由于直立安装，占地面积小。但是这种干燥机修理比较麻烦，而且物料从顶部跌落至底部失去位能，为包装工作的需要，需安装提升机。

四、振动式干燥机

　　振动式干燥机为目前较广泛应用的干燥设备之一。这种干燥机的设计原理基本和振动式输送机相同，物料借振槽的往复运动前进，同时在移动过程中与自槽底吹上的热空气接触而被干燥。

　　振动式干燥机由槽体、传动装置、连杆、筛网、弹性振臂以及槽底上面互相重叠的百叶窗式隔板和槽面上密封盖等组成。槽面上的密封盖有排气口与粉末收集器相连接。槽底百叶窗式隔板把干燥机分为两层，如图 9-13 所示。隔板的水平投影长度为 150mm，隔板的斜度为 5°，板与板之间的叠口缝隙为 6mm，物料在隔板上作跳跃式前进。被加热的空气则进入百叶窗式隔板与槽底形成的空气室，通过百叶窗的缝隙穿过跳跃的料层而将物料干燥。

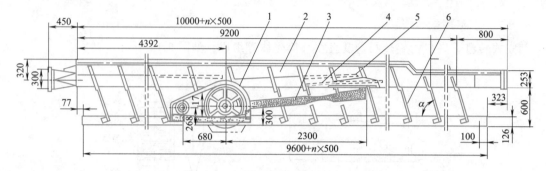

图 9-13　振动式干燥机

1—传动装置；2—槽体；3—连杆；4—隔板；5—筛网；6—弹性振臂

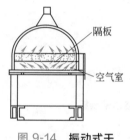

图 9-14　振动式干燥机振槽截面示意

干燥和振槽分为两段，第一段通入热空气，第二段又分为两段，前一段仍通入热空气，而后一段则通入冷空气。第二段的前后两段之间的空气室用挡板分开，挡板与槽底留有空隙，使跌落槽底的物料可以随槽的振动而送至物料排出口。

振动式干燥机的优点主要是物料磨损少，振槽截面如图 9-14 所示。除了干燥物料之外，还可同时作为物料的输送机。但是这种设备庞大，占地面积多。另外，物料在振动输送过程中，容易结成团块，物料的粉末容易漏出，造成物料损失，污染环境，运转过程中噪声大并引起楼面震动等。

五、多管式干燥机

目前国内外使用的干燥机除上述三种外，法国的 FCB 公司近年研制的多管式物料干燥机比较巧妙地克服了晶粒磨损的问题。

多管式干燥机由干燥-冷却器、空气加热器、引风机等组成，如图 9-15 所示。多管式干燥冷却器共有 12 根干燥-冷却管，它们围绕着中心轴分布成两圈，如图 9-16 所示。靠近轴的六根管子用于干燥，外圈的六根管子用于冷却，机体由中心轴支撑与传动。关于干燥管与冷却管截面积之比可视气体条件确定。干燥过程的热量计算确定了干燥段的容积，再根据热空气的限定流速便可求得干燥段的截面积；同理可以确定冷却段的容积与截面积。一般可选择干燥段与冷却段截面积相等。但当周围温度较高时，冷却段的容积和截面积大于干燥段的容积和截面积。一般干燥段的截面积为 $3m^2$（6 根管，每根 $\phi800mm$），冷却段截面积也可为 $3m^2$（6 根管，每根管 $\phi800mm$）或 $4.7m^2$（6 根管，每根 $\phi1000mm$）。

欲干燥的物料进入入料口后，通过喂料刮板将物料分配到内圈的 6 根干燥管，由于机体转动，管子里的抄板将物料松散并导向前进，直到干燥管的末端。每根干燥管与相应的一根冷却管间有通道相连接。由于机体旋转及抄板的作用，干燥后的物料由干燥管进入相应的冷却管。物料在冷却管内也由抄板导向前进，其运动方向与干燥管中物料运动方向相反。空气经进气调节器、过滤器后通过热交换器而进入干燥管，其流动方向与物料运动方向一致。冷空气经空气调节器、过滤器进入冷却管末端，其流动方向与物料运动方向相反。物料移动到冷却管末端后集中于出口箱而由底部排出。从干燥管和冷却管排出的冷、热空气均带有料粉，在空气出口箱内混合进入空气处理系统，经洗涤后再排至大气中。

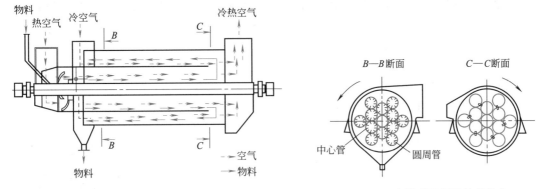

图 9-15　**多管式干燥冷却机**　　　图 9-16　**多管式干燥机热管排布**

多管式干燥机由于结构特殊，因此具有如下特点：

① 由于物料松散，同热空气接触面积大，所以热能利用率较高；

② 由于干燥机从单筒变为多管，物料跌落的高度小，所以晶粒棱角磨损较少；

③ 干燥管与冷却管截面比可按环境条件来设计；

④ 容易调节冷热空气量等，但应该指出该种干燥机结构是比较复杂的。

六、喷雾干燥器

1. 喷雾干燥的基本原理

喷雾干燥的基本原理是将料液（如料浆）在热气流中喷成细雾以增大气液两相的接触面积。例如将 $1cm^3$ 的料液雾化成 $10\mu m$ 的球形雾滴，其表面积将增加 6000 倍。这就大大提高了干燥速度，使雾滴在极短的时间内被干燥成粉状或细颗粒状。喷雾干燥过程采用雾化器将原料液雾化为雾滴，并在热的干燥介质中干燥而获得固体产品。原料液可以是溶液、悬浮液或乳浊液，也可以是熔融液或膏糊液。根据干燥产品的要求，可以制成粉状、颗粒状、空心球或团粒状。

喷雾干燥过程可分为三个阶段：料液雾化、雾滴与热风接触干燥及干燥产品的收集。

（1）料液雾化　料液雾化的目的是将料液分散为细微的雾滴，雾滴的平均直径一般为 $20\sim60\mu m$，因此具有很大的表面积。雾滴的大小和均匀程度对于产品质量和技术经济指标影响很大，特别是热敏性物料的干燥尤为重要。如果喷出的雾滴大小很不均匀，就会出现大颗粒还未达到干燥要求，小颗粒却已干燥过度而变质。因此，料液雾化器是喷雾干燥器的关键部件。目前常用的雾化器有以下三种。

① 气流式喷嘴　采用压缩空气（或水蒸气）以很高的速度（300m/s 或更高）从喷嘴喷出，靠气（或汽）液两相间的速度差所产生的摩擦力，使料液分裂为雾滴。

② 压力式喷嘴　采用高压泵使高压液体通过喷嘴时，将静压能转变为动能而高速喷出并分散为雾滴。

③ 旋转式雾化器　料液从中央通道输入到高速转盘（圆周速度为 90～150m/s）中，受离心力的作用从盘的边缘甩出而雾化。

（2）雾滴与热风接触干燥　在喷雾干燥室内，雾滴与热风接触的方式有并流式、逆流式和混合流式三种。图 9-17 为这三种接触方式的示意图。图 9-17(a)、(b) 都是并流式，其中图 9-17(a) 是转盘雾化器，图 9-17(b) 是喷嘴雾化器，二者的热空气都是从干燥室顶部进入，料液在干燥室顶部雾化，并流向下流动。若热风从干燥室底部进入，而雾化器仍在顶部，则为逆流式 [图 9-17(c)]。如果将雾化器放在干燥室底部向上喷雾，热风从顶部吹下，则为先逆流后并流的混合流式 [图 9-17(d)]。

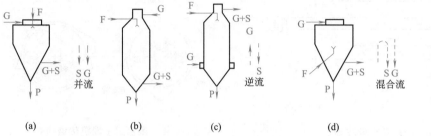

图 9-17　喷雾干燥器中物料与热风的流动方向
F—料液；G—气体；P—产品；S—雾滴

M9-7　三种喷雾干燥器
离心转筒形式

　　雾滴和热风的接触方式不同，对干燥室内的温度分布、雾滴（或颗粒）的运动轨迹、物料在干燥室中的停留时间以及产品质量都有很大影响。对于并流式，最热的热风与湿含量最大的雾滴接触，因而湿分迅速蒸发，雾滴表面温度接近入口热空气的湿球温度，同时热空气温度也显著降低，因此从雾滴到干燥成品的整个历程中，物料的温度不高，这对于热敏性物料的干燥特别有利。由于湿分的迅速蒸发，雾滴膨胀甚至破裂，因此并流式所得的干燥产品常为非球形的多孔颗粒，具有较低的松密度。对于逆流式，塔顶喷出的雾滴与塔底上来的较湿空气相接触，因此湿分蒸发速率较并流式为慢。塔底最热的干空气与最干的颗粒相接触，所以对于能经受高温、要求湿含量较低和松密度较高的非热敏性物料，采用逆流式最合适。此外，在逆流操作过程中，全过程的平均温度差和分压差较大，物料停留时间较长，有利于过程的传热传质，热能的利用率也较高。对于混合流操作，实际上是并流和逆流二者的结合，其特性也介于二者之间。对于能耐高温的物料，采用此操作方式最为合适。

　　在喷雾干燥室内，物料的干燥与在常规干燥设备中所经历的历程完全相同，也经历着恒速干燥和降速干燥两个阶段。雾滴与热空气接触时，热量由热空气经过雾滴表面的饱和蒸汽膜传递给雾滴，使雾滴中湿分气化，只要雾滴内部的湿分扩散到表面的量足以补充表面的湿分损失，蒸发就以恒速进行，这时雾滴表面温度相当于空气的湿球温度，这就是恒速干燥阶段。当雾滴内部湿分向表面的扩散不足以保持表面的润湿状态时，雾滴表面逐渐形成干壳，干壳随着时间的增加而增厚，湿分从液滴内部通过干壳向外扩散的速度也随之降低，即蒸发速率逐渐降低，这时物料表面温度高于空气的湿球温度，这就是降速干燥阶段。

　　（3）干燥产品的收集　喷雾干燥产品的收集有两种方式：一种是干燥的粉末或颗粒产品落到干燥室的锥体壁上并滑行到锥底，通过星形卸料阀之类的排料设备排出，少量细粉随废气进入气固分离设备收集下来；另一种是全部干燥成品随气流一起进入气固分离设备收集下来。

　　喷雾干燥装置所处理的料液虽然差别很大，但其工艺流程却基本相同。图 9-18 所示为一个典型的喷雾干燥装置工艺流程，原料液经过滤器由泵送至雾化器，干燥过程所需的新鲜空气，经过滤后由鼓风机送至空气加热器中加热到所要求的温度再进入热风分布器，经雾化器雾化的雾滴和来自热风分布器的热风相互接触，在干燥室中得到干燥，干燥的产品一部分由干燥器底部经卸料器排出，另一部分与废气一起进入旋风分离器分离下来，废气经引风机排空。

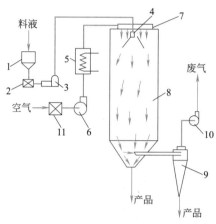

图 9-18　喷雾干燥装置的工艺流程

M9-8　喷雾干燥器

1—料液储槽；2—料液过滤器；3—高压泵；4—雾化器；5—空气加热；6—鼓风机；
7—热空气分配器；8—干燥塔筒体；9—旋风分离器；10—排气风机；11—空气过滤器

由于喷雾干燥是物料与高温介质直接接触，干燥过程进行极快，具有以下优点。

① 由于雾滴群的表面积很大，物料干燥所需的时间很短（通常为 15～30s，有时只有几秒钟）。

② 生产能力大，产品质量高。每小时喷雾量可达几百吨，为干燥器处理量较大者之一。尽管干燥介质入口温度可达几百摄氏度，但在整个干燥过程的大部分时间内，物料温度不超过空气的湿球温度，因此，喷雾干燥特别适宜热敏性物料（例如食品、药品、生物制品和染料等）的干燥。

③ 调节方便，可以在较大范围内改变操作条件以控制产品的质量指标，例如粒度分布、湿含量、生物活性、溶解性、色、香、味等。

④ 简化了工艺流程。可以将蒸发、结晶、过滤、粉碎等操作过程，用喷雾干燥操作一步完成。

喷雾干燥同时也存在以下缺点。

① 当干燥介质入口温度低于 150℃时，干燥器的容积传热系数较低，所用设备的体积比较庞大。另外，低温操作的热利用率较低，干燥介质消耗量大，因此，动力消耗也大。

② 对于细粉产品的生产，需要高效分离设备，以免产品损失和污染环境。

2. 喷雾干燥装置

喷雾干燥机一般由空气加热器、喷雾器、干燥室及粉末收集分离系统组成。干燥室一般由圆柱带锥底的筒体组成，也有采用方室结构的。热空气由干燥室的底部或顶部送入，而浆料则由顶部喷成雾状而被干燥。喷雾器是其核心装置，目前使用的有压力式喷雾器、气流式喷雾器和旋转式喷雾器三种形式。

（1）压力式喷雾器　压力式喷雾器又称压力式喷嘴或雾化器，如图 9-19 所示。

雾化器主要由液体切向入口、液体旋转室、喷嘴等组成。利用高压泵使液体获得很高的压力，液体从切线入口进入旋转室而获得旋转运动。根据旋转动量矩守恒定律，旋转速度与旋转半径成反比，即愈靠近轴心，旋转速度愈大，其静压力也愈小［图9-19(a)］，结果在喷嘴中央形成一股压力等于大气压力的空气旋流，而液体则形成绕空气心旋转的环形薄膜，在喷嘴出口处液体静压能转变为向前旋转运动的动能而喷出［图9-19(b)］。液膜伸长变薄，最后分裂为小雾滴。这样形成的液雾为空心圆锥形，又称空心锥喷雾。

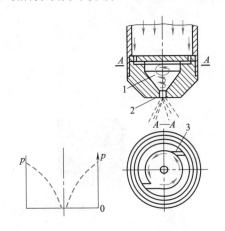

(a) 旋转室内的压力分布　(b) 喷嘴内液体的运动

图 9-19　压力式喷嘴的工作原理示意

1—旋转室；2—喷嘴孔；3—切线入口

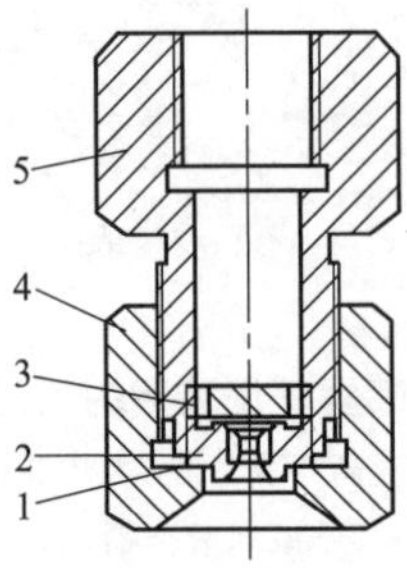

图 9-20　工业用旋转型压力式喷嘴的结构示意

1—人造宝石喷嘴；2—喷嘴套；
3—孔板；4—螺母；5—管接头

M9-9　喷雾器结构

压力式喷嘴在结构上的共同特点是使液体获得旋转运动，即液体获得离心惯性力，然后经喷嘴高速喷出，所以常把压力式喷嘴统称为离心压力式喷嘴。由于使液体获得旋转运动的结构不同，离心压力式喷嘴可粗略地分为旋转型和离心型两大类。

旋转型压力式喷嘴在结构上有两个特点：一是有一个液体旋转室；二是有一个（或多个）液体进入旋转室的切线入口。工业用的旋转型压力式喷嘴如图9-20所示。考虑到材料的磨蚀问题，喷嘴可采用人造宝石、碳化钨等耐磨材料。

离心型压力式喷嘴的结构特点是喷嘴内安装一喷嘴芯，如图9-21所示，喷嘴芯的作用是使液体获得旋转运动，相应的喷嘴有不同的装配型，如图9-22所示。

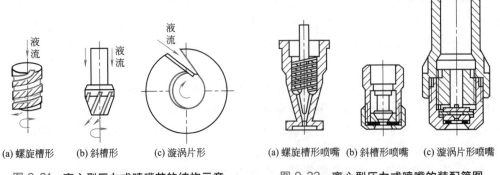

(a) 螺旋槽形　(b) 斜槽形　(c) 漩涡片形

图 9-21　离心型压力式喷嘴芯的结构示意

(a) 螺旋槽形喷嘴　(b) 斜槽形喷嘴　(c) 漩涡片形喷嘴

图 9-22　离心型压力式喷嘴的装配简图

压力式喷嘴与气流式喷嘴相比，大大节省动力；结构简单，成本低；操作简便，更换和检修方便。但由于喷嘴孔很小，极易堵塞。因此，进入喷嘴的料液必须严格过滤，过滤器至喷嘴的料液管道宜用不锈钢管，以防铁锈堵塞喷嘴；喷嘴磨损较大，因此，喷嘴一般采用耐磨材料制造；对于高黏度物料不易雾化，要采用高压泵。

（2）旋转式雾化器　旋转式雾化器（又称转盘式雾化器）的工作原理如图 9-23 所示。设备主要由电动机、传动部分、分配器、雾化盘等组成。在电动机的驱动下，主轴带动雾化盘高速旋转，料液经输料管、分配器均匀地分布到雾化盘的中心附近。由于离心力的作用，料液在旋转面上伸展为薄膜，并以不断增长的速度向盘的边缘运动，离开边缘时，被分散为雾滴。

在旋转式雾化器中，料液的雾化程度主要取决于进料量、旋转速度、料液性质以及雾化器的结构形式等。料液雾化的均匀性是衡量雾化器性能的重要指标，为了保证料液雾化的均匀性，应该满足下列条件：

① 雾化盘转动时无振动；

② 雾化盘的转速要高，一般为 7500～25000r/min；

③ 料液进入雾化盘时，分布要均匀，保证圆盘表面完全被料液所润湿；

④ 进料速度要均匀；

⑤ 雾化盘上与物料接触的表面要光滑。

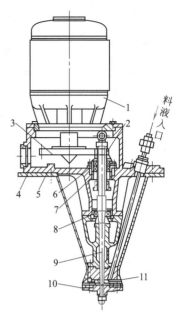

图 9-23　旋转式雾化器
1—电动机；2—小齿轮；3—大齿轮；
4—机体；5—底座；6,8—轴承；
7—调节套筒；9—主轴；
10—雾化盘；11—分配盘

（3）气流式雾化器　气流式雾化器又称气流式喷嘴。现以二流体喷嘴为例，说明其工作原理。如图 9-24 所示，中心管（即液体喷嘴）走料液，压缩空气走环隙（即气体通道或气体喷嘴），当气液两相在端面接触时，由于从环隙喷出的气体速度很高（200～340m/s），在两流体之间存在着很大的相对速度（液体速度一般不超过 2m/s），产生很大的摩擦力把料液雾化，所用的压缩空气压力一般为 0.3～0.7MPa。气流式喷嘴的特点是适用范围广，操作弹性大，结构简单，维修方便，但动力消耗大（主要是雾化用的压缩空气动力消耗大），大约是压力式喷嘴或旋转式雾化器的 5～8 倍。

气流式雾化器常用结构形式有以下几种。

① 二流体喷嘴　是指具有一个气体通道和一个液体通道的喷嘴，根据其混合形式又可分为内混合型、外混合型及外混合冲击型等。

内混合型二流体喷嘴是将气液两相在喷嘴混合室内混合后从喷嘴喷出，如图 9-25 所示。

外混合型二流体喷嘴是将气液两相在喷嘴出口外部接触、雾化。外混合型又有几种结构形式，图 9-24 所示为是气体喷嘴和液体喷嘴出口端面在同一平面上；图 9-26 所示为液体喷嘴高出气体喷嘴 1～2mm。

外混合冲击型二流体喷嘴的结构如图 9-27 所示，气体从中间喷出，液体从环隙流出，然后气液一起与冲击板碰撞。

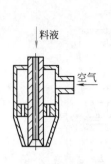

图 9-24 二流体
喷嘴示意

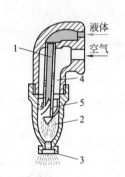

图 9-25 内混合型二流体
喷嘴示意

1—液体通道；2—混合室；
3—喷出口；4—气体通道；
5—导向叶片

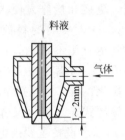

图 9-26 外混合型二流
体喷嘴示意

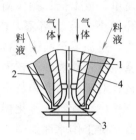

图 9-27 外混合冲击型
二流体喷嘴示意

1—气体通道；2—液体通道；
3—冲击板；4—固定柱

在二流体喷嘴中，内混合型比外混合型节省能量，外混合冲击型可获得微小而均匀的雾滴。

② 三流体喷嘴　是指具有三个流体通道的喷嘴，如图 9-28 所示。其中一个为液体通道，两个为气体通道。液体被夹在两股气体之间，被两股气体雾化，雾化效果比二流体喷嘴好，主要用于难以雾化的料液或滤饼（不加水直接雾化）的喷雾干燥。其结构形式很多，有内混合型、外混合型、先内混后外混型等。

③ 四流体喷嘴　是指具有四个流体通道的喷嘴，如图 9-29 所示。这种结构的喷嘴既有利于雾化，又有利于干燥，适用于高黏度物料的直接雾化。

④ 旋转-气流杯雾化器　料液先进入电动机带动的旋转杯预膜化，然后再被喷出的气流雾化，如图 9-30 所示。实际上是旋转式雾化和气流式雾化两者的结合，可以得到较细的雾滴，适用于料液黏度高、处理量大的场合。

关于气流式喷嘴的设计计算，目前尚缺可靠的方法，虽然发表过一些关联式，但由于试验条件及喷嘴结构的限制还不能在广泛的范围内使用。因此，在利用这些关联式进行设计计算时，应注意试验条件。

3. 雾化器的选择

（1）雾化器的比较　工业喷雾干燥常用的压力式、旋转式和气流式三种雾化器各有特点，见表 9-2 和表 9-3。

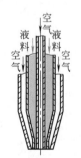

图 9-28 三流体喷嘴示意

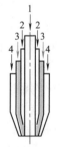

图 9-29 四流体喷嘴示意

1—干燥用热风；2,4—空气；3—料液

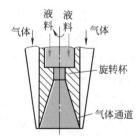

图 9-30 旋转-气流杯
雾化器示意

表 9-2　三种雾化器比较

比较的条件		气流式	压力式	旋转式
料液条件	一般溶液	可以	可以	可以
	悬浮液	可以	可以	可以
	膏糊状料液	可以	不可以	不可以
	处理量	调节范围较大	调节范围最窄	调节范围广,处理量大
加料方式	压力	低压~0.3MPa	高压 1.0~20.0MPa	低压~0.3MPa
	泵	离心泵	多用柱塞泵	离心泵或其他
	泵的维修	容易	困难	容易
	泵的价格	低	高	低
雾化器	价格	低	低	高
	维修	最容易	容易	不容易
	动力消耗	最大	较小	最小
产品	颗粒粒度	较细	粗大	微细
	颗粒的均匀性	不均匀	均匀	均匀
	最终含水量	最低	较高	较低
塔	塔径	小	小	最大
	塔高	较高	最高	最低

表 9-3　三种雾化器优缺点比较

形式	优点	缺点
旋转式	操作简单,对物料适应性强,操作弹性大;可以同时雾化两种以上的料液;操作压力低;不易堵塞,腐蚀性小;产品粒度分布均匀	不适于逆流操作;雾化器及动力机械的造价高;不适于卧式干燥器;制备粗大颗粒时,设计上有上限
压力式	大型干燥塔可以用几个雾化器;适于逆流操作;雾化器造价低;产品颗粒粗大	料液物性及处理量改变时,操作弹性变化小;喷嘴易磨损,磨损后引起雾化性能变化;要有高压泵;对于腐蚀性物料要用特殊材料;要生产微细颗粒时,设计上有下限
气流式	适于小型生产或实验设备;可以得到 $20\mu m$ 以下的雾滴;能处理黏度较高的物料	动力消耗大

（2）雾化器的选择　如果有几种不同的雾化器可供选择时，就应考虑哪一种更能经济地生产出性能最佳的雾滴。

① 根据基本要求进行选择　一个理想的雾化器应具有下列基本特征：

a. 结构简单；

b. 维修方便；

c. 大小型干燥器都可采用；

d. 可以通过调整雾化器的操作条件控制滴径分布；

e. 可用泵输送设备、重力供料或虹吸进料操作；

f. 处理物料时无内部磨损。

有些雾化器虽然具有上述部分或全部特点，但由于出现下列不希望产生的情况也不应选用，如：雾化器操作方法与所需的供料系统不相匹配；雾化器产生的液滴特征与干燥室的结构不相适应；雾化器的安装空间不够。

② 根据雾滴要求进行选择　在适当的操作条件下，三种雾化器可以产生出粒度分布类似的料雾。在工业进料速率下，如果要求产生粗液滴时，一般采用压力式喷嘴；如果要产生细液滴时，则采用旋转式雾化器。

③ 选择的依据 若已确定某种物料适用于喷雾干燥法进行干燥，那么，接着要解决的问题是选择雾化器。在选择时，应考虑下列几个方面。

a. 在雾化器进料范围内，能达到完全雾化。旋转式或喷嘴式雾化器（包括压力式和气流式）在低、中、高速的供料范围内，都能满足各种生产能力的要求。在高处理量情况下，尽管多喷嘴雾化器可以满足要求，但采用旋转式雾化器更好。

b. 料液完全雾化时，雾化器所需的功率（雾化器效率）问题。对于大多数喷雾干燥来说，各种雾化器所需的功率大致为同一数量级。在选择雾化器时，很少把所需功率作为一个重要问题来考虑。实际上，输入雾化器的能量远远超过理论上用于分裂液体为雾滴所需的能量，因此，其效率相当低。通常只要在额定容量下能够满足所要求的喷雾特性就可以了，而不考虑效率这一问题。例如三流体喷嘴的效率特别低，然而只有用这种雾化器才能使某种高黏度料液雾化时，效率问题也就无关紧要了。

c. 在相同进料速率下，滴径的分布情况。在低等和中等进料速率时，旋转式和喷嘴式雾化器得到的雾滴滴径分布可以具有相同的特征。在高进料速率时，旋转式雾化器所产生的雾滴一般具有较高的均匀性。

d. 最大和最小滴径（雾滴的均匀性）的要求。最大、最小或平均滴径通常有一个范围，这个范围是产品特性所要求的。叶片式雾化轮、二流体喷嘴或旋转气流杯雾化器，利于要产生细雾滴的情况。叶片式雾化轮或压力式喷嘴一般用于生产中等滴径的情况，而光滑盘雾化轮或压力式喷嘴适用于粗雾滴的生产。

e. 操作弹性问题。旋转式雾化器比喷嘴式雾化器的操作弹性要大。旋转式雾化器可以在较宽的进料速率下操作，而不至于使产品粒度有明显的变化，干燥器的操作条件也不需改变，只需改变雾化轮的转速。

对于给定的压力式喷嘴来说，要增加进料速率，就需增加雾化压力，同时滴径分布也就改变了。如果雾滴特性有严格的要求，就需采用多个相同的喷嘴。如果雾化压力受到限制，而对雾滴特性的要求也不是很高时，只需改变喷嘴孔径就可以满足要求。

f. 干燥室的结构要适应于雾化器的操作。选择雾化器时，干燥室的结构起着重要作用。喷嘴型雾化器的适应性很强。喷嘴喷雾的狭长性质，能够使其被置于并流、逆流和混合流操作的干燥室中，热风分布器产生旋转的或平行的气流都可以，而旋转式雾化器一般需要配置旋转的热风流动方式。

g. 物料的性质要适应于雾化器的操作。对于低黏度、非腐蚀性、非磨蚀性的物料，旋转式和喷嘴式雾化器都适用，具有相同的功效。

雾化轮还适用于处理腐蚀性和磨蚀性的泥浆及各种粉末状物料，特别是在高压下用泵输送有问题的物料，通常首先选用雾化轮（尽管气流式喷嘴也能处理这样的物料）。

气流式喷嘴是处理长分子链结构的料液（通常是高黏度及非牛顿型流体）的最好雾化器。对于许多高黏度非牛顿型料液还可先预热以最大限度地降低黏度，然后再用旋转型或喷嘴型雾化器进行雾化。

每一种雾化器都可能有一些它不能适用的情况。例如含有纤维质的料液不宜用压力式喷嘴进行雾化。如果料液不能经受撞击，或虽然能够满足喷料量的要求，但需要的雾化空气量太大，则气流式喷嘴不适合。如果料液是含有长链分子的聚合物，用叶轮式雾化器只能得到丝状产物而不是颗粒产品。

h. 有关该产品的雾化器实际运行经验。对于一套新的喷雾干燥装置，一般要根据该产品喷雾干燥的已有经验来选择雾化器。对于一个新产品，必须经过试验室试验及中间试验，然后根据试验结果选择最合适的雾化器。

七、沸腾床干燥器

沸腾造粒干燥是利用流化介质（空气）与料液间很高的相对气速，使溶液带进流化床就迅速雾化，这时液滴与原来在沸腾床内的晶体结合，就进行沸腾干燥，故也可看作是喷雾干燥与沸腾干燥的结合。干燥介质使固体颗粒在流化状态下进行干燥，其物料干燥过程的基础就是粉体的沸腾，同时，在排风作用下，容器内细微粉体经捕集袋过滤后排向室外。干燥时由于气固两相逆流接触，剧烈搅动。固体颗粒悬浮于干燥介质之中，具有很大的接触表面积，无论在传热、传质、容积干燥强度、热效率等方面都很优良。由于沸腾干燥对各种物料的适应性比较好，与其他干燥机相比占地面积小、生产能力大、热效率高，操作易于控制，颗粒破损少，目前用得比较广泛，尤其是在制药工业中。

沸腾干燥具有以下特点。

M9-10
沸腾床干燥器

① 传热传质速率高。由于是利用流态化技术，使气体与固体两相密切接触，虽然气固两相传热系数不大，但由于颗粒度较小，接触表面积大，故容积干燥强度为所有干燥器中最大的一种，这样需要的床层体积就大大减少，无论在传热、传质、容积干燥强度、热效率等方面都较气流干燥优良。

② 干燥温度均匀，控制容易。干燥、冷却可连续进行，干燥与分级可同时进行，有利于连续化和自动化。

③ 由于容积干燥强度较大，所以设备紧凑，占地面积小，结构简单，设备生产能力高，而动力消耗少。

④ 连续操作时物料在干燥器内停留时间不一，干燥度不够均匀，对结晶物料有磨损作用。

1. 锥形沸腾床干燥器

北京化工二厂 1965 年首先使用直径为 $\phi 1200\text{mm}$ 的锥形沸腾床，它的结构外形如图 9-31 所示，床内有 3 块百叶挡板，如图 9-32 所示。锥形床体的锥角一般应大于 30°，否则不易形成沸腾状态，易成沟流或喷射现象。挡板的 α 角宜大于 45°；间距应大于 70 倍物料直径；挡板离锥体壁应有 2～3 倍的间隙，以保证物料的沸腾而自由流动，不在器壁与挡板间

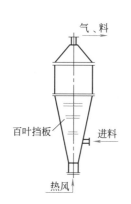

图 9-31　锥形沸腾床干燥器

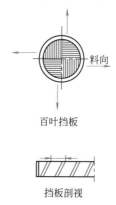

图 9-32　百叶挡板

架桥。此床与气流干燥器串联使用，其干燥能力达 2t/h。

2. 卧式多室式沸腾床干燥器

卧式沸腾干燥器有单层和多层两种。单层的沸腾干燥器又分单室、多室和有干燥室冷却室的二段沸腾干燥，其次还有沸腾造粒干燥等，现着重介绍单层卧式多室式沸腾干燥器。

卧式多室式沸腾床结构见图 9-33，在沿床层流动方向（自进料口流向出料口），垂直地安装有 5 块与分布板保持一定距离的隔板，将干燥器分为 6 个室。通常把干燥器的进料室称为第 I 室，依物料流动方向分别为 II、III、IV、V 及 VI 室，第 VI 室的一侧是溢流板，也即干燥器的出料部分。物料层在分布板上方的每个室内与热空气接触，由隔板下部与分布板之间的空隙处流入下一室中，隔板的作用是使物料在床内停留时间趋于平均一致，防止部分树脂过久地滞留于床层内而发生热变色现象。干燥的热空气则由分布板下面相对应的风室，通过分布板使气体分配均匀后进入床层，并加热树脂颗粒使水分汽化后，由床层顶部进入旋风分离器后排出，而分离出的湿树脂，由"钟罩"加料管返回第 III 室的床层内。

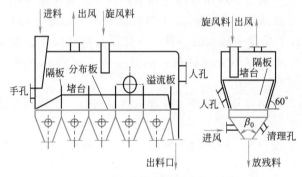

图 9-33　卧式多室式沸腾床干燥器

与气-液相的泡沫过程相似，空塔气速及分布板的小孔气速是决定沸腾层操作质量好坏的关键参数，一般选择空速在 0.2～0.3m/s，小孔气速在 20～30m/s 范围，其床层高度在 0.3～0.5m 范围。

3. 内加热管型卧式多室沸腾床干燥器

图 9-34 给出了内加热管型卧式多室沸腾床干燥器结构。由图 9-34 可见，其与一般的卧式多室沸腾干燥器的差别在于：

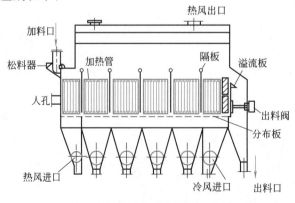

图 9-34　内加热管型卧式多室沸腾床干燥器

① 料层较高，一般为 1.0~1.2m，床层压降较大，风机压头也需相应提高，动力消耗增多；

② 床层内设置直立的 U 形螺旋盘管，根据需要可在每平方米分布板面积上设置 3~15m² 加热或冷却面积，U 形螺旋盘管由 25mm 不锈钢管弯制加工，通常，在Ⅰ~Ⅴ室通入热风及热水，而Ⅵ室则通入冷风及冷却水，以代替通常冷风管的冷却过程。

由于沸腾床的传热系数［K 超过 418kJ/(m²·h·℃)］比一般的气-固相要大得多，因此在床层中设置传热 U 形盘管，将传热风的风量和温度以及沸腾层物料温度大大降低，热效率获得提高。目前已具有单段内热式沸腾床，来直接处理离心后的 SG 型湿树脂，其具有流程简单、动力消耗低和热效率高等优点。

沸腾床干燥器通常可由不锈钢或铝板焊接加工，分布板由薄的不锈钢板冲孔制作（板厚与小孔直径相等）。这种卧式多室式沸腾干燥器具有处理能力大，制造简单，压降低（空气动力消耗少）和热效率高等优点，已被广泛用于聚氯乙烯生产过程中。

第三节　干燥设备操作与维护

干燥装置类型较多，现以聚氯乙烯生产中卧式多格室沸腾-气流二段干燥为例说明干燥设备的操作与维护。

一、干燥系统的正常操作

1. 沸腾-气流二段干燥装置开车操作

步骤如下。

① 将热水循环槽和热水高位槽加满软水并加热，热水循环槽升温至（82±2）℃，热水高位槽升温至（65±5）℃。

② 启动热水泵，同时检查沸腾床内热管热水是否循环，循环泵的出口压力不超过规定压力。

③ 关闭沸腾床溢流板三只出料阀。

④ 关闭所有的调节蝶阀。

⑤ 启动沸腾床的抽风机、松料器和螺旋加料器。

⑥ 启动沸腾床的鼓风机、气流的鼓风机（均必须在现场多次启动，待运转指示灯亮后，属正常运转）。

⑦ 调节各风机的调节蝶阀，使床中风压（料层上方）接近 100Pa（约 10mmH₂O），沸腾床鼓风机的电动机电流不得超过 140A，进风风压为 1.5~1.7kPa（150~170mmH₂O）。

⑧ 调节气流鼓风机的蝶阀，注意其电动机电流不得超过 290A，进风风压为 2.6~3.5kPa（260~350mmH₂O）。

⑨ 启动气流的松料器。

⑩ 打开气流的散热片放水小阀及蒸汽阀，先稍微开启，待放水小阀有蒸汽冲出即关闭，并开大蒸汽阀。气流干燥器升温至顶部温度达 60℃时，即可准备进料。

⑪ 加料后要及时调节沸腾的鼓风机和抽风机的风压，调节时必须以鼓风机电流为准，直至有物料溢流出为止。

⑫ 启动旋振筛。当发现物料太干而产生静电，致使成品细料筛不下来时，则可向第Ⅵ室冷风进风管，通入适量蒸汽以消除静电。

2. 干燥系统的停车操作

当离心机停止加料，关闭气流散热片蒸汽阀。停气流螺旋输送机。

① 停气流松料器及热水循环泵。当气流干燥器顶部温度下降至 40℃ 时，停气流的鼓风机。

② 待沸腾床第Ⅳ室温度下降至 40℃ 以下时，缓慢打开中间溢流板出料阀，同时注意沸腾的鼓风机风压下降至 2.0kPa（200mmH$_2$O）时，将出料阀全部打开，然后再慢慢打开其他两只出料阀，停沸腾床的鼓风机及抽风机。

③ 依次停沸腾床的螺旋输送机和松料器及旋振筛。

二、干燥系统操作的不正常情况和故障处理

沸腾-气流二段干燥常见的不正常情况和处理方法见表 9-4。

表 9-4　沸腾-气流二段干燥常见的不正常情况和处理方法

序号	不正常情况	原因	处理方法
1	气流干燥的螺旋输送机不能启动或自停	①加料量过大使熔断器烧坏 ②未启动松料器	①调换，并打开输送机手孔将"料封"树脂挖出，重新运转 ②使松料器运转
2	气流干燥的旋风分离器堵塞	①物料过干或过湿 ②沸腾干燥的螺旋输送机自停或太慢	①调整气流干燥温度 ②使输送机运转或提高转速
3	气流干燥器底部积料	①先开输送机，后开鼓风机 ②开车时蝶阀未启或调节	严格按操作法执行，停车清理积料
4	沸腾干燥器第Ⅳ室温度过高	进料量少	提高离心机进料量，或降低气流干燥温度，或暂停热水循环泵
5	沸腾干燥器第Ⅳ室温度过低	①进料量多 ②气流干燥的料太湿	①降低离心机进料量，或适量开大散热片蒸汽阀 ②提高气流干燥器顶部温度
6	沸腾干燥的旋风分离器堵塞	①分离器下料管堵塞 ②下料管锥形"料封"故障	①清理 ②停车检修
7	沸腾干燥器压差难控制	鼓风机或抽风机的蝶阀故障	检查，检修
8	粗料增多	①料过干，产生静电粘网 ②筛网堵塞 ③树脂粒度大	①降低干燥温度，或沸腾干燥器第Ⅵ室通少量蒸汽 ②用钢丝刷清理 ③与聚合系统联系

🌼 **拓展阅读**

我国化工干燥设备的发展历程及最新技术发展

19 世纪末至 20 世纪初随着工业革命的推进，干燥设备开始出现，早期主要以简单的热风干燥为主，结构简单、功能单一，主要服务于化工、食品等传统行业。20 世纪中叶随着科技的进步和工业生产需求的增加，干燥设备技术显著提升，出现了真空干燥、微波

干燥等多种新型干燥方式。这一时期，干燥设备的设计更加人性化，操作更加便捷，应用范围逐渐扩大。20世纪末至21世纪初随着计算机技术和新材料的发展，干燥设备进入快速成长期，智能化、高效率、节能环保成为新的发展目标。同时，干燥设备的设计和应用范围不断扩大，满足了更多新型物料的干燥需求。

近年来，随着物联网、大数据、人工智能等技术的应用，干燥设备逐渐向智能化、绿色化方向发展。远程监控、自动控制、优化运行模式等功能成为行业发展的重要趋势。例如，大连高佳化工的循环干燥机通过闭环循环设计，降低了能耗，同时具备湿度检测和在线管理功能。

现代干燥设备配备了先进的智能化控制系统，能够实时监测物料的干燥状态，并自动调节喷雾量、温度、湿度等参数，确保干燥过程的稳定和高效。例如，低温静电喷雾干燥机通过智能化控制，提高了生产效率，减少了人工操作误差。

新型干燥设备在节能减排方面表现出色。例如，低温静电喷雾干燥机通过优化热传递效率，降低了能源消耗。此外，一些设备采用高效的热交换技术和节能材料，进一步减少能源消耗和环境污染。

目前，干燥设备正朝着多功能化和定制化方向发展。根据不同行业和物料特性，企业可以提供个性化的干燥解决方案。例如，化工行业对干燥设备的耐腐蚀性、安全性要求较高，而食品和医药行业则更注重高精度和高效能。随着新能源、生物医药等新兴产业的快速发展，干燥设备的应用领域不断拓展。例如，在锂电池正极材料的制备过程中，干燥设备对能量密度、循环寿命和安全性等性能至关重要。

未来，干燥设备将深度融合物联网、大数据和人工智能技术，实现更精细化的控制和远程操作。

党的二十大提出新发展理念，在绿色环保政策的推动下，干燥设备将更加注重节能减排和可持续发展。为满足大规模工业生产的需求，干燥设备也将朝着大型化、高效化方向发展。

当前，我国化工干燥设备行业在技术创新和市场需求的推动下，正朝着智能化、绿色化、高效化的方向快速发展，未来有望在全球市场中占据更重要的地位。

思考题

9-1　什么是干燥？干燥的方法有哪些？

9-2　如何选择干燥器？

9-3　简述回转式圆筒干燥器的工作过程和适用范围。

9-4　立式转盘干燥机的结构是什么？有什么优点？

9-5　简述振动式干燥机的构造和优点。

9-6　多管式干燥机的特点有哪些？

9-7　喷雾干燥的基本原理是什么？

9-8　喷雾器有几种形式？工作原理各是什么？

9-9　喷雾干燥的特点是什么？

9-10　雾化器的作用是什么？如何选择雾化器？

9-11 什么是沸腾干燥？

9-12 卧式多室式沸腾干燥器的构造及原理是什么？

9-13 简述沸腾-气流二段干燥装置开车操作步骤。

9-14 可能造成气流干燥的螺旋输送机不能启动或自停的原因有哪些？处理方法是什么？

9-15 可能造成气流干燥器底部积料的原因有哪些？处理方法是什么？

9-16 可能造成沸腾干燥器第Ⅳ室温度过高的原因有哪些？处理方法是什么？

9-17 可能造成沸腾干燥器第Ⅳ室温室过低的原因有哪些？处理方法是什么？

9-18 可能造成沸腾干燥器的旋风分离器堵塞的原因有哪些？处理方法是什么？

9-19 可能造沸腾干燥器压差难控制的原因有哪些？处理方法是什么？

9-20 可能造成粗料增多的原因有哪些？处理方法是什么？

9-21 为什么加料后要及时调节沸腾的鼓风机和抽风机的风压？

9-22 干燥系统停车的步骤是什么？

9-23 大批量连续干燥糊状物料可选用什么干燥器？

第十章
化工机泵

第一节 概述

一、化工生产对机泵的基本要求

在化工装置中有各种各样的泵，这些泵作为化工生产中的一个要素，有助于生产过程中物料的流动和化学反应的进行，对提高工厂生产率起着相当重要的作用。

通常把增加液体能量的机器叫作泵。化工泵所输送物料一般有液体、气体、粉状、浆状。由于输送的种类和性质不同，选择的泵的结构和材料也不一样，化工泵常选一些特殊材质和特殊结构的泵来满足化工工艺的需要。化工生产对泵的要求有以下几点。

（1）能适应化工工艺条件　泵在化工生产中，除输送物料并提供工艺要求的必要压力外，还必须保证输送的物料量；在一定的化工单元操作中，要求泵的流量和扬程要稳定，保持泵在高效下可靠运行。

（2）耐腐蚀　化工泵输送的介质，包括原料、反应中间物等多为腐蚀性介质，这就要求泵选择要适用和合理，保证泵的安全稳定、长寿命运转。

（3）耐高温或低温　化工泵输送的高温介质，有流程物料，也有反应过程所需要和所产生的物料。例如冷凝液泵、锅炉给水泵、导热油泵。

化工泵输送的低温介质种类也很多，例如液氨、液氮、甲烷等，泵的低温工作温度大都在$-100\sim-20℃$。不管输送高温或低温物料的化工泵，选材和结构必须适当，必须有足够的强度，设计、制造的泵的零件能承受热的冲击，热膨胀和低温冷变形、冷脆性等的影响。

（4）耐磨损、耐冲刷　由于化工泵输送的物料中含有悬浮固体颗粒，同时泵的叶轮、整体也在高压、高流速下工作，泵的零部件表面保护层被破坏，其寿命较短，所以必须提高化工泵的耐磨性、耐冲刷性。这就要求泵的材料选用耐磨的锰钢、陶瓷、铸铁等，选用耐冲刷的钛材、锰钢等。

（5）无泄漏　化工泵输送的介质多数为易燃、易爆、有毒有害，一旦泄漏严重污染环境，危及人身安全和员工的身心健康，更不符合无泄漏工厂和清洁文明生产的要求，这就必须保证化工泵运行时不泄漏，在泵的密封上采用新技术、新材料，按规程操作，提高检修质量。

二、化工机泵的分类

化工泵的类型繁多，通常按其不同的工作原理可分为以下几类。

（1）容积式泵　容积式泵是利用泵缸体内容积的连续变化输送液体的泵，如往复泵、活塞泵、齿轮泵、螺杆泵。

（2）叶片泵　叶片泵是通过泵轴旋转时带动各种叶轮叶片给液体以离心力或轴向力压送液体到管道或容器的泵，如离心泵、旋涡泵、混流泵、轴流泵等。

（3）液体动力泵　它是依靠各种工作流体的流量、流速抽送液体或压送液体的动力装置。例如喷射泵、空气升液器等。

化工机泵具体分类见图 10-1。

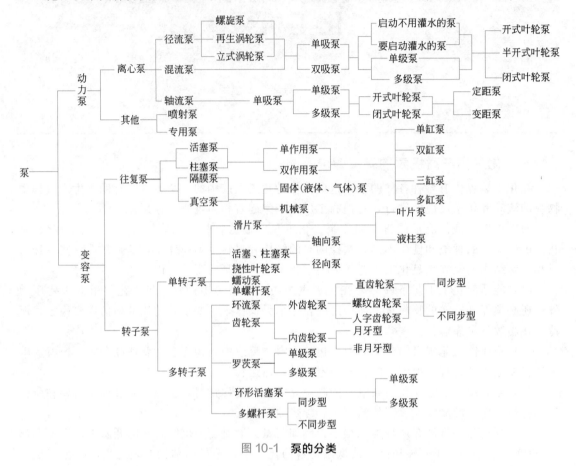

图 10-1　**泵的分类**

本章重点介绍化工生产中常用的离心泵、往复泵、螺杆泵、真空泵、隔膜泵等。

第二节　离心泵

一、离心泵的工作原理

离心泵的工作原理是依靠离心力产生负压吸入物料。其主要工作部件是翼轮（叶片），翼轮上面有一定数目的翼片，在离心泵启动前，打开出入管道阀，泵壳内灌满被输送的液体。启动后，由于翼片流道间的液体跟随旋转产生离心，从翼轮（叶轮）中心甩向外缘，以较高的流速流入蜗壳形泵腔内，并流向排出口而输出；同时，泵内形成一定真空度，液体不断从吸入口进入泵中，连续地将液体输送到各个设备或容器中。离心泵流体输送装置见图 10-2。离心泵的叶轮安装在泵壳 2 内，并紧固在泵轴 3 上，泵轴由电动机直接带动。泵壳中央有液体吸入口 4 与吸入管 5 连接。液体经底阀 6 和吸入管进入泵内。泵壳上的液体排出口 8 与排出管 9 连接。

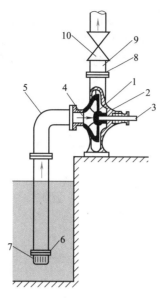

图 10-2　离心泵流体输送装置简图

M10-1　离心泵原理

1—叶轮；2—泵壳；3—泵轴；4—吸入口；

5—吸入管；6—底阀；7—滤网；8—排出口；

9—排出管；10—调节阀

　　当泵壳内存有空气，因空气的密度比液体的密度小得多而产生较小的离心力。从而，储槽液面上方与泵吸入口处之压力差不足以将储槽内液体压入泵内，即离心泵无自吸能力，使离心泵不能输送液体，此种现象称为"气缚"现象。

　　为了使泵内充满液体，通常在吸入管底部安装一带滤网的底阀，该底阀为止逆阀，滤网的作用是防止固体物质进入泵内损坏叶轮或妨碍泵的正常操作。

二、离心泵主要部件的结构与作用

　　离心泵的基本构造是由六部分组成的，分别是：叶轮，泵体，泵轴，轴承，密封环，填料函。主要部件的结构如图 10-3。

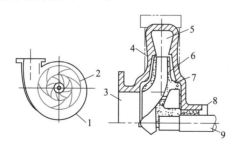

图 10-3　离心泵基本组成

M10-2　离心泵示意

1—泵壳；2—扩压器；3—吸入室；4—排出室；

5—蜗壳；6—叶轮；7—环；8—轴密封；9—转轴

1. 叶轮

　　叶轮是离心泵的核心部分，它转速高、输出力大。叶轮上的叶片在流体输送中起主要作用，叶片的内外表面要求光滑，以减少流体的摩擦损失。叶轮在装配前要通过静平衡试验。

叶轮是抽送液体作用的主体，是离心泵最重要的部件。离心泵由叶轮的离心力作用，给予抽送流体以速度能，并将该速度能的一部分转换为压力能，提高流体的压力和速度，完成泵输送液体的过程。

叶轮的形状按结构可分为闭式叶轮、开式叶轮、诱导轮全开式叶轮、半开式叶轮，见图 10-4。

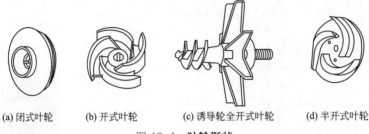

(a) 闭式叶轮　　　(b) 开式叶轮　　　(c) 诱导轮全开式叶轮　　　(d) 半开式叶轮

图 10-4　**叶轮形状**

① 闭式叶轮。叶轮的前面和后面分别由前盖板、后盖板、叶片、轮毂组成，叶轮内形成完全密封的流道。闭式叶轮扬程高、效率高，广泛应用于化工装置中无杂质的流体介质上。

② 诱导轮全开式叶轮。在叶轮前部焊接带有螺旋状的诱导片，叶轮可适用高转速、高扬程、容易汽化的流体。

③ 半开式叶轮。叶轮没有前盖板，只有后盖板和叶片、轮毂，可输送含有固体颗粒的液体。

④ 开式叶轮。只有后盖板而没有前盖板，后盖板尺寸较小，故扬程较低。多用于有磨损介质和泥沙泵。

如上所述，叶轮具有各种形状，叶轮的作用和其中的能量损失与叶片数量和叶片流道的大小、弯曲、扩散、粗糙度、叶片间的相互重叠、叶片厚度、叶片出口角度、叶片两端的形状等诸多因素有关。离心泵叶轮叶片数越多，其泵的口径、流量越大。

若按吸入形式不同，叶轮又可分为单吸式和双吸式。

① 单吸式离心泵。单吸式离心泵见图 10-5。流体只能从一侧吸入，叶轮悬臂支承在转轴上，叶轮受力状态不好，只适用于小流量范围。

② 双吸式离心泵。双吸式离心泵见图 10-6。和单吸式离心泵相比，在流量和总扬程相同的情况下，双吸叶轮的吸入性能较好。双吸式叶轮流体由双面吸入叶轮，改善了汽蚀性，同时泵转子受力状态也好。

另外，还有按级数分的，有单级泵、多级泵；还有按泵轴方向分的，有卧式泵、立式泵；还有按速度能的转换方式分的，有蜗壳泵、透平泵。但不管哪种分类的方式，其结构和工作原理是一样的。

2. 泵体

也称泵壳，它是水泵的主体，起到支承固定作用，并与安装轴承的托架相连接。泵壳是泵结构的中心，其形式有水平剖分式、垂直剖分式、倾斜剖分式、筒体式等。

若按泵壳的支承形式可分为标准支承式、中心支承式、悬臂式、管道式、悬挂式等。

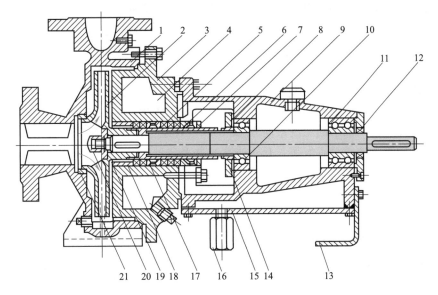

图 10-5 单吸式离心泵

1—泵体；2—叶轮；3—泵盖；4—泵轴；5—填料；6—轴套；7—填料压盖；8—轴承压盖；9—轴承箱；
10—径向轴承；11—止推轴承；12—油封；13—轴承箱托架；14—V形环；15—托架底板；16—底板丝堵；
17—水封环；18—填料套；19—叶轮螺母防松挡片；20—叶轮螺母；21—耐磨环

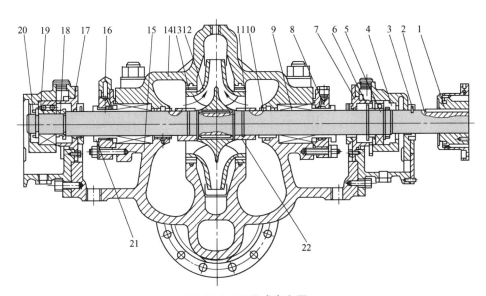

图 10-6 双吸式离心泵

1—联轴器；2—泵轴；3—偏导器盘；4—轴承箱；5—单列轴承；6—油环套筒；
7—轴承箱端盖；8—机械密封压盖；9—机械密封；10—减压套；11—壳体口环；
12—叶轮；13—叶轮口环；14—上壳体；15—下壳体；16—机械密封接管；
17—轴承箱端盖；18—带油环；19—止推轴承；20—轴承锁紧螺母；
21—机械密封轴套；22—轴套螺母

3. 泵轴

泵轴的作用是借联轴器和电动机相连接，将电动机的转矩传给叶轮，所以它是传递机械能的主要部件。

4. 轴承

轴承是套在泵轴上支承泵轴的构件，有滚动轴承和滑动轴承两种。滚动轴承使用润滑脂，加油要适当，一般为体积的 2/3～3/4，太多会发热，太少又有响声并发热。滑动轴承使用透明油作润滑剂，加油到油位线。油太多会沿泵轴渗出，油太少轴承又要过热烧坏造成事故。在泵运行过程中轴承的温度最高在 85℃，一般运行在 60℃ 左右，如果高了就要查找原因（是否有杂质，油质是否发黑，是否进水）并及时处理。

5. 密封环

密封环又称减漏环。叶轮进口与泵壳间的间隙过大会造成泵内高压区的流体经此间隙流向低压区，影响泵的流量，效率降低；间隙过小会造成叶轮与泵壳摩擦产生磨损。为了增加回流阻力减少内漏，延缓叶轮和泵壳的使用寿命，在泵壳内缘和叶轮外缘结合处装有密封环，密封环间隙保持在 0.25～1.10mm 为宜。

6. 填料函

填料函主要由填料、水封环、填料筒、填料压盖、水封管组成。填料函的作用主要是为了封闭泵壳与泵轴之间的空隙，不让泵内的水流到外面来，也不让外面的空气进入到泵内，始终保持水泵内的真空。当泵轴与填料摩擦产生热量就要靠水封管注水到水封圈内使填料冷却，保持水泵的正常运行。所以在水泵的运行巡回检查过程中，对填料函的检查要特别注意，在运行 600h 左右就要对填料进行更换。

三、离心泵的特性

在化工装置中使用的各种泵，是把所需要的一定量的液体打到工艺所要求的高度，或送

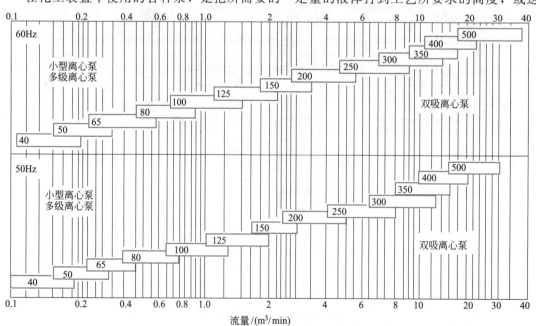

图 10-7　泵吸入口径与流量的关系

入有一定压力的容器。这种在单位时间内输送的液体量即为泵的流量，其单位通常用 L/s 或 m^3/h 表示，所要求的高度或所要求的压力，即相当于泵的扬程。实际扬程加上输送液体的管路内各种压头损失，即为泵的总扬程，通常用液柱高度（m）来表示。

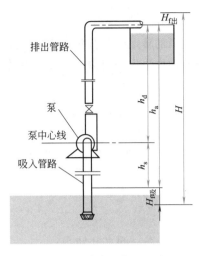

图 10-8　**离心泵扬程示意**

1. 流量和泵口径

泵的流量是由装置所需要的流量来确定的。一般是根据流量选择泵的口径和确定泵的数量。泵的吸入口径与流量的关系见图 10-7。

2. 总扬程

泵的作用是从吸入液面吸入液体，将其输送排出液面。此排出液面与吸入液面的压力差加上两个液面的垂直距离叫作泵的实际扬程，用 h_a 表示，为了向具有这一实际扬程的位置抽送液体，泵所产生的扬程叫总扬程，用 H 表示（图 10-8）。

泵的总扬程，除实际扬程外还要加上速度头 h_v、管路和管件摩擦损失 h_f，可用下式表示

$$H = h_a + h_v + h_f \tag{10-1}$$
$$h_a = [(p_d - p_s)/\rho g] + (h_d + h_s)$$
$$h_v = v_d^2/2g$$

式中　H——总扬程；

h_a——实际扬程；

p_d——作用于排出液面的静压力（表压），MPa；

p_s——作用于吸入液面的静压力（表压），MPa；

h_d——从泵中心到排出液垂直距离，m；

h_s——从泵中心到吸入液面的垂直距离，m；

h_v——排出管末端的残余速度头，m；

h_f——管路的摩擦损失头，m；

v_d——流体出口流速。

若对已安装泵的实际总扬程进行考核，现场工程师可根据下列公式计算：

$$H = (p_\text{泵} + p_\text{真})/\rho g + (v_2^2 - v_1^2)/2g + h \tag{10-2}$$

式中　H——泵的实际考核总扬程，m；

$p_\text{泵}$——泵出口压力，MPa；

$p_\text{真}$——泵吸入口的真空度，MPa；

v_2——泵出口流速，m/s；

v_1——泵入口流速，m/s；

h——泵出入口位差，m；

ρ——液体密度，kg/cm^3；

g——重力加速度，m/s^2。

3. 泵的转速和比转数

泵的转速即每分钟运转的次数，单位为 r/min。在转速一定的情况下，泵的流量、扬程、功率也为一定值；反之，也随之变化。当用电动机驱动泵时则同步转速用下式表示

$$n = 120f/p \tag{10-3}$$

式中　p——电动机极数；

　　　f——频率，Hz；

　　　n——同步转速，r/min。

对同步转速若考虑 2‰~5‰ 的转差率，则可选定泵的实际转速 n'，根据最高效率点的流量和总扬程，泵的比转数为

$$n_{\rm s} = n'\sqrt{Q}/H^{\frac{3}{4}} \tag{10-4}$$

式中　$n_{\rm s}$——泵的比转数；

　　　n'——泵的实际转速，r/min；

　　　Q——泵的流量，$\rm m^3/min$；

　　　H——泵的总扬程，m。

对于双吸泵为

$$n_{\rm s} = n'\frac{\sqrt{Q}}{2}H^{\frac{3}{4}} \tag{10-5}$$

对于多级泵则为

$$n_{\rm s} = 3.65\frac{n\sqrt{Q}}{\dfrac{H^{\frac{3}{4}}}{Z}} \tag{10-6}$$

式中　Z——泵的级数。

比转数的意义是在相似条件下，改变一个叶轮的大小使之在单位总扬程下获得流量时的每分钟的转数。它表示叶轮的相似性。也就是说，形状相似的叶轮，不论大小，比转数值是一定的。随着比转数的不同叶轮形状有所差别，如图 10-9 所示。

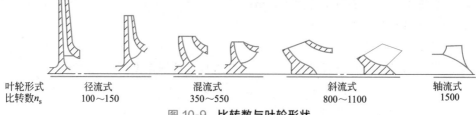

| 叶轮形式
比转数$n_{\rm s}$ | 径流式
100~150 | 混流式
350~550 | 斜流式
800~1100 | 轴流式
1500 |

图 10-9　**比转数与叶轮形状**

比转数在泵设计中具有重要意义。比转数越大，则泵的流量大，扬程低；比转数小，流量也小而扬程高。当泵的出口管径相同时，如果两台泵流量相似，则比转数小的扬程小，轴功率的消耗也大。一般来说，比转数小的离心泵，叶轮出口宽度窄，外径大，叶片所形成的流道窄而长。如果比转数比较大，叶轮出口宽，外径小，则流道短而宽。

4. 泵的特性曲线

离心泵的流量 Q、扬程 H、功率 P 和效率 η 为泵的基本性能参数，它们之间存在一定的关系，将这些关系整理后用曲线表示出来，即为泵的特性曲线。假定泵的最高效率点的值

为 100%，用相对该值的流量比、扬程比、功率比的形式表示泵的特性曲线，如图 10-10 所示。

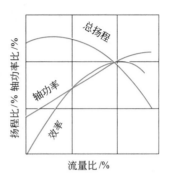

图 10-10　**离心泵的特性曲线**

（1）Q-H 曲线　离心泵的流量和扬程之间的关系曲线。如果流量不大时，扬程近似直线，流量增加到一定值时，扬程开始降低。扬程降低的快慢与该泵的比转数有关，比转数小的则下降慢些，比转数大的则下降快些。

（2）Q-P 曲线　离心泵的流量和功率之间的关系曲线。流量和功率为正比例关系，即当流量增加时功率增加。增加的快慢与比转数有关。比转数越小，流量增加后功率增加越快；比转数越大，流量增加后功率增加越慢。

（3）Q-η 线　离心泵的流量和效率之间的关系曲线。当泵的流量为"0"时，效率也为"0"，随着流量的增加，效率值也增加，但增加到一定值后又开始下降了。开始下降的最高点叫最高效率区。高效区与比转数有关，比转数小的，高效区宽些，泵的使用范围也大；比转数大的，高效区窄，泵的使用范围也小些。

综上所述，根据泵的特性曲线，可确定该泵的工作点，由工作点查出泵的流量和扬程，同时还可确定选择启动泵的操作方式，可见特性曲线是相当重要的。

5. 离心泵的汽蚀

离心泵的叶轮在高速旋转时产生很大的离心力，液体在离心力的作用下，流体动力使泵的入口处产生低于大气压的真空度，这种运动液体的压力降低到在该温度下的液体汽化压力时，液体就开始汽化形成气泡。还有，当压力降低时，溶解在液体中的气体常在汽化之前释放出，形成气泡。这样，在运动的液体中形成的气泡随液体一起流动。当气泡达到静压超过饱和蒸汽压区域时，气泡中的气体又突然凝结而使气泡破灭，当气泡破灭后，周围的液体以高速向气泡中心运动，这就形成了高频的水锤作用，打击叶轮表面，并产生噪声和振动，这种气泡的产生和破灭过程反复进行就对这一区域的叶轮表面产生破坏作用，使泵流量减少，扬程下降，效率降低等，这种现象叫汽蚀现象。汽蚀现象发生时，泵体振动，发出噪声，严重时甚至吸不上液体，必须加以避免。从上面的分析可知，泵的安装高度 H_g 不能太高，以保证叶轮中各处压强高于被输送液体的饱和蒸汽压 p_v。

离心泵中最易发生汽蚀的部位有：①叶轮曲率最大的前盖板处，靠近叶片进口边缘的低压侧；②压出室中蜗壳隔舌和导叶的靠近进口边缘低压侧；③无前盖板的高比转数叶轮的叶梢外缘与壳体之间密封间隙以及叶梢的低压侧；④多级泵中第一级叶轮。

M10-3
离心泵的汽蚀

为避免泵的汽蚀现象，应选择抗腐蚀材料，或者在叶轮上涂环氧树脂、刷防腐油漆等防腐蚀材料，同时在设计和安装泵时，要考虑吸入真空度、吸入高度及液体的流动速度等因素。

6. 离心泵特性的改变

在化工厂中由于投产后工艺参数随着生产的发展有不少的改变，或者说，原设计条件选用的泵必须改变其特性方可适用于实际生产。

（1）改变泵转速后其他性能变化　离心泵改变转速后，其扬程、流量、轴功率也发生相应的变化，在实际运行中可应用离心泵的比例定律使其改变泵的特性。泵的比例定律用下式表示

$$\left.\begin{array}{l}Q_1/Q_2 = n_1/n_2 \\ H_1/H_2 = n_1/n_2 \\ P_1/P_2 = n_1/n_2\end{array}\right\} \tag{10-7}$$

式中 n_1，H_1，Q_1，P_1——泵原来的转速、扬程、流量、功率；

n_2，H_2，Q_2，P_2——泵改变后的转速、扬程、流量、功率。

（2）切割泵叶轮尺寸后其他性能变化 离心泵的叶轮直径如果因出口压力高而需减少时，其扬程、流量、轴功率也发生相应的变化。可用离心泵的切割定律来实现，切割定律可用下式表示

$$\left.\begin{array}{l}Q_1/Q_2 = D_1/D_2 \\ H_1/H_2 = D_1/D_2 \\ P_1/P_2 = D_1/D_2\end{array}\right\} \tag{10-8}$$

式中 D_1，Q_1，H_1，P_1——泵原来的叶轮直径、流量、扬程、功率；

D_2，Q_2，H_2，P_2——泵叶轮直径切割后的叶轮直径、流量、扬程、轴功率。

泵叶轮直径切割较大时，效率也有明显下降。一般的叶轮切割量可参考表 10-1。

表 10-1　泵叶轮切割量比较

比特数	60	120	200	300	350
允许切割量/%	20	15	11	9	7
下降值	每切削 10%，下降 1%			每切削 4%，下降 1%	

7. 离心泵轴向力的平衡

不管是单蜗壳体还是双吸泵、多级泵在实际运行中均出现过振动，经频谱分析大多为轴向力或径向力不平衡所致，造成轴向力、径向力不平衡的原因是多种多样的，有的是轴强度不够，有的是键槽开得不规范，有的是叶轮两侧盖板变形等。

（1）单级泵轴向力的平衡方法 单级泵如果是用在易汽化且有腐蚀性介质的液体中，可制作成双吸泵。或者在叶轮上开平衡孔，或用平衡管与吸入口低压区连通。

（2）多级泵轴向力的平衡方法 在化工厂多级泵用来输送高压力的液体，如锅炉给水、碱液等，对于轴向力在设计和制造时，一般做成偶数叶轮，并作对称布置。

如果根据制造工艺的要求，叶轮均按一个方向排列时，当计算出轴向力很大时，则必须从结构上解决。增加平衡盘或者平衡鼓，或者二者结合起来，如图 10-11 所示。

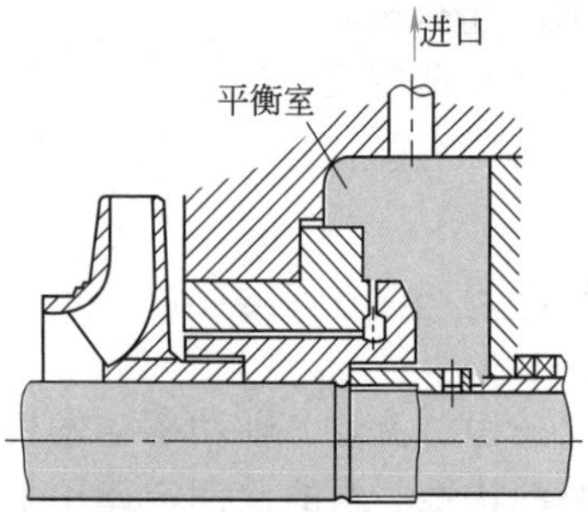

8. 离心泵径向力的平衡

图 10-11　安装平衡盘、平衡鼓的泵

如上所述，径向力也是造成泵振动的重要原因。消除径向力的影响，必须在泵运行中测定和计算径向力的分布状况。一般对单蜗壳泵来讲，如果轴、叶轮、轴承设计合理，选材适当，又严格按工况运转，是不会因径向力造成不平衡的。但如果偏离了工况，在整个叶轮外圆上压力分布呈不对称状态，迫使叶轮受到径向力的作用，径向力大时，会造成轴弯曲。当弯曲挠度超过旋转密封件与固定件之间的间隙时，就会产生摩擦，产生剧

烈的振动。泵轴在交变应力作用下很快发生疲劳破坏。

减少径向力的办法是选用或设计成双蜗壳形式的。它可基本平衡径向力，但成本较高，流道制造比较复杂，一般可采用导叶或同心圆泵体。

四、离心泵的密封

1. 填料密封

对于小流量、低扬程的离心泵，用于轴封密封的是密封填料。

编织填料安装在填料函内，填料与轴、填料与填料盒内壁接触面之间有一个环形微小间隙。这个间隙的大小，是关系到介质泄漏量的主要因素。填料在填料盒内由于压紧力的作用而变形，从而填充了环形间隙，阻止了介质的泄漏，在预紧压力传递下，由于超过阻力所致，使每道填料环受大小不等而方向相同的径向力，如图 10-12 所示，这样径向力大于介质压力时，可以阻止介质泄漏产生。

如用编织填料时，介质的泄漏可能有以下情况。①填料本身被介质穿透造成泄漏。这就需要选用不能穿透的金属圈和聚四氟乙烯等填料和编织填料混装的办法，防止穿透泄漏。②填料与轴、填料与填料函的接触面之间的间隙，可用填料压盖的预紧力大小来控制，使间隙小到能阻止流体介质通过的程度，就可以防止泄漏。但此预紧力是不好把握的，需要有一定的经验方能处理好，否则，预紧过大，摩擦力也急剧增加，填料磨损加快，温度升高，填料中的浸渍剂会加快磨损，填料体积随之减少，径向密封力下降，很容易造成泄漏。反之，预紧力小于介质压力时，又起不到密封作用。所以了解了填料密封的机理后，方可按实际情形精心实施。

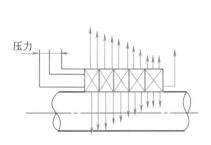

图 10-12　**填料密封径向力分布**

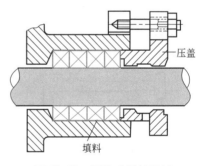

图 10-13　**压盖式填料密封**

（1）填料密封的结构形式

① 压盖式填料密封　压盖式填料密封如图 10-13 所示，是使用较普遍的填料密封，多用于泵内压力不高或内部几乎不产生负压、无空气吸入的一般水泵。

② 带液封环的填料密封　带液封环的填料密封如图 10-14 所示，是在填料箱中间设置液封环，其两侧装入相同的填料。

放置液封环的目的是当泵的内部产生负压，有从压盖处吸入空气的可能时，如用压力液体从液封环注入，即可防止吸入空气。

③ 双重压盖式填料密封　双重压盖式填料密封如图 10-15 所示，是从填料中间的液封环将内部的高压液体分出来。再返回泵的吸入口或其他低压部分，这样可减轻填料所承受的压力，同时从设在压盖上的另一个液封注入压力液，保持填料受力的平衡。这种形式的填料密封可用于抽送高压、腐蚀性和有毒害的介质，通过双重填料密封，可以防止流体外漏。

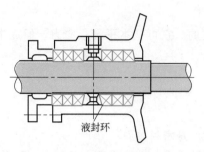

图 10-14 **带液封环的填料密封**

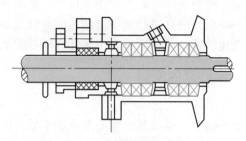

图 10-15 **双重压盖式填料密封**

④ 带节流环的填料密封 带节流环的填料密封如图 10-16 所示。为了不使带压力流体直接作用于填料，而造成填料磨损失效，故在轴封内设置一节流环，该节流环和轴封制造为一体，外部注入干净的液体使其保护填料不致让带杂质流体浸入填料内。

⑤ 带水套的填料密封 带水套的填料密封如图 10-17 所示，这种形式的密封适用于抽送高温介质的液体，为了防止填料因受热而失效，在轴封部分填料的外部设置冷却室，其内通入冷却水使填料冷却。也有采用图 10-18 所示形式的，先使溶液本身冷却，可达到轴套内表面冷却与水套冷却的目的。

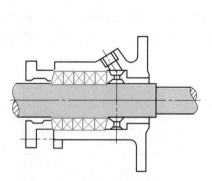

图 10-16 **带节流环的填料密封**

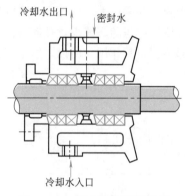

图 10-17 **带水套的填料密封**

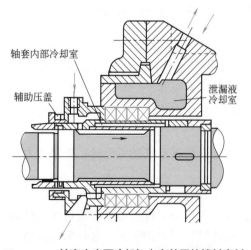

图 10-18 **轴套内表面冷却与水套并用的填料密封**

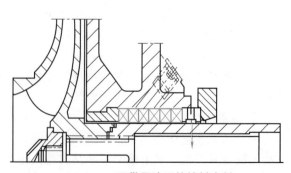

图 10-19 **不带甩油环的填料密封**

还有采用不带甩油环的填料密封，但在填料制作和安装时充分考虑了填料本身的润滑性。结构如图 10-19 所示。

由于适用于各种介质的填料材料的开发和应用，轴封的填料密封结构也在不断进行设计更新，应用的范围也更加广泛，填料的制造也由传统的条状改成更可靠的模压形式，这就方便了安装和维修，大大提高了使用寿命。

（2）填料密封的安装与修理

① 填料密封的检查与测量　填料密封的主要零部件有填料函外壳、填料、液封环、填料压盖、底衬套等，结构如图 10-13 所示。检查和测量填料密封时，应着重于以下几个方面工作。

a. 泵壳与轴套之间的径向间隙。首先用游标卡尺量取中心孔的内径，再量取轴套的外径，然后用下式计算出来。

$$a = \frac{D_1 - D_2}{2} \tag{10-9}$$

式中　a——泵壳与轴套之间的径向间隙，mm；

D_1——泵壳中心孔的内径，mm；

D_2——轴套外径，mm。

径向间隙的数值越小越好，但两零件之间不能出现摩擦现象。径向间隙过大时，填料将会由这里被挤入泵壳内，出现所谓"吃填料"的现象。这样，将会直接影响离心泵的密封效果。一般情况下，泵壳与轴套之间的径向间隙为 0.3～0.5mm。

b. 填料压盖外圆与填料函内圆的径向间隙。离心泵的填料函对于填料压盖的推进，起着导向的作用。所以，这个地方的径向间隙不能太大。如果径向间隙太大，填料压盖容易被压扁，将导致压盖内孔与轴套外圆的摩擦和磨损。此处的径向间隙数值可以用游标卡尺来量取，然后再计算出来（计算方法与泵轴和轴套之间的径向间隙计算方法相同）。

c. 填料压盖内圆与轴套外圆之间的径向间隙。离心泵填料压盖内圆与轴套外圆之间的径向间隙不宜太小。如果径向间隙数值太小，填料压盖内圆与轴套外圆将会发生摩擦，同时产生摩擦热，使填料焦化而失效，造成填料压盖与轴套受到磨损。一般情况下，填料压盖内圆与轴套外圆之间的径向间隙为 0.4～0.5mm。

② 填料压盖的修理　填料压盖外圆与填料函内圆之间的径向间隙为 0.1～0.2mm，这是在修理工作中应该严格保证的。如果两者之间的径向间隙过小，可将压盖卡在车床上进行车削，或者用锉刀对压盖的外圆进行曲面锉削，直至加工到需要的尺寸为止。如果两者之间的径向间隙太大，则应更换新的填料压盖。

填料压盖内圆与轴套外圆之间的径向间隙为 0.4～0.5mm。为了防止压盖与轴套之间发生摩擦，这一径向值应该保证。如果间隙值过小，可以用车削的方法，在车床上将填料压盖的内孔车大一些，以保证两零件之间应有的间隙。

2. 机械密封

机械密封是用来防止旋转轴与机体之间流体泄漏的密封，是由一对垂直于旋转轴线的端面在弹性补偿机构和辅助密封的配合下相互贴合并相对旋转而构成的密封装置。由于密封面是端面，故也叫端面密封。

（1）机械密封的工作原理　在各种机械旋转轴的密封类型中，尽管结构形式不相同，但其工作原理是一样的。机械密封是一种旋转轴用的接触式动密封，它是在流体介质和弹性元件的作用下，两个垂直于轴心线的密封端面紧贴着相对旋转，从而达到密封的要求。图 10-20 所示是简单的机械密封。旋转轴和装在轴上的动环一起旋转，静环安装在壳体上。轴旋转时，动、静环形成了摩擦副，动、静环之间的间隙决定了工作为某一压力的流体介质的泄漏量。在机械密封的总体装置中，其密封面也就是容易造成流体介质泄漏的面有四处。

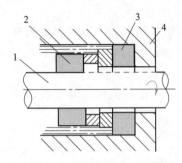

图 10-20 机械密封的工作原理

1—旋转轴；2—动环；3—静环；4—壳体

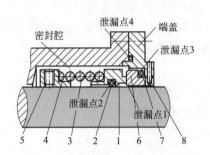

图 10-21 机械密封基本结构（旋转式）

1—补偿环；2—补偿环辅助密封圈；3—弹簧；4—弹簧座；
5—紧固螺母；6—非补偿环；7—非补偿环辅助密封圈；8—销钉

① 主密封面。如上述的动环和静环形成摩擦副的面，密封流体介质的压力和弹性元件（弹簧、波纹管）的弹力对这一密封面产生一压紧力，使之紧密贴合在一起。在摩擦副两端面之间存在一层很薄的润滑膜，离心泵使用的机械密封，润滑膜处于全液体湿润摩擦状态，端面之间流体润滑膜的压力在不同程度上平衡了端面的预紧力。一般机械密封的端面是镜面光洁度，使比压均匀，贴合紧密，达到无泄漏的目的。

② 静环与压盖之间的密封面。这种密封面属静密封面，通常按流体的特性选用相应的 O 形圈进行辅助密封，防止流体从静环与压盖之间泄漏。

③ 动环与轴或轴套之间的密封，这也是静密封面。对于动环为补偿环的旋转式密封来讲，在端面跳动不同步及磨损时，该辅助密封可做较小的轴向移动，一般用弹簧和波纹管来作为辅助密封元件。

④ 压盖与壳体之间的密封，这也是静密封。通常用 O 形环进行密封，但在安装时，要保证端盖和装静环的端面对轴线的垂直度。

（2）机械密封的结构　机械密封的基本结构如图 10-21 所示。主要由 5 部分组成。

① 补偿环与非补偿环。补偿环是具有轴向补偿功能的密封环，通称静环。一般不随轴转动，通过弹性体进行补偿。非补偿环是不具有轴向补偿能力的密封环，一般通称动环。两者端面贴合在一起形成密封，起主要密封作用。静环用低硬度材料，倒如浸金属石墨、聚四氟乙烯等，端面较窄；动环用高硬度材料，例如碳化钨、钴铬钨等，端面较宽。

② 弹性元件与弹簧座。弹性元件是指弹簧或波纹管或具有弹性的密封元件，它构成了加载、补偿、缓冲作用的装置，从而能保证机械密封在安装后端面贴合，磨损时及时补偿振动或窜动时缓冲的功用。弹性元件产生的弹力大小必须能够克服补偿环辅助密封圈在轴或轴套上滑动时的摩擦阻力；过大的弹性力（预紧力）会使端面磨损加快，严重影响机械密封的性能。弹性元件可以是单拉弹簧圆锥形螺旋弹簧，也可以是腔室内放置多个周向布置的圆柱螺旋弹簧，还可以是成对的波形弹簧或有伸缩性的波纹管。放置弹簧的腔体可以做成多种形式，但弹簧必须固定放置在弹簧座内，而且轴向方向和径向方向不允许有振

动和窜动。

③ 弹性元件中还有辅助的密封圈。其中补偿环辅助密封圈可制作成 O 形、V 形、凹形的截面，常用来密封补偿环与轴、轴套之间的泄漏面，弹性元件中的辅助密封圈，也有非补偿环辅助密封圈，它在轴旋转时，用以密封非补偿环与端盖之间的泄漏，可以制作成 O 形、V 形、凹形、口形的截面。

④ 传动机构。该部件用凸轮、凹坑、柱销、拨叉等方式来传动转矩，它多设置在弹簧座和补偿环上。

⑤ 防转机构。一般制作成销钉和防转块，可克服旋转时密封装配松动而强制性的转矩作用。

（3）离心泵机械密封的选用　离心泵广泛用于化学工业中，化学工业涉及的流体介质大多是高温、高压和有腐蚀性的，根据工厂变化的工艺条件，选择使用比较适合的机械密封是现场机械工程师的职责。选择的准则有以下几项。

① 主密封环元件的材料应随压力、转速、化学性质、温度、压差而确定。常用材质及使用条件见表 10-2。

表 10-2　动、静环常用材质选用

动静环材质 液体性质	动环（高硬度环）					静环（低硬度环）				
	青铜	不锈钢	堆焊钴铬钨	碳化钨	陶瓷	浸金属石墨	浸酚醛石墨	浸呋喃石墨	浸环氧石墨	填充聚四氟乙烯
无腐蚀性介质	√		√	√		√	√		√	
一般腐蚀性介质		√	√	√			√	√	√	
较强腐蚀性介质，如：硫酸、盐酸				√	√			√	√	√
氧化性酸，如硝酸、发烟硫酸					√					√
有机溶剂，如尿素酮、醇、醚			√	√			√		√	√
酸、碱腐蚀性带磨粒介质	动环，碳化钨 静环，碳化钨					若一只环用湿法研磨，另一只环用干法研磨，也可获得一定的减摩性能				

② 适合的操作温度：

a. 动、静环在操作温度下结构稳定性；

b. 密封元件耐热冲击性；

c. 密封面润滑膜的特性；

d. 速度、压力下的适用性。

③ 能避免密封面周围产生过热。

④ 防止工艺液体可能发生的闪蒸、润滑和汽化。

（4）机械密封的检查、测量、安装与修理

① 机械密封的检查和测量

a. 动环和静环贴合面的检查。机械密封中动环和静环的贴合面，是轴向密封的密封面。离心泵在运转一段时间后，应检查贴合面的磨损情况，检查时可用 $90°$ 角尺测量贴合面对中心线的垂直度偏差。另外，对于每个贴合面应检查有没有不平滑的划痕，有没有裂纹、凹陷等现象。

b. 轴套的检查。离心泵运转一段时间后，轴套的表面会因腐蚀或磨损而产生深浅不同的沟痕，加大了轴套原有的表面粗糙度偏差，因而，应对轴套进行检查，以便及时消除这些缺陷。

c. 弹簧的检查。机械密封中，借助于弹簧的弹性使动环和静环产生贴紧力而实现密封。弹簧的弹性会因介质的腐蚀而减小，也会因弹簧的断裂而丧失弹性，这些都直接影响机械密封的密封性能。因此，主要检查弹簧是否断裂、腐蚀或弹力减小。

② 机械密封的安装与修理

a. 动环和静环的修理。动环和静环是机械密封的关键零件。如果两者的摩擦面磨损严重或出现裂纹等缺陷时，应更换新的零件。如果摩擦面上出现较浅的划痕，而呈现不平滑的表面时，应将零件放在磨床上进行磨削，然后在平板上进行研磨和抛光。研磨时，应先进行粗磨，而后再细磨。经过修复后的动环和静环，接触面表面粗糙度为 $0.2 \sim 0.4 \mu m$，接触面的平面度偏差不大于 $1 \mu m$，接触面对中心线的垂直偏差不大于 $0.04 mm$。

动环和静环的接触面，经过研磨后，其研磨质量可用下面简单的方法来检验：使动环和静环的接触面贴合在一起，两者之间只能产生相对滑动，而不能用手掰开，这就表明研磨是合格的。否则，应该继续进行研磨。

b. 轴套的修理。机械密封的轴套经过磨损后，外圆表面上呈现的沟痕，应该在磨床上进行磨光，应使其表面粗糙度 $R_a \leqslant 1.6 \mu m$。如果磨光后，轴套的外径太小，造成轴套与弹簧座、动环和静环之间的配合间隙太大时，应该更换新的轴套。

c. 弹簧的更换。弹簧的损坏多半是因为腐蚀或磨损，而失去了原有的弹性。对于失去弹性的弹簧，应更换新的备品配件。

机械密封的弹簧，在没有备件的情况下，也可以自制。即用一定直径的弹簧钢丝，在车床上进行绕制，绕制好的弹簧的两端面应予以磨平，以便受力均匀，弹簧绕制时的旋转方向，也应与原来弹簧的旋转方向相同。

另外，还有液体介质对密封元件的腐蚀、应力集中、质量、软硬材料配合、冲蚀、辅助密封 O 形环、V 形环、凹形环与液体介质不相容、变形等都会造成机械密封表面损坏失效。

所以对其损坏形式要具体情况具体分析，不能一坏就修，一修就换。一定要综合分析，找出根本原因，保证机械密封长时间运行。

第三节　其他形式化工泵

一、往复泵

化工用泵中往复泵的种类较多，使用和维修都比较简单，其类型主要决定于液力端形式、驱动及传动方式、缸数及液缸布置。常使用的有单缸活塞泵、单缸柱塞泵、多缸活塞泵、多缸柱塞泵、隔膜泵，其工作原理如图 10-22 所示。

往复泵的特性特别是理想工作过程的特性适用于小流量高扬程的工作条件。活塞往复一次完成一工作循环，吸入时工作腔完全被液体充满并无任何损失，所以往复泵的主要性能有以下几点。

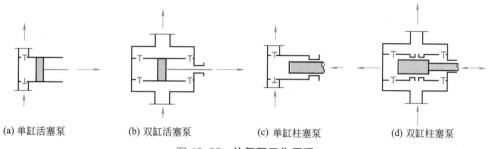

| (a) 单缸活塞泵 | (b) 双缸活塞泵 | (c) 单缸柱塞泵 | (d) 双缸柱塞泵 |

图 10-22　往复泵工作原理

M10-4　**往复泵工作原理**　　　M10-5　**双动往复泵**　　　M10-6　**蒸汽喷射泵**

（1）流量　如上所述，往复泵的理论流量决定于活塞往复一次的全部体积，对于一定形式的往复泵，理论流量是恒定的，实际运行过程中，由于填料泄漏、阀门开启、关闭滞后，实际流量比理论流量小些，选择泵时，一定要注意。

（2）扬程　往复泵的扬程与泵本身动力、强度和填料密封有关，只要允许，可达到外界需要的扬程。扬程与流量无关，只是轴功率随扬程增高而增大。

（3）吸入高度　吸入高度大，不易产生抽空现象。

（4）功率和效率　往复泵的功率和效率的计算与离心泵相同。往复泵效率较高，在不同的扬程和流量下工作，仍有较高的效率。

二、喷射泵

喷射泵为化工厂常用的流体动力泵，泵内没有运动零部件，结构简单，见图 10-23。喷射泵工作可靠，制作、安装和维护都很方便，密封性好，可兼作混合反应设备。各种带压汽、气、液体都可直接作为工作流体动力。

喷射泵主要由喷嘴、喉管入口、喉管、扩散室、混合室等组成。当具有一定压力的工作液体通过喷嘴以一定的速度喷出时，将吸入管的空气带走，管内形成了真空，低压

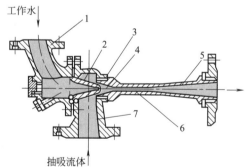

图 10-23　**水力喷射泵**
1—工作水入口管；2—喷嘴；3—调整垫片；
4—混合室喉管；5—扩压管；6—混合室；7—吸入管

流体即被吸入。两股流体在喉管内混合并进行能量交换，工作流体的速度减少，被吸流体的速度增加，在喉管出口，两流体动能趋近一样，压力也在逐渐增加，混合流体通过扩散管后，大部分动能转换为压力能，压力进一步有了提高，最后排出。

近期研制出的多股喷射、多级喷射泵，应用到化肥装置中的脱碳系统较多，克服了喷射泵效率低的缺点。

三、螺杆泵

螺杆泵是依靠螺杆相互啮合空间的容积变化来输送液体的。螺杆泵是一种容积式泵。当螺杆转动时吸入腔一端的密封线连续地向排出腔一端作轴向移动，使吸入腔容积增大、压力降低，液体在压差作用下沿吸入管进入吸入腔。随着螺杆的转动，密封腔内的液体连续而均匀地沿轴向移动到排出腔，由于排出腔一端的容积逐渐缩小，即把液体排出。

螺杆泵的特性是流量和压力脉动较小，噪声不大，使用寿命长，有自吸能力，结构简单紧凑。根据工艺需要可设计成单、双螺杆（图 10-24），三螺杆、五螺杆。

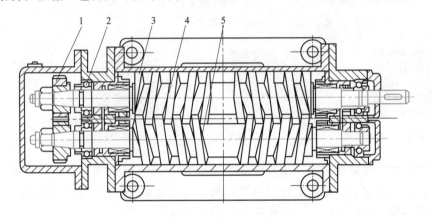

图 10-24　双螺杆泵结构　　　　　　　　M10-7　螺杆泵

1—同步齿轮；2—滚动轴承；3—泵件；4—主动螺杆；5—从动螺杆

由于螺杆泵是一种容积泵，它的压力决定于与它连接的管道系统的总阻力。一般来说，为防止管道阻力增大，必须在泵的出口设置安全阀，在泵的入口设置过滤器，以保证泵的安全。

近期还研制出了奈莫泵，其工作原理和螺杆泵一样。但内部结构改变了很多，如图 10-25 所示，其特点是定子与转子接触形成的螺旋密封线，将吸入腔与排出腔（压力腔）完全分开，使泵具有阀门的隔断作用。同时可实现液体、气体、固体的多相混输。可广泛应用于输送高黏度的油品、有腐蚀性的介质流体，或含有纤维和固体颗粒的液体。

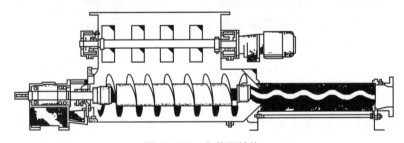

图 10-25　奈莫泵结构

四、齿轮泵

齿轮泵是依靠齿轮在相互啮合过程中所引起的工作空间容积变化来输送液体的，工作空间由泵体、侧盖和齿轮的各齿间槽构成，啮合部分的齿如图 10-26 所示，它们把空间分隔为吸入腔和排出腔。当一对齿轮按一定的方向转动时，位于吸入腔的齿逐渐退出啮合，使吸入腔的容积逐渐增大，压力降低，液体沿吸入管进入吸入腔，直至充满齿间。随着齿轮的转动，液体被带到排出腔强行送到泵的出口进入管道。

齿轮泵结构简单、维修方便，广泛用于输送含小颗粒的各种液体，化工厂常用作润滑油泵、燃油泵和液压传动装置中的液压泵。

五、旋涡泵

旋涡泵是常用的化工泵。主要工作部分是叶轮和流道。

电动机带动叶轮旋转时，由于叶轮中运动的液体离心力大于流道中运动的液体离心力，两者之间产生一个方向垂直于轴面并通向流道纵长方向的环旋转运动，此时，液体流速减慢，当又一次流入叶轮即又获得了次能量，液体从吸入到排出的全过程可以多次地进入叶轮和从叶轮中流出。当从叶轮流至流道时，即与流道中运动的液体混合进行动能交换，一部分动能转换为静压能。液体再度受离心力的作用，转换为静压再度增高，液体即被输送到管道中。

旋涡泵主要靠纵向旋涡的作用传递能量，当流量减少时，泵流道内液体的运动速度减小，纵向旋涡的作用增强，液体流经叶轮的次数增多，使泵的扬程增高；当流量增大时，情况相反，所以特性曲线呈陡降形。

旋涡泵结构简单，如图 10-27 所示，制造容易，使用寿命长，其主要特点如下。

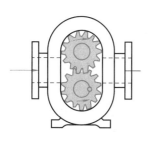

(a) 叶轮形状

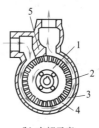

(b) 内部示意

图 10-26 **齿轮泵**　　　　　　图 10-27 **旋涡泵**　　　　M10-8 旋涡泵

1—叶轮；2—叶片；3—泵壳；4—流道；5—隔板

① 在相同的叶轮直径和转速下，扬程比离心泵高 2～4 倍。比转数在 $n_s=10\sim40$ 范围内，选用该泵较为合适。

② 扬程和功率曲线下降较陡，启动泵时，必须打开出口阀。管路系统压力波动时对泵的流量影响较小。

③ 旋涡泵有自吸特性，可输送气、液混合物和易挥发性液体。

④ 旋涡泵效率低。

六、真空泵

利用机械、物理、化学或物理化学法对腔体进行抽气，以获得真空的机器叫真空泵。

真空泵有下列主要参数。

① 抽气速率，即泵的生产能力。就是对于给定气体，在一定温度、压力下，单位时间内能从设备内抽走气体的体积，单位为 m^3/s 或 m^3/h。

② 极限真空。真空泵在给定条件下，经抽气达到稳定状态的最低压力。单位为

Pa 或%。

③ 抽气量。在一定温度下，单位时间内从设备内抽走给定的气体量。单位为 m^3/h。

④ 启动压力。真空泵开始工作时的压力。

⑤ 最大反压力。真空泵在指定的负荷下工作，其反压力升高到某一定值时，泵失去正常的抽气能力，该压力称为最大反压力。

M10-9
水环式真空泵

七、隔膜泵

隔膜泵最大的特点是采用隔膜薄膜片将柱塞与被输送的液体隔开，隔膜一侧均用腐蚀材料或复合材料制成。另一侧装有水、油或其他液体。当工作时，借助柱塞在隔膜缸内作往复运动，迫使隔膜交替地向两边弯曲，使其完成吸入和排出的工作过程。被输送介质不与柱塞接触。为保证泵的正常工作，一般对以液压为动力的泵要安装补油阀、安全阀和放气阀，以保证液压腔内的正常油量和排干净气体。

M10-10
气动隔膜泵

在化工厂中隔膜泵常用作计量泵或作为输送腐蚀性液体的加药泵，隔膜泵的隔膜片有膜片型、波纹管型和筒型隔膜等。以膜片型隔膜最常用。图 10-28 为隔膜计量泵。

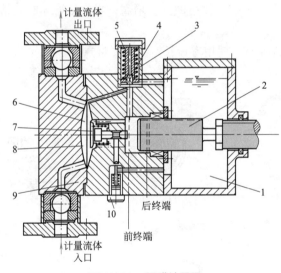

图 10-28　隔膜计量泵

1—液压油箱；2—活塞；3—液压双功能阀；4—放空阀；
5—减压阀；6—操作室；7—控制杆；8—控制隔膜；
9—液压室；10—液压喷气阀

八、磁力泵

磁力泵又叫作无泄漏磁力驱动泵，第一台推向市场的磁力泵是英国 HMD 公司在 20 世纪 40 年代开发的，它有效地用于化工厂，特别是有毒有害的流体介质中，应用范围较广。现已发展到从低功率、低温、低压的场合到 350kW、450℃ 及 25MPa 的较高水平。

1. 磁力泵工作原理

磁力驱动泵的工作原理比较简单，如图 10-29 所示。

磁体被排列安装在一个静止的密封套或隔离套的两侧，两磁体与装在泵轴上的叶轮连在一起，整个旋转组件用轴承支承，轴承靠流体润滑并用轴承座定位。外磁环被固定在电动机上，驱动内磁体组件的动力来自电动机驱动外磁环并透过隔离套传送的强磁体之间的吸引力。

简单地说，磁力泵是用一个强大的磁力联轴器来驱动叶轮，磁力联轴器使叶轮在不与电动机直接接触的情况下被带动。浸没于工艺液体之中的泵轴和转子被密封在一无磁性的隔离套之间，磁动能通过隔离套传送给泵轴。

2. 磁力泵结构特点

磁力泵结构比较简单，有下列主要部件。

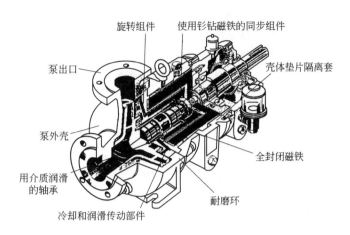

图 10-29　**GS 型磁力驱动泵立体剖视图**

① 泵壳。一般铸造或锻造而成，叶轮在泵壳内转动，将流体从入口送至出口。

② 叶轮和轴。叶轮和轴组成了磁力泵的转子组，和离心泵叶轮的作用相同，流体在叶轮流道中流动，在离心力的作用下，把动能转换为速度能，完成提升流体的作用。

③ 内磁环。内磁环是由装在转子中的磁体形成的，其作用是直接产生磁引力使叶轮旋转。

④ 外磁环。外磁环装在密封隔离套外部，外磁环产生磁力后可使内磁环同步转动，带动泵转子组工作。

⑤ 轴瓦不应有裂纹、砂眼等缺陷。

⑥ 轴承压盖与轴瓦之间的紧力间隙不小于 $0.02 \sim 0.04 mm$。

⑦ 滚珠轴承的外径与轴承箱的内壁不能接触。

⑧ 径向负荷的滚动轴承外圈与轴承箱内壁接触应采用 H/h 配合。

⑨ 隔离套。隔离套是泵的静止元件，磁性体被装在隔离套的两侧。

对于磁性体驱动泵转子组目前有两种类型：一类是在转子中装有大功率的稀土磁体，内外磁环转动速度相同，属同步磁力驱动泵，性能较好，但使用温度不能大于 260℃；另一类是采用扭矩环驱动联轴器，扭矩环受外磁环吸引而以略低的速度转动，属扭矩环泵，输送流体的温度高达 450℃ 而不需要冷却。

第四节　化工泵检修与维护

化工厂中机泵是常用主要转动设备，90％以上的液体依靠机泵的正常运转维持全生产过程的安全运行。随着化工工业的发展和化工泵技术的可靠性提高，设计大都选用单系列机器和设备，所以在正常的生产时，对化工泵的维修和大修期间保证检修质量尤为重要。这就要求维、检修工掌握检修技术，保持机泵或恢复到规定功能的能力。

机泵是工厂提高经济效益的物质基础，通过检修，消除泵所存在的缺陷和隐患，意味着夯实了工厂的物质基础，也就保障了工厂安全稳定长周期满负荷运行。

一般对常用的小机泵的检修应包括以下几点。

① 复查驱动机和泵的对中，如和原始数据差异较大，须重新调整。

② 解体检查泵的转子、轴、轴承磨损情况并进行无损探伤。

③ 对泵的零部件进行宏观检查和检验。

④ 对转子进行动、静平衡校正，并在机床上作端面跳动检验。

⑤ 检查口环，消除磨损的间隙，提高泵的效率。

⑥ 调整叶轮背部和其他各部间隙。

⑦ 检查和更换密封。

⑧ 清理和吹扫泵内脏物。

⑨ 消除泵及辅助部分的跑冒滴漏，检查润滑油系统。

⑩ 对整台机泵保温、除垢、喷漆。

一、常用化工泵零部件的检修

本节所讲常用化工泵是指化工厂中有备机的小机泵，其零部件和检修标准、检修规程通用性较强。检修技术的专业性也不太难，比较容易掌握。

根据小机泵的结构通常检修以下几个部位。

1. 轴承轴瓦的检修

泵运行时如有振动应首先解体检查轴承或轴瓦的磨损和几何形状的变化。一般应检修以下内容。

① 轴承或轴瓦的圆度，不能大于轴径的千分之一，超标应该更换。

② 轴径表面粗糙度应达到要求。

③ 用红丹研磨轴径和轴瓦的接触面积不小于 $60\% \sim 90\%$，表面不应有径向或轴向划痕。

④ 轴承内外圈不应倾斜脱轨，应运转灵活。

⑤ 轴瓦不应有裂纹、砂眼等缺陷。

⑥ 轴承压盖与轴瓦之间的紧力间隙不小于 $0.02 \sim 0.04\text{mm}$。

⑦ 滚珠轴承的外径与轴承箱的内壁不能接触。

⑧ 径向负荷的滚动轴承外圈与轴承箱内壁接触应采用 H/h 配合。

⑨ 不承受径向载荷的推力滚动轴承与轴的配合，轴采用 k6。

⑩ 主轴与主轴瓦用压铅丝法测间隙。其两侧间隙应为上部间隙的1/2。一般轴承配合数据见表 10-3。

⑪ 外壳与轴承、轴瓦应紧密接触。

表 10-3　**轴承配合数据**

滚动轴承与轴配合数据		上轴瓦间隙数据	
轴径/mm	间隙/μm	轴径/mm	间隙/μm
18～30	−30～7	18～30	70～130
30～50	−35～8	30～50	80～180
50～80	−40～10	50～80	100～180
80～120	−41～12	80～120	120～200
120～180	−54～14	120～180	140～240

2. 填料密封的检修

泵用填料密封使用寿命是否长久，关键是选用适用的填料，对于耐各种介质的填料在非金属材料中已叙述过，这里主要介绍填料密封的选用、安装和预紧。

（1）填料的选用   见表 10-4。

表 10-4   常用填料性能的选用

填料	性能
合成纤维加四氟乙烯	采用合成纤维的特殊制造过程,加入四氟乙烯于股线中,然后加编织制成。这种制造程序,减少了中心干燥的缺点,适用于旋转、往复式的机械上,抗中强度的酸与碱、石油合成油溶剂与蒸汽等 最高耐压 3.5MPa。最高耐温 290℃,耐低温-110℃
合成纤维	采用合成纤维编织的有润滑作用的填料,能使轴和轴套的磨损降低到最小限度,对于旋转与往复式的运动具有良好抗压性能,是一般应用场合中使用极好的填料。适用于酸、碱、气体、石油、合成油、蒸汽、盐水与泥浆的密封 最高耐温 290℃,耐低温-110℃,最高耐压 3.5～17.5MPa,转速 2250r/min
纤维加黑铅	采用人造纤维普通编织法制成,含有矿物性润滑剂及经黑铅处理,质地非常柔,易于安装;对于旧及公差较大的机械设备,或稍有磨损之轴心,其密封效果最佳。适用于高转速、低压至中压的旋转式泵、混合机等 最高耐温 1770℃,最高耐压 0.1MPa,转速 1500r/min
聚四氟乙烯	聚四氟乙烯盘根,其特性为摩擦因数低、不污染、百分之百抗化学性,故适用范围非常广泛。以内外交错格子编织方式制成,加有特殊润滑剂,质地柔软,耐用寿命长,适合高转速场合使用。适合于制药、食品、炼油、化学及化妆品等工业 最高耐压 10MPa,最高耐温 260℃,转速 1500r/min
麻浸四氟乙烯	特选长麻纤维,先编成股线,然后浸入四氟乙烯,再以普通编织法制成,加有特殊润滑剂。特别坚韧耐用。虽长久浸于海水中,也不易腐烂。适用于船舶、纸浆、制糖、电力工业等 最高耐压 5MPa,最高耐温 104℃,转速 1200r/min
石棉浸四氟乙烯	采用长白石棉纤维,先编成股线,然后浸入四氟乙烯,再以内外交错格子编织方式制成,加有白色润滑剂以利安装,表面涂上一层四氟乙烯,使四氟乙烯含量最高达 40% 以上,适用于制糖、造纸、炼油、化学、纺织、食品等工业,适用于泵、搅拌机及阀杆上 最高耐压 1MPa,最高耐温 260℃
石棉、石墨	填料内芯以石棉纤维、石墨片、防锈锌粉及黏剂混合而成,外套 90% 纯白石棉夹合金钢丝包衬。表面并有石墨粉及防锈剂处理,专供所有阀杆使用 最高耐压 28MPa,最高耐温 650℃
石棉加黑铅	采用石棉加上黑铅粉及润滑剂,质地柔软,易于安装调整。价格经济、用途广泛实用,适用于蒸汽、水、溶剂、油、瓦斯、酸碱等 最高耐温 300℃
棉加天然胶	采用棉纤维加饱和的天然胶结合制成坚固及多层次结构的填料,用于热与冷水,重负荷油压上,适用于造纸、铸造、泵等功用上 最高耐温 120℃,最高耐压 3.5MPa

（2）填料压盖的预紧和预紧力   当选择好适用的填料，尚要说明的是在订购填料时，可以按照泵轴的直径和填料盒的外径模压成形，按照填料开口相错 45°或 90°交替压进填料台，最后压扣上填料压盖。但也可以在现场进行长填料绳的剪断，剪断时必须斜于 45°切出，每道填料安装时，切断口用透明胶带纸固定好，每道切口也必须 45°或 90°交错安装，最后压扣填料压盖。扣压盖时必须保证压盖端面与轴垂直。填料压盖与轴套直径间隙 0.75～1.00mm，其外径与填料盒间隙为 0.1～0.15mm。对有容易汽化物料的泵，开启后应再次进行热压紧。

3. 联轴器检修

机泵联轴器主要有刚性联轴器和齿形联轴器。

（1）刚性联轴器   刚性联轴器一般用在功率较小的离心泵上，检修时首先拆下连接螺栓和橡胶弹性圈，对温度不高的液体，两联轴器的平面间隙为 2.2～4.2mm。温度较高时，应大于前窜量的 1.55～2.05mm。联轴器橡胶弹性圈比穿孔直径应小 0.15～0.35mm，拆装时一定要用专用工具，保持光洁，不允许有碰伤划伤。

（2）齿形联轴器　齿形联轴器挠性较好，有自动对中性能。检修时一般按以下方法进行。

① 检查联轴器齿面啮合情况，其接触面积沿齿高不小于 50%，沿齿宽不小于 70%，齿面不得有严重点蚀、磨损和裂纹。

② 联轴器外齿圈全圆跳动不大于 0.03mm，端面圆跳动不大于 0.02mm。

③ 若须拆下齿圈时，必须用专用工具，不可敲打，以免使轴弯曲或损伤。当回装时，应将齿圈加热到 200℃左右再装到轴上。外齿圈与轴的过盈量一般为 0.01～0.03mm。

④ 回装中间接筒或其他部件时应按原有标记和数据装配。

⑤ 用力矩扳手均匀地把螺栓拧紧。

4. 动密封部分的检修

机泵的动密封是指叶轮口环部位的间隙，一般半径方向应控制在 0.20～0.45mm。若间隙太小，组装后盘车困难；间隙太大，容易造成泵的振动。轴套和衬环间隙半径方向一般为 0.2～0.6mm。

5. 静密封部分的检修

静密封部分包括泵体剖分结合面、轴承压盖与轴承箱体的结合面，润滑油系统的接头，进出口管的法兰等。如检修不能保证无泄漏，也同样使泵不能运行。上述部位的密封，只要根据介质选准适用的胶黏剂和垫片，即能保证无泄漏。

6. 叶轮和转子的检修

机泵多为单级叶轮或单级双吸式转子。

检修时首先检查叶轮外观并清洗干净，不管是更换备件安装新叶轮，还是清洗旧叶轮，回装后均要做静平衡，必要时还要做平衡。叶轮和轴的配合采用 H/h。安装叶轮的键和键槽要密切接触。

对于转子部分的轴径允许弯曲不大于 0.013mm，对于低速轴最大弯曲应小于 0.07mm，对高速轴最大弯曲应小于 0.04mm。轴套部分与轴的装配采用 H/h。

对于转子部分的轴，检修后轴径圆跳动不大于 0.013mm，轴套不大于 0.02mm，叶轮口环不大于 0.04mm，叶轮端面不大于 0.23mm。两端轴径不大于 0.02mm。但对于结构较复杂的离心泵上述数据根据泵的状况标准也不一样。

7. 机械密封的检修

对机封检修时应先用专用工具正确拆下机封的动、静环。并检查端面磨损情况。凡是装机封的泵的转子，不管功率大小均应做动或静平衡试验。为保证密封面不泄漏，可在钳工平台上把动静面压紧，倒上水做渗漏试验，如果静态水不漏，说明密封面的表面粗糙度和平面度均符合要求，安装时端面垂直度偏差不大于 0.015mm。轴和轴套的径向圆跳动值见表 10-5。

安装后其轴的轴向窜动量不大于 0.45mm。

应着重说明的是机械密封按要求装好后，一定要盘车并检查冷却水部分是否可靠，防止启动后泄漏或损坏机封端面。

表 10-5　轴和轴套的径向圆跳动值

转速/(r/min)	径向圆跳动允许偏差/mm	转速/(r/min)	径向圆跳动允许偏差/mm
750～1200	≤0.08	3500～7200	≤0.03
1200～1500	≤0.06	7200～10000	≤0.02
1500～3500	≤0.05	750～10000	≤0.02

化工厂中所用机泵的机械密封大多为单级、双级、串联式密封布置，但不管哪种密封布置均不能有泄漏现象。

二、化工泵常见故障及排除

1. 离心泵常见故障及排除

（1）启动后不能供液　离心泵不能供液的情况可分两类。一类情况是启动后一段时间，排出压力表的指针仍基本不动，泵壳或排出管上的试水考克放不出水，这说明液体根本没有进入泵内。

自吸式离心泵通常有各种自吸装置在启动期间在泵吸入口形成真空而"引水"。如果这些装置不能产生足够的真空度，则引水失败，无法供液。属于这方面的原因可能是：

① "引水"装置失灵，例如初次使用的自吸离心泵未向泵内灌水，水环真空泵端面间隙过大等；

② 吸入管或轴封漏气；

③ 吸入管露出液面。

如果发现泵排出压力表读数虽不升高，但吸入压力表指示较大的真空度，则可能是吸入真空度已大于"允许吸上真空度"，液体在泵的吸口汽化，以致泵无法吸入液体。原因有：

① 吸上高度过大，从真空容器吸入的泵则可能是液柱高度太小或吸入液面真空度过大；

② 吸入管流阻过大，例如滤器堵塞；

③ 吸入管不通，例如吸入阀未开、底间锈死或吸入管堵塞等；

④ 吸入液体温度过高，以致"允许吸上真空度"过小。

另一类情况是液体已进入泵内，排出压力表读数已上升，但产生的封闭排出压力却小于正常值，原因可能在泵的方面，如叶轮松脱、淤塞或严重损坏；转速太低或转向弄反。

若封闭排出压力正常，也可能是下列情况使泵无法排液：如管路静压太大；并联使用时另一台泵扬程过高；排出阀未开（例如阀盘与阀杆脱落）。有液柱吸高的泵引水时可先开泵壳上的放气旋塞，然后开吸入阀向泵内灌水。如启动后封闭排压不足，有可能是灌入的水含气泡过多，以致启动后气体分离而聚于叶根不易冲走。

（2）流量不足　离心泵流量不足根据工况特性来分析，若不是泵的扬程特性曲线降低，就是管路的特性曲线变陡或上移，以致工况点向小流量方向移动。

属于管路方面的原因是：管路静压（排出高度或排出液面压力）升高或排出管阻力变大。

属于泵的原因是：转速不够；阻漏环磨损，内部漏泄增加；叶轮破损或有淤塞；吸入管或轴封漏气；吸入管浸入液体中太浅以致吸入了气体；泵工作中发生了汽蚀现象等。

（3）电动机过载　离心泵多以电动机为原动机，电路一般都有过电流保护设备。电动机过载时，会因电流过大而自动断电停车。这可从以下几个方面查找原因。

① 检查电源的电压和频率是否正常。当电压降低时，电流就将升高，这时电动机功率实际上并未增加，称为表面过载。另外，如电流频率增高，则电动机的转速将成正比地增大，泵的轴功率就会增加。

② 盘车检查泵的摩擦功率是否太大。如盘车比正常时沉重，可能是填料压盖过紧或机械轴封安装不当（弹簧过紧）、泵轴弯曲、对中不良、叶轮碰擦或轴承严重磨损等。

③ 检查被输送液体的黏度、密度是否超过设计要求。

④ 双吸叶轮如果装反，则后弯叶片变成了前弯叶片，也会使泵过载。

⑤ 必要时可脱开泵和电动机的连接，让电动机单独运转。如测得电流比正常的空载值高，则表明电动机本身有毛病（转子擦碰、缺相运转等）。

应该说明，如因管路方面原因使离心泵流量显著超过额定流量（扬程很低），则其功率将超过额定功率。但一般电动机在配备时都有适当的功率余量。

（4）运转时振动过大和产生异常声响　造成离心泵异常振动和噪声的原因可分为两个方面。

第一是机械方面原因，通常有：

① 转动部件不平衡。除制造或焊补后的转子动平衡不合格外，叶轮局部腐蚀、磨损或淤塞也可能会使其失去平衡。

② 动、静部件擦碰。这可能是由泵轴弯曲、轴承磨损等原因引起的，也可能是因轴向推力平衡装置失效，导致叶轮轴向移动而碰触泵壳。

③ 泵基座不好。例如地脚螺栓松动、底座刚度不足而与泵发生共振或底座下沉使轴线失中。

④ 联轴器对中不良或管路安装不妥导致泵轴失中。

⑤ 原动机本身振动，可脱开联轴器进行运转检查。

第二是液体方面的原因，可能是：汽蚀现象。这种现象引起的振动和噪声通常是在流量较大时产生，频率较高（600～25000Hz），可查看吸入真空度是否过大以帮助判断。通常可用减小流量（如关小排出阀或降低转速）、降低液温或增大液柱高度等办法来消除。

2. 往复泵常见故障及排除

往复泵常见故障及排除方法见表10-6。

表 10-6　往复泵常见故障及排除方法

故障现象	故障原因	消除方法
填料漏	①压盖未压紧 ②填料过热，烧坏 ③柱塞表面拉毛	①先预紧后调整 ②更换 ③喷涂表面
泵组不转	①泵出口阀堵塞 ②出口管路堵塞 ③十字头和滑板别劲卡住	①蒸汽吹扫 ②蒸汽吹除 ③重新调整

续表

故障现象	故障原因	消除方法
排量小	①密封泄漏量大 ②阀关不严,倒流 ③泵内有气体 ④往复不到位 ⑤进出口阀开度不够 ⑥过滤器堵塞 ⑦液体入口温度汽化 ⑧液位低	①更换 ②检查研磨密封面 ③排气 ④调节行程 ⑤检查修理 ⑥清洗 ⑦降温 ⑧工艺调节
杂音	①连杆衬套销钉松动 ②轴承间隙不对 ③对中找正偏差大 ④缸内产生空蚀 ⑤缸内有异物	①停机检修 ②加垫片调整 ③重新找正 ④调整工艺参数 ⑤停机排除
压力波动	①单向阀开启不正常 ②进出口堵塞或泄漏 ③管道振动 ④压力表损坏	①调整阀片和弹簧 ②吹除清扫 ③检查支座 ④更换

3. 转子泵常见故障及排除方法

转子泵常见故障及排除方法见表10-7。

表 10-7　**转子泵常见故障及排除方法**

故障	原因	排除方法
不供液	①未注油启动 ②吸上高度过高 ③漏气 ④杂物堵塞 ⑤过度磨损 ⑥旋转方向错误 ⑦转速太低	①把泵充满液体 ②降低吸上高度或安装较大的吸入管 ③检查并改正,检查填料盒 ④检查调节和消除 ⑤对照制造厂规定的公差检查磨损部件 ⑥校正旋转方向 ⑦校正转速
压力低或流量下降	①转速太低 ②旋转方向错误 ③吸上高度过高 ④漏气 ⑤油液中有空气 ⑥溢流或旁通阀 ⑦过度磨损	①校正转速 ②校正旋转方向 ③降低吸上高度或安装较大的吸入管 ④检查并校正,检查填料盒 ⑤改变吸入管位置 ⑥可能调整得太小,检查和修正 ⑦对照制造厂规定的公差检查磨损部件
噪声过大	①不对中 ②内部损坏 ③不平衡 ④液体中有空气 ⑤漏气 ⑥汽蚀 ⑦压力过高 ⑧磨损	①检查电动机、泵和联轴器的对中情况 ②转子弯曲或损坏,更换 ③检查转子静、动平衡 ④改变吸入口位置 ⑤检查和校正 ⑥检查泵运行状况 ⑦溢流阀压力调得太高,调整到与泵的额定值相一致 ⑧检查零件是否过度磨损或间隙过大
压力过高	①系统压力 ②溢流阀或减压阀 ③系统阻塞	①如果系统压力高于泵的额定值,换较大的泵 ②检查和重新调整合适的压力 ③减压阀可能已经部分关闭或系统部分阻塞

续表

故障	原因	排除方法
过度磨损	①液体中带有颗粒 ②变形 ③压力过大 ④速度过快	①检查泵是否适合于输送带有磨蚀颗粒的液体,检查过滤器或滤网是否符合要求 ②检查直接传递到机壳上的管道负荷大小并修正 ③溢流阀压力调得太高,调整到正确的设定值 ④检查速度(液体黏度符合要求时)是否与泵说明书相符
泵过热	①损坏 ②压力过大 ③液体黏度过大 ④速度过快 ⑤溢流阀或减压阀 ⑥输送流体速度过快 ⑦压力过大 ⑧排泄阻塞	①检查轴或其他零件是否损坏 ②溢流阀压力调得太高,调整到正确的设定值 ③对照实际液体黏度检查额定速度值,对较高黏度液体要减速 ④对照泵额定值检查所输送流体的黏度 ⑤检查调整位置是否合适 ⑥检查速度是否与液体黏度规定值相匹配 ⑦溢流阀压力调得太高,调整到正确的位置 ⑧溢流阀的旋流会引起过热,可由另一溢流阀排放到油箱中

第五节 风机

一、风机的类型

风机广泛应用于国民经济生产的各工业部门,在化学工业中,主要用于排气、冷却、输送、鼓气等操作单元中,相对于其他化工机器来说风机的结构等比较简单,维修和检修也比较容易。

根据近年化工工艺流程的改进,大都开发了节能型设计,抽送、加压空气、烟气、蒸汽风机越来越广泛得到应用。按照规定,在设计条件下,全压 $p < 15\text{kPa}$ 的风机通称为通风机;压缩比为 $1.15 \leqslant e \leqslant 3$ 或压差为 $15\text{kPa} \leqslant \Delta p \leqslant 0.2\text{MPa}$ 的风机通称为离心式鼓风机;压缩比 $e \geqslant 2$ 或压差 $\Delta p > 0.\text{MPa}$ 的风机通称为透平式压缩机。

在化工企业中,使用较多的是离心式鼓风机、离心式通风机、轴流式通风机、罗茨式鼓风机和透平式压缩机。

1. 风机的组成

不管是哪种形式的风机,均由机壳、转子、定子、轴承、密封、润滑冷却装置等组成,转子上包括主轴、叶轮、联轴器、轴套、平衡盘。定子上包括隔板、密封、进气室。隔板由扩压器、流道、回流器组成。有的在风机的叶轮入口前设有气体导流器。

2. 风机的分类

风机按其结构分类如下:

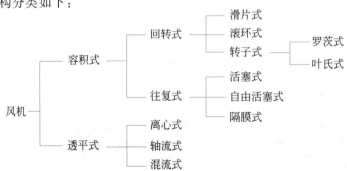

二、离心式鼓风机

1. 离心式鼓风机工作原理

离心式风机主要靠离心力的作用，将外部气体吸入旋转叶轮的中心处，在离开叶轮叶片时，气体流速增大，使气体在流动中把动能转换为静压能，然后随着流体的增压，使静压能又转换为速度能，从而把输送的气体送入管道或容器内。工作原理如图 10-30 所示。

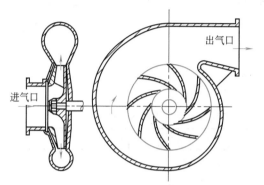

图 10-30　**离心式鼓风机工作原理**　　　　M10-11　**离心式风机**

2. 离心式鼓风机结构特点

离心式鼓风机主要由机壳、转子组件、密封装置、轴承支承、润滑系统等零部件构成。按轴承支承形式，其结构可制作为悬臂式和双支承式。

（1）机壳　离心式鼓风机的机壳由铸铁制作，或用钢板焊接而成。机壳根据叶轮形式可做成水平剖分或蜗壳状。对于低压离心鼓风机，机壳大都做成水平剖分式。对于单级鼓风机大都做成蜗壳式。蜗壳的作用是将叶轮增压后的气体收集起来，然后流入流道。

离心式多级鼓风机机壳内有回流室、隔板、扩压器等零件。气体由扩压器进入回流室，然后引入下一级叶轮，连续地把气体送入管道。

（2）转子组件　离心式鼓风机的主要部件是转子，它由叶轮、主轴、轴套、排气室、平衡盘、密封、联轴器等部件组成。

① 叶轮　叶轮由轮盘、轮毂和叶片铆接、焊接或整体铸造而成。其主要作用是使气体通过叶轮后提高压力和气流速度。

② 主轴　主轴上装有风机的转动部件，其作用是传递转矩使叶轮旋转，一般离心式风机的轴伸出机壳外面。

③ 联轴器　联轴器连接驱动机和风机轴，传递驱动机的转矩，也起安全连接作用。

（3）密封　化工厂用离心式鼓风机的级间密封多是迷宫式气封，应用最多的是迷宫式密封结构，有拉别令密封和梳齿密封。轴端密封多是 O 形环和胀圈式密封。拉别令密封和梳齿密封的镶片一般应是软薄片金属，例如合金铝和不锈钢薄片。非金属材料常用塑料板。

（4）入口调节叶片装置　进口叶片调节控制装置是用来调节来自叶片的空气流。其结构是风扇入口有可移动的叶片，安装在径向方向，改变叶片的角度可使叶轮的速度发生变化。进口叶片调节控制装置是用钢板焊接制成，所有的叶片都制作成在叶片主轴周围旋转 90°以便调整来自风扇的空气流动率。

叶片的方向可闭合可敞开，以适应风扇的旋转方向，以便给予叶轮的入口部件有效的预旋流。

（5）轴承　轴承是支承转子、保证转子能平稳旋转的部件，同时还可调节旋转转子产生的径向和轴向力。对于低压低转速的风机，大多选用滑动轴承；对于中压以上高转速的风机，大多选用滚动轴承。

（6）润滑系统　离心式鼓风机的润滑系统一般采用恒油位自流式润滑，其形式很多，包括注油杯、注油枪等，但对于大型高速风机，则单独有油泵、油箱、过滤器、冷却器等润滑油系统。

3. 离心式鼓风机故障及处理方法

离心式鼓风机故障及排除方法见表 10-8。

表 10-8　离心式鼓风机故障及排除方法

故障现象	故障原因	排除方法	故障现象	故障原因	排除方法
轴承温度高	①油脂过多 ②轴承烧痕 ③对中不好 ④机组振动	①更换油脂 ②更换轴承 ③重新找正 ④频谱测振分析	转动声音不正常	①定子、转子摩擦 ②杂质吸入 ③齿轮联轴器齿圈坏 ④进口叶片拉杆坏 ⑤喘振 ⑥轴承损坏	①解体检查 ②清理 ③更换 ④重新固定 ⑤调节风量 ⑥更换
机组振动	①转子不平衡 ②转子结垢 ③主轴弯曲 ④密封间隙过小，磨损 ⑤找正不好 ⑥轴承箱间隙大 ⑦转子与壳体扫膛 ⑧基础下沉、变形 ⑨联轴器磨损、倾斜 ⑩管道或外部因素	①作动、静平衡 ②清洗 ③校正 ④更换、修理 ⑤重新对中找正 ⑥调整 ⑦解体调整 ⑧加固 ⑨更换、修理 ⑩检查支座	性能降低	①转数下降 ②叶轮粘有杂质 ③进口叶片控制失灵 ④进口消音器过滤网堵 ⑤壳体内积灰尘多 ⑥轴封漏 ⑦进出口法兰密封不好	①检查电源 ②清洗 ③检查修理 ④解体清理 ⑤清理 ⑥更换修理 ⑦换垫

三、离心式通风机

1. 离心式通风机工作原理

离心式通风机的工作原理和离心式鼓风机工作原理基本相同，均为靠旋转的叶轮产生离心力来实现气体输送，所不同的仅是主要元件结构形式有差异。

2. 离心式通风机的结构特点

离心式通风机主要由四部分组成：机壳、叶轮、集流器、传动装置。结构形式如图 10-31 所示。

（1）机壳　离心式通风机的机壳一般制作成螺线形，其断面沿叶轮旋转方向渐渐扩大，气流出口达到最大。机壳用钢板焊接制成。

（2）叶轮　通风机的叶轮由前盘、后盘、叶片和轮毂组成，一般采用焊接和铆接结构。前盘多数制作为圆锥形和圆弧形，如图 10-32 所示。

通风机的叶轮，根据叶片出口角的不同，可分为前弯、径向和后弯三种形式。在选择通风机时，应注意到在叶轮圆周速度相同的情况下，叶片出口角越大，产生的压力越高，所以假如两台同样大小和转速相同的通风机，前弯叶片叶轮的压力比后弯叶片叶轮的压力要高，使用后弯叶轮的通风机较多。

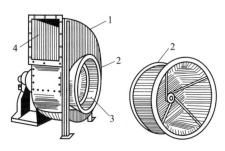

图 10-31　**离心式通风机结构**
1—机壳；2—叶轮；3—吸入口；4—排出口

(a) 径向叶片　(b) 径向弯曲叶片　(c) 后弯直线形叶片

(d) 后弯形叶片　(e) 前弯形叶片　(f) 多片式叶片

图 10-32　**离心式通风机叶片结构**

通风机的叶片形状分板形、弧形和机翼形。前弯叶轮一般采用弧形叶片，后弯叶轮多采用机翼形叶片。相对于板式和弧形叶片，机翼形叶片具有良好的空气动力性能，而且刚性好、强度高等特点。

（3）集流器　通风机的集流器也称壳体喇叭口，是风机的入口，它的作用是将气体均匀地导入叶轮。目前常用集流器的结构有圆筒形、圆锥形、圆弧形、喷嘴形。如图 10-33 所示。

（4）传动装置　通风机的传动装置包括轴和轴承、联轴器或带轮，结构均比较简单。

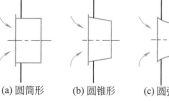 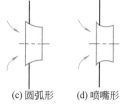

(a) 圆筒形　(b) 圆锥形　(c) 圆弧形　(d) 喷嘴形

图 10-33　**集流器形式**

3. 离心式通风机故障和排除方法

离心式通风机故障和排除方法见表 10-9。

表 10-9　**离心式通风机故障和排除方法**

故障现象	原因	排除方法	故障现象	原因	排除方法
风量降低	①转速降低 ②管路堵 ③密封漏	①检查电源 ②清理 ③修理	振动	④对中找正不好 ⑤转子不平衡 ⑥管路振动	④重新找正 ⑤做动平衡 ⑥调整配管
风压降低	①介质阻力过大 ②介质密度变化 ③叶轮变形	①修正系统设计 ②进口叶片调节 ③更换	轴承温度高	①轴承损坏 ②轴脂不对 ③冷却不够 ④电动机和风机不同轴 ⑤转子振动	①更换 ②更换油品 ③增大冷却量 ④找正径向、轴向水平 ⑤消除
振动	①基础下沉和变形 ②主轴变形 ③出口阀开度小	①加固 ②更换 ③适当调节			

四、轴流式通风机

轴流式通风机常用在化工装置凉水塔冷却循环水中，它的叶轮安装在圆筒形机壳中，当叶轮旋转时，空气由集流器进入叶轮，在叶轮的作用下，空气压力增加并沿轴向流动，最后送入管道或容器。凉水塔通风机通常由风筒、叶片、轮毂、传动轴、减速装置、联轴器和驱机组成。

1. 凉水塔轴流式通风机结构特点

凉水塔冷却循环水选用的轴流式通风机的结构如图 10-34 所示。

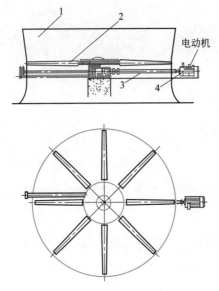

图 10-34 凉水塔轴流式通风机结构   M10-12 轴流式风机

1—风筒；2—风叶组件；
3—传动轴；4—传动装置

（1）风筒 凉水塔风筒一般用玻璃钢制成，其作用是为空气流动创造良好的空气动力条件，减少风阻力。

风筒的形状多采用圆锥形、抛物线形或双曲线形。圆锥形出风口的圆锥角一般为 15°、20°，风筒高度应不小于 2m 方能避免风机带水和雾滴。风筒截面多为圆形、矩形、正方形、多边形。

（2）叶片 轴流通风机的叶片形状分扭曲形和非扭曲形两种，叶片有 4 片、8 片，叶片的安装角度多为 10°、15°、20°、25°、30°、35°，其圆周速度不应超过 60m/s，叶片一般制成可拆卸和可调整的。

（3）轮毂 轴流式通风机中，一般轮毂和轴连在一起并起到支承叶片和气封罩的作用。气封罩是防止空气散流、回流作用的，从实际效果看，圆弧形气封罩较好。现在大部分用聚酯玻璃钢制作，因用铸铁或钢板腐蚀较为严重。

（4）传动装置 轴流式通风机的传动方式有直联式传动，即电动机直接带动风机叶片；有联轴器传动，这种传动把风机的轴适当加长，适用于对电动机有腐蚀等介质的环境中；还有长轴＋联轴器＋减速箱＋电动机的传动方式，化工厂凉水塔冷却风机多采用这种方式。

2. 轴流式通风机故障和排除方法

轴流式通风机故障和排除方法见表 10-10。

五、罗茨鼓风机

1. 罗茨鼓风机工作原理

罗茨鼓风机壳体内装有一对腰形渐开线的叶轮转子，通过主、从动轴上一对同步齿轮的作用，以同步等速向相反方向旋转，将气体从吸入口吸入，气流经过旋转的转子压入腔体，随着腔体内转子旋转腰形容积变小，气体受压排出出口，被送入管道或容器内。工作原理如图 10-35 所示。

表 10-10 **轴流式通风机故障和排除方法**

故障现象	原因	排除方法
叶轮损坏变形	①叶片铆钉松动 ②叶片严重腐蚀、叶片振动,疲劳断裂	①停机检修,更换铆钉 ②更换叶片并防腐
机组振动	①轮毂轴与主轴配合不好 ②叶片组不平衡 ③叶片角度过大、叶片角未调好、叶片变形 ④叶片表面脏 ⑤叶片紧固螺钉松动 ⑥基础支架变形 ⑦传动轴弯曲、减速箱轴承坏 ⑧电动机振动、减速装置振动	①研磨修理 ②重找平衡 ③调整角度、校正叶片 ④清洗 ⑤拧紧 ⑥加固或校正 ⑦更换或校轴 ⑧重新找平
电动机不转	①电压过低 ②电源故障,接头松动,接线错误,电动机绕组露头,负载过大,电动机或风扇传动轴卡住转子	①检查电源电压是否达到铭牌规定值,检查电动机绕线柱上的电压 ②检查是否掉线,检查控制装置与电动机之间所有电线及接触点,应设置超负荷与短路保护装置,将电动机和风扇传动轴断开,无负荷试转电机
电动机过热	①超载,电压不稳 ②电源频率不适当 ③润滑脂注入过多或过少,脂牌号不对,脂变质,脂内有异物 ④风冷不良 ⑤电动机轴弯曲 ⑥电动机轴承损坏 ⑦转子摩擦定子,单相运转,绕组漏电	①核对各相电压和电流,电压值参照铭牌数值 ②核对电源电流和频率,其值应与铭牌相符,核对电动机转速 ③按规定加润滑脂,更换符合牌号的润滑脂,加脂工具需清洁,严防异物进入 ④清扫电动机,加强通风 ⑤校正电动机轴 ⑥更换轴承 ⑦调整转子和定子间隙,检查绕组,用高兆欧姆表检查电阻情况,如系单相,则电动机不能启动
电动机异常噪声	①电动机单相运转 ②电动机导线连接不正确或掉线 ③轴承磨损,损坏 ④相不平衡 ⑤转子不平衡	①如系单相,不得启动电动机 ②按电动机线路图进行检查 ③更换轴承,重新加润滑脂 ④校对相电压,相电流 ⑤调整托架,平衡转子
电动机转速降低,轴速波动,反转	①由于线路压降,引起电动机接线端电压太低 ②相序弄错	①稳压或降低负荷 ②变更三根电动机引线上任何两根的连接
减速器异常噪声	①油位太低,油中混有杂物 ②轴承损坏 ③齿轮变形,齿轮与箱体摩擦,齿轮组摩擦	①按规定加油,更换新油并进行过滤 ②更换轴承 ③检查齿轮组、齿轮的啮合面,齿轮箱如为新设可试运行一周,看杂音是否消除或降低,如仍有则应排油、冲洗并重新加新油。再有杂音,应更换减速装置
风机噪声	①轮毂盖(风罩)松动 ②风筒组件松动 ③风机叶片螺栓松动	①紧固轮毂盖(风罩)螺栓 ②紧固松动件 ③紧固

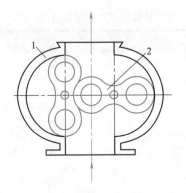

图 10-35　**罗茨鼓风机工作原理**

1—外壳；2—转子

M10-13

罗茨鼓风机工作原理

由于在制造罗茨鼓风机时要求两转子和壳体的装配间隙很小，故其气体在压缩过程中回流现象较小，而且压力比其他形式的鼓风机高。根据操作要求，压力在一定范围可变化，但体积流量不变。

2. 罗茨鼓风机分类

（1）按结构形式分类

① 立式型：罗茨鼓风机两转子中心线在同一垂直平面内，气流水平进，水平出。

② 卧式型：罗茨鼓风机两转子中心线在同一水平面内，气流垂直进，垂直出。

（2）传动方式分类

① 风机和电动机直联式。

② 风机和电动机通过带轮传动式。

③ 风机通过减速器和电动机传动式。

3. 罗茨鼓风机的结构特点

罗茨鼓风机主要由一对腰形渐开线转子、齿轮、轴承、密封和机壳等部件组成。它的排风量大，效率较高。

（1）转子　罗茨鼓风机的转子由叶轮和轴组成，叶轮又可分为直线形和螺旋形，叶轮的叶数一般有两叶、三叶，如图 10-36 所示。

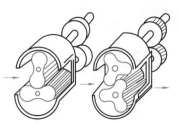

(a) 两叶直齿叶型　(b) 三叶螺旋齿叶型

图 10-36　**罗茨鼓风机转子结构**

（2）齿轮　罗茨鼓风机壳内两叶转子的转动是靠各自的齿轮啮合同步传递转矩的，所以其齿轮也叫"同步齿轮"，同步齿轮既作传动，又有叶轮定位作用。同步齿轮结构较为复杂，由齿圈和齿轮毂组成，用圆锥销定位。同步齿轮又分为主动轮和从动轮，主动轮一端与联轴器连接。

（3）轴承　罗茨鼓风机一般选用滚动轴承，滚动轴承具有检修方便、缩小风机的轴向尺寸等优点，而且润滑方便。

（4）密封　罗茨鼓风机的密封部位主要在伸出机壳的传动轴和机壳的间隙密封，其结构比较简单，一般采用迷宫式密封或胀圈式密封和填料密封。轴承的油封采用骨架式橡胶油封。

（5）机壳　罗茨鼓风机的机壳有整体式和水平剖分式，结构简单。对于化工厂常用的煤气鼓风机、吸收塔鼓风机等功率较大的，大多采用检修、安装方便的水平剖分鼓风机机壳。

4. 罗茨鼓风机的特点

（1）优点

① 正常情况下，压力的变化对风量影响很小，风机的转速成正比，因此，罗茨鼓风机基本属于定容。

② 吸气和排气时无脉动，不需要缓冲气罐。

③ 占地面积小，便于布置和安装。

④ 转子与转子之间、转子与壳体之间保留有 0.2～0.5mm 的间隙，不存在摩擦现象，允许气流含有一定粉尘。

⑤ 与水力喷射泵及水环式真空泵相比，不存在"排气带水"问题。

⑥ 运行可靠，维护方便，耐用。

（2）缺点

① 噪声大，进、出口需装设消声器。

② 在高真空工况下，叶片间隙漏风加剧，使输送量下降，易造成堵管。

5. 罗茨鼓风机故障和排除方法

罗茨鼓风机故障和排除方法见表 10-11。

表 10-11　罗茨鼓风机故障和排除方法

故障现象	故障原因	排除方法
风量波动或不足	①叶轮与机体因磨损而引起间隙增大 ②转子各部间隙大于技术要求 ③系统有泄漏	①更换或修理磨损零件 ②按要求调整间隙 ③检查后排除
电动机过载	①进口过滤网堵塞或其他原因造成阻力增高形成负压(在出口压力不变的情况下压力增高) ②出口系统压力增加	①检查后排除 ②检查后排除
轴承发热	①润滑系统失灵,油不清洁,油黏度过大或过小 ②轴上油环未转动或转动慢带不上油 ③轴与轴承偏斜,鼓风机轴与电动机轴不同轴 ④轴瓦刮研质量不好,接触弧度过小或接触不良 ⑤轴瓦表面有裂纹、擦伤、磨痕、夹渣等 ⑥轴瓦端与止推垫圈间隙过小 ⑦轴承压盖太紧,轴承内无间隙 ⑧滚动轴承损坏,滚子支架破损	①检修润滑系统换油 ②修理或更换 ③找正,使两轴同轴 ④刮研轴瓦 ⑤修理或重新浇轴瓦 ⑥调整间隙 ⑦调整轴承压盖衬垫 ⑧更换轴承
密封环磨损	①密封环与轴套不同轴 ②轴弯曲 ③密封环内进入硬性杂物 ④机壳变形使密封环一侧磨损 ⑤转子振动过大,其径向振幅之半大于密封径向间隙 ⑥轴承间隙超过规定间隙值 ⑦轴瓦刮研偏斜或中心与设计不符	①调整或更换 ②调整轴 ③清洗 ④修理或更换 ⑤检查压力调节阀,修理断电器 ⑥调整间隙,更换轴承 ⑦调整各部间隙或重新换轴瓦
振动超限	①转子平衡精度低 ②转子平衡被破坏(如煤焦油结垢) ③轴承磨损或损坏 ④齿轮损坏 ⑤紧固件松动	①按要求校正 ②检查后排除 ③更换 ④修理或更换 ⑤检查后紧固
机体内有碰擦声	①转子相互之间摩擦 ②两转子径向与外壳摩擦 ③两转子端面与墙板摩擦	解体修理

❀ 拓展阅读

我国机泵领域的发展历程及取得的重大成就

一、发展历程

1. 早期起步阶段（新中国成立初期）

• 1949年，本溪水泵厂前身公营同胜铁厂建立，开始生产多段离心泵。

• 1954年，我国第一台电动往复泵和大型蒸汽泵试制成功。

• 1956年，我国第一台三柱塞焦油泵和第一台2DN型泥浆泵研制成功。

2. 技术突破阶段（20世纪50年代末至70年代）

• 1959年，我国第一台硅酸盐柱塞泵问世。

• 1963年，自主设计的第一台柱塞计量泵研制成功，填补了我国高精度计量泵的空白。

• 1969年，我国第一台核潜艇配套的高压补水泵试制成功。

3. 快速发展阶段（20世纪80年代至90年代）

• 1980年，一机部批准成立本溪往复泵研究所，高压泵被机械部评为往复泵行业第一个部优产品。

• 1986年，我国第一台自主设计生产的1DMN隔膜泥浆泵问世。

• 1990年，高压泵产品获得国家银质奖。

4. 现代化与国际化阶段（21世纪以来）

• 2009年，百万千瓦级压水堆核电站离心式上充泵样机通过国家鉴定。

• 2012年，国内首台高压金属隔膜泵研制成功，打破了国外垄断。

• 2016年，华龙一号核电产品成功研发并投入运行。

• 2023年，嘉和科技开发的"化工领域流程泵高效节能技术"入选国家节能中心的重点节能技术应用典型案例。

二、重大成就

我国在高端泵的国产化道路上迈出了坚实的步伐。2018年，沈鼓核电泵业有限公司成功测试了第一台AP1000核主体泵，第三代核电技术核主体泵已实现国产化。国内多家泵厂成功开发了加氢送料泵、液力透平、高压甲铵泵等重要泵类装备，基本实现了石化用泵的国产化。2019年，湖南耐普泵业公司研制的永磁低温潜液式泵通过鉴定。

目前，我国工业泵行业不断进行技术创新与新产品开发。嘉和科技开发了30余系列、1000多个规格的特种工业泵，广泛应用于石油化工、煤化工等领域。"化工领域流程泵高效节能技术"在中铜集团、金川集团应用，显著降低了能耗。2012年，国内首套大流量、超高压往复泵研制成功，压力达到60MPa，流量达到$32m^3/h$。

我国泵行业标准体系从零开始，逐步完善，自主制定标准的同时积极引进国外先进标准，行业标准与质量稳步提升。目前，我国已成为全球泵产品的重要生产基地，形成了具备相当生产规模和技术水平的生产体系。2022年，中国泵出口金额为541.94亿元人民币，同比增长3%，进口金额为303.03亿元人民币，同比下降2.4%，进出口贸易以顺差为主。

三、未来发展方向

随着工业互联网和智能制造技术的发展，机泵设备将朝着智能化、绿色化方向发展。企业将加大研发投入，开发高效节能、低噪音、长寿命的新型泵产品。国内企业将继续推进高端泵产品的国产化替代，减少对进口产品的依赖。在国家政策支持下，企业将加大对老旧设备的更新改造，提升行业本质安全水平。同时贯彻新发展理念，促进再制造与循环经济发展。在产业政策推动下，机泵再制造产业将快速发展，推动资源回收和循环利用。

总之，我国机泵领域在技术创新、高端化、智能化和绿色化方面取得了显著成就，未来将继续朝着高质量、可持续的方向发展。

思考题

10-1　离心泵主要由哪几部分组成？工作原理是什么？

10-2　什么是气缚？如何防止？

10-3　叶片形状与离心泵理论压头之间有什么关系？为什么要采用后弯叶片？

10-4　为提高离心泵的静压能，应采取哪些措施？

10-5　描述离心泵性能的参数有哪些？特性曲线中每条线是如何变化的？

10-6　什么是汽蚀现象？与气缚有什么差别？如何防止？

10-7　描述离心泵抗汽蚀性能的参数有哪些？它们的定义以及与安装高度的关系是什么？离心泵流量的调节方式有哪些？

10-8　离心泵如何选型？安装和操作中须注意哪些问题？

10-9　哪些属于正位移泵？比较离心泵和正位移泵的特性。

10-10　离心泵流量的调节方式有哪些？

10-11　填料密封与机械密封的差别。

10-12　简述机械密封的安装与修理过程。

10-13　往复泵有哪些特性？

10-14　螺杆泵属于哪一类泵？工作原理是什么？

10-15　旋涡泵主要的工作部分是什么？旋涡泵有哪些特性？

10-16　真空泵有哪些主要参数？

10-17　隔膜泵的工作原理是什么？

10-18　机泵的结构常检修哪些部位？

10-19　往复泵有无汽蚀现象？

10-20　离心式鼓风机的工作原理是什么？

10-21　离心式鼓风机转动声音不正常可能的故障原因有哪些？如何排除？

10-22　离心式通风机风量降低可能的故障原因有哪些？如何排除？

10-23　轴流式通风机电动机过热可能的故障原因有哪些？如何排除？

10-24　罗茨鼓风机的工作原理是什么？

10-25　罗茨鼓风机轴承发热可能的故障原因有哪些？如何排除？

10-26　离心泵有哪些常见故障？如何排除？

10-27　往复泵有哪些常见故障？如何排除？

10-28　转子泵运行时噪声过大可能的故障原因是什么？如何排除？

第十一章
机械传动与连接

第一节 带传动

一、带传动及分类

1. 带传动原理

带传动由主动带轮、从动带轮和紧套在两带轮上的传动带所组成（图 11-1），利用传动带把主动轴的动力传递给从动轴。

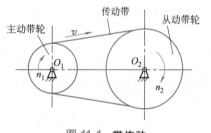

图 11-1　带传动

带安装时必须张紧，这使得带在运转之前就有初拉力。因此，在带与带轮的接触面之间有正压力。当主动带轮转动时，带与带轮的接触面之间产生摩擦力，于是主动带轮靠摩擦力驱动传动带运动，带又靠摩擦力驱动从动带轮转动。所以，带传动是靠带与带轮之间的摩擦力来进行工作的。

2. 带传动的特点

① 由于带的弹性良好，因此能缓和冲击，吸收振动，使传动平稳无噪声。

② 过载时带会在轮上打滑，可防止其他零件的损坏，起到过载安全保护作用。

③ 结构简单，制造容易，成本低廉，维护方便。

④ 可用于两轴中心距较大的场合。

⑤ 由于传动带有不可避免的弹性滑动，因此不能保证恒定的传动比。

⑥ 带的寿命较短，传动效率也较低。

⑦ 由于摩擦生电，不宜用于易燃烧和有爆炸危险的场合。

3. 带传动的类型及应用场合

带传动一般分为平带传动、V 带传动、圆带传动、同步带传动等，如图 11-2 所示。

（1）平带传动　平带的横截面为矩形，已标准化。常用的平带有帆布芯平带、编织平带、锦纶片复合平带等。其中帆布芯平带应用最广。

平带传动结构简单，带轮制造方便，平带质轻且挠曲性好，故多用于高速和中心距较大的传动。

（2）V 带传动　V 带的横截面为梯形，已标准化。理论分析表明，在同样的张紧情况下，V 带与轮槽间的压紧力比平带与带轮间的压紧力大得多，故 V 带与带轮间的摩擦力也大得多，所以 V 带的传动能力比平带大得多，因而获得了广泛的应用。目前在机床、空气压缩机、带式输送机和水泵等机器中均采用 V 带传动。

（3）圆带传动　圆带的横截面为圆形，常用皮革制成，也有圆绳带和圆锦纶带等。圆带

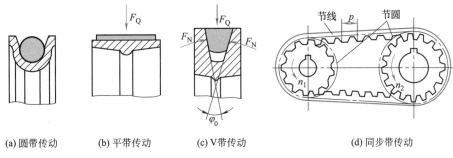

(a) 圆带传动　　(b) 平带传动　　(c) V带传动　　　　　(d) 同步带传动

图 11-2　**带传动的类型**

传动只适用于低速、轻载的机械，如缝纫机、真空吸尘器、磁带盘的传动机构等。

（4）同步带传动　平带传动、V 带传动、圆带传动均是靠摩擦力工作的。与此不同，同步带传动是靠带内侧的齿与带轮外缘的齿相啮合来传递运动和动力的，因此不打滑，传动比准确且较大（最大可允许 $i=20$），但制造精度和安装精度要求较高。

二、普通 V 带和带轮

1. V 带结构与材料

V 带的横截面构造如图 11-3 所示。V 带由包布层、顶胶层、抗拉体和底胶层四部分组成。包布层多由胶帆布制成，它是 V 带的保护层。顶胶层和底胶层由橡胶制成，当胶带在带轮上弯曲时可分别伸张和收缩。抗拉体用来承受基本的拉力，有两种结构：由几层棉帘布构成的帘布芯［图 11-3（b）］或由一层线绳制成的绳芯［图 11-3（a）］。帘布芯结构的 V 带抗拉强度较高，制造方便；绳芯结构的 V 带柔韧性好，抗弯强度高，适用于转速较高、带轮直径较小的场合。现在，生产中越来越多地采用绳芯结构的 V 带。

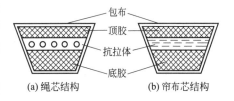

图 11-3　**V 带的横截面构造**

普通 V 带的尺寸已标准化（GB/T 11544—2012），分为 Y、Z、A、B、C、D、E 七种型号，截面尺寸和承载能力依次增大。

标准 V 带均制成无接头的整圈，其长度系列可参见有关标准。

V 带的标记内容和顺序为型号、基准长度和标准号。例如标记 "A1600 GB/T 11544—2012" 表示 A 型普通 V 带，基准长度为 1600mm。V 带标记通常压印在带的顶面上。

2. V 带轮的结构

（1）带轮材料　带轮常用铸铁制造，因其铸造性能好，摩擦因数较钢为大。用 HT150、HT200 牌号铸铁铸成的带轮，允许最大圆周速度为 25m/s，速度更高时可采用铸钢，速度小时也可使用铸铝或塑料。

（2）结构尺寸　铸铁带轮的典型结构（图 11-4）由下列三部分组成。

① 轮缘　是带轮外圈的环形部分，制有楔形环槽，槽数等于 V 带的根数 z。轮槽剖面如图 11-5 所示，其尺寸应与胶带相适应。

② 轮毂　是带轮与轴配合的部分。

③ 轮辐　是把轮缘与轮毂连成一体的部分。根据带轮直径的大小，可以是辐板、辐条（椭圆截面）和实心三种形式。

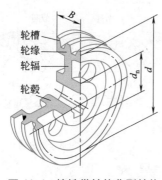

图 11-4　铸铁带轮的典型结构

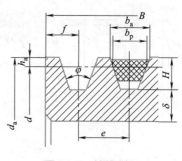

图 11-5　轮槽剖面

　　图 11-6(a) 所示为带轮直径较小时采用的实心式结构；图 11-6(b) 所示为中等直径带轮采用的辐板式结构；图 11-7 所示为带轮直径较大时采用的辐条结构。结构形式的具体选择及各部尺寸确定须查阅有关设计手册。

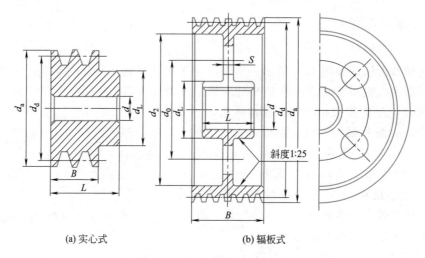

(a) 实心式　　　　　　　　(b) 辐板式

图 11-6　实心式和辐板式带轮

三、带传动的失效、张紧、安装与维护

1. 带传动的失效

　　带传动的失效形式主要是：带在带轮上打滑和带疲劳损坏。

　　打滑是因为带与带轮间的摩擦力不足，所以增大摩擦力可以防止打滑。增大摩擦力的措施主要有：适当增大初拉力，也就增大了带与带轮之间的压力，摩擦力也就越大；增大带与小带轮接触的弧段所对应的圆心角（称为小带轮包角）也能增大摩擦力；适当提高带速。

　　带的疲劳是因为带受交变应力的作用。在带传动过程中，带的横截面上有两种应力：因带的张紧和传递载荷以及带绕上带轮时的离心力而产生的拉应力；因带绕上带轮时弯曲变形而产生的弯曲应力。拉应力作用在整个带的各个截面上，而弯曲应力只在带绕上带轮时才产生。带在运转过程中时弯时直，因而弯曲应力时有时无，带是在交变应力的作用下工作的，这是带产生疲劳断裂的主要原因。

　　一般情况下，两种应力中弯曲应力较大，为了保证带的寿命，就要限制带的弯曲应力。

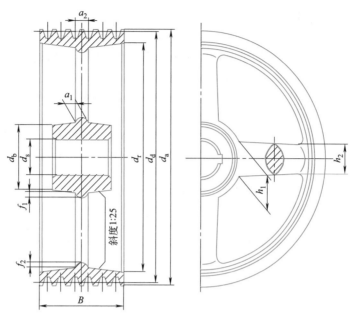

图 11-7　轮辐式带轮

带的弯曲应力与带轮直径大小有关，带轮直径越小，带绕上带轮时弯曲变形就越大，带内弯曲应力就越大。为此，对每种型号的 V 带，都规定了许用的最小带轮直径。

2. 带传动的张紧

带传动工作一段时间后，传动带会发生松弛现象，使张紧力降低，影响带传动的正常工作。因此，应采用张紧装置来调整带的张紧力。常用的张紧方法有调节轴的位置张紧和用张紧轮张紧。

图 11-8 所示为调节轴的位置张紧装置。张紧的过程是：放松固定螺栓，旋转调节螺钉，可使带轮沿导轨移动，即可调节带的张紧力。当带轮调到合适位置时，即可拧紧固定螺栓。这种装置用于水平或接近水平的传动。

图 11-9 所示为用张紧轮张紧。张紧轮安装在带的松边内侧，向下移动张紧轮即可实现张紧。为了不使小带轮的包角减小过多，应将张紧轮尽量靠近大带轮。这种装置用于固定中心距传动。

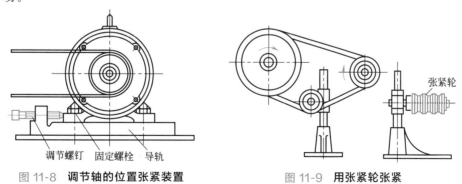

图 11-8　调节轴的位置张紧装置　　　图 11-9　用张紧轮张紧

3. 带传动的安装与维护

正确的安装、使用和维护，能够延长带的寿命，保证带传动的正常工作。应注意以下

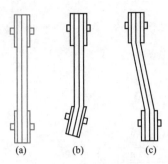

图 11-10　主动带轮与从动带轮的位置关系

几点。

① 一般情况下，带传动的中心距应当可以调整，安装传动带时，应缩小中心距后把带套上去。不应硬撬，以免损伤带，降低带的寿命。

② 传动带损坏后即需更换。为了便于传动带的装拆，带轮应布置在轴的外伸端。

③ 安装时，主动带轮与从动带轮的轮槽应对正，如图 11-10(a) 所示，不要出现图 11-10(b) 和 (c) 的情况，使带的侧面受损。

④ 带的张紧程度应适当，使初拉力不过大或过小。过大会降低带的寿命，过小则将导致摩擦力不足而出现打滑现象。

⑤ 带传动通常同时使用同一型号的 V 带 3～5 根，应注意新旧不同的 V 带不得混用，以避免载荷分配不均，加速带的损坏。

⑥ 带传动装置应设置防护罩，以保证操作人员的安全。

⑦ 严防胶带与矿物油、酸、碱等介质接触，以免变质。胶带也不宜在阳光下暴晒。

第二节　齿轮传动

一、齿轮传动的特点、类型及应用场合

齿轮传动由主动齿轮和从动齿轮组成，依靠轮齿的直接啮合而工作。齿轮传动是应用最广泛的一种传动，在各种机器中大量使用着齿轮传动。

1. 齿轮传动的特点

① 传递的功率和圆周速度范围较大。功率从很小到数万千瓦，齿轮圆周速度从很低到 300m/s 以上。

② 瞬时传动比恒定，因而传动平稳。传动用的齿轮，其齿廓形状大多为渐开线，还有圆弧和摆线等，这种齿廓能够保持齿轮传动的瞬时传动比恒定。

③ 能实现两轴任意角度（平行、相交或交错）的传动。

④ 效率高，寿命长。加工精密和润滑良好的一对传动齿轮，效率可达 0.99 以上，能可靠地工作数年以至数十年。

⑤ 结构紧凑，外廓尺寸小。

⑥ 齿轮的加工复杂，制造、安装、维护的要求较高，因而成本较高。

⑦ 工作时有不同程度的噪声，精度较低的传动会引起一定的振动。

2. 齿面传动的类型及应用场合

齿轮传动的类型很多，各有其传动特点，适用于不同场合。常用的齿轮传动如图 11-11 所示。

二、齿轮传动比计算

设主动齿轮转速为 n_1、齿数为 z_1，从动齿轮转速为 n_2、齿数为 z_2，则齿轮传动的平均

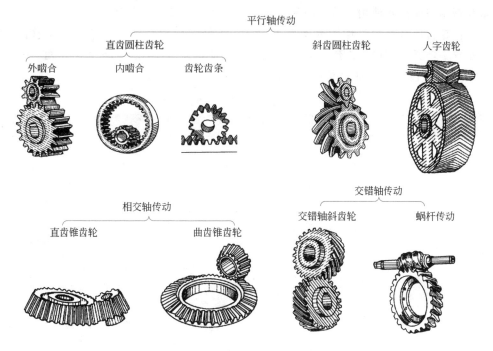

图 11-11　**齿轮传动的类型**

传动比为

$$i = \frac{n_1}{n_2} = \frac{z_1}{z_2} \tag{11-1}$$

由上式可见，当 z_2 较大而 z_1 较小时可获得较大的传动比，即实现较大幅度的降速。但若 z_2 过大，则将因小齿轮的啮合频率高而导致两轮的寿命相差很大，而且齿轮传动的外廓尺寸也要增大。因此，限制一对齿轮传动的传动比 $i \leqslant 8$。

三、齿轮常用材料及结构

1. 齿轮常用材料

齿轮最常用的材料是钢，其次是铸铁，有时也采用非金属材料和其他材料。

用于制造齿轮的钢材多为优质碳素结构钢和合金钢，通过适当的热处理，可获得所需的力学性能。齿面硬度小于 350HB 的齿轮，称为软齿面齿轮。采用的热处理方法为正火或调质。由于硬度不高，因此可在热处理后进行切齿。齿面硬度大于 350HB 的齿轮，称为硬齿面齿轮。这类齿轮齿面硬度很高，因此最终热处理只能在切齿后进行。由于热处理后轮齿会变形，故对于精度要求高的齿轮还需进行磨齿。

尺寸大的齿轮常采用铸钢。铸钢的耐磨性及强度均较好，其毛坯应进行正火处理，以消除铸造残余内应力和硬度不均匀的现象。

灰铸铁抗胶合及抗点蚀能力好，价格便宜，但弯曲强度、抗冲击及抗磨损性能较差，因此主要用于功率不大、载荷平稳及速度较低的齿轮传动中。高强度的球墨铸铁在一些场合可以代替铸钢。

对高速、轻载及精度要求不高的齿轮传动，为了减小噪声，常用非金属材料，如夹布胶塑齿轮。它是一种以布等层状物为基体，用热固性树脂压结而成的材料。用这种塑料制成的齿轮常与钢制齿轮配对使用，传动时噪声小，称为无声齿轮。

常用齿轮材料及其力学性能列于表 11-1。在选择齿轮材料和热处理时，考虑到小齿轮根部齿厚较小，且应力循环次数较多，因此一般应使小齿轮齿面硬度比大齿轮稍高一些（约高 20～50HB），传动比大时硬度差取大值。

表 11-1　常用的齿轮材料及其力学性能

类别	牌号	热处理	硬度（HB）	应用范围
调质钢	45	正火	170～217	低中速、中载的非重要齿轮
		调质	220～286	低中速、中载的重要齿轮
		表面淬火	40～50HRC	低速、重载或高速、中载而冲击较小的齿轮
	40Cr	调质	240～285	低中速、中载的重要齿轮
		表面淬火	50～55HRC	高速、中速、无猛烈冲击
	40MnB	调质	240～280	低中速、中载、中等冲击的重要齿轮
渗碳钢	15	渗碳-淬火	56～62HRC（齿面）	高速、中载并承受冲击的齿轮
	20Cr	渗碳-淬火	56～62HRC（齿面）	高速、中载并承受冲击的重要齿轮
	18CrMnTi	渗碳-淬火	56～62HRC（齿面）	
铸钢	ZG270-500	正火	140～170	低中速、中载的大直径齿轮
	ZG311-570		160～200	
球墨铸铁	QT500-5	正火	140～241	低中速、中载的大直径齿轮
	QT420-10		<270	
	QT400-17		<179	
灰铸铁	HT200	低温退火	170～241	低速、轻载、冲击较小的齿轮
	HT300		187～255	
夹布塑料	夹布塑料		30～40	高速、轻载、要求声响小的齿轮
浇注尼龙	浇注尼龙		21	

2. 齿轮轴的结构

直径较小的钢质齿轮，若根圆直径与轴径接近时，可以将齿轮和轴制成一体称为齿轮轴

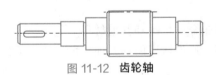

图 11-12　齿轮轴

（图 11-12）。若根圆直径与轴径相差较大，则应把齿轮与轴分开制造。按齿轮的尺寸大小，齿轮可制成实体、有轮辐或有腹板的结构形式。

顶圆直径 $d_a \leqslant 500mm$ 的齿轮通常采用图 11-13（a）所示的腹板式的结构。直径较小的齿轮也可以做成实心的，如图 11-13（b）所示。顶圆直径 $d_a \geqslant 400mm$ 的齿轮常用图 11-14 所示的轮辐式结构。

四、齿轮传动失效形式及原因

齿轮传动是靠齿与齿的啮合进行工作的，轮齿是齿轮直接参与工作的部分，所以齿轮的失效主要发生在轮齿上。常见的轮齿失效形式有：轮齿折断、疲劳点蚀、齿面磨损、齿面胶合和塑性变形。

1. 轮齿折断

轮齿折断是指齿轮的一个或多个齿整体或局部断裂，如图 11-15 所示。它有疲劳折断和过载折断两种。

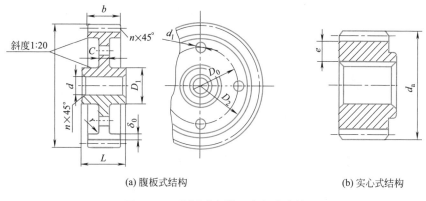

(a) 腹板式结构　　　　　　　　(b) 实心式结构

图 11-13　腹板式齿轮和实心式齿轮

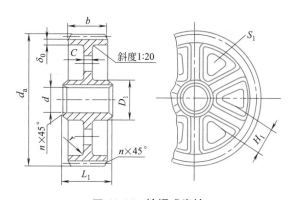

图 11-14　轮辐式齿轮

　　齿轮工作时，每个轮齿都相当于一个悬臂梁（图 11-16），在齿根处产生的弯曲应力最大。由于齿轮运转时，每个轮齿都是间歇地工作的，故齿根处的弯曲应力是交变应力。当弯曲应力的数值超过齿轮的疲劳极限时，在经过一定的应力循环次数后，轮齿就会发生疲劳折断。

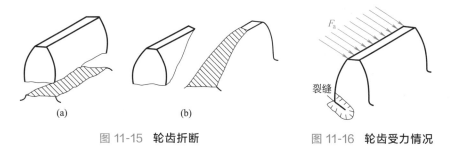

图 11-15　轮齿折断　　　　　　图 11-16　轮齿受力情况

　　过载折断通常是由于短时意外的严重过载，使轮齿危险截面上产生的应力超过了齿轮的极限应力所造成的。

　　淬火钢或铸铁等脆性材料制造的齿轮，最易发生轮齿折断。在直齿圆柱齿轮中，一般多发生轮齿的整体折断 [图 11-15(a)]。而在斜齿圆柱齿轮中，由于其轮齿啮合时的接触线是倾斜的，所以多发生局部折断 [图 11-15(b)]。

2. 疲劳点蚀

疲劳点蚀是一种因齿面金属局部脱落而呈麻点状的疲劳破坏，如图 11-17 所示。

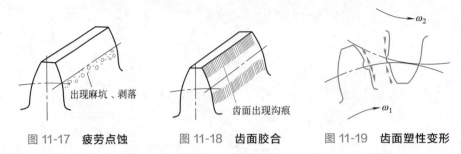

图 11-17 **疲劳点蚀**　　图 11-18 **齿面胶合**　　图 11-19 **齿面塑性变形**

齿轮在传递动力时，两齿面在理论上是线接触，由于弹性变形实际上是很小的面接触，所以在接触线附近产生很大的接触应力（局部挤压应力）。在传动过程中，齿面上的接触应力是按脉动循环变化的，如果接触应力的最大值超过了齿面的接触疲劳极限应力值，则在工作一定时间以后，齿面的金属将呈微粒状剥落下来，在齿面上形成小坑，这就是疲劳点蚀。随着点蚀的发生，轮齿间的实际接触面积逐渐减小，接触应力随之增大，从而使点蚀不断扩展，渐开线齿形遭到破坏，引起振动和噪声。疲劳点蚀是软齿面齿轮闭式传动中最常见的失效形式之一。

3. 齿面磨损

轮齿在啮合过程中，齿面之间存在相对滑动，因而使齿面发生磨损。齿面磨损后，渐开线齿形遭到破坏，引起振动和噪声。

在开式传动中，由于灰尘、杂质等容易进入轮齿工作表面，故磨损将会更加迅速和严重。所以齿面磨损是开式齿轮传动的主要失效形式。

4. 齿面胶合

胶合是相啮合齿面的金属在一定的压力下直接接触而发生粘着，并随着齿面的相对运动，使金属从齿面上撕落而引起的一种破坏。

在高速重载的闭式传动中，由于齿面间的压力很大，齿面间相对滑动速度又大，因此大量发热使齿面局部温度升高，破坏润滑油膜，互相啮合的两个齿面就会发生粘焊现象，当轮齿可脱离啮合时，软齿面将被撕破，并在齿面形成沟纹（图 11-18），这种失效形式称为齿面胶合。

胶合产生以后，渐开线齿形遭到破坏，引起振动和噪声，会很快导致齿轮的破坏。

5. 塑性变形

硬度较低的软齿面齿轮，在低速重载时，由于齿面压力过大，在摩擦力作用下，使齿面金属产生塑性流动而失去原来的齿形，如图 11-19 所示，这就是齿面塑性变形。齿面塑性变形以后，渐开线齿形遭到破坏，引起振动和噪声。

第三节　蜗杆传动

一、蜗杆传动的特点、类型及应用场合

蜗杆传动由蜗杆 1 和蜗轮 2（图 11-20）组成，用于传递空间两交错轴之间的运动和动

力，两轴线投影的夹角为90°。

蜗杆与螺杆相似，常用头数为1、2、4、6；蜗轮则与斜齿轮相似。在蜗杆传动中，通常是蜗杆主动，蜗轮从动。设主动蜗杆转速为n_1、头数为z_1，从动蜗轮转速为n_2、齿数为z_2，则蜗杆传动的传动比为

$$i=\frac{n_1}{n_2}=\frac{z_1}{z_2}$$

图 11-20　**蜗杆传动的组成**

1—蜗杆；2—蜗轮

1. 蜗杆传动的特点

① 可以用较紧凑的一级传动得到很大的传动比。因为一般蜗杆的头数$z_1=1$、2、4、6，蜗轮齿数$z_2=29\sim83$，故单级蜗杆传动的传动比可达83。

② 传动平稳无噪声。由于蜗杆为连续的螺旋，它与蜗轮的啮合是连续的，因此，蜗杆传动平稳而无噪声。

③ 具有自锁性。适当设计的蜗杆传动可以做成只能以蜗杆为主动件，而不能以蜗轮为主动件的传动，这种特性称为蜗杆传动的自锁。具有自锁性的蜗杆传动，可用于手动的简单起重设备中，以防止吊起的重物因自重而自动下坠，保证安全生产。

④ 效率低。对于普通蜗杆传动，开式传动的效率仅为$0.6\sim0.7$，闭式传动的效率在$0.7\sim0.92$之间；对于具有自锁性的蜗杆传动，其效率仅为$0.4\sim0.5$。因此蜗杆传动不适用于大功率连续运转。

⑤ 有轴向分力。蜗杆传动中，蜗杆和蜗轮都有轴向分力，该力将使蜗杆和蜗轮轴沿各自轴线方向移动，故两轴上都要安装能够承受轴向载荷的轴承。

⑥ 制造蜗轮需用贵重的青铜，成本较高。

2. 蜗杆传动的类型及应用场合

根据蜗杆的形状，蜗杆传动分为圆柱蜗杆传动、环面蜗杆传动等。圆柱蜗杆传动又分为普通圆柱蜗杆传动和圆弧圆柱蜗杆传动。

常用的普通圆柱蜗杆是用车刀加工的（图 11-21），轴向齿廓（在通过轴线的轴向 $A—A$ 剖面内的齿廓）为齿条形的直线齿廓，法向齿廓（在法向 $N—N$ 截面内的齿廓）为曲线齿廓，而垂直于轴线的平面与齿廓的交线为阿基米德螺旋线，故称为阿基米德蜗杆。其蜗轮是一具有凹弧齿槽的斜齿轮。由于这种蜗杆加工简单，所以应用广泛。

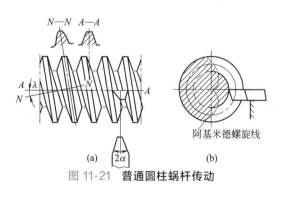

图 11-21　**普通圆柱蜗杆传动**

图 11-22　**圆弧圆柱蜗杆传动**

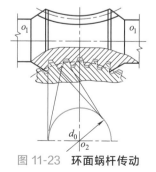

图 11-23　**环面蜗杆传动**

圆弧圆柱蜗杆（图 11-22）的轴向齿廓为凹圆弧形，相配蜗轮的齿廓为凸圆弧形。在中间平面内，蜗杆与蜗轮形成凹凸齿廓配合。具有效率高（达 0.90 以上）、承载能力大（约为普通圆柱蜗杆传动的 1.5～2.5 倍）、传动比范围大、体积小等优点，适用于高速重载传动，已在矿山、冶金、建筑、化工等行业机械设备中得到广泛应用，并有逐渐替代普通圆柱蜗杆传动的趋势。

环面蜗杆（图 11-23）的轴向齿廓为以凹圆弧为母线的内凹旋转曲面。环面蜗杆传动具有效率高（高达 0.90～0.95）、承载能力大（约为普通圆柱蜗杆传动的 2～4 倍）、体积小、寿命长等优点，但需要较高的制造和安装精度。环面蜗杆传动应用日益广泛。

二、蜗杆传动的失效形式及原因

蜗杆传动的工作情况与齿轮传动相似，其失效形式也有磨损、胶合、疲劳点蚀和轮齿折断等。

在蜗杆传动中，蜗杆与蜗轮工作齿面间存在着相对滑动，相对滑动速度 v_s 按下式计算

$$v_s = \frac{v_1}{\cos\lambda} = \frac{\pi d_1 n_1}{60 \times 1000 \cos\lambda} \ (\text{m/s}) \tag{11-2}$$

式中　v_1——蜗杆上节点的线速度，m/s；

λ——蜗杆的螺旋升角；

d_1——蜗杆直径（有标准值），mm；

n_1——蜗杆转速，r/min。

由上式可见，v_s 值较大，而且这种滑动是沿着齿长方向产生的，所以容易使齿面发生磨损及发热，致使齿面产生胶合而失效。因此，蜗杆传动最易出现的失效形式是磨损和胶合。当蜗轮齿圈的材料为青铜时，齿面也可能出现疲劳点蚀。在开式蜗杆传动中，由于蜗轮齿面遭受严重磨损而使轮齿变薄，从而导致轮齿的折断。

在一般情况下，由于蜗轮材料强度较蜗杆低，故失效多发生在蜗轮轮齿上。

避免蜗杆传动失效的措施有：供给足够的和抗胶合性能好的润滑油；采用有效的散热方式；提高制造和安装精度；选配适当的蜗杆和蜗轮齿的材料等。

三、蜗杆蜗轮的常用材料与结构

1. 蜗杆蜗轮的材料

根据蜗杆传动的失效特点，蜗杆蜗轮的材料不仅要求有足够的强度，而且还要有良好的减摩性（即摩擦因数小）、耐磨性和抗胶合的能力。实践表明，比较理想的材料组合是淬硬并经过磨制的钢制蜗杆配以青铜蜗轮齿圈。

（1）蜗杆材料　对高速重载的传动，蜗杆材料常用合金渗碳钢（如 20Cr、20CrMnTi 等）渗碳淬火，表面硬度达 56～62HRC，并经磨削；对中速中载的传动，蜗杆材料可用调质钢（如 45、35CrMo、40Cr，40CrNi 等）表面淬火，表面硬度为 45～55HRC，也需磨削；低速不重要的蜗杆可用 45 钢调质处理，其硬度为 220～300HBS。

（2）蜗轮材料　蜗杆传动的失效主要是由较大的齿面相对滑动速度 v_s 引起的。v_s 越大，相应需要选择更好的材料。因而，v_s 是选择材料的依据。

对滑动速度较高（$v_s = 5\sim25$m/s）、连续工作的重要传动，蜗轮齿圈材料常用锡青铜如 ZCuSn10P1 或 ZCuSn5Pb5Zn5 等，锡青铜的减摩性、耐磨性和抗胶合性能以及切削性能均

好，但强度较低，价格较贵；对 $v_s \leq 6 \sim 10\text{m/s}$ 的传动，蜗轮材料可用无锡青铜 ZCuAl10Fe3 或锰黄铜 ZCuZn38Mn2Pb2 等，这两种材料的强度高，价格较廉，但切削性能和抗胶合性能不如锡青铜；$v_s \leq 2\text{m/s}$ 且直径较大的蜗轮，可采用灰铸铁 HT150 或 HT200 等。另外，也有用尼龙或增强尼龙来制造蜗轮的。

2. 蜗杆、蜗轮的结构

（1）蜗杆的结构　蜗杆一般都与轴制成一体，称为蜗杆轴。只有当蜗杆直径较大（蜗杆齿根圆直径 d_{f1} 与轴径 d 之比大于 1.7）时，才采用蜗杆齿圈和轴分开制造的形式，以利于节省材料和便于加工。蜗杆有车制蜗杆和铣制蜗杆两种形式（图 11-24），其结构因加工工艺要求而有所不同，其中铣制蜗杆的 $d > d_{f1}$，故刚度较好。

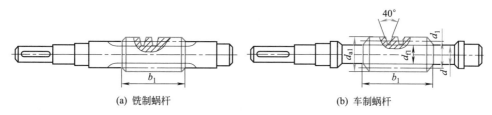

(a) 铣制蜗杆　　　　　　　(b) 车制蜗杆

图 11-24　蜗杆的结构

（2）蜗轮的结构　蜗轮可以制成整体的，如图 11-25(a) 所示。但为了节约贵重的有色金属，对大尺寸的蜗轮通常采用组合式结构，即齿圈用有色金属制造，而轮芯用钢或铸铁制成，如图 11-25(b) 所示。采用组合结构时，齿圈和轮芯间可用过盈配合，为工作可靠起见，沿配合面圆周装上 4~8 个固定螺钉。为便于钻孔，应将螺孔中心向材料较硬的一边偏移 2~3mm。这种结构用于尺寸不大而工作温度变化又较小的地方。另外，轮圈与轮芯也可用铰制孔螺栓来连接，如图 11-25(c) 所示。这种结构由于装拆方便，常用于尺寸较大或磨损后需要更换齿圈的场合。对于成批制造的蜗轮，常将青铜齿圈浇铸在铸铁轮芯上，如图 11-25(d) 所示。

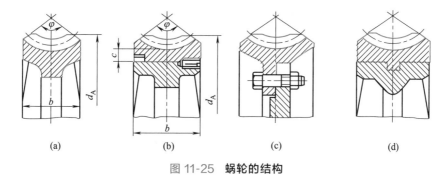

(a)　　　　　(b)　　　　　(c)　　　　　(d)

图 11-25　蜗轮的结构

四、蜗杆传动装置的润滑与维护

1. 蜗杆传动装置的润滑

蜗杆传动一般用油润滑。润滑方式有油浴润滑和喷油润滑两种。一般 $v_s < 10\text{m/s}$ 的中、低速蜗杆传动，大多采用油浴润滑；$v_s > 10\text{m/s}$ 的蜗杆传动，采用喷油润滑，这时仍应使蜗杆或蜗轮少量浸油。

对于闭式蜗杆传动，常用润滑油黏度牌号及润滑方式如表 11-2 所示。表中值适用于蜗杆浸油润滑。若蜗轮下置，则需将表中值提高 $30\%\sim50\%$，但最高不超过 $680mm^2/s$。闭式蜗杆传动每运转 $2000\sim4000$ h 应及时换新油。换油时，应用原牌号油。不同厂家、不同牌号的油不要混用。换新油时，应使用原来牌号的油对箱体内部进行冲刷、清洗、抹净。

表 11-2　蜗杆传动润滑油的黏度牌号及润滑方式

滑动速度 $v_s/(m/s)$	$\leqslant 2$	$2\sim5$	$5\sim10$	>10
黏度 $v/(mm^2/s)$	>612	$414\sim506$	$288\sim352$	$198\sim242$
牌号	680	460	320	220
润滑方式	油浴润滑		油浴或喷油润滑	喷油润滑

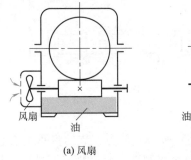

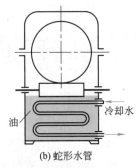

(a) 风扇　　　(b) 蛇形水管

图 11-26　蜗杆传动装置的散热措施

2. 蜗杆传动装置的散热

在蜗杆传动中，由于摩擦会产生大量的热量。对开式和短时间断工作的蜗杆传动，因其热量容易散失，故不必考虑散热问题。但对于闭式传动，如果产生的热量不能及时散逸出去，将因油温不断升高而使润滑油黏度下降，减弱润滑效果，增大摩擦磨损，甚至发生胶合。所以，对于闭式蜗杆传动，必须采取合适的散热措施，使油温稳定在一规定的范围内。通常要求不超过 $75\sim85℃$。常用的散热措施如下。

① 在箱体外表面铸出或焊上散热片以增加散热面积。

② 在蜗杆轴端装设风扇 [图 11-26(a)]，加速空气流通以增大散热系数。

③ 在箱体内装设蛇形水管 [图 11-26(b)]，利用循环水进行冷却。

④ 采用压力喷油循环润滑，利用冷却器将润滑油冷却。

第四节　轴与联轴器

一、轴

1. 轴的功用和类型

所有的回转零件，如带轮、齿轮和蜗轮等都必须用轴来支承才能进行工作。因此轴是机械中不可缺少的重要零件。

根据承受载荷的不同，轴可分为三类：芯轴、传动轴和转轴。芯轴是只承受弯曲作用的轴，图 11-27 所示火车轮轴就是芯轴；传动轴主要承受扭转作用、不承受或只承受很小的弯曲作用，如

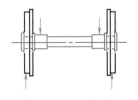

图 11-27　火车轮轴

图 11-28 所示的汽车变速箱与后桥间的轴就是传动轴；转轴是同时承受弯曲和扭转作用的轴，如图 11-29 所示的减速器输入轴即为转轴，转轴是机械中最常见的轴。

根据轴线的几何形状，轴还可分为直轴、曲轴和软轴三类。轴线为直线的轴称为直轴，

图 11-27～图 11-29 所示的轴都是直轴，它是一般机械中最常用的轴；图 11-30 所示的轴称为曲轴，它主要用于需要将回转运动和往复直线运动相互进行转换的机械（如内燃机、冲床等）中；图 11-31 所示的轴称为软轴，它的主要特点是具有良好的挠性，常用于医疗器械、汽车里程表和电动的手持小型机具（如铰孔机等）的传动等。

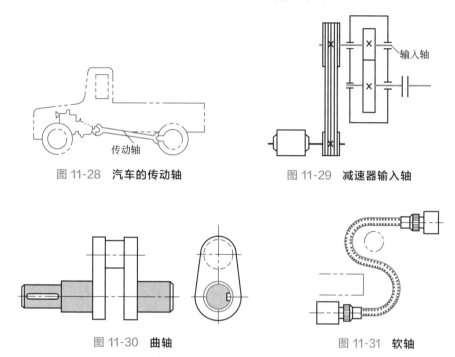

图 11-28　**汽车的传动轴**　　　　图 11-29　**减速器输入轴**

图 11-30　**曲轴**　　　　图 11-31　**软轴**

2. 轴的材料

轴的常用材料是碳钢和合金钢，球墨铸铁也有应用。

碳钢价格低廉，对应力集中的敏感性小，并能通过热处理改善其综合力学性能，故应用很广。一般机械的轴，常用 35、45、50 等优质碳素结构钢并经正火或调质处理，其中 45 钢应用最普遍。受力较小或不重要的轴，也可用 Q235、Q255 等碳素结构钢。

合金钢具有较高的机械强度和优越的淬火性能，但其价格较贵，对应力集中比较敏感。常用于要求减轻质量、提高轴颈耐磨性及在非常温条件下工作的轴。常用的有 40Cr、35SiMn、40MnB 等调质钢，1Cr18Ni9Ti 淬火，20Cr 渗碳淬火钢等，其中 1Cr18Ni9Ti 主要用于在高低温及强腐蚀性条件下工作的轴。

形状复杂的曲轴和凸轮轴，也可采用球墨铸铁制造。球墨铸铁具有价廉、应力集中不敏感、吸振性好和容易铸成复杂的形状等优点，但铸件的品质不易控制。

3. 轴的结构

轴由轴头、轴颈和轴身三部分组成（图 11-32）。轴上安装零件的部分称为轴头；轴上被轴承支承的部分称为轴颈；连接轴头和轴颈的过渡部分称为轴身。轴上直径变化所形成的阶梯称为轴肩（单向变化）或轴环（双向变化），用来防止零件轴向移动，即实现轴上零件的轴向固定。轴向固定方法还有靠轴端挡圈固定，靠圆螺母固定，靠紧定螺钉固定等。

一般轴上要开设键槽，通过键连接使零件与轴一起旋转，即实现轴上零件的周向固定。

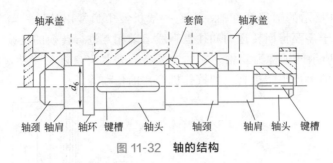

图 11-32　轴的结构

周向固定的方法还有过盈配合、销连接等。采用销连接时需在轴上开孔，对轴的强度有较大削弱。

二、联轴器

轴和轴之间常用联轴器进行连接，使之一起回转并传递扭矩。联轴器可分为固定式和可移式两种。前者要求被连接两轴严格对中和工作时不发生相对移动，而后者允许两轴有一定的安装误差，并能补偿工作时可能产生的相对位移。

下面分类介绍化工设备上常用的各种联轴器。

1. 联轴器的类型及其应用

（1）凸缘联轴器　因其结构简单、制造方便而又能传递较大的扭矩，因此应用广泛。但其缺点是传递载荷时不能缓和冲击和吸收振动，安装要求较高。如图 11-33 所示，它由两个带毂的圆盘组成凸缘 1、2，两个凸缘键分别装在两轴端；并用几个螺栓 3 将它们连接，主要依靠接触面的摩擦力传递扭矩；也可采用铰制孔用螺栓连接，此时螺栓与孔为紧密配合，扭矩直接通过螺栓来传递，承载能力较用普通螺栓连接为高。图 11-34 为化工设备中立轴上常用的凸缘联轴器，凸缘依靠轴端锥面和圆螺母在轴上作轴向固定，依靠键及螺栓来传递扭矩。这类联轴器用于要求严格同轴线的两轴连接。

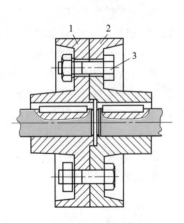

图 11-33　凸缘联轴器
1,2—凸缘；3—螺栓

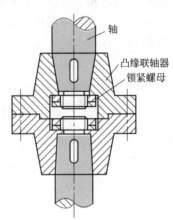

图 11-34　立轴用凸缘联轴器

凸缘联轴器用于连接传动平稳和刚度较大的轴。凸缘常用的材料是 HT200，一般圆周速度 $v < 30 \text{m/s}$。使用 ZG270-500 或 35 钢时圆周速度 $v < 50 \text{m/s}$。YL、YLD 型国家标准系列的公称扭矩范围为 $10 \sim 20000 \text{N} \cdot \text{m}$。

（2）夹壳式联轴器 化工设备中立式搅拌轴的连接，也经常采用夹壳式联轴器，见图 11-35。它装拆方便，拆卸时不需作轴向移动。适用低速（$v \leqslant 5\text{m/s}$）、直径小于 200mm 的轴，并不宜用于有冲击的重载荷传动。HG 标准系列传递的公称扭矩范围为 $83 \sim 8820\text{N} \cdot \text{m}$。

（3）弹性套柱销联轴器 这种联轴器用于由于制造、安装误差或工作时零件的变形等原因而不可能保证严格对中的两轴连接。结构见图 11-36。它装有弹性元件——带梯形凸环的橡胶衬套，因而它不但具有可移性，而且也有缓冲、吸振的能力，被广泛应用于电动机和机器的连接，它可补偿 0.3mm 的径向位移、$2 \sim 6\text{mm}$ 的轴向位移和 1° 的角位移。轴上的扭矩是通过键、半联轴器、弹性套、柱销等而传到另一轴上去的。应尽量采用图 11-36 中所示左半联轴器与主动轴装配，并需进行轴的端面固定。图中左半联轴器的下半图形表示与圆锥形轴端装配的结构；右半联轴器的下半图形则表示必须注意留出安装柱销的空间尺寸 B，以及间隙尺寸 C。TL 型国家标准的公称扭矩范围为 $6.3 \sim 16000\text{N} \cdot \text{m}$。

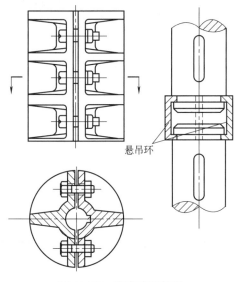

图 11-35 **夹壳式联轴器**

悬吊环

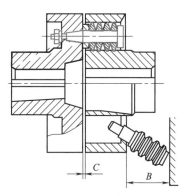

图 11-36 **弹性套柱销联轴器**

半联轴器的材料可用 HT200（$v < 25\text{m/s}$）、ZG270-500 或 30 钢（$v < 36\text{m/s}$）；柱销材料不低于 35 钢。

2. 联轴器的选择

化工设备上常用的联轴器，已标准化和系列化，如无特殊需要，不必另行设计，可直接选用。

（1）联轴器类型的选择 选择联轴器时，首先要按工作条件及各种联轴器的特性，来选择合适的联轴器类型。前面已经讨论过的几种联轴器的特性，汇总在表 11-3 中，选用时可根据具体工作情况，参考表中所列特性进行类型选择。

一般情况下，电动机轴与减速器轴以选择弹性套柱销联轴器为宜，化工设备上立式蜗轮减速器输出轴与搅拌轴的连接，在搅拌平稳、无大振动时常用图 11-34 所示的凸缘联轴器，其他立式减速器在轻载时也可选用夹壳式联轴器；有些机械密封结构可选用三分式联轴器，如搅拌过程中可能有变载荷，可选用弹性块式联轴器。有些减速器标准已规定所附联轴器的类型，需要时可在订货时注明。

表 11-3　化工设备上常用联轴器的特性

类型		轴径 /mm	扭矩 /N·m	圆周转速 /(m/s)	特点
固定式	夹壳式联轴器	30～110	83～8820	<5	拆装方便,不宜用于有冲击的载荷和重载荷
	凸缘联轴器	10～180	10～20000	<50	结构简单,不能缓和冲击和吸收振动
	三分式联轴器 带短节联轴器	30～110	83～8820	<5	适用于有机械密封结构的立轴连接,不宜用于重载、有冲击处
可移式	弹性块式联轴器	30～110	108～17150	<11	可用于变载荷处,能缓和部分冲击以及补偿少量轴线偏差,不需精加工
	弹性套柱销联轴器	20～170	6.3～16000	<36	有良好的可移性和缓冲、吸能能力
	弹性柱销齿形联轴器	12～850	100～250000	<40	有一定的缓冲和吸振作用及良好的可移性,结构尺寸较大

注：表中所列圆周速度是根据有关联轴器标准计算而得。

（2）联轴器型号及尺寸的确定　联轴器类型选定以后，即可根据轴的直径、转速及计算扭矩，从有关的标准系列中选择所需的型号和尺寸。计算扭矩时应将机器启动时的惯性力和工作中的过载等因素考虑在内。联轴器的计算扭矩可按下式确定

$$T_e = kT$$

式中　T——名义扭矩；

　　　k——载荷系数，k 值列于表 11-4 中，对于固定式联轴器取表中较大值，对于可移式联轴器则取较小值。

表 11-4　载荷系数 k

机械类型	应用举例	k
扭矩变化极小,平衡运转的机械	胶带运输机、小型离心泵、小型通风机	1～1.5
扭矩有变化的机械	链式运输机、纺织机械、起重机、鼓风机、离心泵	1.25～2
中型和重型机械	带飞轮的压缩机、洗涤机、重型升降机	2～3.5
重型机械	制胶粉磨机、带飞轮的往复泵、压缩机、水泥磨	2.5～4
扭矩变化很大的重型机械	无飞轮的往复压缩机、压缩机械	3～5

注：本表中的 k 值是用于电动机驱动的机器。

第五节　轴承

一、轴承的功用和分类

轴承是用来支承轴或轴上回转零件的部件。根据轴承接触面间的摩擦性质，分为滑动摩擦轴承（简称滑动轴承）和滚动摩擦轴承（简称滚动轴承）。

滑动轴承根据其摩擦状态，又分为液体摩擦滑动轴承和非液体摩擦滑动轴承。当轴颈和轴承的工作表面间完全被一层润滑油膜隔开时，称为液体摩擦滑动轴承。其摩擦性质取决于润滑油分子之间的黏性阻力，见图 11-37(a)。由于两相对滑动表面不直接接触，几乎没有磨

损，摩擦阻力小，是一种最好的摩擦状态，但必须在一定的工况下（载荷、速度、液体黏度等）才能实现。因此液体摩擦滑动轴承多用于一些比较重要的、高速重载的机器（如发电机、汽轮机、空气压缩机等）中。若轴承和轴颈的工作面间虽有润滑油存在，但不能把两表面完全隔开，金属表面间有直接接触的地方，则称为非液体摩擦滑动轴承，如图 11-37（b）所示。这种轴承磨损较严重，摩擦阻力和功率损耗也较大，但结构简单，所以大量用于低速和低精度的机械传动中。

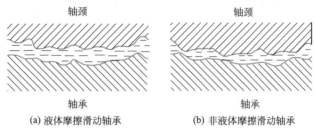

图 11-37 **摩擦状态**

在一般的工作情况下，滚动轴承的摩擦阻力较滑动轴承的摩擦阻力小，其功率损耗也少，容易启动，润滑与维护简单，而且滚动轴承是标准件，可由专门工厂大批生产，选用方便，所以在各种机械设备中应用广泛。但由于滚动轴承工作元件间的接触面积很小，所以，在高速重载情况下使用受到限制。

二、滑动轴承

滑动轴承根据所能承受载荷的方向，可分为向心滑动轴承——承受与轴心线垂直的载荷；推力滑动轴承——承受与轴心方向相一致的载荷。下面介绍其主要形式。

1. 向心滑动轴承

（1）整体式轴承 如图 11-38 所示，整体式轴承由轴承座和轴套组成，用螺栓与机座连接。轴承座的材料为铸铁，其顶部设有装油杯或油管的螺纹孔；轴套常用青铜制造。整体式轴承结构简单，制造方便，但磨损以后，轴颈和孔之间增大了径向间隙无法调整，而且轴的装拆不方便，所以只用于低速、轻载场合。

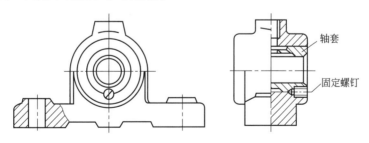

图 11-38 **整体式径向滑动轴承**

（2）剖分式轴承 图 11-39（a）是一种普通的对开式轴承，它由轴承座、轴承盖、剖分轴套、轴承盖螺栓等组成。轴瓦 3 和轴颈表面直接接触。为提高其抗磨损性能，常在轴瓦工作内表面上贴附一层很薄的轴承衬（简称轴衬）。当轴瓦工作面磨损较大时，通过修刮工作面和适当调整剖分面间预置的垫片厚薄，并拧紧螺栓，即可重新获得轴承所需的径向间隙。这种轴承克服了整体式轴承的缺点，应用较广。若将轴瓦与轴承座、盖以球面配合，如

图 11-39(b) 所示，则为调心轴承，可起到自动调心作用。

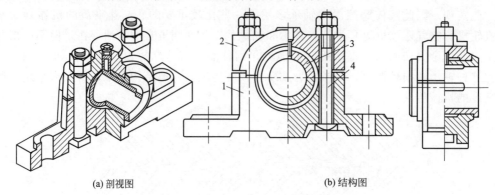

(a) 剖视图 (b) 结构图

图 11-39 剖分式径向滑动轴承

1—轴承座；2—轴承盖；3—剖分轴瓦；4—双头螺柱

2. 推力轴承

如图 11-40 所示，推力轴承由轴承座和推力轴颈组成，其结构形式有实形、环形、空心形和多环形几种类型，其具体结构尺寸可参考手册确定。图 11-40(a) 的实心端面，因其所受端面压力极不均匀，故一般不用。图 11-40(d) 所示多环形可承受较大的轴向载荷。

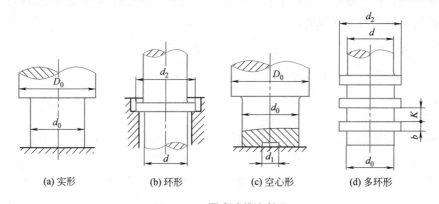

(a) 实形 (b) 环形 (c) 空心形 (d) 多环形

图 11-40 固定式推力轴承

3. 滑动轴承的润滑

轴承润滑的目的在于降低摩擦功耗，减少磨损，并起冷却、吸振、防锈作用。

（1）间歇供油润滑 如图 11-41(a) 所示的压注油杯，可压低钢球用油壶间歇供油润滑，也可以注入润滑脂；图 11-41(b) 所示为转动旋套开闭油孔间歇供油；图 11-41(c) 所示的针阀式注油油杯，可将手柄竖立或卧下，使针阀开、闭油孔以间歇供油。间歇供油一般用于低速、轻载的轴承处。

（2）连续供油润滑 图 11-42(a) 所示靠芯捻或线纱的毛细管作用，将油吸起以进行连续润滑；图 11-42(b) 所示的油环靠轴颈的旋转而转动，将油带入轴颈进行润滑，考虑离心力不宜过大，轴颈的转速应小些；图 11-42(c) 所示为将轴承直接浸入油池中，以进行油浴润滑，但轴的转速不宜过高；图 11-42(d) 所示为压力循环润滑，可供给轴承充足的油量以进行润滑、冷却。此种方式最好，但需有一套输油设备。

（3）脂润滑 润滑脂只能间歇供应。图 11-43 所示的润滑杯是应用最广的供应润滑脂的

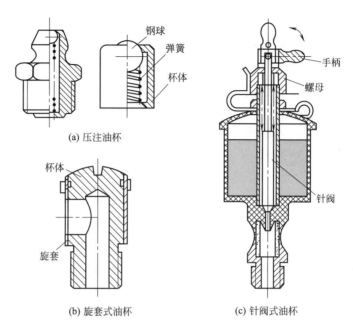

(a) 压注油杯

(b) 旋套式油杯　　　　　(c) 针阀式油杯

图 11-41　间歇供油润滑

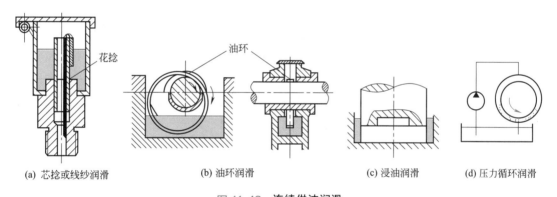

(a) 芯捻或线纱润滑　　　(b) 油环润滑　　　(c) 浸油润滑　　　(d) 压力循环润滑

图 11-42　连续供油润滑

装置。

三、滚动轴承

1. 滚动轴承的结构

图 11-43　润滑杯

滚动轴承属于标准件，由专门的轴承工厂成批生产。典型的滚动轴承的构造如图 11-44 所示，它通常由四种元件组成，即内圈 1、外圈 2、滚动体 3 和保持架 4。内圈装配在轴颈上，外圈装配在轴承座孔或回转零件的孔内。通常，内圈随轴一起转动，外圈静止。滚动体在内外圈间滚动，受内外圈的滚道的约束，不能作轴向移动。保持架将滚动体均匀分隔，以防其相互磨损。滚动体的形状有球形、圆锥形、鼓形等（图 11-45）。

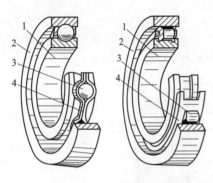

图 11-44　滚动轴承的构造

1—内圈；2—外圈；3—滚动体；4—保持架

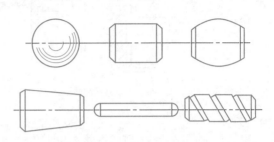

图 11-45　滚动体的种类

由于滚动体和内外圈的接触面积很小，接触应力很大，所以它们都由强度高、耐磨性好的铬锰高碳钢制造。保持架多用低碳钢板冲压而成，以利高速运转。

2. 滚动轴承的类型及代号

（1）滚动轴承的类型　滚动轴承可分为主要承受径向负荷的向心轴承，承受轴向负荷的推力轴承与同时承受径向负荷和轴向负荷的向心角接触轴承三类。我国常用各类滚动轴承的名称、代号、结构、主要性能及应用详见表 11-5。

（2）滚动轴承的代号　滚动轴承的类型很多，为了便于生产、设计和使用，国家标准 GB/T 273 规定，滚动轴承代号由基本代号、前置代号和后置代号构成。其代号的排列顺序及含义见表 11-6。

表 11-5　滚动轴承的基本类型、特点和应用

	类型名称及代号	结构简图	承载方向	特点及应用
径向接触轴承	深沟球轴承 6			主要用于承受径向载荷，也可以同时承受一定的轴向载荷（两个方向都可以）。在转速很高而轴向载荷不大时，可代替推力轴承。适用于高速、高精度处；工作时，内、外圈轴线相对偏斜不能超过 $2'\sim10'$，因此适应于刚性较大的轴
	调心球轴承 1			主要用于承受径向载荷，也可同时承受微量的轴向载荷；外圈滚道表面是以轴承中点为中心的球面，内、外圈允许有较大的轴线相对偏斜（小于 $4°$），因能自动调心，故适用于多支点轴、挠度较大的轴及不能精确对中的支承
	圆柱滚子轴承 NU			用于承受纯径向载荷，完全不能承受轴向载荷。安装时，内、外圈可分别安装；对轴的偏斜很敏感，内、外圈轴线相对偏斜 $\leqslant2'\sim4'$，适用于刚度很大，对中良好的轴

续表

类型名称及代号		结构简图	承载方向	特点及应用
径向接触轴承	调心滚子轴承 2			用于承受径向载荷,其承载能力比相同尺寸的调心球轴承大一倍。也能承受不大的轴向载荷 具有与调心球轴承相同的调心特性
	滚针轴承 NA			受径向载荷能力很大,但完全不能承受轴向载荷 一般无保持架,适用于径向载荷很大,而径向尺寸又受限制的地方
向心角接触轴承	角接触球轴承 7			用于同时承受中等的径向载荷和一个方向的轴向载荷。球和外圈接触角 α 有 $15°、25°、100°$ 三种,α 角愈大,承受轴向载荷的能力愈大;通常成对使用,一般应反向安装以承受两个方向的轴向载荷。内、外圈轴线对偏斜允许为 $2'\sim10'$
	圆锥滚子轴承 3			与角接触球轴承性能相似,但承载能力较大 锥面的 α 角有 $15°、25°$ 两种,内外圈也可分别安装。内、外圈轴线偏斜允许 $<2'$
轴向接触轴承	单向推力球轴承 5			用于承受纯轴向载荷(单向)。两个圈的内孔不一样大,一个与轴配合,另一个与轴有间隙;高速时离心力大,不适用于高速

表 11-6　滚动轴承代号的排列顺序及含义

轴承代号										
前置代号	基本代号	后置代号(组)								
		1	2	3	4	5	6	7	8	
成套轴承分部件		内部结构	密封与防尘套圈变形	保持架及其材料	轴承材料	公差等级	游隙	配置	其他	

四、滚动轴承的润滑、密封与维护

1. 滚动轴承的润滑

滚动轴承的润滑剂主要是润滑油和润滑脂两类。

润滑脂一般在装配时加入,并每隔三个月加一次新的润滑脂,每隔一年对轴承部件彻底清洗一次，并重新充填润滑脂。

当采用润滑油时，供油方式有油浴润滑、滴油润滑、喷油润滑、喷雾润滑等。油浴润滑是将轴承局部浸入润滑油中，油面不应高于最低滚动体的中心。滴油润滑是在油浴润滑基础上，滴油补充润滑油的消耗，设置挡板控制油面不超过最低滚动体的中心。为使滴油畅通，常选用黏度较小的润滑油。喷油润滑是用油泵将润滑油增压后，经油管和特别喷嘴向滚动体供油，流经轴承的润滑油经过滤冷却后循环使用。喷雾润滑是用压缩空气，将润滑油变成油雾送进轴承，这种方式的装置复杂，润滑轴承后的油雾可能散逸到空气中，污染环境。

考虑到滚动轴承的温升等与轴承内径 d 和转速 n 的乘积 dn 成比例，所以常根据 dn 值来选择润滑剂和润滑方式，详见有关资料。

2. 滚动轴承的密封与维护

密封的目的是将滚动轴承与外部环境隔离，避免外部灰尘、水分等的侵入而加速轴承的磨损与锈蚀，防止内部润滑剂的漏出而污染设备和增加润滑剂的消耗。

常用的密封方式有毡圈密封、唇形密封圈密封、沟槽密封、曲路密封、挡圈密封及毛毡圈加迷宫的组合密封等，如图 11-46 所示。各种密封方式的原理、特点及适用场合如下。

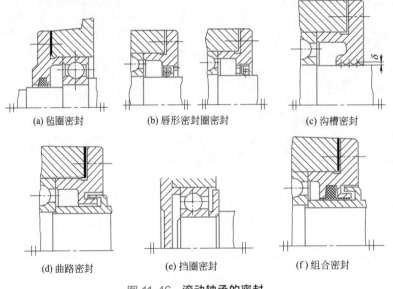

(a) 毡圈密封　　(b) 唇形密封圈密封　　(c) 沟槽密封

(d) 曲路密封　　(e) 挡圈密封　　(f) 组合密封

图 11-46　**滚动轴承的密封**

毡圈密封是利用安装在梯形槽内的毡圈与轴之间的压力来实现密封，用于脂润滑。

唇形密封圈密封原理与毡圈密封相似，当密封唇朝里时，目的是防止漏油；密封唇朝外主要目的是防止灰尘、杂质进入。这种密封方式既可用于脂润滑，也可用于油润滑。

缝隙沟槽密封靠轴与盖间的细小环形隙密封，环形隙内充满了润滑脂。间隙愈小愈长，效果愈好。用于脂润滑。

曲路密封是将旋转件与静止件之间的间隙做成曲路（迷宫）形式，在间隙中充填润滑油或润滑脂以加强密封效果。

挡圈密封主要用于内密封、脂润滑。挡圈随轴转动，可利用离心力甩去油和杂物，避免润滑脂被油稀释而流失及杂物进入轴承。

有时单一的密封方式满足不了使用要求，这时可将上述密封方式组合起来使用。其中，毡圈加曲路的组合密封用得较多。

第六节　螺纹连接、键连接、销连接

连接的类型很多，利用螺纹连接件将不同的零件连接起来，称为螺纹连接；利用键将回转零件与轴连接在一起称为键连接；利用销将不同的零件连接起来，称为销连接。这些连接方式在生产中获得了广泛的应用。

一、螺纹连接

1. 螺纹连接的类型、标准

螺纹连接的基本类型有螺栓连接、双头螺柱连接、螺钉连接、紧定螺钉连接。

（1）螺栓连接　螺栓连接（图 11-47）是将螺栓穿过两个被连接件的孔，然后拧紧螺母，将两个被连接件连接起来。螺栓连接分为普通螺栓连接［图 11-47(a)］和铰制孔用螺栓连接［图 11-47(b)］。前者螺栓杆与孔壁之间留有间隙，螺栓承受拉伸变形；后者螺栓杆与孔壁之间没有间隙，常采用基孔制过渡配合，螺栓承受剪切和挤压变形。

螺栓连接无需在被连接件上切制螺纹孔，所以结构简单，适用于被连接件不太厚并能从被连接件两边进行装配的场合。

（2）双头螺柱连接　双头螺柱连接（图 11-48）是将双头螺柱的一端旋紧在被连接件之一，另一端则穿过其余被连接件的通孔，然后拧紧螺母，将被连接件连接起来。这种连接适用于被连接件之一太厚，不能采用螺栓连接或希望连接结构较紧凑，且需经常装拆的场合。

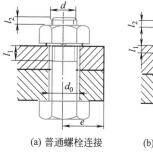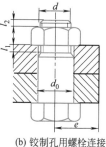

(a) 普通螺栓连接　　(b) 铰制孔用螺栓连接

图 11-47　**螺栓连接**

（3）螺钉连接　螺钉连接（图 11-49）是将螺钉穿过一被连接件的通孔，然后旋入另一被连接件的螺纹孔中。这种连接不用螺母，有光整的外露表面。它适用于被连接件之一太厚且不经常装拆的场合。

（4）紧定螺钉连接　紧定螺钉连接（图 11-50）是将紧定螺钉旋入被连接件之一的螺纹孔中，并以其末端顶住另一被连接件的表面或顶入相应的凹坑中，以固定两个零件的相互位置。这种连接多用于轴与轴上零件的连接，并可传递不大的载荷。

螺纹连接的有关尺寸要求如螺纹余留长度、螺纹伸出长度、螺纹孔深度等可查阅相关的国家标准。螺纹连接件有螺栓、双头螺柱、螺钉、紧定螺钉、螺母、垫圈、防松零件等，它们多为标准件，其结构、尺寸在国家标准中都有规定。

2. 螺纹连接的预紧与防松

一般螺纹连接在装配时都要拧紧，称为预紧。预紧可提高螺纹连接的紧密性、紧固性和可靠性。

一般螺纹连接具有自锁性，在静载荷作用下，工作温度变化不大时，这种自锁性可以防止螺母松脱。但如果连接是在冲击、振动、变载荷作用下或工作温度变化很大时，螺纹连接则可能松动。连接松脱往往会造成严重事故。因此设计螺纹连接时，应考虑防松的措施，常用的防松方法见图 11-51。

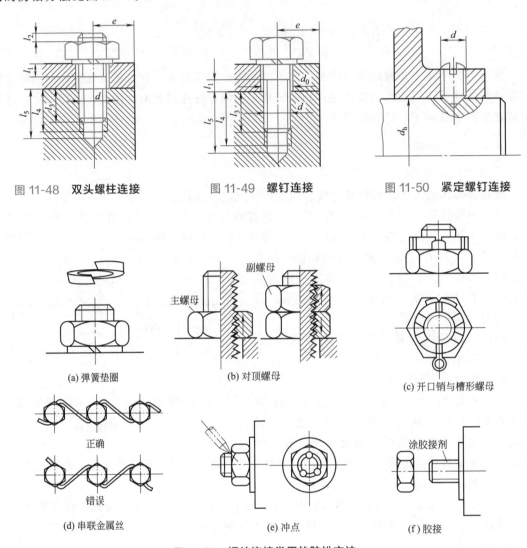

图 11-48 **双头螺柱连接**　　　图 11-49 **螺钉连接**　　　图 11-50 **紧定螺钉连接**

(a) 弹簧垫圈　　　　　(b) 对顶螺母　　　　　(c) 开口销与槽形螺母

正确

错误

(d) 串联金属丝　　　　　(e) 冲点　　　　　(f) 胶接

图 11-51 **螺纹连接常用的防松方法**

二、键连接

键连接是实现轴和轴上零件周向固定的常用方式，它结构简单，装拆方便，工作可靠。常用键的类型有平键、半圆键、楔键和切向键等，均有国家标准，设计时按使用要求选择适当的类型和尺寸，必要时验算其强度。

1. 键连接的类型和应用

（1）平键连接　平键连接有普通平键连接、导向平键连接和滑键连接三种。本书只介绍普通平键连接。

普通平键连接如图 11-52(a) 所示，工作面为两侧面，工作时，靠键和键槽的挤压传递转矩。其连接为静连接，即轴上零件沿轴向移动。平键连接的特点是结构简单，装拆方便，对中性好，但不能承受轴向力。

普通平键按端部形状的不同有 A、B、C 三种，如图 11-52(b) 所示。圆头键配用铣刀加工的键槽，平头键配用盘形铣刀加工的键槽，A、B 型键用得最多，C 型键只用于轴端。

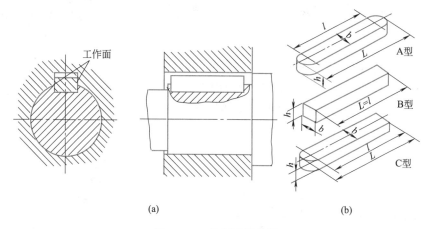

图 11-52　**普通平键连接**

(2) 半圆键连接　半圆键连接的键和键槽均为半圆形，如图 11-53 所示。工作面为两侧面，键可在键槽内摆动，以适应毂槽的倾斜，安装极为方便，多用于锥形轴端。其缺点是轴上键槽较深，对轴的削弱大，所以只适用于轻载连接。

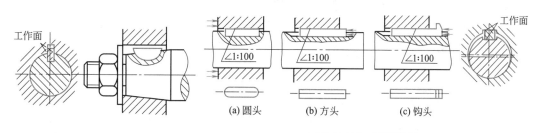

图 11-53　**半圆键连接**　　　　图 11-54　**楔键连接**

(3) 楔键连接　楔键连接分普通楔键连接和钩头楔键连接。如图 11-54 所示，普通楔键有 A、B、C 三种形式，钩头楔键由于装拆方便，使用较多。楔键的上表面和与之配合的轮毂键槽底部均有 1：100 的斜度，装配时，对方头和钩头楔键，先把轮毂装到合适的位置，然后将键打紧，圆头楔键则先将键放入键槽，再打紧轮毂。楔键的上下表面为工作表面。工作时靠键楔紧后，键、轴、毂之间产生的摩擦力和键顶的偏压力来传递转矩，同时还能承受单方向的轴向载荷。但楔紧后会使轴上零件和轴的配合产生偏心或偏斜。因此，楔键连接主要用于对中要求不高，低速轻载的场合。为安全起见，钩头键的钩头部分应加护罩。

2. 键连接的选择

键连接的选择包括类型选择和尺寸选择两方面，类型选择主要考虑使用要求和工作状况。如传递转矩的大小、对中性要求、是否要求轴向滑动及滑动的距离、键在轴上的位置等。键的剖面尺寸根据轴的直径从标准中选取，键的长度也必须符合规定的长度系列。

3. 花键连接

花键连接由带有多个纵向键槽的轴（外花键）和毂孔（内花键）组成。如图 11-55 所示。花键可视为多个平键，键齿侧面为工作面，依靠其互相挤压传递转矩。它比平键连接承载能力强，对中性和导向性好，对轴的削弱小。因此，广泛应用于机械制造行业中。其缺点是结构较复杂，需要专门设备加工，成本高。

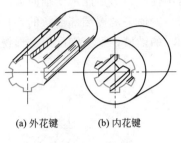

图 11-55　**花键**

三、销连接

销连接通常用于固定零件之间的相对位置 [定位销，见图 11-56(a)]，也用于轴毂间或其他零件间的连接 [连接销，见图 11-56(b)]，还可充当过载剪断元件 [安全销，见图 11-56(c)]。

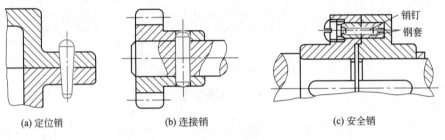

图 11-56　**销连接**

可根据工作要求选择销连接的类型。定位销一般不受载荷或只受很小的载荷，其直径按结构确定，数目不少于 2 个。连接销能传递较小的载荷，其直径也按结构及经验确定，必要时校核其挤压和剪切强度。安全销的直径应按销的剪切强度 τ_b 计算，当过载 $20\%\sim30\%$ 时即应被剪断。

销按形状分为圆柱销、圆锥销和异形销三类。圆柱销靠过盈与销孔配合，为保证定位精度和连接的紧固性，不宜经常装拆，主要用于定位，也用作连接销和安全销。圆锥销具有 1∶50 的锥度，小端直径为标准值，自锁性能好，定位精度高，主要用于定位，也可作为连接销。圆柱销和圆锥销的销孔均需铰制。异形销种类很多，其中开口销工作可靠、拆卸方便，常与槽形螺母合用，锁定螺纹连接件。

🌱 **拓展阅读**

我国机械传动领域的发展历程及突出成就

机械传动技术在我国的发展始于工业革命时期，早期主要依赖引进国外技术和设备。20 世纪 60 年代，我国在机械传动领域开始取得历史性突破，例如马钢于 1963 年和 1964 年成功轧制出中国第一件轮箍和辗钢整体车轮，标志着我国摆脱了对进口产品的依赖。20 世纪 70 年代，机械传动技术迎来飞跃式发展，空间啮合理论成为研究热点，我国相继推出了曲线锥齿轮、环面蜗杆、点接触蜗杆及圆弧齿轮等新型传动系统。这一时期，我国的机械传动技术逐渐达到世界先进水平。随着国家对制造业的重视，机械传动行业进入快速发展期。新型齿轮材料、加工工艺和设计理论的涌现，使得传动装置的精度、效率和可靠性显著提高。同时，智能化、节能环保等理念开始融入传动系统的设计。

近年来，机械传动行业在智能化、绿色化和高效化方面取得显著进展。例如，智能化传动系统通过物联网、大数据等技术实现了远程监控和预测性维护。此外，行业还通过产学研合作加速科技成果转化，推动产业升级。

国内企业如南方精工通过引进国际先进设备，成功研发并量产了单向离合器，填补了国内市场空白。在少齿差行星传动、变型伺服传动、新型蜗杆传动等领域取得突破，我国部分产品达到国际先进水平。

当前，通过引入物联网和人工智能技术，传动系统实现了远程监控、故障诊断和智能控制。持续在高端装备上实现了国产化。如：我国成功研制了 16m 以上超大直径盾构机"山河号""江海号"，形成了完整的产业链，推动了地下工程施工技术的飞跃。全球最大的 600 马力混动拖拉机的成功研发，打破了农机动力传动的技术瓶颈，推动了农业机械的智能化转型。

目前，我国机械传动行业已形成较为完善的标准化体系，涵盖设计、制造、检验等多个环节。同时，国内企业在国际市场上的竞争力不断提升，部分企业已进入国际一流厂商的供应链。

机械传动行业在绿色制造理念的推动下，正在向低能耗、低排放和高回收率方向发展。例如，采用磁悬浮轴承和直线电机技术，减少机械接触，实现高效、低摩擦的传动。

未来，机械传动行业将向智能化与自动化发展。机械传动系统将深度融合物联网、大数据和人工智能技术，实现智能化管理和优化运行。行业将继续推进高端传动件的国产化替代，同时注重绿色制造，推动传动系统向低能耗、低排放方向发展。通过加强企业、高校和科研院所的合作，加速科技成果转化，不断推动传动技术的持续创新。

总之，我国机械传动领域在技术创新、高端化和智能化方面取得了显著成就，未来将继续朝着高质量、可持续的方向发展，为制造业的升级提供坚实支撑。

思考题

11-1　说明带传动的组成与工作原理。

11-2　带传动有何特点？

11-3　带传动有哪些类型？各有何应用？

11-4　V 带轮有哪几种结构形式？制造 V 带轮的材料有哪些？

11-5　带传动的失效形式有哪些？

11-6　带传动为什么要张紧？常见的张紧装置有哪些？

11-7　带传动的安装和维护应注意什么？

11-8　齿轮传动有何特点？

11-9　齿轮传动有哪些类型？

11-10　齿轮传动的传动比怎样计算？一对齿轮传动的传动比有何限制？

11-11　齿轮传动的失效形式主要有哪些？各是什么原因？

11-12　蜗杆传动有何特点？

11-13　蜗杆传动最容易出现的失效形式有哪些？为什么？

11-14　蜗杆、蜗轮一般用什么材料制造？

11-15　蜗轮有哪几种结构形式？试说明各自的特点及适用场合。

11-16 蜗杆传动为什么要进行润滑？

11-17 按承受载荷的不同，轴分为哪几类？说明各类轴的受载特点。

11-18 按轴线几何形状的不同，轴分为哪几类？各有何用途？

11-19 轴通常是用什么材料制成的？

11-20 联轴器有何功用？联轴器分为哪几类？各有何特点？

11-21 联轴器的型号是怎样选择的？

11-22 按结构的不同，滑动轴承分为哪几种？各有何特点和用途？

11-23 轴承润滑的目的是什么？滑动轴承常用的润滑剂有哪些？滑动轴承常用的润滑装置有哪些？

11-24 按照国家标准，滚动轴承分为哪几种类型？各有何特点？

11-25 滚动轴承常用的密封方式有哪些？

11-26 螺纹连接有哪几种基本类型？各用在什么场合？

11-27 螺纹连接为什么要防松？常用的防松措施有哪些？

11-28 普通平键的端部结构有哪几种形式？各有何特点？

11-29 销连接有哪些类型？各有何功用？

第十二章
化工管路

第一节 概述

化工管路是化工生产中所使用的各种管路的总称，其主要作用是用来输送和控制流体介质。化工管路按工艺要求将各台化工设备和机器相连接以完成生产过程，因此它是整个化工生产装置中不可缺少的组成部分。正确合理地设计化工管路，对于优化设备布置，降低工程投资和减少日常管理费用以及方便操作都起着十分重要的作用。

化工管路一般由管子、管件、阀门、管架等组成。在化工生产中，由于管路所输送的介质的性质和操作条件各不相同，因此化工管路也有多种分类方法。

按管路的材质可分为金属管路和非金属管路。金属管常用材料有铸铁、碳素钢、合金钢和有色金属；非金属管常用的有塑料、橡胶、陶瓷、水泥等。

按输送介质的压力可分为真空管（$p<0$MPa）、低压管（$0 \leqslant p<1.6$MPa）、中压管（$1.6 \leqslant p<10$MPa）、高压管（$16 \leqslant p<100$MPa）、超高压管（$p>100$MPa）。

按输送介质的温度可分为低温管（$t<-20℃$）、常温管（$-10℃<t<200℃$）、高温管（$t \geqslant 200℃$）。

按输送介质的种类可分为水管、蒸汽管、气体管、油管以及输送酸、碱、盐等腐蚀性介质的管路。

为了简化管子和管件等产品的规格，使其既满足化工生产的需要，又适应批量生产的要求，方便设计制造和安装检修，有利于匹配互换，国家制订了管路标准和系列。管路标准是根据公称直径和公称压力两个基本参数来制订的。根据这两个基本参数，统一规定了管子和管件的主要结构尺寸与参数，使得具有相同公称直径和公称压力的管子与管件，都可相互配合和互换使用。

第二节 化工管路的安装

一、管路布置

工厂的管路布置是在厂房结构、设备和电气设备布置初步确定之后进行的。由于生产工艺过程是连续的，流程复杂，其管路不但数量多而且输送的介质种类也多。为了节省管路，节约投资费用，管路必须进行合理的布置。另外，没有预先的管路布置，也无法进行管路计算及施工安装，管路布置虽然是根据流程图及设备布置图来进行的，但是在管路布置过程中往往也会发现设备布置不尽合理的地方，所以管路布置也可检验设备布置的正确性。

为了使管路布置比较合理，布置时应考虑和注意以下事项。

① 管路的布置应满足生产需要，易于安装、操作和检修，尽量缩短管线，减少管材消耗，经济合理。

② 管路上的各种物料阀门应尽量靠近设备的操作面，以利于操作者的控制。

③ 管路应尽量集中布置，如沿厂房墙壁、楼面下、柱子边等布置，并应协调各根管路的标高和平面坐标位置，力争共架敷设，占用空间小。同时考虑避免遮挡室内采光和妨碍门窗启闭，照顾整体美观。

④ 管路应避免敷架在电动机和配电盘的上空，应不影响车辆和行人交通。凡通过人行道、公路、铁路上方的管路或支架的最低点至路面或钢轨顶面的净空高度应满足下列要求：人行道上方最小净空高度为 2.2m；公路上方最小净空高度为 4.5m；铁路上方最小净空高度为 5.5m；车间内次要通道的最小净高度为 2m。

腐蚀性、有毒介质管路，其法兰接合处不得位于通道的上空。

⑤ 当几种管路在布置中发生矛盾时，应根据具体情况妥善考虑，一般按下面要求处理。

a. 大直径管路、热介质管路、气体管路、保温管路和无腐蚀性介质管路在上；小直径、液体、不保温、冷介质和有腐蚀性介质管路在下。

b. 直径大的、常温的、支管少的、不常检修的和无腐蚀性介质管路靠墙；直径小的、常检修的、支管多的、有腐蚀性的和热力管路等靠外。

⑥ 管子间的距离和穿墙、穿楼板的留孔留洞，应考虑阀门、法兰是并列还是错开；是保温管路还是非保温管路。其有关尺寸可参照有关手册。

⑦ 管路的坡度和坡向，可根据工艺需要而定。对酸碱溶液等对管子起腐蚀作用或停留较久会凝固、变质或沉淀的物料均需考虑坡度。其坡向应满足生产时在各种运行方式下，如正常运行、暖管、停止运行等能顺利地排走介质、排污或放气。在必要时可接入蒸汽、压缩空气或水管以便冲洗。

⑧ 管路的埋地敷设，在非冰冻地区的管路埋深，主要由外部荷载、管材强度及管路交叉等因素决定，一般不小于 0.7m。在冰冻地区的管路埋深，除主要考虑上述因素外，还需考虑土壤的冰冻深度，一般情况下管顶离冰冻线不应小于 0.2m。

⑨ 管路在管沟内敷设，如管路设在不通行的管沟内时，应有可揭开的盖板，一般采用钢材或铸铁板，也可采用预埋钢筋混凝土板或木板。管沟的深度和宽度应便于检修。沟深一般应按沟底距管底不小于 300mm，管顶至盖板的距离不小于 100mm。当管径不大于 300mm 时，管外壁距沟壁不小于 200mm，管径大于 300mm 时，不小于 300mm。

二、管路的涂色

为了便于区别各种介质的管路，管路保护层外需涂以不同颜色。涂色方法一种是单色，另一种是在底色上加色圈（每隔 2m 加一个色圈，其宽度为 50~100mm）或注字。管路上箭头，根据管路颜色适当配色。管路涂色目前无统一标准，各厂可视具体情况进行调整或补充。

常用化工管路的涂色参考如表 12-1 所示。

表 12-1　常用化工管路的涂色

管路类型	底色	色圈	管路类型	底色	色圈	管路类型	底色	色圈
过热蒸汽管	红	黄	氨气管	橘黄	—	生活饮水管	绿	—
饱和蒸汽管	红	—	压缩空气管	浅蓝	黄	热水供水管	绿	黄
废气管	红	绿	酸液管	橘黄	褐	热水回水管	绿	褐
氧气管	天蓝	—	碱液管	粉红	—	凝结水管	绿	红
氮气管	棕黑	—	油类管	橙	—	排水管	黑	—
氢气管	深蓝	白	工业用水管	绿	—	消防水管	绿	红蓝

三、管子的材料及其选用

在选用管子时，必须考虑被输送物料性质和它的腐蚀性，同时也应考虑物料状态和压力。在不同的温度及压力范围内，管子必须能保持一定的机械强度。管子选用的材料，视所输送物料性质而定，常采用的材料有灰铸铁、碳钢、橡胶、有色金属、玻璃、塑料等。

1. 金属管

金属管在化工管路中应用极为广泛，常用的有铸铁管、钢管、有色金属管。

（1）铸铁管　铸铁管可分为普通铸铁管和硅铁铸管两大类。普通铸铁管由灰铸铁铸造而成。铸铁中含有耐腐蚀的硅元素和微量石墨，具有较强的耐蚀性能。通常在铸铁管内外壁面涂有沥青层，以提高其使用寿命。灰铸铁用于制造普通的阀件、管件以及受压较小的管子。铸铁管及其管阀件常用作埋入地下的给、排水管，煤气管道以及有腐蚀性物料的管路。由于铸铁组织疏松，质脆强度低，铸铁管不能用于蒸汽管路，也不能用于压力较高或有毒易爆介质的管路上。

普通铸铁管的直径为 $\phi 50 \sim 300 mm$，壁厚为 $4 \sim 7 mm$，管长有 3m、4m、6m 等系列。硅铁铸管是指含碳 $0.5\% \sim 1.2\%$，含硅 $10\% \sim 17\%$ 的铁硅合金，由于硅铁管表面能形成坚固的氧化硅保护膜，因而具有很好的耐腐蚀性能，特别是耐多种强酸腐蚀。硅铁管硬度高，但耐冲击和抗振动性能差。

（2）钢管　用于制造钢管的常用材料有普通碳素钢、优质碳素钢、低合金钢和不锈钢等。按制造方式又可分为有缝钢管和无缝钢管。

有缝钢管又称为焊接钢管，一般由碳素钢制成。表面镀锌的有缝钢管叫镀锌管或白口管，不镀锌的叫黑铁管。有缝钢管常用于低压流体的输送。如水、煤气、天然气、低压蒸汽和冷凝液等。

无缝钢管质量均匀、品种齐全、强度高、韧性好、管段长，是工业管道中最常用的管材。

按轧制方法不同，无缝钢管分为热轧管和冷轧管两种。冷轧管的外径为 $\phi 5 \sim 200 mm$，长度为 $1.5 \sim 9 m$；热轧管的外径为 $\phi 32 \sim 600 mm$，长度为 $3 \sim 12.5 m$。无缝钢管的材质常用10、20、16Mn、09Mn2V 等。无缝钢管的常用规格、材料、适用温度见表 12-2。

表 12-2　无缝钢管的常用规格

标准号	常用规格/mm	材料	适用温度/℃
GB/T 8163—2018	$8×1.5,10×1.5,14×2,14×3,18×3,22×3,25×3,32×3,32×$ $3.5,38×3,38×3.5,45×3,45×3.5,57×3.5,76×4,76×5,89×$ $4,89×5,108×4,108×6,133×4,133×6,159×4.5,159×6,$ $219×6,273×8,325×8,377×9$	20,10, 16Mn, 09Mn2V	−20～475 −40～475 −70～200

不锈钢无缝钢管常用材质有 0Cr13、1Cr13、1Cr18Ni9Ti、0Cr18Ni12Mn2Ti、0Cr18Ni12Mo3Ti 等。冷轧管的外径为 $\phi6\sim200mm$，长度为 $1.5\sim8m$；热轧管的外径为 $\phi54\sim480mm$，长度为 $1.5\sim10m$。不锈钢无缝钢管的常用规格、材料及适用温度见表 12-3。

表 12-3　不锈钢无缝钢管的常用规格

标准号	常用规格/mm	材料	适用温度/℃
GB/T 14976—2012	6×1, 10×1.5, 14×2, 18×2, 22×1.5, 22×3, 25×2, 29×2.5, 32×2, 38×2.5, 45×2.5, 50×2.5, 57×3, 65×3, 76×4, 89×4, 108×4.5, 133×5, 159×5	0Cr13, 1Cr13, 1Cr18Ni9Ti, 0Cr18Ni12Mo2Ti, 0Cr18Ni12Mo3Ti	0～400 −196～700 −196～700 −196～700

（3）有色金属管

① 铜管　铜管有紫铜管和黄铜管两种。紫铜管含铜量为 $99.5\%\sim99.9\%$。黄铜管材料则为铜和锌的合金。铜管的常用规格为：外径 $\phi5\sim155mm$，长度 $1\sim6m$，壁厚 $1\sim3mm$。

铜管导热性能好，大多用于制造换热设备、深冷管路，也常用作仪表测量管和液压传输管路。

② 铝及铝合金　铝管常用工业纯铝制造。铝合金管则多采用 5A02、5A03、5A05、5A06、3A21、2A11、2A12 等制成。由于铝及铝合金具有良好的耐腐蚀性和导热性，常用于输送脂肪酸、硫化氢、二氧化碳气体等介质，还可用于输送硝酸、醋酸、磷酸等腐蚀性介质，但不能用于盐酸、碱液等含氯离子的化合物。铝及铝合金的使用温度一般不超过 $150℃$，介质压力不超过 $0.6MPa$。

③ 铅管　常用铅管有软铅管和硬铅管两种。软铅管用含铅量在 99.95% 以上的纯铅制成，最常用的是 Pb4 铅管。硬铅管由锑铅合金制成。铅管硬度小、密度大，具有良好的耐蚀性，在化工生产中主要用来输送浓度在 70% 以下的冷硫酸，浓度 40% 以下的热硫酸和浓度 10% 以下的冷盐酸。由于铅的强度和熔点都较低，故使用温度一般不得超过 $140℃$。

2. 非金属管

（1）塑料管　在非金属管路中，应用最广泛的是塑料管。塑料管种类很多，分为热塑性塑料管和热固性塑料管两大类。属于热塑性的有聚氯乙烯管、聚乙烯管、聚丙烯管、聚甲醛管等。属于热固性的有酚醛塑料管等。塑料管的主要优点是耐蚀性能好、质量轻、成形方便、加工容易，缺点是强度较低，耐热性差。

（2）陶瓷管　陶瓷管结构致密，表面光滑平整，硬度较高，具有优良的耐腐蚀性能。除氢氟酸和高温碱、磷酸外，几乎对所有的酸类、氯化物、有机溶剂均具有抗腐蚀作用。陶瓷管的缺点是质脆易破裂，耐压和耐热性能差，一般用于输送温度小于 $120℃$、压力为常压或一定真空度的强腐蚀介质。

（3）橡胶管　橡胶管用天然橡胶或合成橡胶制成。按性能和用途不同有纯胶管、夹布胶管、棉线纺织胶管、高压胶管等。橡胶管质量轻、挠性好，安装拆卸方便，对多种酸碱液具有耐蚀性能。橡胶管为软管，可任意弯曲，多用来作临时性管路和某些管路的挠性连接件。橡胶管不能用作输送硝酸、有机酸和石油产品的管路。

（4）玻璃钢管　玻璃钢管是以玻璃纤维及其制品为增强材料，以合成树脂为黏结剂，经过一定的成形工艺制作而成。玻璃钢管具有质量轻、强度高、耐腐蚀的优点，但易老化、易变形、耐磨性差，一般用于温度小于 $150℃$、压力小于 $1MPa$ 的酸性和碱性介质的输送管路。

（5）玻璃管　玻璃管一般由硼玻璃或高铝玻璃制成，具有透明、耐蚀、阻力小、价格低等优点，缺点是质脆，不耐冲击和振动。玻璃管在化工生产中常用作监测或实验的管路。

四、管件和阀门

在化工管路中，除了作为主体的直管外，还设置有短管、弯头、三通、异径管、法兰、盲板等配件，用来改变管路方向、接出支管、改变管径以及封闭管路等，以满足生产工艺和控制流体介质的压力、流量，化工管路中还使用着多种类型的阀门。

1. 常用管件

（1）弯头　弯头的作用主要是用来改变管路的走向。弯头可用直管弯曲而成，也可用管子组焊，还可用铸造或锻造的方法制造。弯头的常用材料为碳钢和合金钢。弯头的形状常有45°、60°、90°、180°等，见图 12-1。

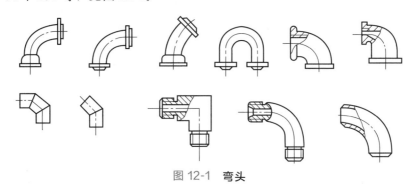

图 12-1　弯头

（2）三通　当管路之间需要连通或分流时，其接头处的管件称为三通。三通可用铸造或锻造方法制造，也可组焊而成。根据接入管的角度和旁路管径的不同，可分为正三通、斜三通。接头处的管件除三通外，还有四通、Y 形管等，见图 12-2。

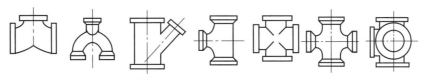

图 12-2　三通、四通及 Y 形管

（3）短管和异径管　为了安装、拆卸的方便，在化工管路中通常装有短管。短管两端面直径相同的叫等径管，两端面直径不同的叫异径管。异径管可改变流体的流速。短管与管子的连接通常采用法兰或螺纹连接方式，也可采用焊接。短管与异径管的结构形式如图 12-3所示。

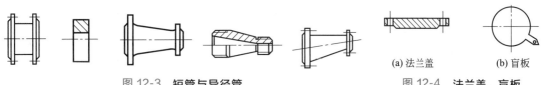

图 12-3　短管与异径管

(a) 法兰盖　　(b) 盲板

图 12-4　法兰盖、盲板

（4）法兰与盲板　为了管路安装和检修的需要，管路中需装设管道法兰。管法兰已标准化，使用时可根据公称压力和公称直径选取。

通常管路的末端装有法兰盖（实心法兰），以便于检修和清理管路。法兰盖与法兰尺寸相同，材质有铸铁和钢制两种。

在化工管路中还因检修设备需要，在两法兰之间插入盲板，以切断管路中的介质，确保人身安全。盲板常用材质为钢材，大小可与插入处法兰密封面外径相同，厚度一般为 3～6mm。法兰盖和盲板如图 12-4 所示。

2. 管径选择与壁厚确定

（1）影响管径大小的因素　流体输送管路的直径可根据流量和流速确定。流量是指单位时间内，通过有效截面的流体体积或质量，它一般由工艺条件所决定。流速是指流体单位时间内在流动方向上通过的距离，是影响管径的关键因素。若流速选得过大，虽可减小管径，但流体流过管道时阻力增大，消耗的动力也大，操作费用随之增加。反之，若流速选择过小，虽可降低操作费用，但管径增大，管路的基建投资上升。所以在确定流速时，应在满足工艺条件的前提下，在操作费用和基建费用之间通过经济权衡来确定适宜流速，进而确定管子直径。

流体在管道中的适宜流速的大小，与流体的性质及操作条件有关，可根据表 12-4 中经验数据选取。

（2）管径的计算与选择　流量与流速及流通截面积之间的关系为

$$Q_V = uA \tag{12-1}$$

式中　Q_V——流体体积流量，m/s；

　　　u——流体流速，m/s；

　　　A——流体流通截面积，m。

表 12-4　流体常用流速范围　　　　　　　　　　　　　　　　　　　m/s

流体名称		流速范围	流体名称		流速范围
饱和蒸汽	主管	30～40	空气压缩机	吸入口	<10～15
	支管	20～30		排出口	15～20
低压蒸汽<0.98MPa(绝压)		15～20	易燃易爆液体		<1
中压蒸汽 0.98～3.92MPa(绝压)		20～40	石灰乳(粥状)		≤1.0
一般气体（常压）		10～20	乙炔气	（外管线）0.0098～1.47MPa(表压)(中压)	2.0～4.0
压缩空气 0.098～0.196MPa(表压)		10～15		（外管线）0.0098MPa(表压)以下(低压)	1.0～2.0
氢气		≤8.0		（车间内）0.0098～1.47MPa(表压)(中压)	4.0～8.0
工业供水、0.785MPa(表压)以下盐水		1.5～3.5 1.0～2.0		（车间内）0.0098MPa 以下(表压)(低压)	3.0～4.0
制冷设备中盐水		0.6～0.8	煤气		2.5～15
离心泵	吸入口	1～2	液氨≤0.588MPa(表压)		8.0～10 (经济流速) 0.3～0.5
	排出口	1.5～2.5			

化工生产中所用管道通常为圆管，以 $A = (\pi/4)d^2$ 代入式(12-1) 可得

$$d = \sqrt{\frac{4Q_V}{\pi u}} \tag{12-2}$$

式中 d——圆管内直径，m。

若采用质量流量，则质量流量与体积流量的关系为

$$Q_m = Q_V \gamma \tag{12-3}$$

式中 Q_m——流体的质量流量，kg/s；

γ——流体密度，kg/m^3。

采用质量流量时管径计算公式为

$$d = \sqrt{\frac{4Q_m}{\pi u \gamma}} \tag{12-4}$$

由式(12-2) 和式(12-4) 计算所得直径为构成流通面积的直径即内径，而选择管径的基本参数是公称直径。一般情况下，管子公称直径既不等于内径，也不等于外径。同一公称直径，其管壁因厚度不同而内径不一。因此，在根据公称直径选择管子时，应使其内径与计算直径接近。

(3) 管子壁厚计算与选用　当管道输送流体介质时，通常管内介质具有一定的压力，因而要求管壁必须具有足够的厚度，以保证管道系统的安全运行。承受介质压力的圆管，受力情况相当于内压圆筒，其壁厚可参见"第三章 压力容器"中内压圆筒厚度计算公式确定。

① 管子壁厚计算

$$\delta = \frac{p_c D_i}{2[\sigma]\phi - p_c} \tag{12-5}$$

式中 δ——管子计算厚度，mm；

p_c——管子计算压力，MPa；

$[\sigma]$——管子许用应力，MPa；

ϕ——管子基本许用应力修正系数，对于无缝钢管，取 $\phi = 1$，对于有缝钢管，按表12-5 选取。

② 管子壁厚选取　管子的计算厚度是满足管子承受介质压力的强度要求所必需的，在确定管壁厚度时，还要考虑介质腐蚀和管子制造偏差可能造成的管壁厚度减少的情况，故需在计算厚度的基础上加上厚度附加量，并据此按钢管规格标准选取管子厚度。

表 12-5　纵缝焊接钢管基本许用应力修正系数

焊接方法	焊缝形式	许用应力修正系数 ϕ
手工焊或气焊	双面焊接有坡口对接焊缝	1.00
	有氩弧焊打底的单面焊接,有坡口对接焊缝	0.90
	无氩弧焊打底的单面焊接,有坡口对接焊缝	0.75
熔剂层下的自动焊	双面焊接对接焊缝	1.00
	单面焊接,有坡口对接焊缝	0.85
	单面焊接,无坡口对接焊缝	0.80

3. 阀门

阀门是化工管路中用来控制管内流体流动的装置，它的用途主要有：启闭作用（截断或沟通管内流体的流动）；调节功能（改变管路阻力，调节流体的流动）；节流效应（流体流过阀门

后可产生较大的压力降)。化工厂中所使用的阀门种类繁多,可根据阀门的不同性能分类。

(1)闸阀 闸阀的结构如图 12-5 所示,它是利用闸板与阀座的配合来控制启闭的阀门。闸板与管内流体流动方向垂直,通过闸板的升降改变其与阀座的相对位置,从而改变流体通道的大小。当闸板与整个阀座紧密配合时,流体不能通过阀门而处于关闭状态。为了使阀门在关闭时严密不漏,闸板与阀座之间的配合面需要经过研磨,通常在闸板和阀座上镶有耐腐蚀、耐磨的金属密封圈(青铜、黄铜、不锈钢等)。

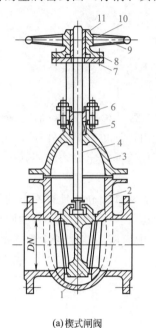
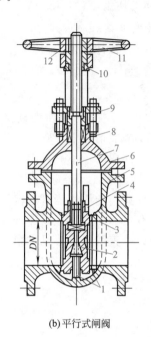

(a)楔式闸阀   (b)平行式闸阀

1—楔式闸阀;2—阀体;3—阀盖;4—阀杆;   1—平行式双闸板(圆盘);2—楔块;3—密封圈;4—铁箍;
5—填料;6—填料压盖;7—套筒螺母;8—压   5—阀体;6—阀盖;7—阀杆;8—填料;9—填料压盖;
紧环;9—手轮;10—键;11—压紧螺母   10—套筒螺母;11—手轮;12—键或紧固螺钉

图 12-5 闸阀

闸阀的特点是流体阻力小,维修更换困难。开启缓慢,易于调节,但结构复杂,造价较高,且磨损快,维修更换困难。

闸阀在化工厂中应用较广,多用于大直径上水管道,也可用于真空管路和低压气体管路,但不宜用于蒸汽管路。

(2)截止阀 截止阀又叫球心阀或球形阀,是化工生产中应用比较广泛的一种阀门,其结构如图 12-6 所示。

截止阀的密封零件是阀盘和阀座。通过转动手轮,带动阀杆和阀盘作轴线方向的升降,改变阀盘与阀座之间距离,从而改变流体通道面积大小,使得流体的流量改变或截断通道。为了使截止阀关闭严密,阀盘与阀座配合面应经过研磨或使用垫片,也可在密封面镶青铜、不锈钢等耐蚀、耐磨材料。阀盘与阀杆采用活动连接,以利阀盘与阀杆严密贴合。阀盘的升降由阀杆控制,阀杆上部是手轮,中部是螺纹及填料密封段,填料的作用是防止阀体内部介质沿阀杆泄漏。对于小型阀门 [图 12-6(a)],螺纹位于阀体内部,故结构紧凑,但易受介质腐蚀。对于大型阀门 [图 12-6(b)],螺纹位于阀体之外,既方便润滑又不受介质腐蚀。

截止阀在管路中的主要作用是截断和接通流体,不宜长期用于调节压力和流量,否则,

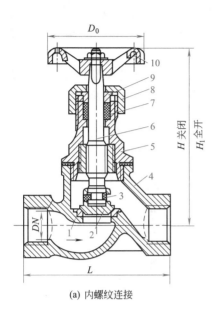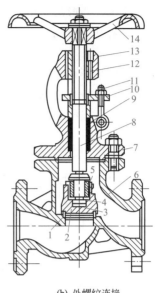

(a) 内螺纹连接   (b) 外螺纹连接

1—阀座；2—阀盘；3—铁丝圈；4—阀体；5—阀盖；   1—阀座；2—阀盘；3—垫片；4—开口锁片；5—阀盘螺母；
6—阀杆；7—填料；8—填料压盖螺母；9—填料压   6—阀体；7—阀盖；8—阀杆；9—填料；10—填料压盖；
盖；10—手轮   11—螺栓；12—螺母；13—轭；14—手轮

图 12-6 **截止阀**

密封面可能被介质冲刷腐蚀，破坏密封性能。截止阀可用于水、蒸汽、压缩空气等管路，但不宜用于黏度大，易结焦，易沉淀的介质管路，以免破坏密封面。

（3）旋塞阀 旋塞阀利用带孔的锥形栓塞来控制启闭的阀门。锥形旋塞与阀体内表面形成圆锥形压合面相配合，阀体上部用填料将旋塞与阀体之间的间隙密封。旋塞上部有方榫，使用专门的方孔扳手转动栓塞，通过旋转一定角度来开闭阀门。其结构见图 12-7。

旋塞阀与管路的连接方式有螺纹连接和法兰连接两种。根据通道结构不同，旋塞阀又可分为直通式和二通式。直通式旋塞上开有一直孔，流体流向不变。三通式旋塞的流体流向则决定于旋塞的位置。可以使三路全通，三路全不通或任意两路相通（图 12-8）。

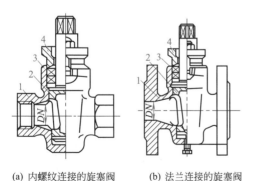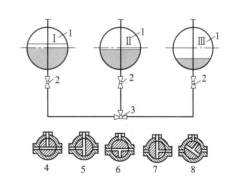

(a) 内螺纹连接的旋塞阀   (b) 法兰连接的旋塞阀

图 12-7 **旋塞阀示意**   图 12-8 **三通旋塞阀工作示意**

1—阀体；2—栓塞；3—填料；4—填料压盖   1—容器；2—直通旋塞阀；3—三通旋塞阀；

4—三路全通；5～7—二路通；8—三路全不通

　　旋塞阀结构简单，外形尺寸小，启闭快速，流体流动阻力小，但密封面加工、维修较困难。旋塞阀适应公称压力 $PN < 1.6MPa$，公称通径 $DN < 15 \sim 200mm$，温度 $t \leqslant 150℃$ 的场合。

　　（4）蝶阀　蝶阀主要由手柄、齿轮、阀杆、阀板、阀体等组成（图 12-9）。当旋转手柄时，通过轮、阀杆、杠杆和松紧弹簧传动，使阀板门开启。当手柄反向转动时，使蝶阀关闭。蝶阀除手动外，还有电动、气动等方式。

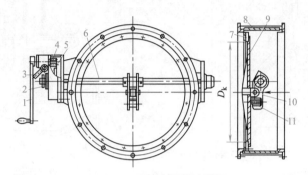

图 12-9　**手动齿轮传动蝶阀**

1—手柄；2—指示针；3—销紧手柄；4—小齿轮；5—大齿轮；6—阀杆；7—P 形橡胶密封垫；
8—阀体；9—阀门板；10—杠杆；11—松紧弹簧

　　阀门板呈圆盘状，可绕阀杆的中心线作旋转运动。蝶阀上都有表示蝶板位置的指示机构和保证蝶板在全开和全关位置的极限位置的限位机构。

　　蝶阀结构简单，维修方便，常用作截断阀，可用于大口径的水、空气、油品等管路。

　　（5）止回阀　止回阀是根据阀盘前后介质的压力差而自动启闭的阀门。如将它装在管路中，流体只能向一个方向流动，从而阻止介质的逆流。它的结构是在阀体内装有一个阀盘或摇板，当介质顺流时，阀盘或摇板被顶开；当介质逆流时，阀盘或摇板受介质压力作用而自动关闭。

　　根据结构不同，止回阀分为升降式和旋启式两种（图 12-10）。升降式止回阀的阀盘垂直于阀体通路作升降运动，一般应装在水平管道上，立式的升降式止回阀可装在垂直管道上。旋启式止回阀的摇板一侧与轴连接并绕轴旋转，一般安装在水平管路上。

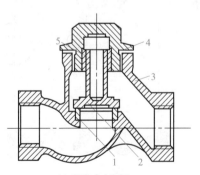

(a) 升降式止回阀

1—阀座；2—阀盘；3—阀体；
4—阀盖；5—导向套筒

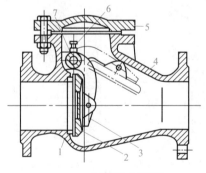

(b) 旋启式止回阀

1—阀座密封圈；2—摇板；3—摇杆；4—阀体；
5—阀盖；6—定位紧固螺钉与锁母；7—枢轴

图 12-10　**止回阀**

止回阀结构简单，不用驱动装置。但不适宜于含有固体颗粒和黏度大的介质。止回阀常用于泵、压缩机、排水管等不允许介质逆向流动的管路上。

（6）节流阀　节流阀如图12-11所示。节流阀结构与截止阀相似，仅启闭件形状不同。截止阀的启闭件为盘状，而节流阀启闭件为锥状或抛物线状。

节流阀属于调节类阀门。通过转动手轮，改变流体通道的截面积，从而调节介质流量与压力的大小。节流阀启闭时，流通面积变化缓慢，调节性能好，适应需较准确调节流量或压力的氨、水、蒸汽和其他液体的管路，但不宜作截断阀使用。

（7）隔膜阀　隔膜阀结构如图12-12所示。

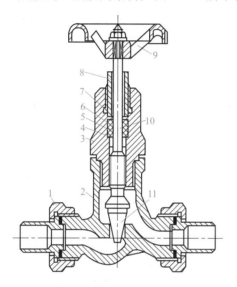 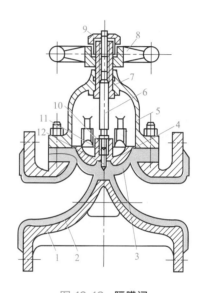

图 12-11　**中低压外螺纹节流阀**

1—活结管；2—阀体；3—阀盖；4—填料座；
5—中填料；6—上填料；7—填料垫；8—填料
压紧螺母；9—手轮；10—阀杆；11—阀芯

图 12-12　**隔膜阀**

1—阀体；2—衬胶层；3—橡胶隔膜；4—阀盘；
5—阀盖；6—阀杆；7—套筒螺母；8—手轮；
9—锁母；10—圆柱销；11—螺母；12—螺钉

隔膜阀是在阀杆下面固定一个特别橡胶膜片构成隔膜，并通过隔膜来进行启闭工作。橡胶隔膜的四周夹在阀体与阀盖的接合面间，将阀体与阀盖隔离开来。在隔膜中间凸起的部位，用螺钉或销钉与阀盘相连接，阀盘与阀杆通过圆柱销连接起来。旋转手轮，使阀杆作上下轴线方向移动，通过阀盘带动橡胶隔膜作升降运动，从而调节隔膜与阀座的间隙，控制介质的流速或切断通道。介质流经隔膜阀时，只在橡胶隔膜以下阀腔通过，橡胶隔膜片将阀杆与介质完全隔绝，所以阀杆处无需填料密封。

隔膜阀结构简单，便于检修，介质流动阻力小，调节性能较好，常用于输送酸、碱等腐蚀性介质和带悬浮介质的管路，而不宜用于有机溶剂、强氧化剂和高温管路上。

（8）球阀　球阀主要由阀体、阀盖、密封阀座、球体和阀杆等组成。其结构与旋塞阀相似。球阀是通过旋转带孔球体来控制阀门启闭的。根据球体在阀体内可否浮动，分为浮动球球阀和固定球球阀。

图12-13所示为带固定密封阀座的浮头球球阀。在阀体内装有两个固定密封阀座，两个阀座间有一通孔直径与阀体通道直径一致的球体。借助于手柄和阀杆的转动，可自由地旋转球体，达到球阀开启和关闭的目的。

固定球球阀如图 12-14 所示。球体与阀杆制成一体，密封阀座装在活动套筒内，套筒与阀体间用 O 形橡胶圈密封，左右两端密封阀座和套筒均由弹簧组预先压紧在球体上。当阀杆在上、下两轴承中转动关闭阀门时，介质压力作用在套筒端面上，将密封阀座压紧在球体上起密封作用。此时，出口端密封阀座不起作用。当介质反向流动关闭阀门时，起密封作用的阀座在新的入口端。

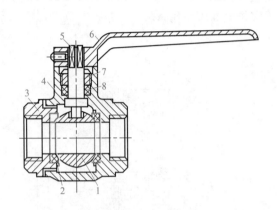

图 12-13　带固定密封阀座的浮头球球阀

1—浮动球；2—固定密封阀座；3—阀盖；4—阀体；
5—阀杆；6—手柄；7—填料压盖；8—填料

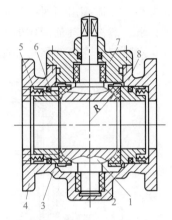

图 12-14　固定球球阀

1—球体；2—轴承；3—密封阀座；4—活动套筒；
5—弹簧；6—圆形密封圈；7—阀盖；8—阀体

球阀操作方便，介质流动阻力小，但结构较复杂。球阀一般用于需快速启闭或要求阻力小的场合，可用于水、汽油等介质，也可用于浆性和黏性介质的输送管路。

（9）安全阀　安全阀是用来使某种设备在工作压力超过规定数值时能自动启开、压力复原时又能自动关闭的阀门。锅炉、压缩空气容器及管路，反应釜及管路等均装有安全阀，以保证设备的安全运行。

如图 12-15 所示，安全阀由一个阀体及阀盘组成。下部的接口连接于设备或管路上，上部空间则通大气。阀盘通过阀杆与杠杆连接，杠杆的一端铰接，另一端则是活动的并挂有重锤。由此重锤的重量产生的压力把阀盘压在孔口上，改变重锤在杠杆上的位置，可调节对阀盘压力的大小。当设备内或管路中的压力超过允许数值时，安全阀的阀盘即开启少许，同时大量的介质排入大气。当压力降至正常后，阀盘又自动压在阀座上。

图 12-15 所示安全阀为杠杆式安全阀，也有在阀杆上加装压缩弹簧，靠弹簧产生的压力来封闭阀座，故称为弹簧式安全阀。

安全阀的形式种类很多，现常用的为弹簧式安全阀。

（10）减压阀　在蒸汽或压缩空气的管路上，欲降低管路（含设备）中介质的压力以适应于生产过程的需要时，通常须安装减压阀。

图 12-16 所示为减压阀的一种类型。介质由阀的左边进入阀体，充满了阀体左边的下半部，又经中央

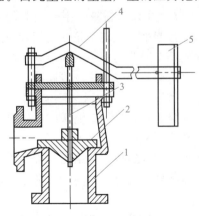

图 12-15　安全阀

1—阀体；2—阀盘；3—阀杆；
4—杠杆；5—重锤

小管进入下部活塞的上腔，活塞与阀盘装在同一根阀杆上，两者的面积完全相等。因此介质作用于阀盘和活塞的力完全平衡，如无任何外力的作用，单凭介质的压力是不能推起阀盘的。推起阀盘的外力是弹簧的压力。旋转下面手轮少许，弹簧便产生压力作用于阀盘，于是整个系统失去平衡，阀杆、阀盘和活塞被推动上升一些。这样，介质开始由阀盘下方向上流入阀体的上半部，再由该部流入阀后的管路。当阀体上半部与阀后管路内压力尚未达到能平衡弹簧的压力时，介质继续流动。达到平衡后，阀盘又降落在阀座上，介质即不能再流入阀体的上半部。若阀后管路中的介质有所消耗，阀体上半部内的压力即降低，于是阀杆又复升起，介质重新流入阀体的上半部及管路中。阀体上半部压力再行升高，且维持于一定值以与作用于阀盘活塞系统的弹簧压力相等。介质的消耗停止时，阀门自动关闭。但因在阀中无强制启闭的机构，阀盘与阀座间不能全闭，所以介质仍继续流动，直至两边压力完全平衡为止。

手轮可以用人工来关闭阀门，向下旋转时，手轮下的阀杆将阀盘区紧压在阀座上。在使用减压阀之前，应经由栓塞处的小孔用水注满活塞外面的缸。活塞内的积水由下部栓塞小孔排出。

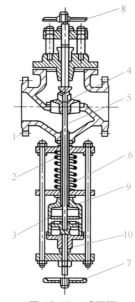

图 12-16　减压阀

1—阀体；2—小管；3—活塞；
4—阀盘；5—阀杆；6—弹簧；
7—手轮；8—上手轮；
9,10—栓塞

4. 阀门的选用原则

化工类工厂中常用的阀门有多种，即使同一类型的阀门，由于使用场合不同也有高温阀与低温阀，高压阀与低压阀之分。而且同一结构的阀门，也可用不同材质制造。阀门大多都有系列产品，选用时应考虑下列因素。

① 输送流体的性质。如液体、气体、蒸汽、浆液、悬浮液、黏稠液等。

② 阀门的功能。选用时应考虑各种阀门的特性及使用场合。

③ 阀门的尺寸。应根据流量大小和允许的压降范围选定，一般应与工艺管道尺寸相配。

④ 阻力损失。根据阀门的功能和可能产生的阻力来选定阀门的结构形式。

⑤ 根据操作条件，来确定阀门的压力等级和材质。

五、管路的安装

管路的连接包括管子与管子的连接，管子与各种管件、阀门的连接，还包括设备接口处等的连接。管路连接的常用方法有焊接、法兰连接、螺纹连接、承插连接等方式。

1. 焊接连接

焊接连接属于不可拆连接方式。采用焊接连接密封性能好、结构简单、连接强度高，可适用于承受各种压力和温度的管路上，故在化工生产中得到广泛应用。

常用的焊接连接形式见图 12-17。

在进行焊接连接时，应对焊口处进行清理，以露出金属光泽为宜；在管口处所开坡口的角度和对口同轴度应符合技术要求；应根据管道材质选取合适的焊接材料；对于厚壁管应分层焊接以确保质量。

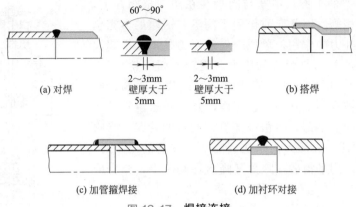

(a) 对焊　　2~3mm 壁厚大于5mm　　2~3mm 壁厚大于5mm　　(b) 搭焊

(c) 加管箍焊接　　(d) 加衬环对接

图 12-17　**焊接连接**

在化工管路中常用的焊接方法有电焊、气焊、钎焊等。

2. 法兰连接

法兰连接是管路中应用最多的可拆连接方式。法兰连接强度高、拆卸方便、适应范围广。在法兰连接中，法兰盘与管子的连接方法多种多样，常用的有整体式法兰、活套式法兰和介于两者之间的平焊法兰等。根据介质压力大小和密封性能的要求，法兰密封面有平面、凹凸面、榫槽面、锥面等形式。密封垫的材质有非金属垫片、金属垫片和各种组合式垫片等可供选择。管道法兰设计、制造已标准化，需要时可根据公称压力和公称直径选取。

3. 螺纹连接

螺纹连接是通过内外管螺纹拧紧而实现的，螺纹连接的管子两端都加工有外螺纹，通过加工有内螺纹的连接件、管件或阀门相连接。常用的螺纹连接有三种形式。

（1）内牙管连接　内牙管连接如图 12-18 所示。安装时，先将内牙管旋合在一段管子端部的外螺纹上，然后把另一段管子端部旋入内牙管中，使两段管子通过内牙管连接在一起。内牙管连接结构简单，但拆装时，必须逐段逐件进行，颇为不便。

（2）长外牙管连接　长外牙管连接由长外牙管、被连接管、内牙管、锁紧螺母组成，如图 12-19 所示。安装时，先将锁紧螺母 3 与内牙管 2 都旋合在长外牙管 4 上，再用内牙管 5 把长外牙管 4 和需连接的管子 6 旋合连接，最后将内牙管 2 反旋退出一定长度与需连接的管子 1 相连，用锁紧螺母 3 锁紧。长外牙管连接不需转动两端连接管即可装拆。

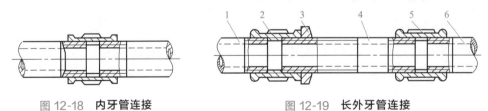

图 12-18　**内牙管连接**　　　　图 12-19　**长外牙管连接**

1,6—管子；2,5—内牙管；3—锁紧螺母；4—长外牙管

（3）活管接连接　活管接连接由一个套合节和两个主节及一个软垫圈组成，如图 12-20 所示。安装时，先将套合节套在不带外螺纹的主节 5 上，再将两主节分别旋在需连接的两管端部，在两主节间放置软垫圈 3，旋转套合节与带外螺纹的主节 2 相连，使两主节压紧软垫即可。活管接连接时，可不转动两连接管而将两者分开。

为了保证螺纹连接处的密封性能，在螺纹连接前，常在外螺纹上加上填料。常用填料有加铅油的油麻丝或石棉绳等，也可用聚四氟乙烯带缠绕。

螺纹连接方法简单、易于操作，但密封性较差，主要用于介压力不高、直径不大的自来水管和煤气管道，也常用于一些化工机器的润滑油管路中。

4. 承插式连接

在化工管路中，承插式连接适用于压力不大、密封性要求不高的场合。常用作铸铁水管的连接方式，也可用作陶瓷管、塑料管、玻璃管等非金属管路的连接。

承插式连接结构如图 12-21 所示。承插连接时，在插口和承口接头处应留有一定的轴间间隙，以便于补偿管路受热后的伸长。为了增加承插连接的密封性，在承口和插口之间的环形间隙中，应填充油麻绳或石棉水泥等填料，在填料外面的接口处应涂一层沥青防腐层，以增加抗蚀性。承插连接密封可靠性差，且拆卸比较困难，只适宜于低压管路。

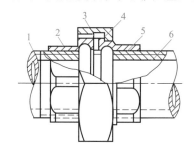

图 12-20　**活管接连接**

1,6—两端管子；2,5—主节；3—软垫圈；4—套合节

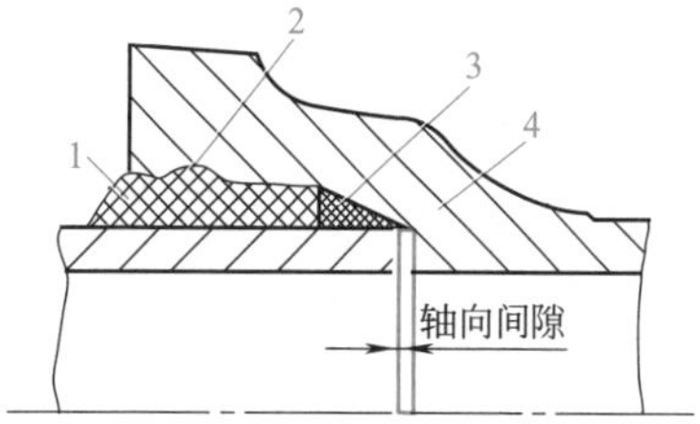

图 12-21　**承插式连接**

1—插口；2—水泥或铅；3—油麻绳；4—承口

5. 温差补偿装置

（1）温差应力　化工管路是在环境温度下安装的，而工作时管内介质的温度可能与安装时的温度不一致。由于温差的影响，将导致管路热胀冷缩。如管路不受约束，则由温差导致的自由伸缩量为

$$\Delta L = \alpha L \Delta t \tag{12-6}$$

式中　ΔL——管路长度变化量，m；

α——管子材料线胀系数，m/(m·℃)；

L——管路长度，m；

Δt——管路安装温度与工作温度之差，℃。

直管线路的伸长方向为管子纵向中心线方向，对平面管线或立体管线而言，则伸长方向为各自管线两端点的连线方向。

由于管路因温差而产生的变形通常受到约束，则管路伸长时将产生温差应力，由虎克定律可知

$$\sigma = E\varepsilon = E(\Delta L / L) = E\alpha \Delta t \tag{12-7}$$

式中　σ——温差应力，MPa；

E——管子材料弹性模量，MPa；

ε——管子长度相对变形。

为使管路不因温差应力过大而破坏，根据强度条件，应使温差应力小于材料许用应力 $[\sigma]$

$$\sigma = E\alpha \Delta t \leqslant [\sigma] \tag{12-8}$$

由上式可知，只要 $\Delta t \leqslant [\sigma]/(\alpha E)$，管路即不会因温差应力而被破坏。所以只要有温差存在，就必须采用补偿措施。如果温差过大，或温差应力超过材料许用应力，则应当考虑温差补偿问题。

（2）温差补偿　管道的温差补偿方法有两种：一种是自然补偿，另一种是通过安装补偿器补偿。自然补偿是利用管路本身某一管道的弹性变形，来吸收另一管道的热胀冷缩。如两段以任意角度相接的直管，就具有自动补偿作用。

采用补偿器补偿的常用结构有以下两种。

① 回折管式补偿器　回折管式补偿器是将直管弯成一定几何形状的曲管（见图 12-22 和图 12-23），利用刚性较小的曲管（回折管）所产生的弹性变形来吸收连接在其两端的直管的伸缩变形。采用回折管补偿结构，补偿能力大，作用在固定点上的轴向力小，两端直管不必成一直线，且制造简单，维护方便。但要求安装空间大，流体阻力也较大，还可能对连接处的法兰密封有影响（见图 12-24）。回折管一般由无缝钢管制成。

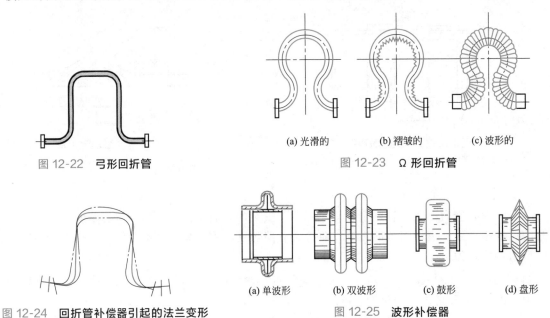

图 12-22　弓形回折管

图 12-23　Ω 形回折管
　　(a) 光滑的　　(b) 褶皱的　　(c) 波形的

图 12-24　回折管补偿器引起的法兰变形

图 12-25　波形补偿器
　　(a) 单波形　　(b) 双波形　　(c) 鼓形　　(d) 盘形

② 波形补偿器　波形补偿器是利用金属薄壳挠性件的弹性变形来吸收其两端连接直管的伸缩变形。其结构形式有波形、鼓形、盘形等，如图 12-25 所示。

波形补偿器结构紧凑，流体阻力小。但补偿能力不大，且结构较复杂，成本较高。为了增加补偿能力，可将数个补偿器串联安装（一般不超过 4 个）。也可分段安装若干组补偿器，以增加补偿量。

第三节　管路的保温与防腐

一、化工管路的保温

化工管路保温的目的是维持一定的高温，减少能量损失；维持一定的低温，减少吸热；维持一定的室温，改善劳动条件；提高经济效益。

保温材料应具有热导率小、容重轻、耐热、耐湿、对金属无腐蚀作用、不易燃烧、来源广泛、价格低廉等特点。常用的保温材料有玻璃棉、矿渣棉、石棉、膨胀珍珠岩、泡沫混凝土、软木砖、木屑、聚氨酯泡沫塑料、聚苯乙烯泡沫塑料等。

管路的保温施工，应在设备及管路的强度试验、气密性试验合格及防腐工程完工后进行。管路上的支架、吊架、仪表管座等附件，当设计无规定时，可不必保温；保冷管路的上述附件，必须进行保冷。除设计规定需按管束保温的管路外，其余管路均应单独进行保温。在施工前，对保温材料及其制品应核查其性能。

1. 保温结构

保温结构形式很多，主要取决于保温材料及其制品和敷设方式。保温结构一般由防锈层、保温层、防潮层和保护层四层构成。

（1）防锈层　防锈层也称防锈底层，是管路金属表面的污垢、锈迹除去后，在需要保温的管路上刷的一至两遍底漆。

（2）保温层　保温层是保温结构的主要部分，常用的敷设方式有涂抹式、制品式、缠包式、填充式等。

① 涂抹式　将调和好一定湿度的胶泥状保温材料直接涂抹在管子或设备表面上，常用胶泥材料有石棉硅藻土、石棉粉等。分层涂抹效果较好。一般先在管外刷两遍防锈漆，再分层涂抹胶泥，第一层厚 5mm 左右，干燥后再涂第二层，从第二层起以后各层涂抹厚度为 $10\sim15mm$，前一层干燥后再涂下一层，直到设计要求的厚度为止。当管子直径 $D_g>300mm$ 时，在保温层外用 $\phi=1\sim2mm$、网格 $50mm\times50mm$ 的镀锌铁丝绑扎，然后根据设计要求施工保温层。立管保温时，为防止保温层下坠，应预先在管道上每隔 $2\sim4m$ 焊一铁钩或支承环，支承可由 $2\sim4$ 块扁钢组成，宽度与保温层厚度相近。若设备以保护板作保温层，则预先应在设备表面上按一定尺寸焊上螺钉座，以便待保温层施工后将保护板固定好。

保温层外用玻璃纤维布或加铁丝网后再涂抹石棉水泥作保护层，它的施工应在保温层干透后进行。涂抹式保温结构如图 12-26 所示。

② 制品式　将保温材料（膨胀珍珠岩、硅藻土、泡沫混凝土、发泡塑料等）预制成砖块状或瓦块状、半圆形、扇形等预制件，施工时用铁丝将其捆扎在管外。为保证管道保温效果，在进行捆绑作业前，应将预制件先干燥，以减少其含水量。块间接缝处用石棉硅藻土胶泥填实，最外层用玻璃丝布、铁皮或加铁丝网绑扎后涂抹石棉水泥作保护层。制品式保温结构如图 12-27 所示。

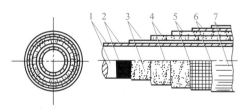

图 12-26　**涂抹式保温结构**

1—管子；2—红丹防腐层；3—第一层胶泥；
4—第二层胶泥；5—第三层胶泥；6,7—保护层

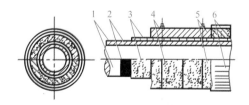

图 12-27　**制品式保温结构**

1—管子；2—红丹防腐层；3—胶泥层；4—保温制品
　（管瓦）；5—铁丝或扁铁环；6—铁丝网

③ 缠包式　用矿渣棉毡、玻璃棉毡或石棉绳直接包卷缠绕在管外，用铁丝捆牢，厚度不够时可多包几层，各层间包紧，外层用玻璃丝布作保护层。图 12-28 所示为石棉绳缠包式

保温结构。

④ 填充式 填充式是将矿渣棉、玻璃棉或泡沫混凝土等保温材料充填在管子周围特制的铁丝网套或铁皮壳内，对用铁丝网套的外面再涂抹石棉水泥保护层。此法保温效果好，但施工作业较麻烦，不能用于有振动部位的保温。图 12-29 所示为填充式保温结构。

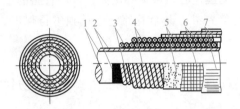

图 12-28 **石棉绳缠包式保温结构**

1—管子；2—红丹防腐层；3—第一层石棉绳；4—第二层石棉绳；5—胶泥层；6—铁丝网；7—保护层

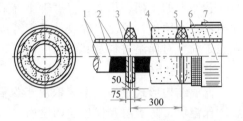

图 12-29 **填充式保温结构**

1—管子；2—红丹防腐层；3—固定环；4—填充的保温材料；5—铁丝；6—铁丝网；7—保护层

（3）防潮层 防潮层主要用于保冷管路、埋地保温管路，应完整严密地包在干燥的保温层上。防潮层有两种，一种为石油沥青油毡内外各涂一层沥青玛碲脂，另一种为玻璃布内外各涂一层沥青玛碲脂。

（4）保护层 保护层是无防潮层的保温结构，保护层在保温层外，有防潮层的保温结构，保护层在防潮层外。保护层对保温层的保温效果及使用寿命有很大影响。

2. 保温层厚度

对于圆筒壁的稳定热传导，其保温层的厚度可按圆筒壁热传导公式计算

$$q = \frac{2\pi\lambda(t_1 - t_2)}{\ln\left(\dfrac{d_2}{d_1}\right)} \tag{12-9}$$

式中 q——传导热量，$W/(m \cdot h)$；

λ——热导率，$W/(m^2 \cdot K)$；

t_1——高温侧壁面温度，K；

t_2——低温侧壁面温度，K；

d_1——圆筒壁的外径，m；

d_2——保温层的外径，m。

若求出 d_2，其保温层的厚度即为

$$\delta = \frac{d_2 - d_1}{2} \tag{12-10}$$

计算结果表明，当 d_2/d_1 小到接近于 1 时，例如大口径金属管或设备，就可以按平壁的导热公式计算。此时，应根据内、外直径的算数平均值 $d_m = (d_1 + d_2)/2$ 计算导热面积，即

$$q = \pi d_m \frac{\lambda}{\delta}(t_1 - t_2) \tag{12-11}$$

例 12-1 某蒸汽管路的外径为 0.32m，蒸汽温度为 300℃，已知管路周围空气温度为 20℃，保温壁对空气的给热系数 $\alpha = 11.63W/(m^2 \cdot K)$。现采用 $\lambda = 0.186W/(m^2 \cdot K)$ 的普

通石棉泥保温层，保温层外壁温度为50℃，试计算保温层的厚度。

解：根据保温层的导热和保温壁对空气的对流传热有：

$$q = \frac{(t_{w1} - t_{w2})}{\frac{1}{2\pi\lambda}\ln\frac{d_2}{d_1}} = \frac{t_{w2} - t_{w1}}{\frac{1}{\pi d_2 \alpha}}$$

即

$$\ln\frac{d_2}{d_1} = \frac{2\pi\lambda(t_{w1} - t_{w2})}{\pi d_2 \alpha(t_{w2} - t_{w1})}$$

由于蒸汽给热系数很大，故可认为 $t_{w1} \approx t_1$（蒸汽温度），则：

$$\ln\frac{d_2}{d_1} = \frac{2\lambda(t_1 - t_{w2})}{\alpha(t_{w2} - t_2)d_2} = \frac{2 \times 0.186(300 - 50)}{11.63(50 - 20)d_2} = \frac{0.266}{d_2}$$

由此式可以看出，若想计算保温层厚度需先求出 d_2，若想求得 d_2 必须经过试算的办法，即先假设一个 d_2，然后通过上式计算 d_2，如计算值与假设值不等或不接近，则须重新假设 d_2，直至相等或接近为止。d_2 应比 d_1 大。假设 d_2 可先在 $d_2 = d_1 + (0.2 \sim 0.4)$m 内试取。

先假设 $d_2 = 0.5$m，则

$$\ln\frac{d_2}{d_1} = \frac{0.266}{0.5} = 0.532$$

所以

$$\frac{d_2}{d_1} = 1.703, \quad d_2 = 1.703 \times 0.32 = 0.546 \text{（m）}$$

因假设值较计算值小，故重新假设 $d_2 = 0.53$m，则：

$$\ln\frac{d_2}{d_1} = \frac{0.266}{0.53} = 5.02$$

所以

$$\frac{d_2}{d_1} = 1.652, \quad d_2 = 1.652 \times 0.32 = 0.528 \text{（m）}$$

第二次假设值较计算值略大，但接近，故取 $d_2 = 0.53$m，所以

$$\delta = \frac{d_2 - d_1}{2} = \frac{0.53 - 0.32}{2} = 0.105\text{m}$$

为了安全，保温层厚度取 $1.05 \sim 1.1$ 倍的安全系数，故

$$\delta = 1.05 \times 0.105 = 0.11\text{m}$$

管路及设备保温层的厚度也可参考有关手册来确定。

二、化工管道的防腐

管道的种类繁多，它们的工作压力、通过的介质和温度、敷设条件、所处的工作环境都各不相同。为了延长管道的使用寿命，达到经久耐用的目的，应了解和掌握各种管材的腐蚀特性，合理地选用管材。在化工管道中使用的管材，一般大都采用金属材料。由于各种外界环境因素和通过介质的作用，都会引起金属的腐蚀，为了延长管道的使用寿命，确保化工生产安全运行，必须采取有效的防腐措施。

1. 管道的防腐措施

各种金属管道和金属构件的主要防腐措施，是在金属表面涂上不同的防腐材料（即防腐

涂料），经过固化而形成防腐层，牢固地结合在金属表面上。由于防腐涂料把金属表面同外界严密隔绝，阻止金属与外界介质进行化学反应或电化学反应，从而防止金属的腐蚀。选用的防腐涂料应该与金属有牢固的结合力，具备一定的强度和弹性，并在所接触的介质中保持稳定。

除了采用防腐涂料措施外，也可采用在金属管表面镀锌、镀铬以及在金属管内加耐腐蚀衬里（如橡胶、塑料、铅、玻璃）等措施。

2. 管道防腐施工

（1）管道表面清理　通常在金属管道和构件的表面都有金属氧化物、油脂、泥灰、浮锈等杂质，这些杂质影响防腐层同金属表面的结合，因此在刷油漆前必须去掉这些杂质。杂质清除一般都要求露出金属本色。表面清理分为除油、除锈和酸洗。

① 除油　如果金属表面黏结较多的油污时，要用汽油或者浓度为5%的热荷性钠（氢氧化钠）溶液洗刷干净，干燥后再除锈。

② 除锈　管道除锈的方法很多，有人工除锈、机械除锈、喷砂除锈、酸洗除锈等。

（2）涂漆　涂漆是对管道进行防腐的主要方法。涂漆质量的好坏将直接关系到防腐效果，为保证涂漆质量，必须掌握涂漆技术。

涂漆一般采用刷漆、喷漆、浸漆、浇漆等方法。在化工管道工程中大多采用刷漆和喷漆方法。人工刷漆时应分层进行，每层应往复涂刷，纵横交错，并保持涂层均匀，不得漏涂。涂刷要均匀，每层不应涂得太厚，以免起皱和附着不牢。机械喷涂时，喷射的漆流应与喷漆面垂直，喷漆面为圆弧时，喷嘴与喷漆面的距离为400mm。喷涂时，喷嘴的移动应均匀，速度宜保持在10～18m/min，喷嘴使用的压缩空气压力为0.196～0.392MPa。涂漆时环境温度不低于5℃。

涂漆的结构和层数按设计规定，如无设计要求时，可按无绝热层的明装管道要求，涂1～2遍防锈漆，2～3遍以上面漆；有绝热层的明装管道及暗装管道均应涂两遍防锈漆进行施工。埋设在地下的铸铁管出厂时未给管道涂防腐层者，施工前应在其表面涂刷两遍沥青漆。涂漆时要等前一层干燥后再涂下一层。有些管道在出厂时已按设计要求做了防腐处理，现场施工中在施工验收后要对连接部分进行补涂，补涂要求与原涂层相同。

第四节　管路常见故障及排除方法

在石油、化工部门中，管道起着重要的作用，而且数量庞大。由于管材性能的局限性、管子质量缺陷、管子弯头设计不合理、管子对热胀冷缩的适应性差以及操作不当或管道系统的振动等，可能造成管道的破坏而导致泄漏。而由于化工介质易燃、易爆、有毒的特点，一旦泄漏将导致严重后果。因此，对化工管道泄漏故障的监测与诊断就成为化工设备故障诊断研究的主要对象之一。

一、做好管路维护工作

日常维护的主要任务包括：认真做好日常巡回检查，准确判断管内介质的流动情况和管件的工作状态；适时做好管路的防腐和防护工作，定期检查管路的保温设施是否完好；及时排放管路的油污、积水和冷凝液，及时清洗沉淀物和疏通堵塞部位，定期检查和测试高压管路；定期检查管路的腐蚀和磨损情况；检查管路的振动情况；查看管架有无松动；检查管路各接口处是否有泄漏现象；检查各活动部件的润滑情况；对管路安全装置进行定期检查和校验调整等。

二、管路常见故障及排除方法

1. 连接处泄漏

（1）泄漏 泄漏是管路中的常见故障，轻则浪费资源、影响正常生产的进行，重则跑、冒、滴、漏，污染环境，甚至引起爆炸。因此，对泄漏问题必须引起足够重视。泄漏常发生在管接头处。排除办法如下。

① 若法兰密封面泄漏首先应检查垫片是否失效。对失效的垫片应及时更换；其次是检查法兰密封面是否完好，对遭受腐蚀破坏或已有径向沟槽的密封面应进行修复或更换法兰；对于两个法兰面不对中或不平行的法兰，应进行调整或重新安装。

② 若螺纹接头处泄漏，应局部拆下检查腐蚀损坏情况。对已损坏的螺纹接头，应更换一段管子，重新配螺纹接头。

③ 若阀门、管件等连接处填料密封失效而泄漏，可以对称拧紧填料压盖螺栓，或更换新填料。

④ 若承插口处有渗漏现象，大多为环向密封填料失效，此时应进行填料的更换。

（2）给水管道的泄漏检测 给水管道漏水的检查方法一般有检漏法、听漏法、观察法。

① 分区装表检漏法 这是一种比较可靠的检漏方法，做法是将给水管网分段进行检查。在截取长度为50m内的管段上，将两端堵死，设置压力表并充水检查，如果压力下降，说明此管段有漏水现象，如压力表的指针不动，说明无漏水。然后将被割断的管端接起来，再割断下一段，继续进行检查，直至找到漏水地点。此法的缺点是停水时间长，工作量较大。

② 听漏法 一般采用测漏仪器听漏。测漏仪器有听漏棒、听漏器和电子检漏器等。其原理都是利用固体传声与空气传声以找寻漏水部位。

采用听漏棒或其他类型测漏仪器时，必须在夜深人静时进行。其方法是在沿着水管的路面上，每隔1～2m用测漏器听一次，遇到有漏水声后，即停止前进，进而寻找音响最大处，确定漏水点。

③ 观察法 此种方法是从地面上观察漏水迹象，如地面潮湿；路面下沉或松动；路面积雪先融；虽然干旱，但地上青草生长特别茂盛；排水检查井中有清水流出；在正常情况下水压突然降低等都是管道漏水迹象，根据这些直接看到的情况确定漏水位置。此方法准确性较差，一般需用测漏仪器辅助。

（3）地下输油管道的泄漏诊断 埋在地下的输油管道，由于受到土层、地形和地面上建筑物等条件的限制，检漏十分困难，目前主要采用放射性示踪法和声发射相关分析法进行泄漏诊断。

放射性示踪法使用一种小型的放射性示踪检漏仪，可用于直径为150mm以上油管的检漏，一次检查长度约为5000m轻油管道。这种检漏仪性能稳定可靠，检漏速度较快，它能探测到漏油量为1L、放射性强度为$15\sim20\mu C$的渗漏点。

声发射相关分析法的原理是：由于油管破损处发出的泄漏声通过管道向破损点左右传播，因而可以采用声发射原理进行检漏，该方法是在漏油管段的两端布置传感器进行测定，然后通过互相关联的函数曲线，由最大延时和钢管传声的速度，就可以计算出破损处位于两个检测点中心的方向和距离。此法确定破损位置的误差在几十厘米以内，是比较有效的方法。对海底石油管道和天然气管道破损检测均用此技术。

（4）可燃性气体管道的泄漏监测　可燃性气体是指天然气、煤气、液化石油气、烷类气体、烯类气体、乙酸、乙醇、丙酮、甲苯、汽油、煤油、柴油等。

目前，可燃性气体的监测检漏工作可采用各种监测报警装置来进行。当有关设备或管道泄漏的可燃性气体达到某一值时，监测报警装置中的传感器立即发生作用，使报警装置自动报警。使人们有充分的时间采取有效措施，避免事故的发生。

在石油化工企业中常用的监测报警装置有防爆式 FB-4 型可燃气体报警装置、监控式 BJ-4 型可燃气体报警器、携带式 TC-4 型可燃气体探测器等。

在化工企业中，管路担负着连接设备、输送介质的重任，为了保证生产的正常运行，对管路精心维护，及时发现故障，排除故障，显得十分重要。

2. 管道堵塞

管道堵塞故障常发生在介质压力不高且含有固体颗粒或杂质较多的管路。采取的排除方法有：手工或机械清理填塞物；用压缩空气或高压水蒸气吹除；采用接旁通的办法解决。

3. 管道弯曲

产生管道弯曲主要是由温差应力过大或管道支撑件不符合要求引起。如因温差应力过大所导致，则应在管路中设置温差补偿装置或更换已失效的温差补偿装置；如因支撑不符合要求引起，则应撤换不良支撑件或增设有效支撑件。

三、阀门故障及排除

阀门是化工管路中的关键部件，也是管路中最容易损坏的管件之一。各种阀门作用各异、种类繁多，发生故障的原因多种多样。常见的故障及排除方法见表 12-6。

表 12-6　阀门的常见故障及排除方法

故障	产生原因	排除方法
填料室泄漏	①填料与工作介质的腐蚀性、温度、压力不适应 ②填料的填装方法不对 ③阀杆加工精度低或表面粗糙度大，圆度超差、有磕碰、划伤或凹坑等缺陷 ④阀杆弯曲 ⑤填料内有杂质或有油，在高温时收缩 ⑥操作过猛	①选用合适的填料 ②取出填料重装 ③修理或更换合格的阀杆 ④校直阀杆或更换阀杆 ⑤更换填料 ⑥操作应平稳、缓慢开关
关闭阀件泄漏	①密封不严 ②密封圈与阀座、阀盘配合不严密 ③阀盘与阀杆连接不牢靠 ④阀杆变形，上下关闭件不对中 ⑤关闭过快，密封面接触不好 ⑥选用材料不当，经受不住介质的腐蚀 ⑦截止阀、闸阀作调节阀用，由于高速介质的冲刷侵蚀，使密封面迅速磨损 ⑧焊渣、铁锈、泥沙等杂质嵌入阀内，或有硬物堵住阀芯，使阀门不能关严	①安装前试压、试漏、修理密封面 ②密封圈与阀座、阀盘采用螺纹连接时，可用聚四氟乙烯生料带作螺纹间的填料，使其配合严密 ③事先检查阀门各部件是否完好，不能使用阀杆或阀盘与阀杆连接不可靠的阀门 ④校正阀杆或更新 ⑤关闭阀门用稳劲，不要用力过猛，发现密封面之间接触不好或有障碍时，应立即开启稍许，让介质随流体流出，然后再细心关紧 ⑥正确选用阀门 ⑦按阀门结构特点正确使用，需调节流量的部件应采用调节阀 ⑧清扫镶入阀内的杂物，在阀前加装过滤器

续表

故障	产生原因	排除方法
阀杆升降不灵活	①阀杆缺乏润滑或润滑剂失效 ②阀杆弯曲 ③阀杆表面粗糙度大 ④配合公差不合适,咬得过紧 ⑤螺纹被介质腐蚀 ⑥材料选择不当,阀杆及阀杆衬套选用同一种材料 ⑦露天阀门缺乏保护,锈蚀严重 ⑧阀杆被锈蚀卡住	①经常检查润滑情况,保持正常的润滑状态 ②使用短杠杆开闭阀杆,防止扭曲阀杆 ③提高加工或修理质量,达到规定要求 ④选用与工作条件相应的配合公差 ⑤选用适应介质及工作条件的材质 ⑥采用不同材料,宜用黄铜、青铜、碳钢或不锈钢做阀杆衬套材料 ⑦应设置阀杆保护套 ⑧定期转动手轮,以免阀杆锈住;地下安装的阀门应采用暗杆阀门
垫圈泄漏	①垫圈材质不耐腐蚀,或者不适应介质的工作压力及温度 ②高温阀门内所通过的介质温度变化	①采用与工作条件相适应的垫圈 ②使用时再适当紧一遍螺栓
填料压盖断裂	压紧填料时用力不均或压盖有缺陷	压紧填料时应对称地旋转螺母
双闸板阀门的闸板不能压紧密封面	顶楔材质不好,使用过程中磨损严重或折断	用碳钢材料自行制作顶楔,换下损坏件
安全阀或减压阀的弹簧损坏	①弹簧材料选用不当 ②弹簧制造质量不佳	①更换弹簧材料 ②采用质量优良的弹簧

 拓展阅读

我国化工管路制造及维修加工领域的发展历程、现状及技术创新

　　早期我国化工管路制造和维修主要依赖进口技术和设备,技术水平相对落后。20世纪50年代至70年代,随着工业基础设施的逐步建立,化工管路制造开始起步,但整体规模较小。20世纪80年代,我国开始引进国外先进技术和设备,化工管路制造技术逐渐成熟。同时,国内开始建立相关的设计和施工标准体系。这一时期,化工管路维修主要采用计划维修和事后维修模式,维修周期较长。

　　近年来,我国化工管路制造技术取得长足进步,特别是在高钢级、大口径输气管道建设方面,已达到国际先进水平。化工管路设计、维修技术也逐步向智能化、绿色化方向发展,远程监控、在线监测等技术得到广泛应用。目前,我国已形成了完整的化工管路制造体系,涵盖设计、施工、材料和装备等多个领域。在高钢级、大口径管道建设方面,我国已实现技术领跑。特别是在化工管路制造企业,通过技术创新和工艺优化,产品质量和性能显著提升。例如,部分企业已成功应用全自动焊接、全自动超声波检测等技术。化工管路的维修维护也已从传统的计划维修模式向状态维修模式转变,维修周期大幅延长。化工管路维修市场随着城市化进程和基础设施建设的加速,需求持续增长。2021年,中国石油化工设备检维修行业市场规模已超1000亿元。

　　目前,随着智能化技术的发展,远程监控和在线监测已成为主流,维修效率和质量显著提高。今后,绿色化和可持续化成为重要发展方向,维修过程中更多采用环保材料和节能技术。

　　在技术发展方面,新型高分子材料和复合材料被广泛应用于化工管路制造和维修,这

些材料具有优异的耐腐蚀性、耐磨性和耐高温性能，能够有效提升管道的使用寿命和安全性。智能化技术在化工管路制造和维修中的应用日益广泛。例如，远程监控技术使工程师可以通过互联网实时查看设备运行状态，及时发现并解决问题。特别是智能传感器和大数据分析技术被应用于生产过程，实现了对化工管路系统的实时监测和优化。在煤化工和石油化工领域，针对多相流管道的冲蚀、腐蚀问题，发展了先进的表面硬化技术和失效预测模型。绿色化技术在企业中日益受到重视。在维修过程中，企业更多采用环保材料，如可降解润滑剂，同时注重废弃物的高效处理，以符合环保法规。

未来，化工管路制造和维修将深度融合智能化与自动化技术，实现远程监控、故障诊断和自动化修复。绿色化技术也将成为未来发展的重点，推动化工管路制造和维修向低能耗、低排放方向发展。

当前，我国化工管路制造及维修加工领域在技术创新、智能化和绿色化方面已取得了显著成就，未来将继续朝着高质量、可持续的方向发展。

思考题

12-1　化工管路的作用是什么？由哪些部分所组成？可从哪些方面分类？

12-2　化工管路在布设时应注意哪些问题？

12-3　金属管的常用材料有哪些？常用的非金属管有哪几种？

12-4　在确定管径大小时，应考虑哪些因素？如何计算管径？

12-5　常用的管件有哪些？各用于什么场合？

12-6　化工管路中常用的阀门有哪几种？各适应哪些场合？

12-7　简述闸阀的结构、特点、工作原理及适应场合。

12-8　阀门常见的故障有哪些？如何处理？

12-9　管路的连接方法有哪些？各有何特点？

12-10　怎样计算管路中的温差应力？

12-11　化工管路常用温差补偿装置有哪些？各有何特点？

12-12　管路的常见故障有哪些？产生的原因是什么？可采取哪些排除故障的措施？

12-13　常用的管路保温措施有哪些？

12-14　常用的管路防腐措施有哪些？

12-15　管道泄漏的原因有哪些？给水管道的泄漏检测有哪些方法？地下输油管道的泄漏诊断有哪些方法？可燃性气体管道的泄漏监测如何进行？

12-16　什么是声发射检测技术？与其他无损诊断技术相比，声发射检测技术有何特点？

参 考 文 献

[1] 李多民. 化工过程设备基础. 北京：中国石化出版社，2006.

[2] 汤善甫，朱思明. 化工设备机械基础. 上海：华东理工大学出版社，2004.

[3] 王绍良. 化工设备基础.3 版. 北京：化学工业出版社，2019.

[4] 匡国柱，石启才. 化工单元过程及设备课程设计. 2 版. 北京：化学工业出版社，2007.

[5] 梁利君. 塔设备技术问答. 北京：中国石化出版社，2005.

[6] 中国石化集团公司修订. 石油化工设备维护检修规程：第一册通用设备. 北京：中国石化出版社，2004.

[7] 张麦秋. 化工机械安装与修理. 3 版. 北京：化学工业出版社，2015.

[8] 柴敬诚. 化工原理（上册）：化工流体流动与传热. 3 版. 北京：化学工业出版社，2020.

[9] 杨永炎. 化工腐蚀与防护. 北京：中国化工防腐蚀技术协会，1989.

[10] 成大先. 机械设计手册：第 1 卷. 5 版. 北京：机械工业出版社，2010.

[11] 朱有庭，等. 化工设备设计手册. 北京：化学工业出版社，2005.

[12] 徐宝东. 化工管路设计手册. 北京：化学工业出版社，2011.

[13] 冯连芳. 石油化工设备设计选用手册：反应器. 王嘉骏，译. 北京：化学工业出版社，2010.

[14] 莫斯. 压力容器设计手册. 3 版. 陈允中，译. 北京：中国石化出版社，2006.

[15] 王国璋. 压力容器设计实用手册. 北京：中国石化出版社，2013.

[16] 全国锅炉压力容器标准化技术委员会设计计算方法专业文员会. 戚国胜，段瑞. 压力容器工程师设计指南. 北京：中国石化出版社，2013.

[17] Neil Sclater. 机械设计实用机构与装置图册. 邹平，译. 北京：机械工业出版社，2014.